全国高等院校电子商务系列实用规划教材

电子商务网站建设

主　编　臧良运　崔连和

副主编　张　娟　刘砚秋

参　编　张爱英　张　民　粟维胜

主　审　李雄飞

北京大学出版社

PEKING UNIVERSITY PRESS

内 容 简 介

本书由四大部分组成,共包括 10 章内容,形成了一个完整的电子商务网站建设体系。第一部分是电子商务网站的基础理论,包括电子商务网站概述和电子商务网站的规划设计,重点奠定学生规划设计网站的能力;第二部分为电子商务网站建设的实现工具,包括电子商务网站的实现工具和 XHTML 基础;第三部分是电子商务网站功能实现的相关知识,包括电子商务网站系统规划设计开发,ASP .NET 基础和使用动易 BizIdea 构建电子商务网站;第四部分为网站的管理与案例分析,包括电子商务网站的发布、运营与推广,电子商务网站管理和电子商务网站案例分析。

本书可作为电子商务、计算机应用等专业四年制应用型本科学生的教材,也可作为高职高专相关专业学生的参考书,还可以作为网站建设爱好者的工具书。

图书在版编目(CIP)数据

电子商务网站建设/臧良运,崔连和主编. —北京:北京大学出版社,2009.8
(全国高等院校电子商务系列实用规划教材)
ISBN 978-7-301-15480-9

Ⅰ. 电… Ⅱ. ①臧…②崔… Ⅲ. 电子商务—网站—高等学校—教材 Ⅳ. F713.36 TP393.092

中国版本图书馆 CIP 数据核字(2009)第 116550 号

书 名:电子商务网站建设	
著作责任者:臧良运 崔连和 主编	
策 划 编 辑:乐和琴	
责 任 编 辑:刘 丽	
标 准 书 号:ISBN 978-7-301-15480-9/TP • 1036	
出 版 者:北京大学出版社	
地 址:北京市海淀区成府路 205 号 100871	
网 址:http://www.pup.cn http://www.pup6.com	
电 话:邮购部 62752015 发行部 62750672 编辑部 62750667 出版部 62754962	
电 子 邮 箱:pup_6@163.com	
印 刷 者:三河市欣欣印刷有限公司	
发 行 者:北京大学出版社	
经 销 者:新华书店	

787 毫米×1092 毫米 16 开本 20 印张 462 千字
2009 年 8 月第 1 版 2009 年 8 月第 1 次印刷

定 价:32.00 元

前　言

电子商务网站建设是电子商务、计算机应用等专业的核心主干课程，同时它直接体现电子商务运作的实践过程，是学习电子商务并对电子商务技能进行融会贯通的重要课程。

本书内容的选取遵循"基础理论以够用、必需为度，突出应用，工学结合"的原则。本书融合了电子商务网站建设的最新理念和最新的应用技术，对培养学生应用能力方面所必需的理论知识进行叙述，深浅适度。本书共分 10 章，主要内容包括：电子商务网站概述，电子商务网站的规划设计，电子商务网站的实现工具，XHTML 基础，电子商务系统规划设计开发，ASP .NET 基础，使用动易 BizIdea 构建电子商务网站，电子商务网站的发布、运营与推广，电子商务网站管理和电子商务网站案例分析，形成了一个完整的电子商务网站建设体系。

本书围绕基本理论阐述具体实务操作技巧，语言流畅，内容通俗易懂，可读性和实用性强；构建了以知识结构框图、知识要点、学习方法、学习激励与案例导航、正文、本章小结、每课一考和技能实训为内容的复合型教材模式，适应教师精讲、学生参与、师生互动、提高技能的新型教学理念；采用案例导入问题，模块化、任务驱动的写作方式。学生通过本书的学习，可以培养电子商务网站设计、开发的实际能力。本书重点是加强技能训练，使学生学习后可以独立设计、制作、维护和推广电子商务网站。

本书由臧良运和崔连和担任主编，并负责拟定编写提纲、统稿和定稿，张娟和刘砚秋担任副主编，张爱英、张民和粟维胜担任参编。具体编写分工为：第 1 章由齐齐哈尔大学臧良运教授编写，第 2 章和第 8 章由齐齐哈尔大学崔连和老师编写，第 3 章由齐齐哈尔信息工程学校张爱英老师编写，第 4 章由齐齐哈尔市来盈网络公司工程师张民编写，第 5 章和第 10 章由北京工业大学刘砚秋老师编写，第 6 章和第 9 章由西安工业大学张娟副教授编写，第 7 章由佛山市动易网络科技有限公司副总经理粟维胜编写。本书由吉林大学李雄飞教授担任主审。

本书配有专门网站(http://sw.qqhre.com)提供大量教学资源以及相关素材，读者也可以在出版社网站(http://www.pup6.com)或作者网站(http://zly.qqhre.com，http://www.qqhre.com/cls)下载相关资源。

本书在编写过程中参考了大量文献，得到了作者单位的大力支持和帮助，上海易九网络科技有限公司总经理陆邓林提供了大量的资料与素材，齐齐哈尔信息工程学校的王丽杰老师，中国职业学院网 CEO 王世刚和鹤城人才网 CEO 吴德庆等在本书编写中付出了大量的辛勤劳动，在此一并表示衷心的感谢！

由于编者水平所限，书中难免有疏漏之处，敬请广大读者批评指正，以期不断改进。

臧良运　崔连和
2009 年 5 月于齐齐哈尔大学

目　录

电子商务网站建设

第1章 电子商务网站概述

 本章知识结构框图

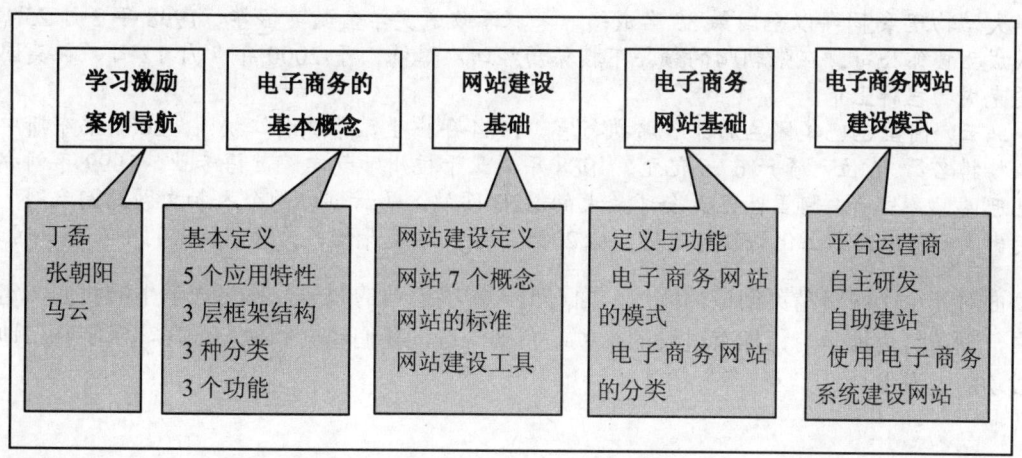

 本章知识要点

1. 电子商务的基本定义、特性、框架结构；
2. 网站建设的定义、概念、标准、建设工具；
3. 电子商务网站的定义、模式、分类、建设办法。

 本章学习方法

1. 奠定基础，理论先行，加强理解，熟记基本理论；
2. 广泛阅读相关资料，深度拓展知识范围；
3. 查阅已经学过的网络技术、电子商务概论等书籍，温故知新。

欲成惊天动地的伟业，必从炼狱中走来；欲做精金美玉的人品，必从薄冰上覆过；欲建万丈高楼，必建下坚实的基础；欲成电子商务的精英，必从刻苦的学习中成长。今天，我们开始了电子商务网站建设的学习之旅。扎扎实实地学好理论基础，广泛涉猎网站建设知识精华，必将成就你们辉煌的人生……

 学习激励与案例导航

三位网络精英的今天

丁磊，网易公司首席架构设计师，1971 年生于浙江宁波。2007 福布斯中国富豪榜排名第63 位，资产 75 亿元。1997 年 6 月创立网易公司，将网易从一个十几个人的私企发展成今天拥有近 300 名员工并在美国公开上市的知名互联网技术企业。

张朝阳，搜狐公司董事局主席兼首席执行官，1964 年生于陕西省西安市，1986 年毕业于清华大学物理系，同年以全国第 39 名成绩，考取李政道奖学金赴美留学，1998 年 2 月 25 日，正式成立搜狐公司。在张朝阳的领导下搜狐历经四次融资，于 2000 年 7 月 12 日，在美国纳斯达克成功挂牌上市。

马云，阿里巴巴集团主席兼首席执行官，1964 年出生，籍贯浙江杭州。2007 福布斯中国富豪榜排名第 76 位，资产 67.5 亿元。1988 年毕业于杭州师范学院英语专业。1999 年创办阿里巴巴网站。目前，阿里巴巴是全球最大的 B2B 网站。马云创办的个人拍卖网站淘宝网，成功走出了一条中国本土化的独特道路，从 2005 年第一季度开始成为亚洲最大的个人拍卖网站。

面对一个个网络精英创造的辉煌，面对世人感叹创业的艰辛，作为大学生的我们一定要明白，刻苦努力地学习，拥有过硬的本领，有朝一日，我们也会和他们一样，气宇轩昂地走在成功的大道上！

1.1 电子商务的基本概念

从石器时代到工业革命，从计算机的出现到互联网的兴起，21 世纪的今天已经是电子时代。人们的生活理念、消费观念发生着天翻地覆的变化，传统的商务活动已经拓展成为如今的电子商务。电子商务打破了时空的局限，电子商务突破了几千年的传统，电子商务加快了全球一体化的进程，电子商务同样也造就了马云那样的时代英豪。那么究竟什么是电子商务呢？

1.1.1 电子商务的定义

所谓电子商务(Electronic Commerce)是指利用计算机技术、网络技术和远程通信技术，实现整个商务过程中的电子化、数字化和网络化。人们不再是面对面地、看着实实在在的货物进行买卖交易，而是利用网络，通过网上琳琅满目的商品信息、完善的物流配送系统和方便安全的资金结算系统进行交易。简单地说，电子商务就是以电子手段进行商务活动，也是电子化的商务活动。我们常见的淘宝网购物、网上交费都属于电子商务的范畴。电子商务的定义具体分析有以下几点。

1. 电子商务的实质

电子商务的实质是商务，电子商务本意就是人利用电子工具实现商务活动。电子商务的主体是人，电子商务的实现工具是"电子"，电子商务的实质是商务活动。工具是为实质服务的，即通过计算机、互联网实现商务活动。

2. 电子商务的工具

电子商务的媒介是计算机技术、网络技术和远程通信技术，计算机、互联网则为电子商务的实现工具。其他的一些软硬件设备，如电话、传真、网上银行、在线支付接口、点卡等也属于电子商务的实现工具。

3. 电子商务的目的

电子商务的目的是实现整个商务过程中的电子化、数字化、网络化。商务活动的电子化使交易成本大幅度降低；商务活动的数字化使交易更加方便、快捷；商务活动的网络化扩大了商务活动的范围。这就像我们以前异地交流需要手工写信、寄信，现在只要连接互联网，发封 E-mail 转瞬即可寄达，甚至可以登录 QQ 等即时聊天工具，随时方便、快捷地交流。

1.1.2　电子商务的应用特性

电子商务网站建设的目的是为电子商务活动提供平台。为了建设一个适用、实用、易用的电子商务网站，我们必须了解电子商务的应用特性。就好比我们新买的一台汽车，我们必须了解其应用特性，才能驾轻就熟。电子商务有以下应用特性。

1. 商务性

电子商务最基本的应用特性为商务性，商务性就是解决电子商务是做什么的这一核心问题，也可以说电子商务的实质是商务活动。在电子商务网站建设中一定要突出电子商务的商务性，抓住这一核心，才能打造一个真正实用的电子商务平台。

2. 服务性

电子商务区别于传统商务最明显的特征是"方便"。电子商务的服务性要围绕方便客户这一原则，无论从用户注册、商品选购，还是从货物寄送、钱款结算上都要体现方便这一主题，真正做到鼠标轻点、足不出户，即可坐享其成。

传统的汇款方式需要走到银行、排队等候、填写表格、办理手续等过程，烦琐的过程需要耗费大量的时间。现在网上银行，几分钟即可完成汇款，而且汇费、余额一目了然，既方便又快捷。

在设计电子商务网站时，无论哪一个模块、任何一个环节都要考虑到其服务性这一重要特性，以服务客户为宗旨，以方便、快捷为目的，打造一个易用高效的电子商务平台。

3. 安全性

安全性是电子商务生存的基础条件，没有安全做保障，客户不会轻易购物，电子商务目标难以实现。目前，我国电子商务安全方面的研究已经十分成熟，各电子商务系统都建立了健全的诸如加密机制、签名机制、存取控制、防火墙、病毒防护等安全保障体制。SET(安全电子交易)和 SSL(安全套接层)技术已经十分成熟，我国已经拥有了极为安全的电子商务环境。

在电子商务网站建设的每个环节都要对安全性予以充分考虑，并在技术上予以实现，最终形成整体的安全机制。

4. 可扩展性

电子商务的可扩展性是指其系统具备扩展能力，能够承受电子商务活动繁忙时系统速度、流量带来的压力。保障整体系统的稳定运行，不至于因需求的增加而导致系统的瘫痪。2008 年奥运期间网易奥运视频的点击次数超过 4.7 亿，在刘翔退赛事件发生后，网易奥运频道的相关视频 3 小时点击量突破了 360 万次，在 24 小时内突破 2000 万次点击。如果不具备可扩展性，网易公司是无法承受高频率点击考验的。

5. 协调性

商务活动是一种协调过程，它需要整体的协调，电子商务系统才能正常有效运转。交易的各个过程都要协调一致，才能保证交易的正常实施。在电子商务网站制作中，各个模块要注意协调。

1.1.3 电子商务系统的框架结构

建设电子商务网站，首先要知道网上的交易过程。只有了解电子商务的框架结构，才能根据需要设计出适用的电子商务网站。网上交易是司空见惯的事情，看似简单，但却是建立在标准的电子商务基本框架基础之上的。

1. 常见的网上交易流程

网上交易的过程，如图 1.1 所示。

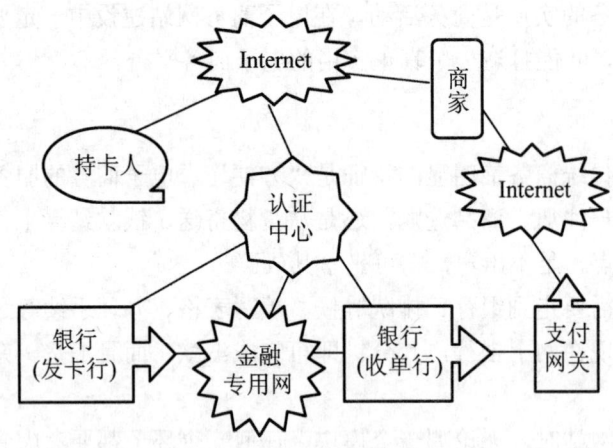

图 1.1　交易流程示意图

(1) 购物开始。买家向商家发出请求。

(2) 开始交易。商家把买家的支付指令通过负责将持卡人的账户中的资金转入商家账户的金融机构，送往商家的收单行，收单行通过银行卡网络从发卡行(消费者开户行)取得授权后，把授权信息通过支付网关送回商家，商家取得授权后，向消费者发送购物回应信息。

(3) 认证机构向持卡人、商家和支付网关发出持卡人证书、商家证书和支付网关证书。三者在传输信息时，要加上发出方的数字签名，并用接收方的公开密钥对信息加密，这样，实现商家无法获得持卡人的信用卡信息，银行无法获得持卡人的购物信息，同时保证商家能收到货款和进行支付。

2．电子商务系统框架结构的概念

电子商务系统的框架结构是指电子商务活动环境中所涉及的各个领域以及实现电子商务应具备的技术保证。

3．电子商务框架的层次结构

电子商务系统是三层框架结构，如图 1.2 所示。

(1) 底层。底层是网络平台，是信息传送的载体和用户接入的手段，它包括各种各样的物理传送平台和传送方式，如图 1.2 所示的网络层、信息发布层、传输层。

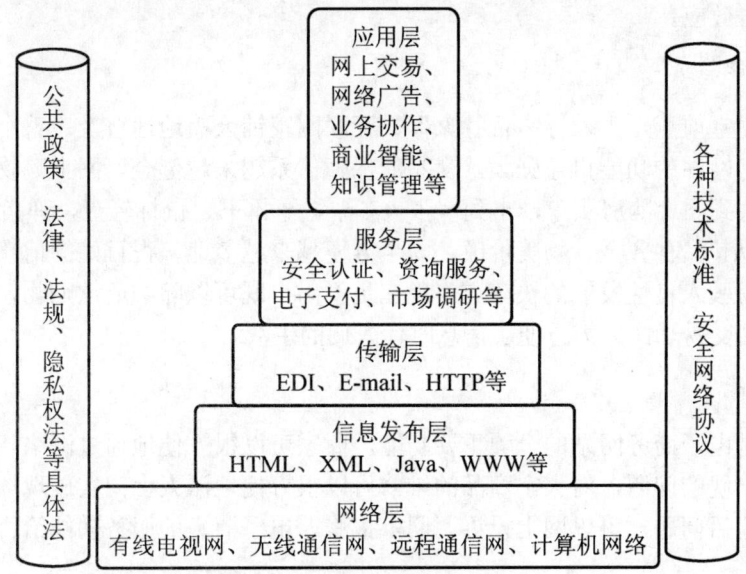

图 1.2　电子商务网站框架结构

(2) 中间层。中间层是电子商务基础平台，包括 CA(Certificate Authority)认证、支付网关(Payment Gateway)和客户服务中心三个部分，其真正的核心是 CA 认证。

(3) 顶层。顶层即第三层就是各种各样的电子商务应用系统，电子商务支付平台是各种电子商务应用系统的基础。

4．电子商务系统的两大支柱

电子商务系统的两大支柱：一是指社会人文性的公共政策和法律规范；二是指自然科技性的技术标准和网络协议。公共政策和法律规范维系着商务活动的正常运作，技术标准和网络协议是电子商务的基础。

1.1.4　电子商务的功能

电子商务网站在商业活动中的作用毋庸置疑，它已经成为新时代商人不可缺少的有力竞争手段，其功能十分强大，而且快捷方便。那么电子商务的主要功能有哪些呢？其实电子商务和普通的日常买卖活动的核心功能是一致的。举例来说，我们做生意销售大米，首先要宣传自己大米的特色、优点,这是宣传功能;接着有人问津,我们立即付米收款,这是交易功能;售出的大米出现问题,我们给予调换是责无旁贷的,这就是服务功能。一般来说,电子商务网站主要有以下三大功能。

1. 宣传功能

目前企业的广告经费是一项巨大的财务支出。传统的宣传方法虽然效果直接,但却具有时效限制,而网络媒体具有长效的特点,是企业产品宣传的重要手段。一般的做法是,企业将生产经营的产品放在网上,通过互联网详尽展示,包括产品图片、功能、特点,甚至还包括产品的使用手册;然后对本企业的网站进行全面推广,借助网络的地域特点,低廉的投入换来巨大的广告效应。

2. 交易功能

"旧时王谢堂前燕,飞入寻常百姓家",互联网正铺天盖地地普及。整个社会信息化程度越来越发达,网站的功能日益强大,交易的保障体系越来越健全。网上购物已经成了年青一代的时尚。大到网上购房买车,小到一张火车票、一本书,鼠标轻点,弹指间立即实现。

网上交易以其品种齐全、物美价廉、安全方便越来越多地赢得百姓的信赖。百姓的认可促进了网上交易驶入良性发展的快车道。现在足不出户既可以随心所欲购物,又可以轻松交费。电子商务的交易功能大大方便了信息时代人们的生活。

3. 服务功能

服务功能是电子商务网站的一项重要功能,商家可以很方便地通过网络随时收集客户意见,解决买家出现的问题,对大宗商品的维修可以很方便地派人上门实施现场服务。而广大买家,出现了售后问题,可以网上投诉、网上报修,电子商务的服务功能给百姓带来了极大的方便。

1.2 网络技术概述

不接入网络而独立存在的计算机犹如汪洋大海中的一叶孤舟,在这信息爆炸的时代,人们已经离不开网络。一个人的力量总是单枪匹马,众人的力量才能移山填海,一台计算机的能量总是势单力薄,网络化的计算机才能驰骋时代的疆场。本节将就网络技术做一简单介绍,为电子商务网站制作打下坚实的基础。

1.2.1 计算机网络的定义

计算机网络就是指利用通信线路,将分布在不同地理位置的具有独立功能的多台计算机、终端以及各种附属设备连接起来,按照网络协议进行数据通信,实现资源共享的系统的集合。

从网络的定义可以看出网络传输媒介是通信线路,传输的位置是"分布在不同地理位置",连接的设备是具有独立功能的计算机,传输的规则是按照网络协议,网络的两大功能是资源共享、资源交换。

计算机网络的分类方式很多,但通常的分类方法是按地理范围将计算机网络分为局域网、城域网、广域网三大类。局域网是一种小范围的计算机网络；城域网是在一个城市内部组建的计算机网络，面向全市提供网络服务；广域网也称为远程网，即通常所说的互联网，所覆盖的范围广泛，地理范围可从几百公里到几千公里。

1.2.2 互联网概述

Internet 即国际互联网，是世界上最大的网络系统，是由成千上万个网络互相连接起来构成的计算机网络系统。Internet 已经走入千家万户，目前在人们生活、科研、教育、商业活动中发挥了重要的作用，尤其是现代的电子商务活动已经离不开 Internet。

1. 收发电子邮件

收发电子邮件是最早也是最广泛的网络应用。不论身在异国他乡与朋友进行信息交流，还是同在一座城市联络工作，都如同与隔壁的邻居聊天一样容易。

2. 网上办公

网络的广泛应用会创造一种数字化的生活与工作方式，叫做 SOHO(小型家庭办公室)方式。现在网络办公很流行，很多单位都已经实现了无纸收发文件。

3. 上网浏览

上网浏览是网络提供的最基本的服务项目。可以访问网上的任何网站，根据兴趣在网上畅游，能够足不出户尽知天下事。

4. 查询信息

可以利用网络这个全世界最大的资料库，利用一些供查询信息的搜索引擎从浩如烟海的信息库中找到你需要的信息。

5. 电子商务

电子商务是消费者借助网络，进入网络购物站点进行消费的行为。网络上的购物站点是建立在虚拟的数字化空间里的，它借助网站页面来展示商品，并利用多媒体特性来加强商品的可视性、选择性。

6. 游戏与娱乐

目前 Internet 上有大量的游戏与娱乐网站，在网上可以很方便地听音乐、看电影、看电视，而且以实时性强、个性化突出为主要特点。

7. 其他应用

目前，青年一代人的生活已经离不开 Internet，人类生活的网络版俯拾即是，如网上点播、网上炒股、网上求职、艺术展览等。

1.2.3 网络的有关名词

1. 网络拓扑

计算机网络的连线方式称为网络的拓扑结构。按计算机连接的节点，计算机网络中常用的拓扑结构有总线状、环状、星状。

总线状网络是一种比较简单的计算机网络结构，它采用一条称为公共总线的传输介质，将各计算机直接与总线连接，信息沿总线介质逐个节点广播传送。好比一根棍上串着的糖葫芦，所有计算机共用一条传输线路。环状网络将计算机连成一个环。在环状网络中，每台计算机按位置不同有一个顺序编号。星状网络由中心节点和其他从节点组成，中心节点可直接与从节点通信，而从节点间必须通过中心节点才能通信。具体的连线方式如图 1.3 所示。

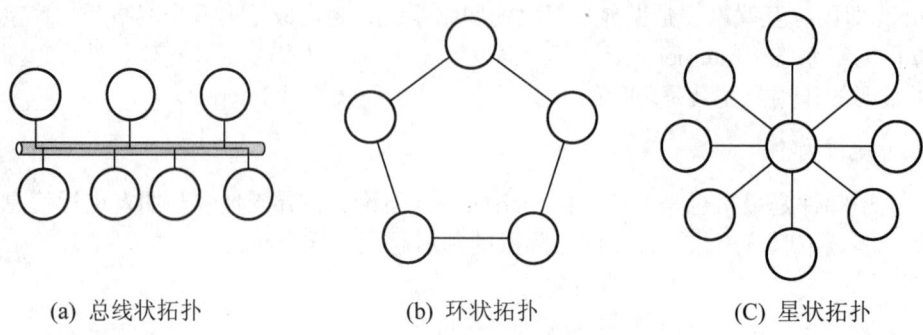

(a) 总线状拓扑　　　　(b) 环状拓扑　　　　(C) 星状拓扑

图 1.3　计算机网络的连线方式

2. IP 地址

某办公室的电话号码是 086-0452-2747188，这便是电话运营商为其分配的电话号码。与此相对应每台上网的计算机也应该有一个号码。在电话通信中，电话用户是靠电话号码来识别的。同样，在网络中为了区别不同的计算机，也需要为每台上网的计算机指定一个号码，这个号码就是 IP 地址，IP 地址是计算机在网络上的唯一标识。

> **知识拓展**：计算机的 IP 地址由 32 位二进制数组成，分为 4 段，每段 8 位，中间用小数点隔开，然后将每 8 位二进制数转换成十进制数，这样计算机的 IP 地址就变成了以下形式：210.73.140.2。

3. 网络协议

网络协议是计算机在网络中实现通信时必须遵守的约定，也就是通信协议。不同计算机之间联网，好比不同的两个人之间通话，要求双方必须约定好都使用某一种语言，否则一个说英语，一个说汉语，他们将无法沟通。

不同的网络要使用不同的协议。接入 Internet 的计算机都要使用 TCP/IP 协议，才能正常上网。TCP/IP 协议中 TCP 是指传输控制协议，IP 是指网际协议，它们由上百个子协议组成。例如，浏览网页时，在地址栏中输入 www.qqhre.com，在其前面系统将自动添加 http://，而将网址变为 http://www.qqhre.com，这个 http 便是 TCP/IP 协议中的一个子协议。

4. ISP

ISP 是 Internet Service Provider 的缩写，翻译为互联网服务提供商，即向广大用户综合提供互联网接入业务、信息业务和增值业务的电信运营商。例如家庭上网，需要到中国电信、中国联通等网络运营服务商(ISP)那里办理宽带业务。

1.3　网站建设基础

1.3.1　网站建设的定义

网站建设是指应用各种网页设计技术，为企事业单位、公司和个人在 Internet(互联网)上建立自己的站点并发布信息。网站是企业展示自身形象、发布产品信息、把握市场动态的新平台。

网站(Website)是指在 Internet 上，根据一定的规则，使用网页设计工具制作的用于展示特定内容的相关网页的集合。简单地说，网站就是若干相关网页的集合。人们可以通过网页浏览器来访问网站，获取自己需要的信息或者享受网络服务。

1.3.2　网站建设的有关概念

1．WWW

WWW 是 World Wide Web 的缩写，即环球信息网，也可以简称为 Web，中文名字为"万维网"。简单地说，Web 就是网页，Web 是 Internet 提供的一种服务，是存储在全世界 Internet 中计算机的数量巨大的网页的集合，Web 中海量的信息是由彼此关联的网页组成的。

2．URL

URL 即 Uniform Resource Locator 的缩写，通俗地说就是网址，每个文件无论以何种方式存在于哪个服务器上，都有一个唯一的 URL 地址。我们可把 URL 看做一个文件在 Internet 上的标准通用地址。

3．Home Page

Home Page 即主页，也称为首页，浏览者访问站点时第一个出现的页面被称为主页。它在站点中起着索引和导航的作用。用户在访问 Web 站点时，不必指出主页的地址和名称，只要访问到该站点，WWW 服务器便会自动提供该站点的主页。由于它总是最先出现在浏览者眼前的，因此主页是 Web 站点中最重要的网页，主页制作得好坏直接影响站点被访问的次数。

4．域名

域名就是指企业在 Internet 上的地址，人们可以通过这个地址访问网站。与现实生活中的通信地址不同的是，Internet 域名除了按地理位置编排域名外，还按单位性质分类编排域名。例如 http://www.qqhru.edu 中的 qqhru.edu 就是域名，edu 表示该网站属于教育业。而 http://www.sina.com.cn 中除了用 com 表明其行业为商业企业外，还用 cn 表明该公司的地理位置处在中国。在全世界，没有重复的域名，从商界看，域名已被誉为"企业的网上商标"。

5．HTML

HTML 是 HyperText Markup Language 的缩写，即超文本标记语言，它是构成网页的主要工具。在 Internet 上，如果要向全球范围内发布信息，需要有一种能够被所有的计算机都理解的"母语"。Internet 所使用的语言就是 HTML 语言。

6. 超链接

超链接是指从一个网页指向一个目标的连接关系,这个目标可以是另一个网页,也可以是相同网页上的不同位置,还可以是一个图片、一个电子邮件地址、一个文件,甚至是一个应用程序。而在一个网页中用来超链接的对象,可以是一段文本或者一个图片。当浏览者单击已经链接的文字或图片后,链接目标将显示在浏览器上,并且根据目标的类型来打开或运行。按照链接路径的不同,网页中超链接一般分为 3 种类型:内部链接、锚点链接和外部链接。

7. HTTP

HTTP 协议是 HyperText Transfer Protocol 的缩写,即超文本传输协议。该协议是用于从 WWW 服务器传输超文本到本地浏览器的传送协议。当我们想浏览一个网站的时候,只要在浏览器的地址栏里输入网站的地址就可以了,例如 www.baidu.com,但是在浏览器的地址栏里出现的却是 http://www.baidu.com,这个 http 就是浏览网页必须使用的协议。浏览器通过 http 将 Web 服务器上站点的网页代码提取出来,并翻译成漂亮的网页。

1.3.3 网站的标准

早期的网站没有统一的标准,处在一种无序和混乱的状态,当浏览器版本更新,或者出现新的网络交互设备时,网站将无法正常运行。为了确保所有应用能够继续正确执行,任何网站文档都能够长期有效,1998 年 2 月在 W3C 的组织下,网站标准开始被建立。网站标准的建立使网站更容易使用,更能适应不同用户和更多网络设备,同时网站代码更精简,建设成本进一步缩减。

Web 标准是一系列标准的集合。网页主要由 3 部分组成:结构(Structure)、表现(Presentation)和行为(Behavior),对应的标准也分为以下 3 个。

1. 结构化标准语言

结构化标准语言主要包括 XHTML 和 XML,XML 是 The Extensible Markup Language(可扩展标记语言)的缩写。XHTML 是 The Extensible Hyper Text Markup Language(可扩展超文本标记语言)的缩写。XML 虽然数据转换能力强大,完全可以替代 HTML,但面对成千上万已有的站点,直接采用 XML 还为时过早。因此,在 HTML 4.0 的基础上,用 XML 的规则对 HTML 进行扩展,得到了 XHTML。简单地说,建立 XHTML 的目的就是实现 HTML 向 XML 的过渡。

2. 表现标准语言

表现标准语言主要包括 CSS,CSS 是 Cascading Style Sheets 层叠样式表的缩写。

3. 行为标准

行为标准主要包括对象模型(如 W3C DOM)、ECMAScript 等。这些标准大部分由 W3C 起草和发布,也有一些其他标准组织制定的标准,如 ECMA 的 ECMAScript 标准。DOM 是 Document Object Model 文档对象模型的缩写。DOM 是一种与浏览器、平台、语言无关的接口,使得用户可以访问页面其他的标准组件,给予网页设计师和开发者一种标准的方法。

ECMAScript 是 ECMA(European Computer Manufacturers Association)制定的标准脚本语言(JavaScript)。

1.3.4 网站的建设工具

从制作的角度看，网站由两部分组成：一是打开网站时所见到的网站页面，即所谓的网站前台；二是网站功能的实现部分，即所说的网站后台。与此对应网站建设工具主要由两部分组成：第一部分是网站前台开发工具；第二部分是网站后台开发环境。此外还有一部分是项目管理和辅助软件。下面分别予以简单介绍。

1. 网站前台开发工具

网站前台开发主要是指网站页面设计。包括网站整体框架建立、常用图片、Flash 动画设计等，常用软件有 Photoshop、Dreamweaver、Flash、Fireworks 等。

(1) 图像处理工具。现代网站的重要特点是视觉效果极佳，大量使用了图片、动画素材。建设一个电子商务网站，必须学会至少一种图像处理工具。网站一般使用 JPG 或 GIF 格式的图像文件。目前广泛流行的图像处理软件有 Photoshop 及 Fireworks 两种，相比较之下实际应用中 Photoshop 使用得更普遍，Photoshop 是网页设计人员必须熟练使用的软件。掌握了 Photoshop 之后，Fireworks 也很容易上手。

应用提示：推荐您学习 Photoshop 软件，生活中的数码相机，在处理相片时最常用的软件就是 Photoshop。网站中的大量图片也离不开 Photoshop。

(2) 动画工具。打开网页，几乎每一个页面都有动画元素。网页动画制作工具很多，目前广泛使用的是 Flash。Flash 的出现是网页设计的一次革命性突破，互动性极强，可以做出很多精彩炫目的效果，实现很多高级的功能。

(3) 页面编辑工具。网页上大量的文字，需要用编辑软件进行排版。目前常用的网页编辑工具有 Dreamweaver 及 FrontPage，使用最多的是 Dreamweaver。Dreamweaver 不但极为专业，而且功能强大，掌握十分容易，对浏览器的兼容性特别好。可以说，Dreamweaver 是目前最强大的网页编辑器。

2. 网站后台开发工具

网站强大的功能依靠后台程序来实现，网站后台开发主要指网站动态程序开发、数据库建模，主要使用的相关软件有 ASP、JSP、PHP、ASP .NET 等。

3. 项目管理及辅助软件

网站的维护管理工具很多，上传工具是使用最为频繁的工具，也是每一个电子商务网站制作人员必会的工具。上传工具中，CuteFTP 应用得比较广泛，这个软件可以方便地将网站文件上传到服务器空间中，也可以将修改后的网页重新上传覆盖原有网页，达到网页维护的目的。

1.4 电子商务网站基础

1.4.1 电子商务网站的定义与功能

电子商务网站，是指通过网站建设技术发布、展示商品信息，实现电子交易，并通过网络开展与商务活动有关的各种售前和售后服务，全面实现电子商务功能的网站。简单地说，就是为实现电子商务功能而建设的网站。

电子商务网站的实现途径是"网站建设技术"。电子商务网站与普通网站一样，通过图片处理技术、文字排版技术、动画设计技术、网络编程技术来进行网站建设，实现网站整体功能。

电子商务网站的手段是"发布、展示商品信息"。电子商务网站欲实现电子交易这一目的，首先网站必须具备发布、展示商品信息的功能，通过"发布、展示商品信息"来实现开展售前、售后服务，达到顺利交易的目的。

电子商务网站的目的是"实现电子交易"。电子商务网站建设的每一个过程、每一个细节都必须围绕"实现电子交易"这一终极目的。

1.4.2 电子商务网站的模式

电子商务网站的模式由电子商务的模式派生而来。电子商务最常见的三大模式是 B2B(企业对企业的电子商务)、B2C(企业对消费者的电子商务)、C2C(消费者对消费者的电子商务)，除此之外还有 B2A(商业机构对行政机构的电子商务)、B2M(企业对产品销售者的电子商务)。而对应的电子商务网站的模式也有 B2B 电子商务网站、B2C 电子商务网站、C2C 电子商务网站等。

1. B2B

B2B(Business To Business)就是企业对企业的电子商务，除了在线交易和产品展示外，B2B 的业务更重要的意义在于将企业内部网通过 B2B 网站与客户紧密结合起来。通过网络的快速反应，为客户提供更好的服务，从而促进企业的业务发展。

2. B2C

B2C(Business To Customer)是电子商务按交易对象分类中的一种，表示商业机构对消费者的电子商务。这种形式的电子商务一般以网络零售业为主，主要借助于 Internet 开展在线销售活动。

3. C2C

C2C(Customer To Customer)是个人向个人销售的经营模式，目前大家广为周知的淘宝网即是一个典型。

1.4.3 电子商务网站的分类

Internet 面世以来，带动了商务活动的电子化，电子商务以 Internet 为主要实现手段，通过网站来具体表现与实施。常见的网上交费、网上购物都是典型的电子商务网站。广义的电子商务网站不仅仅包括像淘宝网这样的在线交易网站，更包括各个工商企业自建的以本企业产品、商品为主要内容的网站。电子商务网站实际范围十分广泛，可以不夸张地说，电子商务给从商的人们在微利时代带来了柳暗花明又一村的希望。

1．工商企业的电子商务网站

目前，越来越多的企业家，意识到 Internet 的魅力，不甘落后纷纷登上网络的时代列车，越来越重视商务网站的建设与应用。企业自建的以本企业为主题的网站便是企业电子商务网站，它是企业在 Internet 上设立的一个商业系统，由众多网页、后台数据库等构成，具备一定的电子商务功能。工商企业电子商务网站，不但能宣传企业文化、弘扬企业精神，更能长期有效地宣传产品信息，提供便捷的网上售后服务。

2．专业的网上交易网站

专业的网上交易网站，是指专门从事各类商品交易的网站，类似百货商场。典型的专业网上交易网站有拍拍网、淘宝网等。这类商务网站不但货物琳琅满目，而且品种繁多、查询方便、检索快速，置身这类网站，仿佛置身于百货商场之中。

电子商务网站除了上述分类方法外，还有其他分类方法。按销售商品范围分类可分为销售单一商品的网站、销售一类商品的网站、销售各类商品的网站。按企业性质分类可分为生产型电子商务网站以及流通型电子商务网站。生产型电子商务网站以工业企业为主体构建，而流通型电子商务网站则以商业企业为主体构建。

了解了电子商务网站的分类，在建设电子商务网站时，可以根据网站的不同类别选择合适的模型，有的放矢、快速建设。

1.4.4　几个典型的电子商务网站

目前，电子商务网站繁多，比较典型的电子商务网站有阿里巴巴、易趣网、淘宝网、腾讯拍拍等。

1．阿里巴巴

阿里巴巴(http://china.alibaba.com)是典型的 B2B 电子商务网站，是全球电子商务领域内最知名的网上交易市场和商人社区，目前已经成功融合了 B2B、C2C、搜索引擎和门户，帮助全球客户和合作伙伴取得成功，如图 1.4 所示。

图 1.4　阿里巴巴网站

2. 中企互联

中企互联(http://www.e1588.com)是一个中文 B2B 平台，由 IDG 投资创办，2005 年底正式运营。中企互联电子商务(上海)有限公司成立于 1999 年，是一家大型高新技术企业。公司营运总部位于上海，是国内发展早、规模大、服务网络广、专业服务人员多的企业 IT 应用服务运营商，如图 1.5 所示。

图 1.5　中企互联

3. 中国申网

中国申网(http://www.shnn.com)于 2004 年 6 月成立，面向全国市场，利用网络平台，专业从事家用电器、家装建材、计算机数码、家居用品、品牌礼品、户外体育、办公用品、进口奢侈品等品牌商品的网上直接销售。销售商品定位在非常有知名度的中高档品牌商品上，商品由厂家和代理直接供货，有完善的售前售后服务保障，如图 1.6 所示。

图 1.6　中国申网

4. 红孩子购物网

红孩子购物网(http://www.redbaby.com.cn/)于 2004 年 3 月成立，致力于通过目录和 Internet 为用户提供方便快捷的购物方式和价廉物美的产品。红孩子购物网成立以来发展速度迅猛，现在已经拥有母婴用品、化妆品、健康产品、自选礼品、家居产品五条产品线，成为全国规模最大的目录销售企业。红孩子凭借独特的业务模式，良好的发展势头和优秀的核心团队顺利吸引到美国著名风险投资公司 NEA 和 Northern Light 的两轮融资。融资后红孩子着手搭建全国构架，公司目前已拥有多家分支机构，如图 1.7 所示。

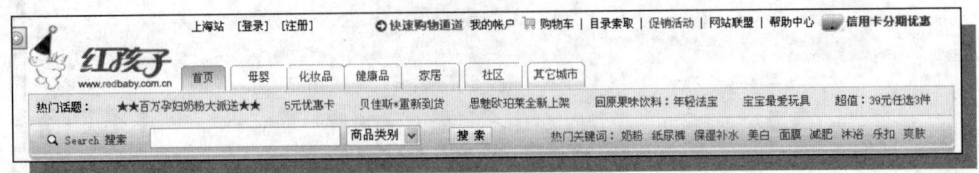

图 1.7　红孩子购物网

5. 腾讯拍拍网

拍拍网(http://www.paipai.com)是腾讯旗下电子商务交易平台，网站于 2005 年 9 月 12 日上线发布，2006 年 3 月 13 日宣布正式运营。拍拍网目前主要有网游、数码、女人、男人、生活、运动、学生、特惠、明星等几大频道，其中的 QQ 特区还包括 QCC、QQ 宠物、QQ 秀、QQ 公仔等腾讯特色产品及服务。拍拍网拥有功能强大的在线支付平台——财付通，为用户提供安全、便捷的在线交易服务。依托腾讯 QQ 超过 7 亿的庞大用户群以及 3 亿活跃用户的优势资源，拍拍网具备良好的发展基础。2006 年 9 月 12 日，拍拍网上线满一周年。通过短短一年时间的迅速成长，拍拍网已经与易趣、淘宝共同成为中国最有影响力的三大 C2C 平台，如图 1.8 所示。

图 1.8　腾讯拍拍网

6. 淘宝网

淘宝网(http://www.taobao.com)是国内首选购物网站，亚洲最大购物网站，由全球最佳 B2B 平台阿里巴巴公司投资 4.5 亿元创办，致力于成就全球首选购物网站。淘宝网，顾名思义就是没有淘不到的宝贝，没有卖不出的宝贝。自 2003 年 5 月 10 日成立以来，淘宝网基于诚信为本的准则，从零做起，在短短的两年时间内，迅速成为国内网络购物市场的第一名，占据了中国网络购物 70%左右的市场份额，如图 1.9 所示。

图 1.9　淘宝网

1.5　电子商务网站的建设模式

我国电子商务网站建设还处在发展阶段，企业电子商务网站整体上还比较落后，与发达国家相比差距较大，亟待发展。据权威资料统计，截至 2005 年 10 月，中国 2300 多万家中小企业只有 300 多万会使用 Internet 做交易，仅占总数的一成多，其中通过付费形式开展电子商务网上贸易的企业更是只有区区的 30 多万，占总数的 1.3%。中国电子商务行业发展潜力巨大。

1.5.1　平台运营商

对于大多数卖方而言，由于缺乏相应的技术和资源，无法自己提供交易平台，必须通过第三方的交易平台让买方获得商品的相应信息。运营这个第三方交易平台的组织称为平台运营商。平台运营商在电子商务交易中起到至关重要的作用。例如，阿里巴巴和淘宝就是以支

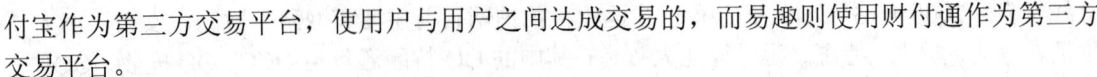

付宝作为第三方交易平台，使用户与用户之间达成交易的，而易趣则使用财付通作为第三方交易平台。

1.5.2 自主研发

以往，开发一个电子商务网站，都需要大量的技术人员进行团队开发。自主研发建设电子商务网站的模式就是指企业自行组建研发团队，开发电子商务网站。研发团队人员的多少可以根据网站规模的大小灵活掌握。自主研发的优点主要包括以下几点。

(1) 网站功能与实际需要吻合程度高。
(2) 可以根据实际需要自行定制功能。
(3) 对网站的技术了如指掌，后期技术改造便利。

其缺点是要求技术人员具有足够的水平，而且建设周期一般比较长。一般规模比较大的企业，或者规模比较大的电子商务网站采用这种方式。

1.5.3 自助建站

自助建站就是通过一套完善、智能的系统，让不会建设网站的人通过一些非常简单的操作就能轻松建立自己的网站。自助建站一般是将已经做好的网站(包含非常多的模板及非常智能化的控制系统)传到网络空间上，然后购买自助建站的人只需登录后台对其进行一些非常简单的设置，就能建立其个性化的网站。

举个简单的例子，QQ空间就类似一个自助建站系统，不必掌握任何编程语言和网站制作工具，轻松地即可构建自己的网上家园。QQ拥有者可以自由设置样式、图片，随意布置内容。

自助建站一般适用于个人网站的建设，或者小型个体企业网站建设，不适用于大多数企业构建电子商务系统。

1.5.4 使用电子商务系统建设网站

建设一个电子商务网站，需要大量的技术人员，而且要经过很长的周期。目前已经有十分成熟的电子商务系统，可以直接用于电子商务网站建设。其优点包括以下几点。

1. 节省费用

使用电子商务系统构建电子商务网站，不必组建开发团队，不必形成队伍，只需要掌握一套电子商务系统的使用方法即可，节省了大量研发费用。

2. 减少时间

电子商务系统一般经过多年的研发，并经过用户考验，不断修改、不断完善。用户在构建电子商务网站时，只需要简单地按照自己的要求进行设置即可，开发速度大幅度提升，开发周期大大缩短。

3. 功能齐全

电子商务系统属于正式面向市场推广的成型产品，已经根据市场需求、客户要求、交易流程进行了多次完善。其功能能够满足大多数用户的需要，但很多用户只需要其中部分功能即可满足本企业实际需求。就好像我们使用的 Word 一样，微软公司的 Word 功能齐全，能够满足全世界用户的需要，但我们只需要其中的一小部分功能，就足够完成日常工作。

4. 服务保障

电子商务系统开发商具有完善的服务保障体系，对用户培训、使用指导、问题解决、版本升级都有相应的保障，用户可以放心地进行经营，而不必担心系统出现任何问题。

目前，更多的企业、商人认识到电子商务系统的优越之处，采用电子商务系统构建电子商务网站已经十分普遍，此举大大加快了电子商务网站普及的步伐。常见的电子商务网站系统有动易 SiteFactor 网上商店系统、HiShop 5.0 网上商店系统、ShopEx 网上商店平台、ProBiz 网上商店系统等。它们都以功能齐全、简单易用而著称。本书将以动易 SiteFactor 网上商店系统为例进行讲解。

 **本章小结**

1. 本章知识概述

本章从电子商务的基本概念开始，重点阐述了电子商务的实质、电子商务的媒介、电子商务的目的；讲解了电子商务的商务性、服务性、安全性、可扩展性、协调性五大应用特性；讨论了电子商务的三个层次、两个支柱的框架结构；从电子商务网站的两大分类到电子商务的三大功能；又对计算机网络的定义以及 Internet 进行了讲解，还讲解了网络的四个名词。网站建设基础部分从网站建设的定义讲到网站建设的有关概念、网站的标准、网站的建设工具。电子商务网站概述这一节重点讲述了电子商务网站的定义与功能、企业电子商务网站的模式，列举了典型的电子商务网站。

2. 本章名词

电子商务、电子商务的框架结构、专业的网上交易网站、企业电子商务网站、计算机网络、Internet、网络的拓扑结构、IP 地址、网络协议、ISP、电子商务网站、平台运营商、自主研发、自助建站。

3. 本章的数字

电子商务定义的 3 个要点、电子商务网站的 5 个应用特性、电子商务系统框架的 3 层结构、电子商务系统的 2 大支柱、电子商务网站的 2 种分类方式、电子商务的 3 大功能、网络的 3 种分类方式、网络的 2 大功能、网络知识的 4 个名词、网站建设的 7 个概念、网页的 3 个组成部分、网站前台开发的 3 种工具。

 **每课一考**

一、填空题(40 空，每空 1 分，共 40 分)

1. 电子商务是利用(　　　　　)技术、(　　　　　)技术、(　　　　　)技术，

实现整个商务过程中的(　　　　　　　)、(　　　　　　　　)和(　　　　　　　　)。

2．电子商务有以下应用特性(　　　　　　　　)、(　　　　　　　　)、(　　　　　　　)、(　　　　　　)及(　　　　　　　)。

3．电子商务的框架结构是指电子商务活动环境中所涉及的各个领域以及实现电子商务应具备的(　　　　　　　　)。

4．电子商务系统的三层框架结构的中间层是电子商务(　　　　　　　　)，包括(　　　　　　)、(　　　　　　　)和(　　　　　　　)3 个部分，其真正的核心是(　　　　　　)。

5．电子商务系统的两大支柱，一是指(　　　　　　　)，二是(　　　　　　　　)。

6．电子商务网站主要有(　　　　　　)、(　　　　　　　)及(　　　　　　　)三大功能。

7．计算机网络就是指利用(　　　　　　　　　)，将分布在不同地理位置的具有(　　　　　　　　)功能的多台计算机、终端以及各种附属设备连接起来，按照(　　　　　　)进行数据通信，实现(　　　　　　　)的系统的集合。

8．按地理范围将计算机网络分为(　　　　)、(　　　　)和(　　　　)三大类。

9．计算机网络中常用的拓扑结构有(　　　　　　)、(　　　　　　)和(　　　　　)。

10．(　　　　　　)是计算机在网络中实现通信时必须遵守的约定，也就是(　　　　　　)。

11．TCP/IP 协议中 TCP 是指(　　　　　　)，IP 是指(　　　　　　)。

12．网页中超链接一般分为(　　　　　)、(　　　　　　)和(　　　　　)3 种类型。

13．电子商务网站的目的是(　　　　　　)。

二、选择题(20 小题，每小题 1 分，共 20 分)

1．电子商务的实质是(　　　)。
　　A．互联网　　　　B．商务活动　　　C．计算机技术　　D．网上银行

2．电子商务最基本的应用特性为(　　　)。
　　A．商务性　　　　B．服务性　　　　C．安全性　　　　D．协调性

3．(　　　)是电子商务生存的基础条件。
　　A．商务性　　　　B．服务性　　　　C．安全性　　　　D．协调性

4．SET 是指(　　　)。
　　A．安全电子交易　B．安全套接层　　C．存取控制　　　D．签名机制

5．电子商务系统的三层框架结构中(　　　　)是信息传送的载体和用户接入的手段。
　　A．底层　　　　　B．中间层　　　　C．上层　　　　　D．上层和中间层

6．网络传输媒介是(　　　)。
　　A．光盘　　　　　B．网卡　　　　　C．通信线路　　　D．交换机

7．计算机网络的连线方式称为网络的(　　　)。
　　A．总线结构　　　B．拓扑结构　　　C．网络协议　　　D．IP 地址

8. (   )网络是一种比较简单的计算机网络结构,它采用一条称为公共总线的传输介质。

    A. 综合型   B. 总线状   C. 星状   D. 环状

9. 办理宽带业务的电信公司属于(   )。

    A. ISP   B. WWW   C. TCP   D. Web

10. WWW 是指(   )。

    A. 网址   B. 网页   C. 域名   D. 环球信息网

11. Web 是指(   )。

    A. 空间   B. 网页   C. 域名   D. 环球信息网

12. URL 是指(   )。

    A. 网址   B. 网页   C. 域名   D. 环球信息网

13. 一个网站有(   )个首页。

    A. 1   B. 2   C. 3   D. 不确定

14. http://www.qqhru.edu 中的域名是(   )。

    A. edu   B. http   C. qqhru.edu   D. www.qqhru.edu

15. (   )不是网页的 3 个组成部分。

    A. 结构   B. 表现   C. 行为   D. WWW

16. CSS 是指(   )Cascading Style Sheets 的缩写。

    A. 动态网页   B. 层   C. 层叠样式表   D. 超文本标记语言

17. cuteFTP 是(   )工具。

    A. 网站上传   B. 后台开发   C. 版面设计   D. 动画制作

18. B2B 是指(   )的电子商务。

    A. 企业对企业   B. 企业对消费者

    C. 消费者对消费者   D. 企业对经营者

19. (   )不是利用电子商务系统建设电子商务网站的优点。

    A. 节省费用   B. 代码简单   C. 功能齐全   D. 减少时间

20. 网站一般使用(   )或 GIF 格式的图像文件。

    A. JPG   B. BMP   C. PIC   D. AVI

三、判断题(20 小题,每小题 1 分,共 20 分)

1. 计算机、Internet 是电子商务的实现工具。 （   ）

2. 电话、传真、网上银行、在线支付接口、点卡等也属于电子商务的工具。 （   ）

3. 电子商务的目的是实现整个商务过程中的电子化、数字化、网络化。 （   ）

4. 商务活动是一种协调过程,它需要整体的协调。 （   ）

5. 电子商务的可扩展性是指其系统具备扩展能力,能够承受电子商务活动繁忙时系统速度、流量带来的压力。 （   ）

6. 商家可以很方便地通过网络随时收集客户意见,这属于电子商务网站的交易功能。（   ）

7. IP 地址是计算机在网络上众多标识办法的一种。 （   ）

8. 总线型网络所有计算机共用一条传输线路。 （   ）

9. 接入 Internet 的计算机都要使用 NetBEUI 协议,才能正常上网。 （   ）

10．TCP/IP 协议由上百个子协议组成。 （　　）

11．HTTP 协议是用于局域网的传送协议。 （　　）

12．网站前台开发主要是指网站程序设计。 （　　）

13．CuteFTP 可以将修改后的网页重新上传覆盖原有网页，达到网页维护的目的。（　　）

14．B2A 是指商业机构对个人的电子商务。 （　　）

15．广义的电子商务网站不仅包括像淘宝网这样的在线交易网站，而且包括各个工商企业自建的以本企业产品、商品为主要内容的网站。 （　　）

16．自助建站一般适用于大型电子商务网站建设。 （　　）

17．自助建站就是通过一套完善、智能的系统，让不会建设网站的人通过一些非常简单的操作就能轻松建立自己的网站。 （　　）

18．电子商务网站就是为实现电子商务功能而建设的网站。 （　　）

19．超链接的目标可以是网页上的不同位置。 （　　）

20．广域网即为互联网。 （　　）

四、问答题(4 小题，每小题 5 分，共 20 分)

1．简述电子商务系统的框架结构。

2．什么是计算机网络？

3．电子商务有哪些功能？

4．什么是网站？什么是网站建设？什么是电子商务网站？

 技能实训

一、操作题

登录下列网站了解其类型、功能组成、网站特点。

(1) 阿里巴巴(http://china.alibaba.com)

(2) 中企互联(http://www.e1588.com)

(3) 中国申网(http://www.shnn.com)

(4) 红孩子购物网(http://sh.redbaby.com.cn/)

(5) 腾讯拍拍网(http://www.paipai.com)

(6) 淘宝网(http://www.taobao.com)

二、励志题

上网查找马云、张朝阳、丁磊的事迹，写一篇感想，要求透过三人的成长轨迹，制订自己的学习计划。

第 2 章　电子商务网站的规划设计

本章知识结构框图

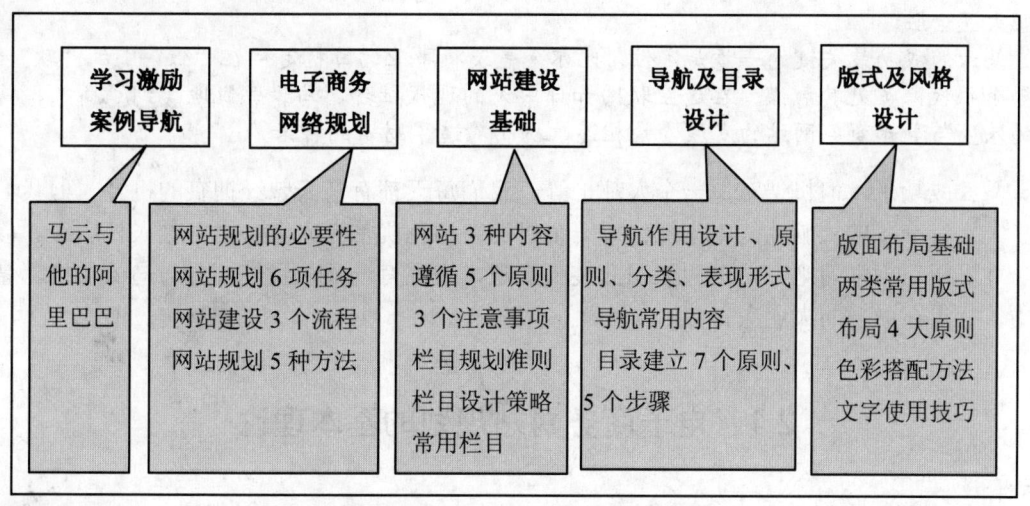

学习激励 案例导航	电子商务 网络规划	网站建设 基础	导航及目录 设计	版式及风格 设计
马云与 他的阿 里巴巴	网站规划的必要性 网站规划 6 项任务 网站建设 3 个流程 网站规划 5 种方法	网站 3 种内容 遵循 5 个原则 3 个注意事项 栏目规划准则 栏目设计策略 常用栏目	导航作用设计、原 则、分类、表现形式 导航常用内容 目录建立 7 个原则、 5 个步骤	版面布局基础 两类常用版式 布局 4 大原则 色彩搭配方法 文字使用技巧

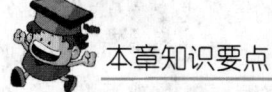本章知识要点

1. 电子商务网站规划的基本理论;
2. 网站内容及栏目设计方法;
3. 导航及目录设计方法;
4. 版式及风格设计。

本章学习方法

　　熟读唐诗三百首，不会作诗也会吟。大量观察各类网站，从中悟出规律是本章学习的最佳方法，也是入门的唯一捷径。

　　凡事欲则立，不欲则废。每做一件事，都要有计划。建设一个成功的网站需要周全考虑、详尽规划。电子商务专业的学生，走在求知大道上，正在迎接美好的人生，也需要用心规划、用心去经营自己的人生。让我们看看马云是如何规划他的阿里巴巴，如何缔造人生神话的……

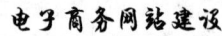

学习激励与案例导航

规划网站、规划人生

马云的人生因网络而辉煌，阿里巴巴网站因马云而风靡全球。一个好的网站规划造就一个成功的人生。从1995年一个普通的英语教师到1999年创办阿里巴巴；从2002年"全年盈利1块钱"的目标到2003年"一天收入一百万"的蓝图；再到2004年"一天盈利一百万"的蓝图；最后2005年"一天纳税一百万"的惊天之语。马云每走一步都坚若磐石，步步为营，招招大获全胜。

马云的成功最关键的一步是定位。比尔·盖茨将事业的目标定位在"微"小的"软"件，在那个年代，足见其智谋。在这互联网如日中天的现代社会，马云敏锐地嗅到了商机，将自己的人生与电子商务网站的发展紧紧相连，从而缔造了财富的神话。

马云成功了，但机遇对每一个人都平等，我们每天都有马云曾经拥有的机会，但我们抓住了吗？有准备的头脑才能牢牢抓住每一个机遇。莺花犹怕春光老，岂可教人枉度春。珍惜每一寸光阴努力学习吧，时刻用知识武装头脑吧，终究有一天，我们都会与马云一样，豪情万丈，行走在成功的大道上。

2.1 电子商务网站规划的基本理论

盖一座摩天大厦，最重要的是规划；成就一番惊天伟业，最重要的是策划。大学生应做职业规划，才能在职场乘风破浪。人的一生要有一个总体的规划，活着才有意义。网站规划对于网站建设有着极其重要的意义。很多网站爱好者，制作初期激情澎湃，越做越无精打采，多少次不得不从头再来，最后不了了之。网站的流程是否符合实际，是否按照标准流程进行网站建设，关系着一个网站的成功与否。

2.1.1 网站规划的必要性

电子商务网站规划是网站建设的第一步：对网站进行详细的市场调研、准确的分析，并在此基础上提出网站制作的框架结构、部署网站的技术队伍、确定网站的建设流程，最后撰写出网站的规划书。网站规划书是网站建设团队建设网站的工作准则。有了网站规划书，网站建设从规划流程转入制作流程。电子商务网站规划的意义主要有以下几点。

1. 指导网站建设过程中的每一个操作步骤

只有对网站建设整体进行详细的规划，网站制作才有章可循，电子商务网站的实际制作工作才能开始，才能有序地组织素材、设计界面、编写代码，网站建设的每一个步骤才能清晰明了。

2. 网站规划是网站成功的有力保障

网站建设是一个系统工程，好比盖一座高楼，工序清晰、有序开展，才能保证工程顺利进行。网站建设决不是今天做个界面，明天编个代码，这样的网站即使做出来了，日后的维护工作也无法进行。电子商务网站的制作必须按总体规划进行，这样网站建设才有保障。

3. 可以有效利用时间、提高网站制作效率

网站制作一般都有明确的工期要求，必须有一个整体规划，才能按时、保质地完成网站建设工作。有了标准的流程，确定了明确的分工，每一个阶段有了具体的时间要求，网站才能如期交付。

4. 有利于实施团队合作，协同完成网站整体制作

一个人的力量总是单枪匹马，众人的力量才能移山填海。网站的建设，不是一个人的力量所能完成的，必须发挥团队的优势。业务、策划、美工、程序编写必须按照总体规划分工协作，共同完成，没有总体规划，就谈不上分工协作。

5. 有利于保障网站的科学性、严谨性

网站是一个系统工程，必须保证其科学性与严谨性，而且网站的制作只是电子商务网站的第一步，日后的维护与更新将是一个漫长的过程。一个建设科学、严谨的网站，有规可循，日后维护工作也将极其便利。

2.1.2 网站规划的任务

网站建设者不但要认识到网站规划的重要性，更重要的是要明确网站规划的任务。这样，才能对网站进行总体、详尽的规划，做出的规划才能切实可行，才能做出一份可操作、可实施的网站规划。那么网站规划具体都要做些什么工作呢？网站规划的任务是什么呢？

1. 明晰网站建设的流程

明晰网站建设的流程是网站规划最重要的任务之一，根据网站建设的流程具体做出每一项安排。具体要解决以下 3 项任务。

(1) 网站制作有哪些流程。盖一栋大楼，第一步做什么，第二步做什么，先后如何衔接，大楼的建设者必须明晰盖大楼的每一个步骤。不可能盖完了一楼，地下的车库还没开工，最后拆了一楼，重新建地下车库。网站建设也一样，每一个流程要按先后顺序严格制定，在规划阶段必须明晰。

(2) 每一个流程由谁来完成。清晰每一个流程，明确网站建设的每一个步骤，就要确定每一个步骤的制作人、责任人，即解决由谁来完成的问题。

(3) 每一项内容何时完成。网站建设流程还必须明确网站建设的时间，即每一个流程的工期。做什么、谁做、何时完成 3 个问题全部解决后，网站规划的第一步工作就全部完成了。

2. 确定网站的目的、功能

为什么要建立网站，为了宣传产品，还是要进行网上交易？做本企业网站，还是建立行业性网站？为了企业日常任务需要，还是市场开拓的延伸？根据公司的需要和网站建设计划，确定网站的整体功能。目的确定，功能明晰，为后继工作掌握好方向，此后的工作才能顺畅进行。

3. 确定网站的技术解决方案

网站的建设目的、建设功能确定了之后，接下来就要确定网站的技术解决方案。网站的技术解决方案，是对网站规划中技术实施环节的确定。技术解决方案的确定，直接决定着网站建设的人员配备、资源配备问题。具体包括以下几点。

(1) 服务器的选用。网站制作完成后，要上传到互联网服务器上，才能被互联网用户浏览。互联网服务器有很多种，在规划阶段首先应该确定服务器的类型。服务器类型确定之后才能进行服务器平台选型，以及开发技术选型、数据库选型等工作。服务器的选用有两种方法：一是采用自建服务器；二是租用虚拟主机。

(2) 服务器平台选型。用什么语言进行开发，首先要知道服务器操作系统类型，即服务器平台选型问题。在网站规划阶段，必须明确服务器平台类型，才能确定开发技术，即选择了什么样的服务器操作系统，决定用什么样的网络开发环境才能与之更好地配合，最终建设出健壮的电子商务网站。

(3) 开发技术选型。这是使用何种技术进行开发的问题。更简单地说，就是选择什么软件环境来开发电子商务网站，开发环境要与服务器平台选型相配合，才能达到最理想的效果。

(4) 数据库选型。网站大量使用数据库管理页面内容，数据库的优劣直接决定网站的安全性。数据库选型就是解决采用何种数据库系统的问题，只有确定了数据库系统的类型，才能开始建立数据库，网站的编程工作才能正式开始。

4. 对网站内容进行总体规划

网站的流程、目的、功能、技术解决方案都确定之后，网站规划的另一项重要任务就需要重点确定了。这就是网站内容的规划，即网站都包含什么内容，如何组织网站内容的问题。网站内容是网站吸引浏览者最重要的因素，无内容或不实用的信息不会吸引匆匆浏览的访客。内容规划时要从以下两个方面入手。

(1) 规划时要解决网站有哪些栏目的问题。打开电视，每个频道相当于一个网站，而每个电视频道都有例如今日说法、午间新闻、健康讲堂等特有的栏目。网站也与此类似，每个网站都有自己的栏目，如企业新闻、产品信息、特价促销等。网站规划之际，一定要确定栏目数量以及每个栏目的主题。

(2) 规划时要解决每个栏目都有什么内容的问题。栏目确定了，接下来就要确定每个栏目的内容，即每个栏目放置内容的标准是什么，什么样的内容应该放在这个栏目中，什么样的内容不应该放在这个栏目中。规划时可先对人们希望阅读的信息进行调查，企业网站内容应立足于企业形象展示来进行内容规划，切忌繁多杂乱。收集整理网站可能需要的资料时，要精挑细选突出重点，尤其是文本资料和图片资料，准备得越充分越有利于网站的制作。

5. 确定网页设计方案

网站规划时，还要确定网页的设计方案，明确每一个页面的设计方案，包括版式设计，目录设计，导航设计及风格设计等。实际实施制作的技术人员取得该方案后，可以快速按照指定的要求进行制作。

6. 制定网站后期的运营、维护、管理、安全方案

对网站制作完成后的运营方案、维护计划、管理体系、安全防范等都要进行统一规划，这是网站规划的一项重要任务，也是网站规划中不可缺少的一个有机组成部分。

2.1.3 网站建设的流程

网站制作流程是指网站制作过程中必须遵循的先后顺序。每一个成品网站都必须按标准流程进行建设。这类似于企业产品生产线，一个工序一个工序地完成整个产品加工。很多人把网站建设与网页制作混为一谈。在他们的意识中，所谓做网站，就是用 Dreamweaver 把图片、文字弄到一起，形成一个页面。所以，他们制作网站时，往往直奔主题，直接进入 Dreamweaver 环境，随着制作的深入，越来越糟糕，越来越难以为继。最后，网站的夭折导致网站制作激情的泯灭。电子商务网站，功能较多，应用性极强，更要注重按流程制作。因此，网站的制作流程在网站制作中有着重要的意义。

电子商务网站的制作与普通网站的制作流程相同，有规划设计，实施制作和发布维护三大流程。每一个流程又包括若干细节，流程之间有着严格的顺序。

1. 规划设计

网站规划是指在网站建设前对市场进行分析，确定网站的目的和功能，并根据需要对网站建设中的技术、内容、费用、测试、维护等做出规划。网站规划对网站建设起到计划和指导作用，对网站的内容和维护起到定位作用。电子商务网站建设之前，必须进行一系列的准备工作，也就是网站的规划设计工作。具体包括以下几个方面。

(1) 确定网站建设的主题。网站制作前，要确定网站的主题，即明确做一个关于什么内容的网站，是专门卖化妆品的网站，还是一个类似淘宝网的综合网站。根据已经确定的主题，确定网站的名字，再根据网站的名字注册网站的域名，同时申请网站的空间。

(2) 规划分析。明确了主题，就要根据客户的要求，进行整体规划、系统分析。网站的题目是什么？网站的主色调是什么？网站的结构怎样？网站的风格如何定位？网站的导航、网站的栏目如何确定等。

(3) 收集资料。主题已定，规划分析完毕，接下来，就要收集各种资料，包括文字资料、图片素材、影音素材等。

(4) 撰写网站规划书。网站规划书应该尽可能考虑周全，涵盖网站建设中的各个方面。网站规划书的写作要科学、认真、实事求是。网站规划书的书写还要切实可行，确保其可操作性。网站规划书包含的内容有建设网站前的市场分析，建设网站的目的及功能定位，网站技术解决方案，网站内容规划，网页设计方案和网站维护计划等。

2. 实施制作

实施规划的制作步骤如下。

(1) 版面设计。网站规划设计完毕之后，首要工作便是版面设计，就是网络公司常说的"打版"。所谓版面设计就是指用 Photoshop 等图像处理软件进行网页页面设计制作的过程。实际工作中，一般用 Photoshop 进行页面设计。设计结束并经领导审核后，提交给客户。由客户指出不足、提出意见，然后不断进行修改，直至客户满意为止。

【操作实例 2-1】上网查找 Photoshop 软件并下载安装。

步骤 1：进入 http://www.baidu.com，搜索"Photoshop 下载"，并单击进入网站下载 Photoshop。

步骤 2：解压缩安装包，单击 setup.exe 可执行文件，开始安装。

步骤 3：依据提示，完成所有安装步骤。

(2) 编辑排版。客户满意的前台版面，经分割后，导入网页排版软件中进行排版。行业上习惯用 Photoshop 设计版面，用 Dreamweaver 进行编辑排版。排版结束后，前台美工部分工作即告完成。

(3) 后台功能实现。前台美工工作完成后，由软件编程人员，按照客户要求编写相应的功能模块，即常说的后台管理功能。目前已经有大量的专业后台管理系统，使得后台代码编写工作越来越简化。

(4) 代码整合。前台美工、后台模块均完成后，进行代码整合，即后台挂接的过程，就是把已经编写好的相应功能模块，与页面部分进行链接。

3. 发布维护

(1) 网站测试。网站制作完成后，要进行有效测试，才能保证网站发布后可靠运行。测试内容主要包括功能测试、链接测试、流量压力测试、响应时间测试等。测试过程中发现问题要及时纠正。

(2) 上传发布。经过测试的网站，就可以上传发布了。所谓网站发布就是指将已经制作完成的网站上传到已经开通的网站空间上。

(3) 日常维护。网站上传完毕，就开始了漫长的网站维护阶段。所谓网站的维护一般包括内容的维护与版面的维护两种。内容的维护一般由客户自行完成，根据企业电子商务活动的需要，利用网站提供的后台管理功能，随时向网站页面上添加内容。版面维护，就是常说的改版，即网站运营一段时间以后，为了继续吸引网民访问，改变网站的首页风格。一般要重新制作一个网站的首页，上传到原空间，覆盖原网站首页。完成改版工作，类似软件的升级工作。

2.1.4 电子商务网站规划的常用方法

本章讲述至此，网站规划的必要性自不必说，网站规划的任务也已清晰明了，网站建设的流程一目了然。那么，网站规划常用的方法有哪些呢？如何动手实施网站的规划呢？网站的规划设计包括网站的栏目规划、网站的导航及目录设计、网站的内容设计、网站的风格设计等内容。其方法基本相同，网络公司实际应用的方法有以下几种。

1. 调查法

所谓网站规划的调查法，就是通过市场调查、用户调查、受众群体调查，进行网站规划的一种方法。要多方听取意见，广开言路，兼听则明、偏听则废。通过对同行业网站的调查，对市场现状的调查，对用户需求的调查，对用户企业实际情况的调查，对网站将要面对的受众对象的调查，全面掌握信息，全面了解情况，在此基础上进行网站的规划设计。

(1) 市场调查。市场调查侧重对网站可行性进行分析，对网站的建设目的、功能进行准确定位。调查对象主要有同行业网站、本行业市场经营现状。调查结束后，经过整理，完成网站的目的确定及功能定位规划。

(2) 用户调查。做事不由东，累死也无功。给谁做网站，就要了解谁的真实意图，按照客户的要求完成整个网站的规划。用户调查时一定要全面了解用户的真实目的、实际情况、现有条件、可利用资源。

(3) 受众群体调查。成品网站要为目标客户群服务。为了使网站一开始就以客户实际需求为目标，使网络的规划更符合实际需要，在网站的规划阶段就要对网站的受众对象进行调查，尽可能多地了解他们的实际需求。

对调查法取得的资料、数据经过汇总，便形成了完整的网站规划材料，经过整理后便可直接制作网站规划书，完成网站的规划工作。

2. 参照法

电子商务网站制作之初，设想阶段往往经纶满腹，实际制作规划阶段却又无从下手。这是所有网站制作者都曾经遇到过的现象，这也是很正常的现象。那么如何破解这一难题呢？采用参照法便可迎刃而解。

参照法就是指网站规划时大量参照同类网站、学习同类网站，形成自己的规划方案的一种规划方法。网站规划时，大量浏览同类网站，广泛吸取同类网站的优点，小到一个栏目、一个导航，大到整体布局、二级页面组织都要参照大量的网站。取其精华去其糟粕，形成自己独特风格。具体在实施参照法时，要分步骤进行。现以网站功能规划为例，其规划步骤如下。

(1) 上网浏览大量同类网站，重点查看各网站的功能。
(2) 总结各网站的功能特点，将各网站的功能列在纸上。
(3) 将各网站的功能与自己原有的设想进行对比。
(4) 结合自己实际需要，对各网站的功能进行去粗取精，完成网站功能规划。

3. 手绘法

手绘法是将网站的规划用手绘的方式进行表现的一种方法。这种方法比较适用于页面的布局规划。这是最为传统的一种规划方法，小型网络公司目前还大量采用此种方法。小型网络公司的管理者一般都兼任规划设计职务，事务繁忙，随时画上几笔，想到哪，随时随地补上一些内容。

【操作实例 2-2】根据你所在大学校园网站的页面，为你曾经就读的中学网站用手绘法进行规划。

步骤1：打开并分析你所在大学校园网站。
步骤2：梳理你曾经就读的中学基本情况。
步骤3：画出网站整体轮廓。
步骤4：分别对头部、尾部进行规划绘制。
步骤5：对体部进行规划绘制。

4. 软件规划法

软件规划法是指用 Word、Photoshop、Fireworks 等软件进行页面规划的方法。这是目前比较常用的页面规划方法。规划结束后，可以直接形成网站规划书，方便快捷。实际应用时，将网上可以参照的资源直接复制到 Word、Photoshop、Fireworks 等软件中，甚至可以在这些软件中进行修改。

一般使用 Word 进行总体规划设计，而使用 Photoshop、Fireworks 等软件进行页面的样例规划。

【操作实例 2-3】用软件规划法规划一个以个人求职为主题的网站首页。

步骤 1：通过上网查找，结合自身情况确定个人主页的布局。

步骤 2：启动 Word 软件。

步骤 3：进行头部规划，上网查找与自己创意相符合的网站头部，参照制作或复制到 Word 中。

步骤 4：进行体部规划，对体部的每一部分内容进行设计，可以不断地上网查找相关资料。

步骤 5：对尾部进行规划。

5．移花接木法

移花接木法就是对网站的每个细节部分都在网上找到与自己设想比较一致的样例，然后将网上样例通过截图软件保存下来，并粘贴到自己的规划图上。

其实现方法很简单，首先在百度中检索相关网站，例如检索"电子商务网站"，然后依次打开检索到的每一个网站，重点查看每个网站的头部，发现令你眼前一亮的网站头部，与你设想的极其吻合，有"众里寻她千百度"的那种感觉，立即将该网站的头部用抓图工具截下，放到 Word 或 Photoshop 中。运用此法，依次找到体部的每一个栏目以及适合的尾部。最后用 Word 组合成一个完整的页面，形成整体网站的构思。

实际版面设计时，照此构思即可完成版面设计工作。

2.2 电子商务网站页面内容及栏目设计

每一个网站页面都是由大量的栏目组成的，每一个栏目都有一系列相关的内容。电子商务网站页面内容与栏目规划的优劣直接决定着用户访问网站的频率高低。不同行业的企业，其电子商务网站页面内容也不尽相同。但其主要的功能和模块却万变不离其宗，各企业根据自己的实际情况，在网站上都放置以本企业产品为主题的内容。只有内容充实而且实用，才能使网站被客户接受并长期使用，从而有效地实施企业网络营销活动。

2.2.1 电子商务网站页面应该包括的内容

电子商务网站是网站的一个分支，具备普通网站应该具备的常规内容。按照人们的认知规律，将网站页面分为首部、体部、尾部三大板块，下面具体分析网站应该具备的内容。

1．首部内容

首部包括以下内容。

(1) 网站标识(Logo)。Logo 是网站的图形标识，是与其他网站链接以及让其他网站链接的标识。Internet 之所以叫做"互联网"，在于各个网站之间可以自由连接。要让浏览者进入本企业的网站，必须提供一个让其进入的门户。而 Logo 以图形化的形式，特别是动态的 Logo，比文字形式的链接更能吸引人的注意。在如今争夺眼球的时代，Logo 的设计尤其重要。如图 2.1 所示是新浪网、网易、百度 3 个网站的 Logo。

　　网站 Logo 的设计要从功用性、识别性、艺术性三大方面进行考虑。标识的本质在于它的功用性，标识不仅仅是为了供人欣赏，更重要的是要实用。Logo 的识别性是指 Logo 要色彩强烈醒目、图形简练清晰，整体创意要独特，易于识别，能够显示企业特征。

图 2.1　新浪网、网易、百度的 Logo

　　(2) 标题(Title)。网站的标题就是指网站的题目；一般是显示在网页左上方的信息，如图 2.2 所示。

图 2.2　网站标题

　　(3) 广告条(Banner)。很多电子商务网站在头部放置了宣传标语，这是吸引人的有力手段。在网络营销术语中，Banner 是一种网络广告形式，一般放置在网页上的醒目位置。在用户浏览网页信息的同时，Banner 吸引用户对广告信息的关注，从而获得网络营销的效果。Banner 广告有多种规格和表现形式，其中最常用的是 468 像素×60 像素的标准标识广告。由于这种规格曾处于支配地位，在早期有关网络广告的文章中，如没有特别指名，通常都是指标准标识广告。这种标识广告有多种不同的称呼，如横幅广告、全幅广告、条幅广告、旗帜广告等。通常采用图片、动画等方式来制作 Banner 广告。

　　常见的 Banner 广告规格是全幅标识广告 468 像素×60 像素，半幅标志广告 234 像素×60 像素，垂直 Banner 为 120 像素×240 像素，宽型 Banner 尺寸为 728 像素×90 像素，小型广告条则为 88 像素×31 像素。

　　(4) 分类导航(Menu)与检索(Search)。电子商务网站由于涉及大量商品交易，而头部又是网上的黄金宝地，所以，很多商家不失时机地在此处放置了分类信息，还有的网站在此处放置了产品检索。网站的站内搜索功能对于用户获取网站信息具有非常重要的作用，尤其对于像 B2C 零售网站这样含有大量信息的网站、含有大量产品类别的大型电子商务网站等。站内搜索功能是否健全，在一定程度上影响着网站的发展。知名市场研究公司 Forrester Research 对 179 个欧洲网站的调查发现，高达 97%的欧洲在线消费者都使用搜索引擎寻找需要的信息，并且他们把这种搜索习惯带到了站内搜索中。

【操作实例 2-4】下载网站 Logo，进行分析。

　　步骤 1：打开 IE 浏览器，输入 http://www.baidu.com。

步骤 2：在搜索栏中输入"学校"两字。

步骤 3：打开其中的一个网站，将鼠标放在网站的 Logo 上，并单击鼠标右键，另存 Logo 图片。

步骤 4：重复上一步骤，下载大量 Logo。

步骤 5：分析不同 Logo，从颜色、形状、创意上进行分析。

2. 体部内容

体部包括以下内容。

(1) 用户注册与登录(Login)。一般电子商务网站均具有用户注册与登录模块，实现会员功能，将会员与一般用户区别对待。

(2) 各类栏目。网站的主要功能分布在各类栏目上，依靠各类栏目实现网站的全部功能。电子商务网站的栏目一般有交易栏目，如我要销售、我要采购、商品热卖；新闻类栏目，如行业资讯、公告通知等；产品展示栏目，如社区论坛、广告位等。

(3) 相关站点链接(Links)。友情链接是各类网站不可或缺的内容，也是电子商务网站的一项主要内容。对于与商品相关的网站，有关知识类网站，都可设为友情链接。

3. 尾部内容

尾部包括以下内容。

(1) 版权声明(Copyright)。网站的尾部一般都要有版权声明以及工业和信息化部的备案号，用于声明网站的版权以及网站的合法批复文号。

(2) 管理入口。很多电子商务网站在首页的尾部放置了管理入口，用于后台管理人员登录管理程序，对网站内容进行动态维护。

(3) 联系方式，为了便于联系，网页的尾部都留有各类联系方式，一般有电话、在线 QQ、电子邮箱等。

应用提示：适当地在网页尾部设计时采用一些小的卡通图标，可以为网站尾部增加灵气。

2.2.2 电子商务网站内容设计遵循的原则

电子商务网站内容设计必须遵循以下 5 项原则。

1. 相关性

电子商务网站内容设计的相关性原则是指网站内容要紧紧围绕网站的主题，以主题为主线展开内容设计，所有内容均应与主题具有相关性，无关内容一概不予使用。

2. 真实性

电子商务网站的真实性一方面是指要真实地传递本网站所掌握的客观情况，另一方面是指要表达商务活动中的真实数据。总的来说，就是要遵循交易上的诚信原则。电子商务网站的内容一定要具有真实性，在网站管理阶段对内容要严格把关，道听途说的内容不能采用，不确定的内容也不能采用。

3. 动态性

电子商务网站以其最新产品、最新报价吸引消费者常去浏览。因此，电子商务网站在设计时必须保证能够随时进行修改和更新，并且注明修改和更新日期。为经常访问的用户提供最大便利，吸引更多"回头客"。

4. 准确性

电子商务网站的内容，尤其是报价、库存等，应具有准确性，否则在交易实施过程中将产生不必要的麻烦，带来难以处理的纷争。

5. 图像替代

图像能够比普通文本提供更丰富和更直接的信息，产生更大的吸引力。但文本字符可提供较快的浏览速度，因此，要在两者之间认真权衡，适中地使用图像代替文本。

2.2.3 网站内容收集的注意事项

在制作电子商务网站时，需要大量的文字资料，如果是受人之托制作电子商务网站，如何收集网站的内容呢，这里有几个技巧。

1. 文责自负

网站所有内容一律由客户负责提供，万不可擅自到网上自行搜索，否则文责自负。

2. 材料电子版

文字材料一律要求电子版，千万不要印刷或手写的资料。因为你只是制作人员，不是录入人员，录入过程中难免出现错字，好心帮助录入，却要为文字担负责任，何苦呢。

3. 发送途径选择问题

电子版的文字材料一律要通过邮箱发送，不要接受 U 盘材料，因为一旦出现文字责任，你的邮箱可以挺身而出，还你清白。同时也避免病毒侵入电脑带来不必要的麻烦。

2.2.4 栏目规划概述

网站建设初学者最容易犯的错误就是：确定题材后立刻开始制作，没有进行合理规划，从而导致网站结构不清晰，目录庞杂混乱，板块编排乱等。结果不但浏览者看得糊里糊涂，制作者在运营过程中扩充和维护网站也相当困难，所以栏目规划在网站制作中具有十分重要的地位。

1. 网站的栏目及规划

网站的栏目是指网站内容的提纲，是网站内容的大纲索引。其功能是将网站的所有内容都分门别类，利用栏目将网站的主体明确显示出来。如果将网站比作一本书，那么书中的每章就是一个栏目。

网站栏目的规划，其实就是对网站内容的高度提炼。即使是文字再优美的书籍，如果缺

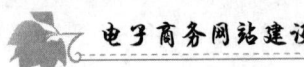
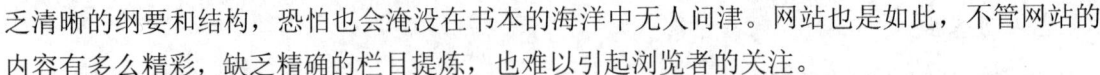
乏清晰的纲要和结构，恐怕也会淹没在书本的海洋中无人问津。网站也是如此，不管网站的内容有多么精彩，缺乏精确的栏目提炼，也难以引起浏览者的关注。

2. 网站栏目规划的原则

规划网站栏目要遵循以下原则。

(1) 紧扣主题的原则。网站的栏目要以网站的主题为中心，所有栏目要围绕主题进行设置。将网站的主题按一定的方法分类并将它们作为网站的主栏目。主题栏目数量在总栏目中要占绝对优势，这样的网站专业而且主题突出，容易给人留下深刻印象。网站的栏目切不可离题而设，例如：一个以 Flash 学习为主题的网站，可以设置 Flash 技巧、Flash 作品赏析、Flash 教程下载等栏目，但不能加入诸如足球之夜、游戏在线等。

(2) 精简的原则。网站的栏目，是一个网站某类内容的概括，一般用几个字表达即可，用词要精简达意。例如，齐齐哈尔信息工程学校的网站中有一个以招生管理、就业管理为主题的栏目，设置时可以考虑用"招生就业"，而不应使用"招生管理与就业安置专栏"这样的栏目标题。

(3) 提纲挈领的原则。网站的栏目规划首先要做到"提纲挈领、点题明义"，提炼出网站中每一个部分的内容，清晰地告诉浏览者网站在说什么，有哪些信息和功能。

(4) 凸显特色。栏目名称平易朴实人们就可以接受，如果能体现一定的内涵，给浏览者更多的视觉冲击和空间想象力，则为上品。例如：游戏前卫，游戏陶吧，e 书时空等。在体现出网站主题的同时，能凸显特色。

2.2.5 栏目规划策略

1. 栏目规划的常用方法

栏目规划常用如下方法。

(1) 分类法。所谓分类法，就是将欲在网站展示的所有资料进行分门别类，每一个类别形成一个栏目。这种方法是在给定文字、图片等素材的情况下进行的一种快捷栏目设置方法。使用这种方法进行网站栏目设置时，一定要注意资料必须先进行整理，剔除无关、无用资料，以使分类符合实际。

(2) 参照法。所谓参照法，就是参照同类网站所设置的栏目，结合实际需要进行栏目设置的方法。这种方法可以综合其他网站的长处，广闻博取，集众网之长，形成独特风格。使用这种方法时，注意参照网站的选取，一般应该选择具有代表性的权威网站、同类网站做参照，同时要注意去粗取精。

2. 栏目规划的技巧

制作电子商务网站，如果既没有接触过商务的日常活动，客户文化知识又有限，无法全面提供栏目信息资料，令人无所适从，而客户只是让制作者"照量着办"，那么怎么"照量着办"呢？办法很简单，就是上网搜索与客户主题相关的同类电子商务网站，参考这些同类网站的栏目，设置自己的栏目包括以下方法。

(1) 所有同类网站都有的栏目，你一定要有。

(2) 70%以上同类网站都有的栏目你不妨也加上。

（3）如果有些栏目只有 50%网站具有，这类栏目，你要询问客户的意见后，再决定是否采用此栏目。

（4）有些栏目只有 50%以下网站拥有，这时要注意了，这类栏目一是用处不大的栏目，二是特色栏目，你要根据情况再三斟酌，而后决定。

3．栏目的表现形式

网站栏目的表现形式有两种：一种是纯文字表现法(如图 2.3 所示)；另外一种是图形化的表现法(如图 2.4 所示)。图形化的表现方法比较直观，视觉效果比较好，目前广泛使用的是图形化的表示方法。

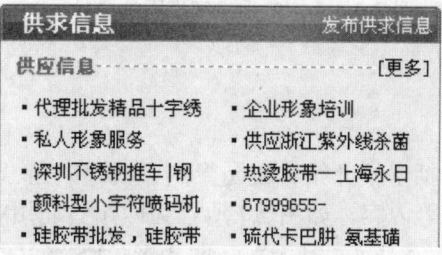

图 2.3　栏目的纯文字表现法

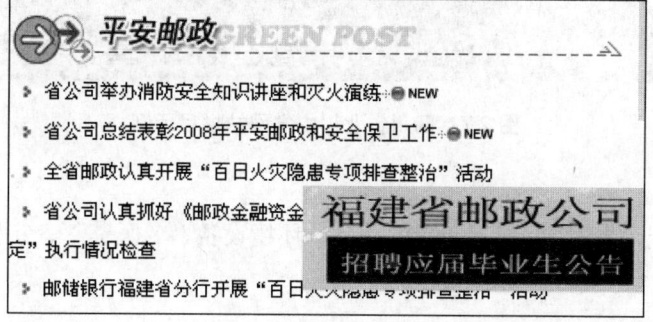

图 2.4　栏目的图形化表现法

2.2.6　电子商务网站常用栏目

1．网上商城常用栏目

网上商城是最典型的电子商务网站，一般都包含我要买、我要卖、热门促销、商品展示、分类导航、购物车、帮助、行业市场、商业社区、行业资讯、公告栏等栏目。所有栏目中以分类导航、商业展示占用幅面最大，如图 2.5 所示。

图 2.5　尚志都市商城网站栏目示例

资料来源：http://www.sz667.com/shop/。

2．工业企业常用栏目

工业企业电子商务网站主要以宣传企业文化、展示企业产品、实施企业服务为主要目的。一般有首页、关于我们、企业简介、企业文化、经营理念、发展历程、资质荣誉、企业动态、新闻中心、业内动态、产品展示、产品系列、下载中心、技术支持、售后技术支持、客户留言、招聘信息、联系我们、会员登录、会员注册等栏目，如图 2.6 所示。

图 2.6　大连专用机床厂网站栏目示例

资料来源：http://www.dzjc.cn。

3．其他常用栏目

学校类网站栏目一般包括学校介绍、校园聚焦、校园风光、教育教学、教工园地、资源平台、学生园地、互动交流等内容。如图 2.7 所示为四川省北川中学网站栏目示例。

图 2.7　四川省北川中学网站栏目示例

资料来源：http://www.scsbczx.com/。

医院网站栏目一般有医院概况、新闻动态、环境设备、名医荟萃、专科介绍、就医指南、专家门诊、网上挂号、医疗保健、在线咨询等。

2.2.7　阿里巴巴网站内容分析

阿里巴巴网站在国内电子商务网站市场上可谓是一面旗帜，其内容设计值得我们仔细分析。

1．头部内容设计分析

如图 2.8 所示是阿里巴巴网站头部内容，它包括标题、宣传标语、产品检索、分类导航等内容。

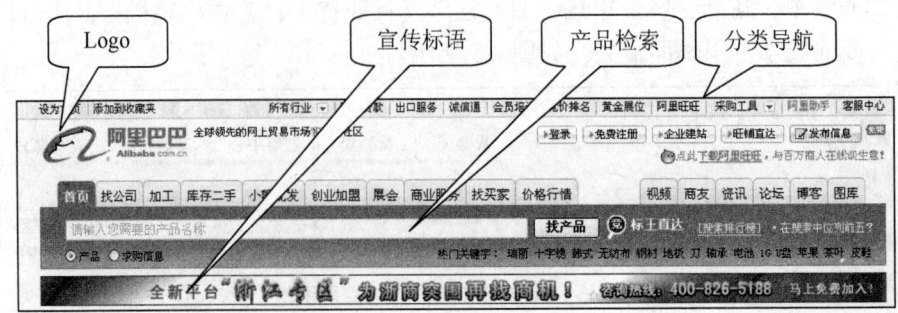

图 2.8　阿里巴巴网站头部内容

2. 体部内容设计分析

阿里巴巴网站在体部设计时充分显示了一个设计良好的电子商务网站的主题内容。下面我们分类予以分析。

(1) 资讯栏目。阿里巴巴的资讯栏目如图 2.9 所示，包括了热点聚焦、经营实务、价格行情，甚至还包括了股票行情实时查询，给人的感觉很实用、很贴切。

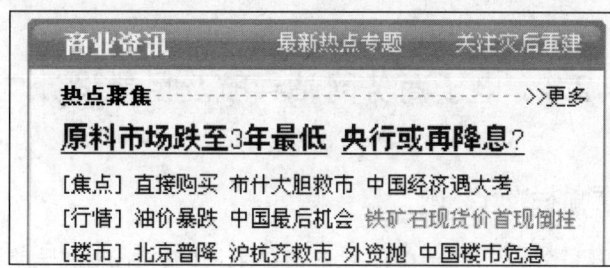

图 2.9　阿里巴巴网站的资讯栏目

(2) 社区栏目。阿里巴巴的社区栏目提供了网民交互的自由空间。不但有商人论坛，还有管理杂谈、专用设备论坛，甚至还有人们喜闻乐见的谈天贴图、实用性极强的阿里贷款、视频中心、聊天室，以及当下正红的奥运专栏。可以说电子商务网站的交互功能，阿里巴巴的智慧真是做绝了，如图 2.10 所示。

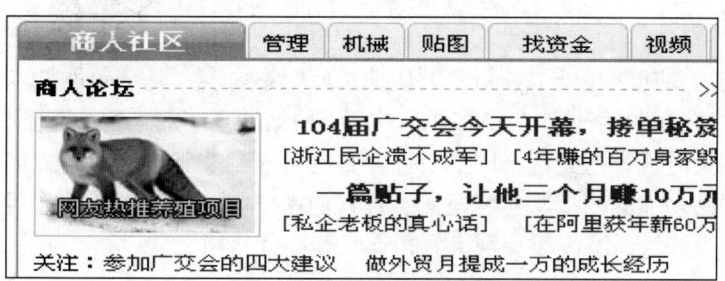

图 2.10　阿里巴巴网站的社区栏目

(3) 交易栏目。阿里巴巴网站中体部的 2/3 都是交易栏目的内容，而且按行业做了细分，每个行业又做了更具体的分类，内容涉及了其交易的所有商品目录，如图 2.11 所示。

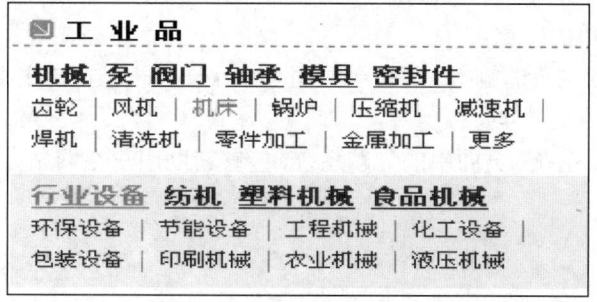

图 2.11　阿里巴巴网站的交易栏目

3. 尾部内容设计分析

阿里巴巴网站的尾部以链接为主，并且放置了版权声明，如图 2.12 所示。

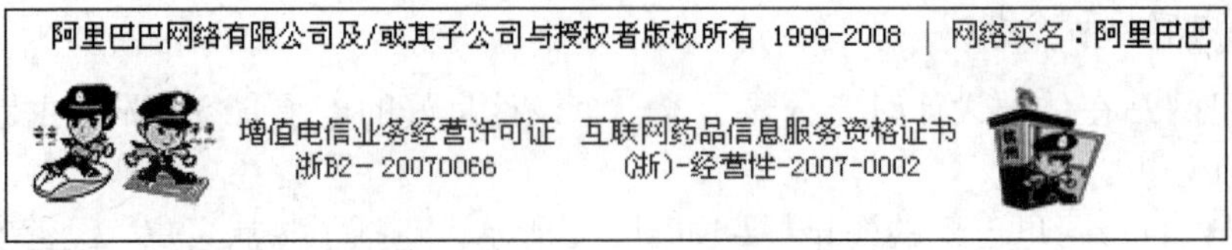

阿里巴巴网络有限公司及/或其子公司与授权者版权所有 1999-2008 | 网络实名：阿里巴巴

增值电信业务经营许可证　互联网药品信息服务资格证书
浙B2－20070066　　　(浙)-经营性-2007-0002

图 2.12　阿里巴巴网站的尾部

2.3　电子商务网站导航及目录设计

2.3.1　电子商务网站导航栏设计概述

导航栏是指位于网页头部，在头部图片上边或下边的一排水平导航按钮，它起着链接网站各个页面的作用。

美丽的扎龙，丹顶鹤的故乡，初来乍到的你，需要一个导游。现代化的医院，迈进大门的一刹那，美丽的导医小姐，会让你的病痛一下子减轻许多。一个成功的电子商务网站，也需要一个向导，一个类似导游、导医的功能，能带领网站的浏览者穿梭于网站的各个页面，这便是网站的导航栏。

1. 导航的作用

网站导航的主要功能在于引导用户方便地访问网站内容，是评价网站专业度、可用度的重要指标。同时对搜索引擎也产生诸多提示作用。网站的导航对于网站起到提纲挈领的作用，使用户在浏览网页时很容易到达不同的页面，是网页元素非常重要的组成部分。设计好的网站导航对整个网站功能的发挥，对网民浏览过程的引导起到至关重要的作用。对网页设计者来说，导航栏在设计时，不仅要美观大方，而且要高效易用。

2. 导航设计原则

实际使用过程中，浏览者一般以很随机的跳跃方式访问网站的各页面内容。网站的导航系统必须精心设计，最大限度地方便用户访问。

(1) 导航结构要清楚。不管网站系统多么复杂，导航设计必须坚持清晰明了的原则，给浏览者一种既直接又简单的感觉。

(2) 每页都有返回主页的链接。每一个页面至少保证有一个指向主页的链接。保证浏览者不至于在网站中迷失方向。

(3) 每页都有导航系统。页面中的导航系统，能够帮助用户在网站中自由跳转，随意访问。

2.3.2　导航分类

1. 全局导航

全局导航一般是指网站首页的导航条，如图 2.13 所示。该导航条具有以下特点。

(1) 位置固定。为了方便用户使用，减少浏览者查找的时间，全局导航位置一般都比较固定，通常位于网站的头部，而且每个页面的位置基本不变。

(2) 所有页面的全局导航相同。每一个页面的导航都是相同的，内容相同、表现形式相同、位置相同，更直接地说就是一模一样。

(3) 随意跳转。全局导航可以帮助用户随时跳转到网站的任何一个栏目。由一个栏目可以轻松跳转到另一个栏目。

图 2.13 全局导航示意图

资料来源：北京大学出版社网站。

2. 路径导航

路径导航显示了用户浏览页面的所属栏目及路径，帮助用户访问该页面的上下级栏目，从而更完整地了解网站信息。用户通过主导航到目标网页的访问过程中的路径提示，了解目前所处网站中的位置而不至于迷失"方向"，并方便回到上级页面和起点。路径中的每个栏目一般都添加有链接，单击后可以直接跳转到相关页面，如图 2.14 所示。

图 2.14 路径导航示意图

资料来源：齐齐哈尔政府网。

3. 快捷导航

对于网站的老用户而言，需要快捷地到达所需栏目，快捷导航为这些用户提供直观的栏目链接，减少用户的单击次数和时间，提升浏览效率。

4. 相关导航

为了增加用户的停留时间，网站策划者需要充分考虑浏览者的需求，为页面设置相关导航，让浏览者可以方便地到达所关注的相关页面，从而增进对企业的了解，提升合作几率。

2.3.3 电子商务网站导航栏设计方法

电子商务网站导航栏如何进行设计呢，如何将你的智慧在电子商务网站导航的设计中发挥得淋漓尽致呢，这需要方法。

1. 电子商务网站导航栏的表现形式

电子商务网站导航栏一般位于网站的上方，其位置处于网站的黄金地段，是争抢浏览者眼球的重要组成位置。其表现形式有以下两种。

(1) 纯文字表现法。纯文字表现法是指导航内容用文字的方式表现出来，其优点是显示速度快，几乎是打开网址的一刹那，导航也同步呈现在浏览者面前。其缺点是视觉效果不好，为了弥补这一点，一般将导航栏背景设置为漂亮的颜色，同时文字颜色与背景颜色巧妙搭配，将整个导航栏完美表现出来。

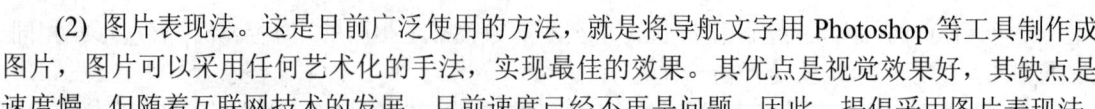

(2) 图片表现法。这是目前广泛使用的方法，就是将导航文字用 Photoshop 等工具制作成图片，图片可以采用任何艺术化的手法，实现最佳的效果。其优点是视觉效果好，其缺点是速度慢，但随着互联网技术的发展，目前速度已经不再是问题。因此，提倡采用图片表现法。

> **应用提示：** 导航栏中各栏目的分割常用一条竖线，这线竖线的实现很简单，按住键盘上的 Shift 键，同时按下 "\\" 即可实现。

2. 电子商务网站导航栏的常见内容

电子商务网站导航栏的内容五花八门，不同的网站有不同的导航。但不管是什么样的网站其常用内容却是不变的，具体有以下几个。

(1) 首页。每一个网站的导航上，都固定有一个"首页"，其链接网址为本站的首页地址，这也是所有电子商务类网站必不可少的内容。

(2) 简介类。每一个网站都有一个自我介绍的栏目，虽然叫法不一，但其内容却唯一，都以介绍本企业为主，类似的叫法有"单位概况"、"企业简介"、"走近企业"等。

(3) 展示类。每一个电子网站都有一个展示类的栏目，向浏览者展示其产品或服务，全面宣传自己的产品。从产品的说明到产品的图片，从产品的特点到产品的优异之处，总之竭尽其全力显耀其光华。这类栏目常见的称呼有"产品介绍"等。

(4) 社区类。这类是为网站与浏览者交互提供的平台，例如论坛、留言板等。

3. 电子商务网站导航栏的设计步骤

(1) 确定导航内容。通过前期调研，结合用户需求，确定导航按钮数量、导航内容，并以简明的文字概括出来。具体确定导航内容时，要在调研的基础上满足用户要求，广泛查阅相关网站，借鉴同行网站长处，形成自己的特色。

(2) 确定导航表现形式。网站的导航有许多表现形式，其中最常见的有图形式、文字式、菜单式。这 3 种方式中图形式最简洁，而且实现起来也最容易；图形式则需要将文字在图形处理软件中进行艺术化处理；菜单式则具有包含信息量大、新颖别致的特点。具体选择时要根据网站实际情况来进行。网站规模大、信息量大的网站应该采用菜单式，网站显示速度要求高、流量大的网站宜选用文字式；而一般的网站则选择图形式比较好。

(3) 确定导航实现方法。菜单式通常用软件编程法来实现，即通过编写程序，实现导航的方法，通常复杂的导航、特殊效果的导航多采用此法。图形式一般用 Photoshop 将文字进行简单效果处理，并配以背景图片、卡通图标；而文字式则直接在网页排版时录入文字即可。

> **小技巧：** 没有编程基础的人，欲用软件编程法实现复杂的导航，已经不再是痴人妄想。目前网上有大量的导航源代码，百度检索、单击进入、复制、粘贴、修改，简单 5 个步骤即可轻松完成。

2.3.4 电子商务网站目录设计概述

一个网站由大量的图片、网页、数据库等文件组成，小的网站有几十个文件，而大的网站则有数百上千个文件。无论在自己的计算机上建设网站还是制作完成后上传到服务器上发布大量文件的网站，都要建立目录、分类有序存放。网站目录是指建立网站时创建的目录，目录结构的好坏，对浏览者来说并没有什么太大的感觉，但是对于站点本身的维护、未来的扩充和移植有着重要的影响。否则不但网站查找费时费力，而且网站读取速度会越来越慢。

为了方便日后维护以及扩充升级，网站的目录建设，必须在网站建设之初，按标准进行，不得随意建立目录，更不得随意存放文件。

网站目录建设的总原则是以最少的层次提供最清晰简便的访问结构，网站目录在建设时必须遵循以下原则。

1. 分类存放、分别建立目录的原则

网站上的图片、数据库等文件要根据其性质，分别建立相应目录，将各类文件分门别类有序存放。目录的命名一般应使人望文知义，例如图片放在 Images 目录下，样式文件放在 Style 目录下。

2. 目录的层次不要太深

目录的层次建议不要超过 3 层，这样的目录不但结构清晰，而且维护管理方便。

3. 根目录下不要存放所有文件

网站的根目录下只能存放主页文件以及用于流量统计的文本文件，其他文件一律不得放置在根目录下。

4. 根据栏目内容建立子目录

除了公共的目录外，我们要根据网站栏目，为每一个栏目建立相应的子目录，并存放其对应的网页文件。

5. 在每个主栏目子目录下都建立独立的 Images 目录

每一个网页中都有大量的图片文件，因此要在每一个栏目目录下，再建一个独立的 Images 子目录，用于存放各栏目对应网页的图像文件。

6. 不要使用中文目录

网站制作上不允许使用中文目录，虽然也有极个别网站使用中文目录，但这不仅是一种极不规范的做法，而且在检索、使用过程中还很容易出现错误。

7. 不要使用过长的目录

网站要经常被检索，一般不建议使用过长目录，网站目录的命名一般以与栏目对应的英文为主，对于过长的英文组合应该进行适当缩略。

2.3.5 网站目录建设的步骤及方法

网站目录建设的步骤及方法如下。

(1) 建立一个用于存放网站的总目录，例如，MyWeb。

(2) 进入此网站总目录，开始网站目录的建设工作。

(3) 在网站的根目录下建立一个 Images 子目录，用于存放首页图像文件。

(4) 在网站的根目录下建立一个 Style 子目录，用于存放样式表文件。

(5) 在网站的根目录下为每一个栏目建立对应子目录，每个子目录下建立独立的 Images 子目录，用以存放该页面所有图片文件。

2.3.6 敦煌网的目录结构

1. 敦煌网的 Logo 及导航栏

如图 2.15 所示为敦煌网的 Logo 及导航栏。

图 2.15　敦煌网的 Logo 及导航栏

2. 敦煌网的目录结构设计

如图 2.16 所示为敦煌网的目录结构设计。

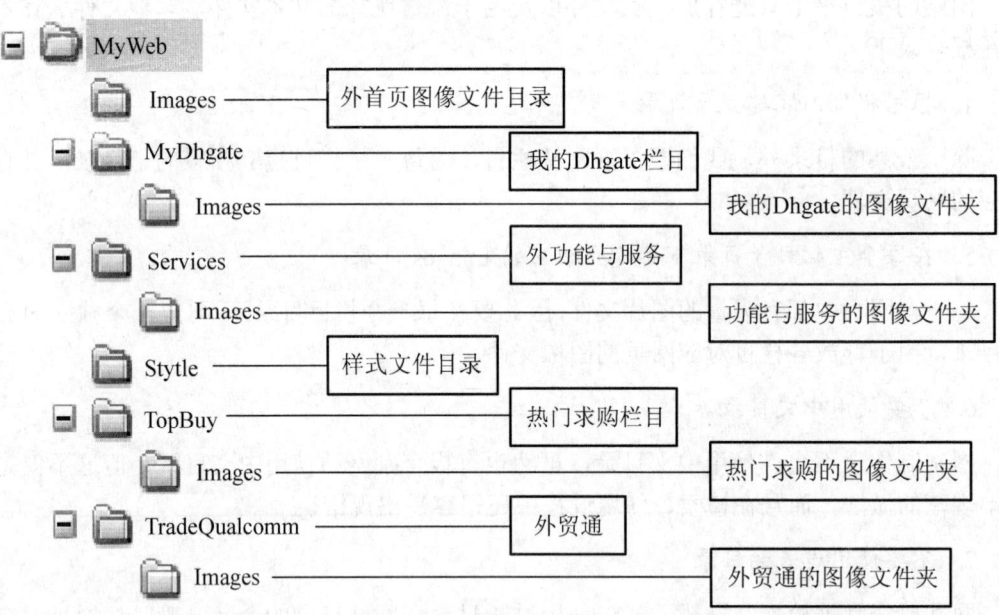

图 2.16　敦煌网的目录结构设计

2.4　电子商务网站版式及风格设计

精确的布局、美观的页面、规范的版式，会给网民一个难以忘却的印象，如何进行版式设计，如何进行布局设计，本节将就这些问题给予详细的讲解。

2.4.1　版面布局的基础

网页的展示设备是计算机，而网页的受众对象则是人，因此，网页版面布局的设计既要根据计算机的显示能力，又要符合人的视觉习惯。好的网页布局是一个成功网站的重要方面。

1. 分辨率确定

像素是指荧光屏上的每一个发光小点。例如某台计算机的显示器横向能显示 1024 个发光小点，即 1024 像素，纵向能显示 768 个发光小点，即 768 像素，则该显示器的分辨率为 1024×768。目前，广泛流行的显示器的分辨率有 1600×1200、1280×1024、1024×768、800×600 四种。

电子商务网站的建设，首先要确定网站的尺寸，即以什么样的分辨率作为网站制作依据。一般来讲，网站的宽度以 1024 像素及 800 像素为依据较多，而高度则比较随意。

一般网站在设计时两边留出少许空白，以 1024 像素为依据的网站，其实际宽度多为 1000 像素左右，而以 800 像素为依据的网站，实际制作时宽度多选择为 750～780 像素，实际制作时以采用 776 像素居多。

2. 网页的内容与放置位置

版面布局要符合人的视觉习惯。人们阅读材料时习惯按照从左到右，从上到下的顺序进行。人的眼睛首先看到的是左上角，其次是顶部居中的位置。因此网页的左上角是整个网页的"黄金地段"，也是人的最佳视阈。根据这一习惯，设计时可以把重要信息放在页面的左上角或页面顶部，如标识、通知新闻等，然后依据重要程度放置其他内容。

页面中不同的位置，吸引人的程度不同，给人心理上的感受也不同。一般而言，上部给人轻快、积极之感；下部给人压抑、稳定的印象；左侧，感觉轻便、自由；右侧，感觉局促却显得庄重。根据内容的不同对放置位置要做恰当的选择。

2.4.2　网页的常用版式

网站的布局灵活多样，但万变不离其宗，其标准布局共有两种。

1. 结构化的布局

结构化的布局分为左右、左中右、上下 3 种结构布局。

(1) 左右结构布局。这种布局结构体部由左右两部分组成。左部分占整个宽度的 20%～30%，左半部内容可以是菜单、用户登录、流量统计、联系方式等内容。右部则为显示主体内容。这是网页设计中使用最为广泛的一种布局结构，如图 2.17 所示。

(2) 左中右结构布局。这种结构左面、中间部分与左右结构相同，其右侧，多为友情链接等不太重要的栏目，这种结构比较呆板，不够灵活，如图 2.18 所示。

(3) 上下结构布局。上下结构，整个网页只由上下两部分组成，上面是标题，下面则只有正文，也称为标题正文型布局，通常的二级页面、文章页面都采用这种布局方法，如图 2.19 所示。

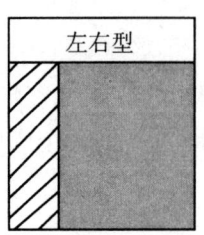
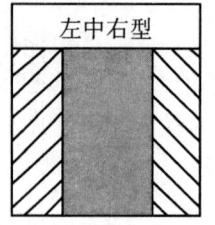

图 2.17 左右结构   图 2.18 左中右结构   图 2.19 上下结构

2. 艺术化的布局

艺术化的布局分为海报式和综合式两种布局。

(1) 海报式布局。整个页面布局像一张海报，也称为 POP 布局，是个人网站建设的主要布局方法。一般适合美术功底较强者采用。否则，不但达不到效果，反会弄巧成拙。

(2) 综合式布局。综合使用了上述各种布局方法，整个页面布局善于变化，一般采用 Flash 实现，给人以焕然一新的感觉，带来良好的视觉效果。

2.4.3 版面布局的原则

1. 根据网站的客户群选择合适的布局

网站的客户群决定了网站布局的方法，例如以儿童用品为主题的电子商务网站，采用海报式布局是最佳的选择，而新闻页面则适合采用上下结构的布局方法。

2. 整体布局要遵循简洁大方的原则

这是网页版式布局的重要原则，整个布局不要过于花哨，提倡简约的布局，突出网站的主题，强调网站的内容，不要以繁杂的布局吸引网民一时的眼球。

3. 要注意视觉效果与内容翔实相结合的原则

整个网页的布局要注意视觉效果的实现，恰当使用图像及文字，将有些标题文字用图像表现出来，更好地突出文字的内容。网站的内容要翔实，要为网站的主要内容留出足够的空间。

4. 主次分明条理清晰的原则

设计网站布局时要突出网站的主题，将网站的主要部分放在左上角以及上面居中位置，而无关紧要的内容则放置在其他位置，做到主题突出，主次分明。内容与视觉效果要兼顾，形成和谐统一的整体布局。

2.4.4 电子商务网站风格设计概述

每一个人都有自己的风格，给人一个特定的印象。每一个电子商务网站也都应该有自己的风格，风格独特的网站给人持久的印象，甚至被加入收藏夹，经常浏览，更有甚者，将其设为网站的首页。网站设计独特的风格带来了公众的认可，随之而来的是流量的大增，效益的提高。

1. **什么是电子商务网站的风格**

电子商务网站的风格是指站点的整体形象给浏览者的综合感受，是这个站点的与众不同之处，包括站点的 CI(标识，色彩，字体，标语)，版面布局，浏览方式，交互性，文字等方面。举个例子，我们觉得淘宝网易是平易近人的，IBM 的网站是专业严肃的，这些都是网站给人们留下的不同感受。

有风格的网站与普通网站的区别在于：普通网站看到的只是堆砌在一起的信息，浏览后的感受只能是信息量大小，浏览速度快慢等；但浏览过有风格的网站后令人能有更深一层的感性认识，觉得站点有品位、有层次。

2. **如何树立电子商务网站的风格**

树立电子商务网站的风格可以从以下几个方面入手。

(1) 色调。色彩的搭配既要符合网站的内容，又要有独特的创意。链接色彩、背景色彩、文字颜色、导航颜色、栏目颜色尽量使用与标准色彩一致的色彩。

(2) 简繁。网站建设者要善于把握好简洁与花哨的尺度，尤其是门户类的电子商务网站，要将大量的商品图片放置其上，如何做到既齐全又不花哨，需要进行一番分析设计。

(3) 字体的使用。字体的使用要标准统一，字体要符合人们的审美观点。尤其要注意，网站正文的字体应以宋体 12 像素为主，这是因为，人们习惯阅读的书刊、报纸都是标准的五号字，即 12 像素。

(4) 站内风格的统一。每一个网站要有统一的风格，各个二级页面风格要统一，原则上各个页面的主色调要保持一致。

2.4.5　电子商务网站色彩搭配

1. **色彩搭配概述**

网站的配色决定着网站的整体效果。自然界中的色彩五颜六色、千变万化，通常将颜色分为红、橙、黄、绿、青、蓝、紫七色，其中，红、绿、蓝是三原色，三原色通过不同比例的混合可以得到各种颜色。色彩有冷暖色之分，冷色(如蓝色)给人的感觉是安静、冰冷；而暖色(如红色)给人的感觉是热烈、火热。冷暖色的巧妙运用可以让网站产生意想不到的效果。

色彩与人的心理和情绪也有一定的关系，利用这一点可以在设计网页时形成自己独特的色彩效果，给浏览者留下深刻的印象。

小技巧：没有美术基础，不会颜色搭配。没有美术基础的初学者如何配色呢？其实这很简单，小孩子最初学走路的时候，总是先由人搀扶着走，然后自己扶着墙壁走，接着才能慢慢蹒跚走路。我们在每次制作网站前，先到网上随意浏览，找到中意的网站，在制作初期配色可以对原网站照猫画猫、原样照搬，慢慢地可以部分参考，到最后，你就可以完全脱离参考网站，随心所欲地搭配颜色了。

2. **主色调的选择**

每个网站使用的颜色原则上不得超过 3 种，并且有一个占比例较大的颜色，我们称之为网站的主色调，而其他颜色则称为网站的辅色调。每种颜色适合不同类别的网站，具体说如下。

(1) 蓝色。蓝色属于冷色调，给人以沉静、踏实、寒冷之感，也是网站采用最多的主色调，一般适用于企业、事业单位的网站。

(2) 红色。红色属于典型的暖色调。红色，是火的色彩，也是血的颜色，首先给人的感觉是温暖、兴奋、热烈、坚强和威严，所以我们的国旗使用红色赋予了革命的含义。红色一般用于政府网站的制作，也有的企业网站在重大节日期间改版为红色，代表喜庆。

(3) 绿色。绿色是大自然的代表色，象征春天、新鲜、自然和生长，也用来象征和平、安全、无污染，比如我们常说的绿色食品，同时绿色也是未成年人的象征。绿色一般用于食品、农业类网站，也可用于购物类网站以及儿童类网站。

(4) 黑色。黑色，是典型的冷色调，它表示一种深沉、神秘，把黑和其他颜色相配时能显出黑色的力量和个性，如黑白相衬，显得精致、新鲜、有活力。在黑色衬托下可以使用各种非常刺激的冷暖颜色，因为它有调和色彩的作用。这类颜色一般用于科幻、游戏类网站。

(5) 粉色。粉色给人一种活泼的感觉，一般用于妇女、儿童类网站。

2.4.6 电子商务网站文字的使用

1. 字体的运用

在电子商务网站中，字体的设置要遵循以下原则。

(1) 正文字体。网页正文无特殊情况一般使用宋体。书刊、报纸通常使用的标准字体是宋体，这也是人们平时接触最多的、最符合人们阅读习惯的字体。

(2) 非标准字体的使用。正常情况下，网站上使用黑体、宋体、楷体、仿宋体以外的字体时，必须将字体以图形的形式表现出来，浅显地说，就是把文字在Photoshop中做成图像文件再使用。如果使用了上述字体以外的其他字体，在没有安装更多字体的计算机上将无法按设计效果显示出来。

(3) 网站标题字体的使用。网站头部标题字体一般要使用方方正正的字体，不得使用行楷等过于活泼的字体，以表达庄严、稳重之意。

(4) 栏目字体。栏目字体一般为黑体或其他艺术字体，但一般要用图形的方式表现出来，略加艺术化处理，以及搭配一些小图标，可以达到意想不到的视觉效果。

2. 字号的设置

网站字号的设定，要注意以下几点。

(1) 网站正文。网站正文的字号一般设置为12像素，如果用磅表示则为10磅，其大小相当于平时常说的五号字，即标准的书刊用字大小。这个文字字号标准最符合人们阅读习惯，也是网站标准文字字号。

(2) 网站大标题。网站的大标题，即网站头部名称，此处使用的文字字号，一般来说是网页中最大的字号，但其实际大小一般不能超过36像素。过大的标题给人以笨重的感觉，过小的标题，则不显眼。

(3) 网站栏目标题。网站的栏目标题，即网站的小标题，一般为16~18像素，类似常用的三号字大小，太小起不到栏目标题的作用，太大则不灵动，一般以黑体或宋体加粗为好。

但目前广泛使用的办法是将栏目标题图片化，通过图像处理软件，实现一些特殊的文字效果。注意文字不要进行过多的艺术处理，否则会弄巧成拙。

3. 行间距的设置

网站文字的行距设置一般采用的方法是在样式表中定义，其大小一般为 1.2～1.5 倍行距。通常宋体 12 像素大小的正文文字，将行间距设为 18 像素是比较理想的数值。

 本章小结

1. 本章知识概述

网站制作共有规划设计、实施制作、发布维护三大流程，每一个流程又包括若干细节，流程之间有着严格的顺序。按照人们认识的规律将网站分为头部、体部、尾部三大板块。电子商务网站有网上电子商务系统、用户认证管理系统、报价系统、商品检索引擎、自助服务系统、论坛系统、网上调查系统七大功能模块。电子商务网站内容设计应遵循相关性、真实性、动态性、准确性、图像替代五大原则。网页的常用版式有结构化的布局、艺术化的布局两种。网站的导航对于网站起到了提纲挈领的作用，电子商务网站导航栏的表现有纯文字表现法、图片表现法两种形式。电子商务网站导航栏的常见内容有首页、简介类、展示类、社区类四种。网站目录建设的总原则是以最少的层次提供最清晰简便的访问结构。电子商务网站的风格是指站点的整体形象给浏览者的综合感受，树立电子商务网站的风格可以从色调、简繁、字体的使用、站内风格的统一入手。每个网站使用的颜色原则上不得超过 3 种，并且有一个占比例较大的颜色，我们称之为网站的主色调，而其他颜色则称为网站的辅色调。每种颜色适合不同类别的网站，网页正文无特殊情况一般使用宋体，大小为 12 像素。

2. 本章名词

网站制作流程、网站规划、网站的主题、版面设计、网站发布、网站规划的调查法、网站规划的参照法、网站规划的手绘法、网站规划的软件规划法、网站规划的移花接木法、网站的栏目、像素、电子商务网站的风格。

3. 本章的数字

网站规划的 5 个意义、网站规划的 6 项任务、网站建设的 3 个流程、网站规划的 5 种方法、网站的 3 种常见内容、网站内容设计遵循的 5 个原则、网站内容设计的 3 个注意事项、网站规划 4 项、3 种规划策略、导航设计的 3 原则、导航的 4 个类别、导航的 2 种表现形式、导航常用的 4 类内容、目录建立的 7 个原则、目录建立的 5 个步骤、2 类常用版式、布局的 4 大原则。

 每课一考

一、填空题(40 空，每空 1 分，共 40 分)

1. 网站规划是指在网站建设前对市场进行分析、确定网站的目的和功能，并根据需要对

网站建设中的(　　　　)、(　　　　　)、(　　　　　)、(　　　　　)和(　　　　　)等做出规划。

2．按照人们认识的规律将网站分为(　　　　　)、(　　　　　)、(　　　　　)三大板块。

3．电子商务网站内容设计应遵循的原则有(　　　　　)、(　　　　)、(　　　　　)、(　　　　)和(　　　　)。

4．电子商务网站应包括的功能模块有(　　　　　)、(　　　)、(　　　　　)、(　　　　)、(　　　　　)和(　　　　)。

5．网页的宽度一般有(　　　　　)和(　　　　)两种。

6．网站的最佳视阈是(　　　　　)。

7．网页的结构化布局包括(　　　　)、(　　　　)、(　　　　)。

8．网页版面布局的原则包括(　　　　　)、(　　　　)、(　　　　)和(　　　　)。

9．网站的(　　　　　)对于网站起到了提纲挈领的作用。

10．电子商务网站导航栏的表现形式有(　　　　)和(　　　　)两种。

11．电子商务网站的风格是指站点的(　　　　　)。

12．树立电子商务网站的风格要从(　　　　)、(　　　　)、(　　　　)、(　　　　)和(　　　　)入手。

13．每个网站都有一个占比例较大的颜色，我们称之为网站的(　　　　　)。

二、选择题(20小题，每小题1分，共20分)

1．(　　)不是电子商务网站制作的三大流程。

A．规划设计　　　B．实施制作　　　C．网站推广　　　D．发布维护

2．(　　)不是网站规划书包含的内容。

A．网页设计方案　　　　　　　B．网站

C．网站技术解决方案　　　　　D．建设网站的目的

3．所谓版面设计就是指用图像处理软件进行网页页面设计制作的过程，一般使用的软件是(　　)。

A．Word　　　B．Photoshop　　　C．FTP　　　D．Excel

4．(　　)不是电子商务网站的实施制作阶段。

A．版面设计　　　　　　　B．编辑排版

C．撰写网站规划书　　　　D．代码整合

5．网站测试内容主要包括(　　)。

A．风格测试　　　B．功能测试　　　C．链接测试　　　D．流量压力测试

6．Logo 是指(　　)。

A．网站标识　　　B．导航栏　　　C．广告条　　　D．以上都不对

7．Banner 是指(　　)。

A．网站标识　　　B．导航栏　　　C．广告条　　　D．栏目

8. (　　)不是网站尾部的内容。

    A. 版权声明　　　　B. 管理入口　　　　C. 联系方式　　　　D. 导航栏

9. (　　)不是电子商务网站导航栏的常见内容。

    A. 首页　　　　　　B. 简介类　　　　　C. 展示类　　　　　D. 管理入口

10. (　　)允许在根目录下放置。

    A. index.htm　　　B. logo.jpg　　　　C. Logo.asp　　　　D. title.jpg

11. 网站目录的层次一般不得超过(　　)层。

    A. 1　　　　　　　B. 3　　　　　　　C. 5　　　　　　　D. 10

12. 每个栏目对应一个(　　)。

    A. 图片　　　　　　B. 程序　　　　　　C. 目录　　　　　　D. 网站

13. 允许为主页的扩展名的是(　　)。

    A. DBF　　　　　　B. ASP　　　　　　C. DOC　　　　　　D. JPG

14. Style 子目录用于存放(　　)。

    A. 图像　　　　　　B. 样式表文件　　　C. 数据库　　　　　D. 网页文件

15. 网站标识对应的英文拼写是(　　)。

    A. SiteMap　　　　B. Addr　　　　　　C. Brand　　　　　　D. Logo

16. 网站的"整体形象"不包括(　　)。

    A. 站点的 CI　　　B. 版面布局　　　　C. 浏览方式　　　　D. 采用的编程语言

17. 网站正文的字体以(　　)为主。

    A. 宋体　　　　　　B. 黑体　　　　　　C. 楷体　　　　　　D. 仿宋体

18. 适用于企业、事业单位的网站的颜色是(　　)。

    A. 红色　　　　　　B. 绿色　　　　　　C. 蓝色　　　　　　D. 粉色

19. 红色适用于(　　)单位的网站。

    A. 农业　　　　　　B. 政府　　　　　　C. 学校　　　　　　D. 企业

20. 网站文字的行距设置一般采用的方法是在(　　)中定义。

    A. 表格　　　　　　B. 表单　　　　　　C. 程序　　　　　　D. 样式表

三、判断题(20 小题，每小题 1 分，共 20 分)

1. 电子商务网站的制作与普通网站的制作流程相同。　　　　　　　　　　　　(　　)

2. 网站规划对网站建设起到计划和指导的作用，对网站的内容和维护起到定位的作用。　　　　　　　　　　　　　　　　　　　　　　　　　　　　　　　　　(　　)

3. 网站的代码整合是在前台美工设计完成之后，后台模块编写之前进行的。　(　　)

4. 所谓网站发布就是指将已经制作完成的网站刻录成光盘。　　　　　　　　(　　)

5. 电子商务网站的改版工作是指用新制作的网站覆盖原网站。　　　　　　　(　　)

6. 网页中最好不要使用过长的目录。　　　　　　　　　　　　　　　　　　(　　)

7. 网站中所有的图片都必须放在根目录下的 images 子目录中。　　　　　　(　　)

8. 每一个网站要有统一的风格，各个二级页面风格要统一。　　　　　　　　(　　)

9. 网站大标题的大小可以随便设置。　　　　　　　　　　　　　　　　　　(　　)

10. 文件目录越长越好。　　　　　　　　　　　　　　　　　　　　　　　(　　)

11. 网站中允许使用中文目录。 （　　）

12. 导航颜色、栏目颜色尽量使用与主色调一致的色彩。 （　　）

13. 每个网站使用的颜色原则上不得超过 3 种。 （　　）

14. 红色属于典型的冷色调。 （　　）

15. 网站的目录建设可以方便日后维护以及扩充升级。 （　　）

16. 每一个网站只能有一个首页。 （　　）

17. 电子商务网站导航栏一般位于网站的底部。 （　　）

18. 像素是指荧光屏上的每一个发光小点，一般显示器有 500 万像素。 （　　）

19. 网站上使用黑体、宋体、楷体、仿宋体以外的字体时，必须将字体以图形的形式表现出来。 （　　）

20. 网站的栏目标题，即网站的小标题，一般为 12～14 像素。 （　　）

四、问答题(4 小题，每小题 5 分，共 20 分)

1. 电子商务网站规划的意义主要有哪些?

2. 简述网站建设的流程。

3. 简述电子商务网站规划的常用方法。

4. 简述网站规划的任务。

 技能实训

一、操作题

1. 以你最喜欢的运动项目为主题，策划一个网站。

2. 根据你所在学校的网站内容，为你所在的学校补写一份网站策划书。

3. 分析红孩子购物网(http://sh.redbaby.com.cn/)的规划特点。

4. 规划你的个人求职网，为毕业求职做准备。

二、励志题

以《我的明天在网上飞翔》为题，把你学过本课知识后的激情尽情显现，为自己明天的网上生活勾勒一副美好愿景，并努力实现。

第3章　电子商务网站的实现工具

本章知识结构框图

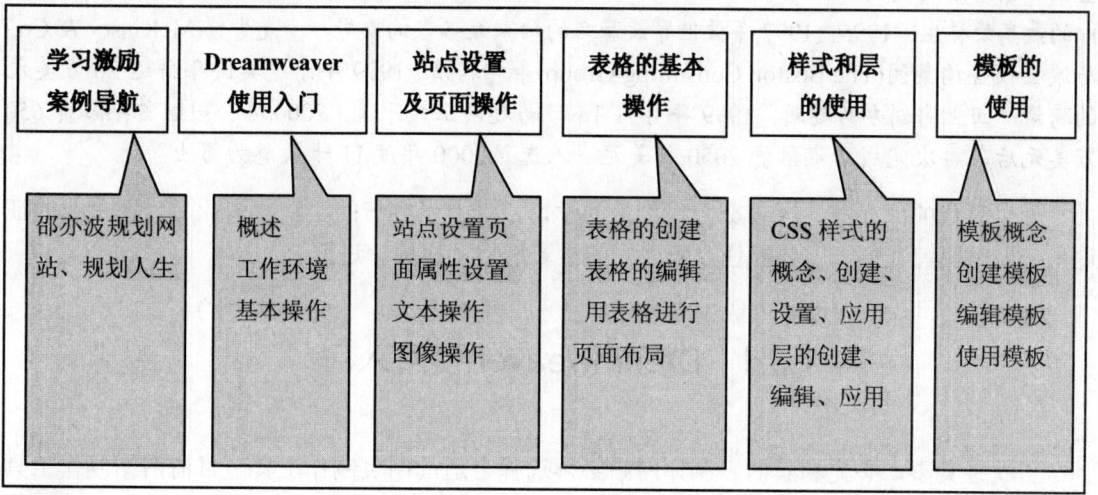

学习激励 案例导航	Dreamweaver 使用入门	站点设置 及页面操作	表格的基本 操作	样式和层 的使用	模板的 使用
邵亦波规划网 站、规划人生	概述 工作环境 基本操作	站点设置页 面属性设置 文本操作 图像操作	表格的创建 表格的编辑 用表格进行 页面布局	CSS 样式的 概念、创建、 设置、应用 层的创建、 编辑、应用	模板概念 创建模板 编辑模板 使用模板

本章知识要点

1. Dreamweaver 的基本使用、站点设置及页面操作；
2. 表格的基本操作；
3. 样式和层的使用；
4. 模式的使用。

本章学习方法

　　纸上得来终觉浅，绝知此事要躬行！大量的练习是本章学习的唯一法宝，练习书上的实例，用自己所学的知识模拟实际存在的网页。经过大量的练习，Dreamweaver 自然会熟能生巧，手下自然会妙"键"生花。

　　腹有诗书气自华，做学生就要刻苦学习，做事业就要锐意进取。今天，你们处在学生时代，学习电子商务网站建设的基础知识，切忌好高骛远，要脚踏实地，稳步前进。我们现在看一看曾担任易趣网董事长兼首席执行官的邵亦波，看看他学生时代的骄人成绩。

学习激励与案例导航

邵亦波与易趣网

邵亦波，1973 年 9 月出生于上海。1999 年创建易趣网，出任首席执行官。邵亦波先生 11 岁在有 150 人参赛的首届全国"华罗庚金杯"少年数学竞赛中获全国第三名；在初高中全国数学竞赛中连获特等奖与一等奖，成为中国中学数学竞赛中明星选手。高二跳级直接进入全世界最著名的美国哈佛大学，是中国以全额奖学金赴哈佛读本科的第一人；成为应届毕业生中的最高荣誉生。1995—1997 年被世界最著名的两家策略咨询公司——麦肯锡(McKinsey & Co.)与波士顿咨询集团(The Boston Consulting Group)争相聘请。1999 年谢绝美国年薪达 20 万美元的聘请，回上海创办易趣网，1999 年 8 月 18 日易趣网正式开通。2000 年公司继首期融资 650 万美元后，再次完成二期融资 2050 万美元。入选"2000 年度 IT 十大魅力男士"。

学生时代的邵亦波，经过努力、刻苦的学习，拥有了睿智的头脑，毕业后，在事业的征途上一展风骚。我们一定要抓住今天大好的学习机遇，拼搏、进取。

3.1 Dreamweaver 使用入门

工欲善其事，必先利其器。制作网站必须选择合适的网页制作工具。目前网站制作工具中以 Dreamweaver 应用最为广泛。Dreamweaver 是 Macromedia 公司推出的主页编辑工具。它是一个所见即所得的网页编辑器，支持最新的 XHTML 标准和 CSS 标准。它采用了多种先进技术，能够快速、高效地创建极具表现力和动感效果的网页，使网页创作过程变得简单无比。值得称道的是，Dreamweaver 不仅提供了强大的网页编辑功能，而且提供了完善的站点管理机制，可以说，它是一个集网页创作和站点管理两大利器于一身的超重量级的创作工具。

3.1.1 Dreamweaver 概述

知己知彼，百战不殆。网站制作征途上的每一天、每一个行程都离不开 Dreamweaver，每一个网站都需要 Dreamweaver 来构建。因此，我们在正式使用 Dreamweaver 之前，必须走近 Dreamweaver、了解 Dreamweaver、熟悉 Dreamweaver，方能得心应手地驾驭 Dreamweaver，让 Dreamweaver 在自己的网络人生路上亲情相伴。

Dreamweaver 能做什么呢？Dreamweaver 的功能十分强大，可以完成各种复杂的页面排版功能，简单来说主要有以下 8 项功能。

(1) Dreamweaver 具有可视化编辑功能，可以快速创建 Web 页面而无须编写任何代码。

(2) Dreamweaver 可以查看所有站点元素或资源并将它们从易于使用的面板直接拖到文档中。

(3) Dreamweaver 可以在 Fireworks 或其他图形应用程序中创建和编辑图像，然后将它们直接导入 Dreamweaver，从而优化开发工作流程。

(4) Dreamweaver 提供了其他工具，可以简化向 Web 页中添加 Flash 资源的过程。

(5) Dreamweaver 还提供了功能全面的编码环境,其中包括代码编辑工具(例如代码颜色、标签完成、"编码"工具栏和代码折叠);有关层叠样式表(CSS)、JavaScript、ColdFusion 标记语言(CFML)和其他语言的语言参考资料。

(6) Macromedia 可自由导入、导出。HTML 技术可导入手工编码的 HTML 文档而不会重新设置代码的格式,可以随后用编写者首选的格式设置样式来重新设置代码的格式。

(7) Dreamweaver 还可以使用服务器技术(如 CFML、ASP.NET、ASP、JSP 和 PHP)生成动态的、数据库驱动的 Web 应用程序。

(8) Dreamweaver 可以完全自定义。可以创建自己的对象和命令,修改快捷键,甚至编写 JavaScript 代码,用新的行为、属性检查器和站点报告来扩展 Dreamweaver 的功能。

3.1.2 Dreamweaver 的工作环境

1. 第一次启动

第一次启动 Dreamweaver 8 时,系统会弹出如图 3.1 所示的"工作区设置"对话框,供用户选择工作界面的风格。在对话框左侧是 Dreamweaver 8 的设计视图,右侧是 Dreamweaver 8 的代码视图。Dreamweaver 8 设计视图布局提供了一个将全部元素置于一个窗口中的集成布局。我们选择面向设计者的设计视图布局。

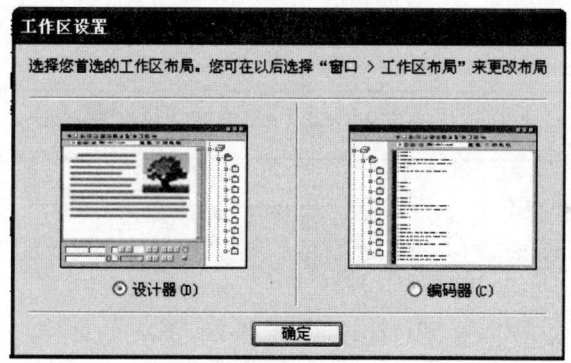

图 3.1 "工作区设置"对话框

2. 起始页

为方便操作,Dreamweaver 8 打开后首先都要显示一个起始页,这个页面包括:打开最近项目、创建新项目、从范例创建 3 个模块。可以勾选这个窗口下面的"不再显示此对话框"来隐藏它。

3. 工作界面

工作界面犹如人的一张脸,脸部集成了人的五官,而工作界面则包含了进行网页设计的所有功能。Dreamweaver 8 的工作界面主要包括标题栏、菜单栏、插入面板组、文档工具栏、标准工具栏、文档窗口、状态栏、属性面板和标签选择器等内容。 如图 3.2 所示为 Dreamweaver 8 的工作界面。

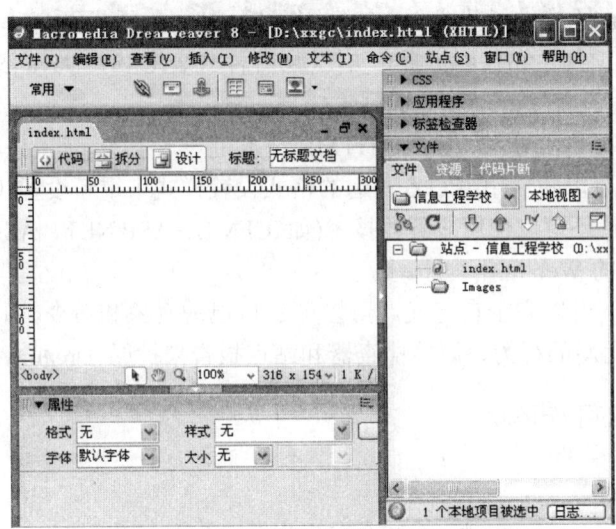

图 3.2　Dreamweaver 8 的工作界面

(1) 标题栏。Dreamweaver 8 工作环境的最上一行就是标题栏。启动 Dreamweaver 8 后，标题栏显示文字 Macromedia Dreamweaver 8.0，新建或打开一个文档后，显示的内容就在原内容后面加上了文件路径、文件名。

应用提示：如果文件名后面有一个星（*）则说明文件已经被修改，尚未存盘。

【操作实例 3-1】在 D 盘 MyWeb 下新建一个 index 的主页文件。

步骤 1：启动 Dreamweaver 8，进入起始页，单击"新建项目"→HTML 进入 Dreamweaver 8 工作界面。

步骤 2：单击"文件(F)"→"保存(S)"，选择 D:\MyWeb 目录。

步骤 3：输入文件名"index.htm"，单击"保存(S)"按钮，文件建立完毕，如图 3.3 所示。

图 3.3　最终实现标题栏效果

(2) 菜单栏。Dreamweaver 8 共有 10 个菜单项，即文件、编辑、查看、插入、修改、文本、命令、站点、窗口和帮助，如图 3.3 所示。"文件"菜单用来管理文件，包含新建、打开、保存、另存为、导入、输出打印等。"编辑"菜单用来编辑文本，包括剪切、复制、粘贴、查找、替换和参数设置等。"查看"菜单用来切换视图模式以及显示、隐藏标尺、网格线等辅助视图功能。"插入"菜单用来插入各种元素，例如图片、多媒体组件、表格、框架及超级链接等。"修改"菜单具有对页面元素修改的功能。"文本"菜单用来对文本操作。"命令"菜单包括所有的附加命令项。"站点"菜单位用来创建和管理站点。"窗口"菜单用来显示和隐藏控制面板以及切换文档窗口。"帮助"菜单提供联机帮助功能。

第3章 电子商务网站的实现工具

(3) 插入面板组。插入面板组类似 Word 的工具栏，是位于菜单下部的一些常用功能按钮。如图 3.4 所示，插入面板组集成了所有可以在网页应用的对象。插入面板组其实就是图像化了的菜单命令，通过一个个的按钮，可以很容易地加入图像、声音、表格、框架、表单、Flash 等网页元素。可以按 Ctrl+F2 快捷键或者单击菜单栏中的"窗口"和"插入"来显示或隐藏。在插入面板组上用鼠标右键单击"插入"按钮，可以进行相关设置。

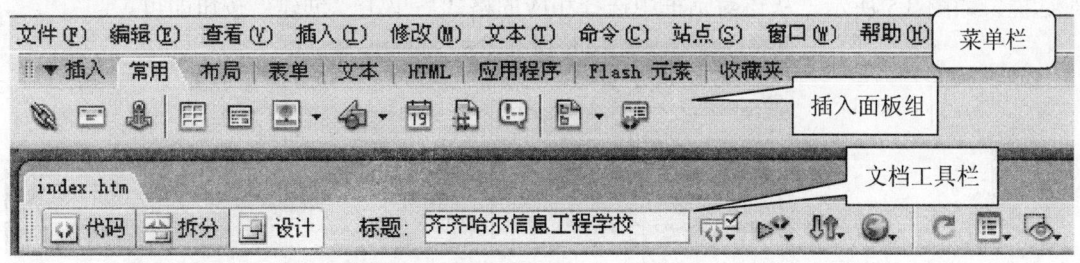

图 3.4　Dreamweaver 8 的菜单栏、插入面板组、文档工具栏

(4) 文档工具栏。文档工具栏包含显示模式、标题设置框、常用功能按钮 3 部分。显示模式有：代码、拆分、设计 3 种；标题可以直接在文本框中输入；常用功能按钮包括验证标记、文件管理、在浏览器中预览/调试、刷新设计视图、视图选项、可视化助理等内容，最常用的是在浏览器中预览。

(5) 标准工具栏。标准工具栏包含来自"文件"和"编辑"菜单中的一般操作按钮，如新建、打开、保存、保存全部、剪切、复制、粘贴、撤销和重做等。单击"工具栏"和"标准"按钮即可显示或隐藏标准工具栏。

(6) 文档窗口。在 Dreamweaver 界面中，文档窗口是最主要的部分，显示当前创建和编辑的文档内容，在此进行网页制作的所有工作。可以根据实际网页制作需要选择代码、拆分、设计 3 种视图之一。"设计"视图是一个用于可视化的页面制作视图，所见即所得的制作方式，与在浏览器中看到的页面内容完全相同。"代码"视图是一个用于手工编写和修改代码的编码环境。"代码和设计"视图使你可以在一个窗口中同时看到同一文档的"代码"视图和"设计"视图。

(7) 状态栏。文档窗口底部的状态栏提供与正创建的文档有关的其他信息。标签选择器显示环绕当前选定内容的标签的层次结构。单击该层次结构中的任何标签可以选择该标签及其全部内容。单击"<body>"可以选择整个网页内容。

(8) 属性面板。属性面板主要用于显示和修改文档窗口中所选中元素的属性。例如，在文档窗口中选中一段文本，那么属性面板上就出现文本的相关属性；如果选择了表格，那么属性面板会相应地显示表格的相关属性。

(9) 浮动面板。顾名思义，浮动面板就是浮动于编辑窗口之外，方便使用者在文档和面板之间来回切换的一种工具集合。在窗口菜单中，选择不同的命令可以打开基本面板组、设计面板组、代码面板组、应用程序面板组、资源面板组和其他面板组。

3.1.3　Dreamweaver 的基本操作

Dreamweaver 8 的基本操作包括新建文件、打开文件、保存文件、浮动面板操作、环境参数设置等。

1. 新建文件

新建网页文件要根据实际情况进行创建，有以下几种方法。

(1) 直接创建。启动 Dreamweaver 8，出现起始页，在"创建新项目"中选取"HTML"。

(2) 使用菜单创建。也可通过菜单创建，单击"文件"→"新建"命令，打开"新建文档"对话框，如图 3.5 所示，从该对话框中选择相应的格式后单击"创建"按钮即可。

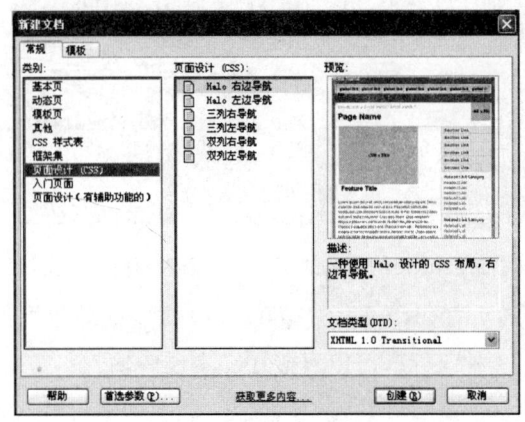

图 3.5　"新建文档"对话框

(3) 基于模板创建。如果利用已经制作好的模块创建网页，则可单击"文件"→"新建"命令，打开"新建文档"对话框，选择"模板"选项卡，然后在右侧列表框中选择模板所在的站点，再在右边的模板列表中选择一个模板。

应用提示：创建网页前必须先建立好站点，如果创建主页一般用直接创建的方法；如果创建二级页面，则应该利用模板创建。

网页文件制作后要不断修改，每次修改时必须先打开。网页制作时欲参考其他网页文件，也必须先打开。打开文件时单击"文件"→"打开"命令后，弹出"打开"对话框，选取欲打开的文件后，单击"打开"按钮。

2. 保存文件

(1) 保存单个文件。标题栏文件名后面有一个"*"表示该文件尚未存盘，单击"文件"→"保存"命令，文件保存成功。

(2) 换名存盘。单击"文件"→"另存为"命令，选择保存路径，输入文件名即可。

(3) 保存框架文件。单击"文件"→"保存全部"命令，然后按提示进行操作。

(4) 保存为模板。单击"文件"→"另存为模板"命令，输入模板名称即可。

3. 面板操作

(1) 面板的隐藏与显示。属性面板以及浮动面板，可以根据需要隐藏与显示。属性面板与状态栏中间、浮动面板与工作区中间都有一个三角形标记，单击该标记即可隐藏或显示相应的面板。也可按下快捷键进行操作，其快捷键为 F4。

(2) 位置调整。浮动面板之所以称之为"浮动",是因为面板的位置可以随意放置在屏幕的任何位置。用鼠标左键拖动标题栏左上角至新位置,松开鼠标浮动面板就移动了新的位置。属性面板操作方法也完全相同。

(3) 重新组合。Dreamweaver 可以将不同面板组合在一个浮动面板中,单击浮动面板右上角倒立三角形图标,从打开的菜单中选择"将 CSS 样式组合在"子菜单中一个类别的浮动面板,所选择的浮动面板即被组合成选项卡形式。

4. 环境参数设置

如何改变 Dreamweaver 环境字体、字号、颜色,使其更符合自己的编程习惯?如何对 Dreamweaver 进行个性化设置,使其更方便网页制作?这便是环境参数设置。

单击"编辑"→"首选参数"启动"首选参数"对话框,其中包括常规、CSS 样式、标记色彩、代码格式、字体等项目,可以根据需要进行灵活设置。

3.2 Dreamweaver 站点设置以及页面操作

网页是整个网站中的一个页面,网页必须存在于某个站点中,制作网页前必须先建立站点。很多毕业生到实际企业工作时发蒙,其根本原因是不了解网页实际制作的顺序。本节将根据网站实际制作的标准流程,进行网站制作第一步站点设置的讲解,同时还将页面制作的有关操作予以详细介绍,以方便后续网站的制作学习。

3.2.1 Dreamweaver 的站点设置

1. 站点建立

站点设置包括三大部分,5 个步骤。三大部分即编辑文件、测试文件、共享文件。5 个步骤如下。

(1) 新建站点。打开 Dreamweaver 8,单击菜单"站点(S)"→"新建站点(N)"。

(2) 输入站点的名字及站点的地址,站点的名字可以随意起,一般为中文,如欲建设"东北商务网",则直接输入东北商务网即可,而不必输入 dbsww 之类,让人摸不着头脑。而站点地址则不必输入,因为我们一般都在本地计算机上制作网站,制作完成后上传,而 FTP 地址是用于直接在服务器上操作时使用的。

(3) 设定是否使用服务器技术。如果我们制作静态网站,则选择"否,我不想使用服务器技术";如果我们需要使用编程语言制作动态网页,则选择"是,我想使用服务器技术",同时还要选择所使用的脚本编程语言。

(4) 开发过程中文件的使用方法,即直接编辑远程服务器上的网页文件,还是在本地计算机制作。一般我们选择"在本地进行编辑和测试(我的测试服务器是这台计算机)",同时还要设定站点使用的目录。

(5) 设定浏览站点根目录的 URL,至此整个站点设置完毕。

2. 文件夹创建

文件夹也称目录,网站中所有文件必须分门别类存放。站点设置完毕,接下来要创建网站文件夹。网站文件夹的创建既可以在磁盘文件中创建,也可以在 Dreamweaver 的浮动面板中创建。在 Dreamweaver 的"文件"浮动面板中，用鼠标右键单击刚刚创建的站点，选择"新建文件夹"输入文件夹名称即可。

> **应用提示**：如果创建静态页面，站点创建流程则简化为"站点"→"新建站点"→"您打算为您的站点起什么名字：站点命名"→"是否打算使用服务器技术：否，我不想使用服务器技术"→"在开发中您打算如何使用您的文件：编辑我的计算机上的本地副本，完成后上传到服务器"→"设定文件存放目录"→"如何连接到远程服务器"

3.2.2　Dreamweaver 页面属性设置

网页中的字体、字号如果不进行设置，页面在实际显示时是按默认字体、字号进行显示的。页面属性设置是对页面字体、字体大小、背景颜色、边距、链接样式及页面设计的默认值进行设定。

单击"属性栏"中的"页面属性"按钮，或单击"菜单"打开"页面属性"对话框，再打开页面属性设置对话框，按 Ctrl+J 快捷键，如图 3.6 所示。

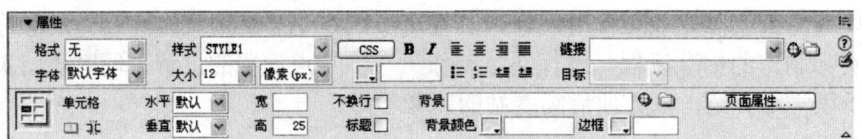

图 3.6　页面属性设置对话框

1．设置外观

设置外观是设置页面的一些基本属性。可以在"外观"选项内定义页面中的默认文本字体、文本字号、文本颜色、背景颜色和背景图像等，如图 3.7 所示。

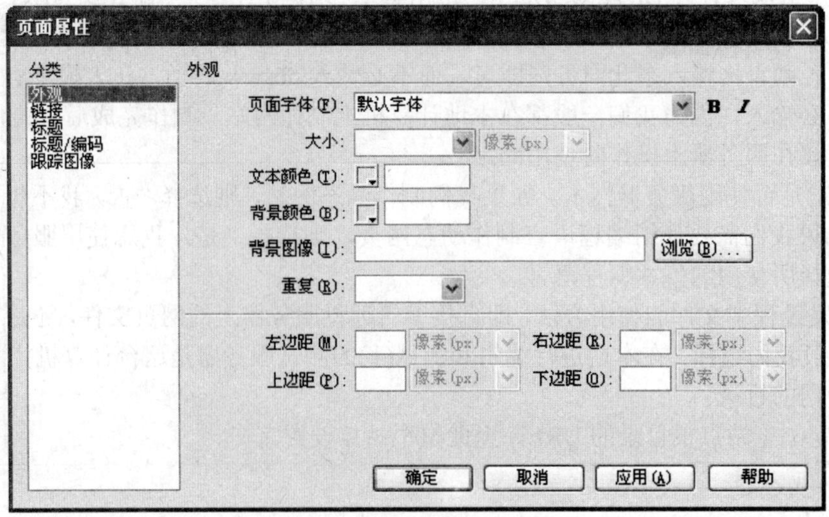

图 3.7　设置外观

2. 设置链接

"链接"选项内是一些与页面的链接效果有关的设置。"链接颜色"定义超链接文本默认状态下的字体颜色,"变换图像链接"定义鼠标放在链接上时文本的颜色,"已访问链接"定义访问过的链接的颜色,"活动链接"定义活动链接的颜色,"下划线样式"可以定义链接的下划线样式,如图 3.8 所示。

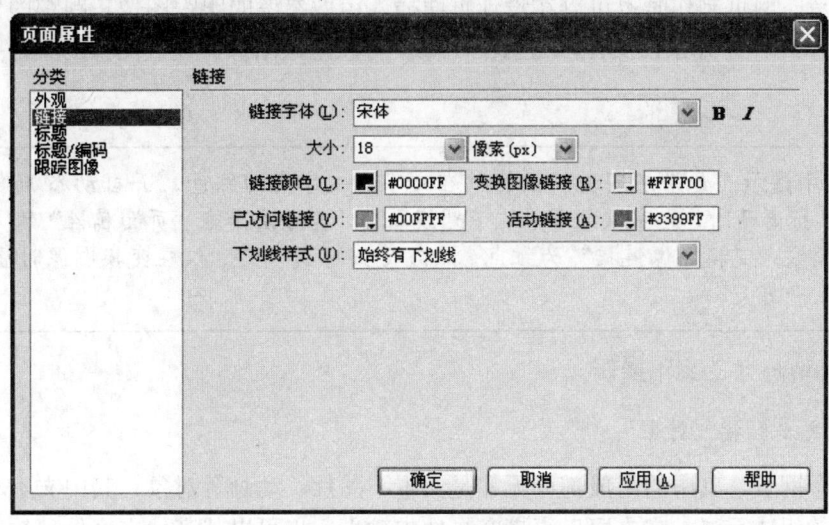

图 3.8　链接属性设置

3. 设置标题

"标题"用来设置标题字体的一些属性。如图 3.9 所示,在左侧"分类"列表中选择"标题",这里的标题指的并不是页面的标题内容,而是可以应用在具体文章中各级不同标题上的一种标题字体样式。我们可以定义"标题字体"及 6 种预定义的标题字体样式,包括粗体、斜体、大小和颜色,可以按自己的喜欢的风格进行设置。

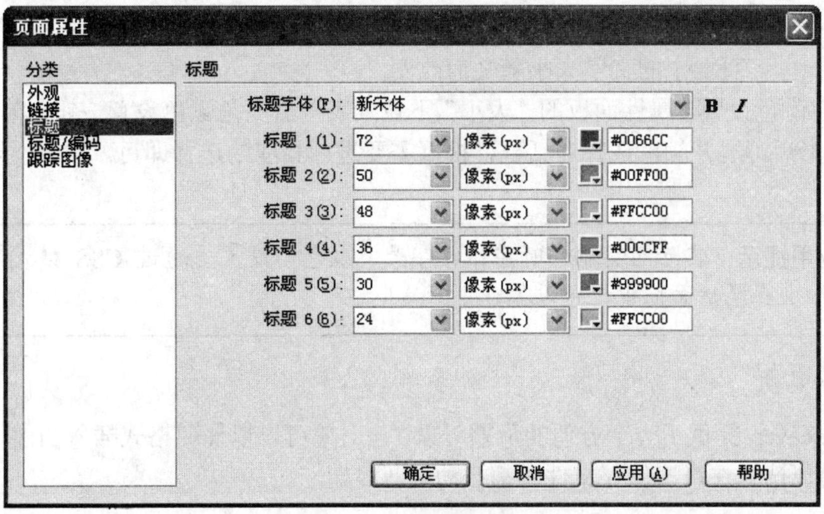

图 3.9　标题设置

4. 标题/编码设置

"标题/编码页面属性"用于指定制作 Web 页面时所用语言的文档编码类型。

5. 跟踪图像

小学生在一张白纸上写字，很难写得笔直，通常的做法是在纸下垫一张带较深颜色格子的硬纸做参考。网页制作时也可以在设计页面插入用做参考的跟踪图像，跟踪图像是放在制作页面窗口背景中的 JPEG、GIF 或 PNG 图像。可以隐藏图像、设置图像的不透明度和更改图像的位置。

> **应用提示：**如果想实现将鼠标放在文字上文字变为红色，并自动添加下划线，而鼠标离开时，文字恢复原状，下划线取消，其方法是在"页面属性"的"链接"中设置"变换图像链接"为红色，"下划线样式"为"仅在变换图像时显示下划线"即可。

3.2.3 Dreamweaver 的文本操作

1. 输入文本和插入对象

纵观整个网页，其中的组成部分无非是文本、图片、动画等对象。其中文本和图像是网页中最重要的组成元素。文本可以直接在页面中输入，也可以从其他文字处理软件中粘贴。图像、动画等其他元素可在"插入"菜单下选取相应对象直接插入，也可在"插入"面板中执行插入操作。

2. 文本属性设置

(1) 字体设置。选中页面中欲设置字体的文本，在对应的属性面板字体下拉列表框中选择字体名称即可。如果属性下拉列表框中没有所需的字体，则选择"编辑字体列表"添加字体。

(2) 文字大小设置。选中页面中欲设置文字尺寸的文本，在属性面板的"大小"列表框中，选中合适的尺寸，页面中的文字大小随之而改变。

(3) 文字颜色设置。属性面板的"大小"下拉列表框后面是颜色设置按钮。单击其右下角的倒立三角形后可展开颜色选择对话框，根据需要进行相应的选择即可。

> **应用提示：**实际网页制作时字体、字号、颜色的设置是通过 CSS 样式表进行的，很少在属性面板中进行设置。

3. 插入日期

Dreamweaver 提供了一个方便的日期对象，该对象可以以任何格式插入当前日期(也可包含时间)，可以选择在每次保存文件时都自动更新日期。

4. 插入水平线

水平线对于组织信息很有用。在页面上，可以使用一条或多条水平线以可视方式分隔文本和对象。创建水平线，在"文档"窗口中，将插入点放在要插入水平线的位置，选择"插入"→HTML→"水平线"。

5. 插入邮件链接

单击电子邮件链接时，该链接打开一个相关联的邮件程序，在电子邮件消息窗口中，"收件人"文本框自动更新为显示电子邮件链接中指定的地址。在页面上将插入点放在希望出现电子邮件链接的位置，或者选择要作为电子邮件链接出现的文本或图像，选择"插入"→"电子邮件链接"，出现"电子邮件链接"对话框。

6. 插入特殊字符

通常需要在网页中插入版权、商标等特定字符，这时就要用到"特殊字符"功能。在页面制作窗口中，将插入点放在要插入特殊字符的位置，再从"插入"→HTML→"特殊字符"子菜单中选择相应的字符名称即可。

3.2.4　Dreamweaver 的图像操作

声泪俱下的哭诉，让所有人为之动容；图文并茂的展示，让网页丰富多彩。多媒体时代需要的网页使用最多的就是文字和图像。网页中图像的格式主要有 JPEG、GIF、PNG 三种，目前使用最多的是 JPEG 格式。仔细分析图像的日常操作主要有插入图像、设置图像属性、使用鼠标经过图像、使用图像地图 4 种。

1. 插入图像

将图像插入网页时，Dreamweaver 自动在源代码中生成对该图像文件的引用。为了确保引用的正确性，该图像文件必须位于当前站点中。如果图像文件不在当前站点中，Dreamweaver会询问你是否要将此文件复制到当前站点中。

> **应用提示：** 当 Dreamweaver 询问是否要将此文件复制到当前站点中时，一定要选择"是"，而且图像文件必须复制到相应的 images 目录中，否则上传后，图像将不能正常显示。

将插入点放置在要显示图像的地方，然后执行以下操作之一。

(1) 在"插入"栏的"常用"类别中，单击"图像"图标。

(2) 在"插入"栏的"常用"类别中，将"图像"图标拖入网页窗口中(如果正处理代码，则拖入"代码"视图窗口中)。

(3) 选择"插入"→"图像"。

(4) 单击"窗口"菜单的"资源"显示资源面板，将图像从"资源"面板拖到网页窗口中的所需位置。

(5) 将图像从"站点"面板拖到"文档"窗口中的所需位置。

(6) 将图像从桌面或文件夹中拖到网页中的所需位置。

2. 设置图像属性

选中图像，在相对应的属性栏中就可以进行图像属性设置，如图 3.10 所示。

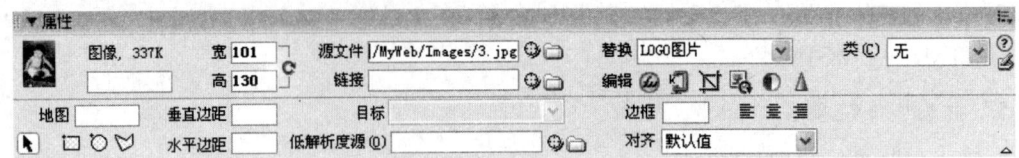

图 3.10　图像属性设置

在图像属性设置中可以进行宽、高、边框粗细、对齐方式等常规设置。"源文件"给出了图像的路径及文件名。"链接"用于指定图像链接目标。"替换"指定只显示文本的浏览器或已设置为手动下载图像的浏览器中代替图像显示的替代文本，当鼠标指针滑过图像时也会显示该文本。"垂直边距"、"水平边距"则用于指定图像距离上部与左部的距离。"地图"名称和热点工具允许标注和创建客户端图像地图。"低解析度源"指定在载入主图像之前应该载入的图像。许多设计人员使用主图像的黑和白版本，因为它可以迅速载入并使访问者对他们等待看到的内容有所了解。"编辑"启动在"外部编辑器"首选参数中指定的图像编辑器并打开选定的图像。

3. 使用鼠标经过图像

鼠标经过图像是指鼠标指针移过它时发生变化的图像，通常用在导航条上。在网页中插入鼠标经过图像时将插入点放置在要显示鼠标经过图像的位置，在"插入"栏中，选择"常用"，然后单击"鼠标经过图像"图标；或者选择"插入"→"图像对象"→"鼠标经过图像"。出现"插入鼠标经过图像"对话框，依据提示选择原始图像、鼠标经过图像，以及"替换文本"、"按下时，前往的 URL"，如图 3.11 所示。

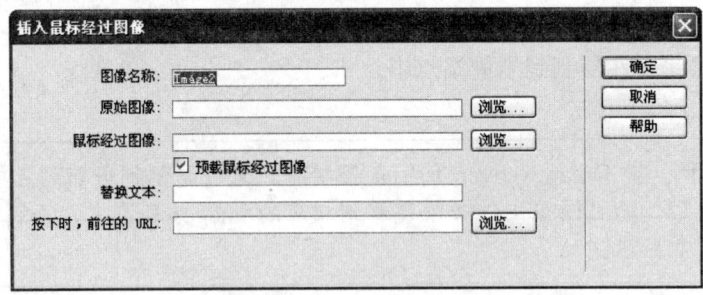

图 3.11　使用鼠标经过图像

4. 使用图像地图

图像地图指已被分为多个区域(或称"热点")的图像；当用户单击某个热点时，会发生某种操作。例如，网页上有一个人体图片，单击眼睛会链接到眼部介绍页面，单击耳朵会链接到耳部介绍页面，人体图片的每一个区域称为一个热点。

选中图像，在属性设置栏的"地图名称"文本框中为该图像地图输入唯一的名称。如果在同一文档中使用多个图像地图，要确保每个地图都有唯一名称。选择圆形工具，并将鼠标指针拖至图像上，可以创建一个圆形热点；选择矩形工具，并将鼠标指针拖至图像上，则创建一个矩形热点；选择多边形工具，在各个顶点上单击，则可定义一个不规则形状的热点，然后单击箭头工具封闭此形状。

在"链接"文本框中，单击文件夹图标并通过浏览选择在用户单击该热点时要打开的文件，或者输入此文件的名称。在"目标"下拉菜单可以选择链接文件打开的窗口，具体含义如下。

(1) _blank 链接的文件在一个未命名的新浏览器窗口中打开。

(2) _parent 链接的文件在含有该链接的框架的父框架集或父窗口中打开。如果包含链接的框架不是嵌套的，则将链接文件加载到整个浏览器窗口中。

(3) _self 链接的文件在该链接所在的同一框架或窗口中。此目标是默认的，通常不需要指定它。

(4) _top 将链接的文件载入整个浏览器窗口中，会删除所有框架。

3.2.5 Dreamweaver 的链接操作

众多相关网页通过超级链接形成了一个整体，没有超链接，网站就缺少了灵魂，一个个的网页就变成了孤舟。

1. 基础知识

(1) 绝对路径和相对路径。绝对路径是指页面文件在硬盘上的实际路径，绝对路径是完整的描述文件位置的路径。例如，你的 logo.jpg 图片存放在 C:\MyWeb\Images 目录中，则 C:\MyWeb\Images 为绝对路径。相对路径是指与某文件夹相对应的路径，例如/Images/logo.jpg 就是相对路径，其意义为根目录下的 Images 子目录中的 logo.jpg 文件。

(2) 链接目标。链接的目标有两种，一是网页，这个网页既可以是其他网站的某个页面，也可以是本网站的一个页面，还可以是本页面中的其他位置。当单击链接时将打开链接目标所指定的网页。二是文件或邮件地址，当单击链接到文件的链接时，自动下载文件；当单击到邮件地址时，将打开相关联的邮件收发软件，并自动添加目标邮箱地址。

(3) 虚拟链接。虚拟链接也称为空链接，更通俗地说就是什么也不做的链接，这种链接单击后，不产生任何动作。空链接用于向页面上的对象或文本附加行为。创建空链接后，可向空链接附加行为，以便当鼠标指针滑过该链接时，交换图像或显示层。设置时将链接文本设置为"#"即可。

(4) 脚本链接。有时链接的目的是为了执行一定的功能，而不是为了打开网页或文件，而功能的实现需要编写脚本，这种链接便是脚本链接。脚本链接非常有用，能够在不离开当前网页的情况下，为访问者提供有关某项的附加信息。脚本链接还可用于在访问者单击特定项时，执行计算、表单验证和其他处理任务，在属性设置面板的链接文本框中输入脚本即可。

2. 链接的基本操作

文字、图片等均可作为链接类型，但最常用的链接类型是文本链接。其操作步骤如下。

(1) 选中需要建立链接的文本或图像。

(2) 在属性面板中设置要链接文件的路径及文件名。设置链接文件有 3 种方法，一是直接输入，二是指向文件，三是浏览文件。直接输入即在文件框中直接输入路径及文件名，指向文件即拖动到一个文件以创建链接，而浏览文件则在磁盘中查找链接目标。

(3) 如果链接到邮件，则需要在邮箱地址前加上 Mailto，例如，链接到 Cuilh666@126.com，则在链接文本框中输入 Mailto:Cuilh666@126.com。

3.3 表格操作

网页所有组成元素中应用最广泛的是两"表"，即表格与表单。表格是有序组织网页中内容的重要方法，表单则是用于浏览者与网页实现动态交互的必须手段。表格与表单是网页制作中不可缺少的两大内容。本节主要讲述表格的相关内容。

3.3.1 表格的创建

大家都熟悉 Word 中的表格，其主要功能是用于做报表、分类展示数据。而网页中的表格则完全不同，其主要功能是网页的布局定位，网页通过表格将页面中的不同内容分别放在不同部分。用表格进行网页定位不但规范、灵活，而且定位十分精确。

1. 插入表格

在网页中插入表格一般要解决 3 个问题。

(1) 确定在哪插入。要在网页中插入一个表格，首先要定位插入点，用鼠标单击欲插入表格的位置，然后单击"修改"→"表格"菜单命令，弹出"表格"对话框，如图 3.12 所示。

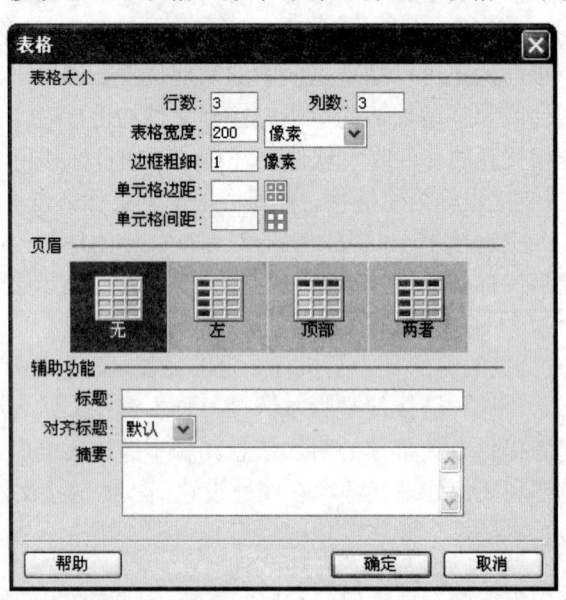

图 3.12 "表格"对话框

(2) 确定插入几行几列的表格。在"表格"对话框中根据需要填写行数、列数。

(3) 确定插入什么样的表格。在"表格"对话框中进行表格相关属性设置，以此确定表格的风格。边框粗细用于设置表格边框的宽度，表格用于定位时一般应该设为零。单元格边距用于设置单元格内容与单元格边界之间的像素数，默认值为 2 像素；单元格间距用于设置每个单元格之间的距离，默认值为 2 像素。在 Word 中通常的做法是将表格的第一行或第一列加粗，有的则将第一行与第一列同时加粗。Dreamweaver 中页眉的功能就是设定表格中加粗的部位，包括"左"即第一列加粗，"顶部"即第一行加粗，"两者"即第一行与第一列同时加粗。实际使用时用处不大，一般都用样式进行设置。标题则用于设置表格的标题，摘要则用于设置表格的说明，相当于备注，只用于注释说明，不在网页中显示，实际用处不大。

2. 选定表格

(1) 选择整个表格。选择整个表格有三种方法，根据个人喜好采用其中一种并形成习惯即可。第一种方法是单击表格的方式，单击的位置可以是左上角、右边缘、下边缘。第二种方法是单击网页编辑窗口状态栏上的"<table>"标记。第三种方法是单击单元格的方式，在单元格中单击，然后选择"修改"→"表格"→"选择表格"菜单命令。

(2) 选择表格的行。第一种方法是将鼠标停留在一行的左边缘，待出现黑色箭头时，单击鼠标选中一行；拖动鼠标则选中多行。第二种方法是单击网页编辑窗口状态栏上的"<tr>"标记。

(3) 选择表格的列。将鼠标停留在一列的上边缘，待出现黑色实心箭头时，单击鼠标选中多列。也可单击列上方的标记，从弹出的快捷菜单中选择"选择列"命令；

(4) 选择单元格。单击网页编辑窗口状态栏上的"<td>"标记或在表格单元格中单击，然后选择"编辑"→"全选"菜单命令。

(5) 选择区域。在单元格中拖动鼠标以选择连续的区域。也可在按住 Ctrl 键的同时单击单元格即可选择多个不连续的单元格。

【操作实例 3-2】插入表格。

步骤 1：启动 Dreamweaver 8，进入起始页，单击"新建项目"→HTML 进入 Dreamweaver 8 工作界面。

步骤 2：在文档的设计视图窗口下，将光标定位在要插入表格的位置，然后选择主菜单"插入"下的表格选项插入表格。

步骤 3：进入"表格"对话框设置表格，表格的宽度为 300 像素，单元格为 5 行 2 列，边框粗细为 1px，单元格边距为 0，单元格间距为 3px。

步骤 4：在"页眉"选框下设置标题的形式为顶部。

步骤 5：在辅助功能框中输入表格的标题内容为"信息工程学校专业设置"。

步骤 6：输入相关文字内容，运行效果如图 3.13 所示。

图 3.13 "表格"效果

3.3.2 表格的编辑

每一个表格都是由若干单元格组成的。实际工作中经常需要对表格及组成表格的每一个单元格进行各种编辑操作，具体包括尺寸的调整、行列的添加与删除、表格的嵌套、表格的复制、粘贴等。熟练掌握表格的编辑操作，对采用表格方式快速进行网页布局定位十分重要。

1. 行列操作

行列的操作主要使用"插入"、"修改"两个菜单项，其中"插入"菜单项中用于表格编辑的子菜单是"表格对象"，而"修改"则由"表格"子菜单项完成对表格的各种编辑操作。二者方法大同小异。

第一种方法：插入行、列。单击"插入"中的"表格对象"菜单项，其下共有"在上面插入行"、"在下面插入行"、"在左边插入列"、"在右边插入列"四个菜单项，分别用于在不同的方位插入表格的行或列，如图 3.14 所示。

第二种方法：插入行、列也可以在"修改"的"表格"子菜单项中选择"插入行"或"插入列"或"插入行或列"来完成操作。其中"插入行"默认在光标所在单元格前面插入行，"插入列"默认在单元格左侧插入列。如果选择"插入行或列"进行操作，则出现"插入行或列"对话框，进行设置后就可以进行相关操作。

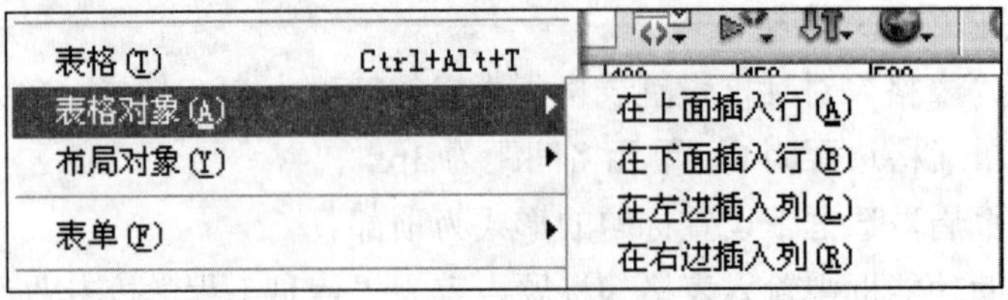

表格(T)	Ctrl+Alt+T	
表格对象(A)	▶	在上面插入行(A)
布局对象(Y)	▶	在下面插入行(B)
表单(F)	▶	在左边插入列(L)
		在右边插入列(R)

图 3.14 插入行或列

2. 尺寸调整

(1) 整体尺寸调整。可以通过拖动表格的一个选择边或角来调整大小。当选中表格时，该表格的右边、下边、右下角均出现黑色标识点。若要在水平方向调整表格的大小，拖动右边的黑色小方块；若要在垂直方向调整表格的大小，拖动底部的黑色小方块；若要同时调整行

列，拖动右下角的黑色小方块即可。

应用提示： 按 Shift 键后再拖动右下角的黑色小方块，可以等比例调整表格尺寸，极其方便、快捷。

(2) 行列尺寸调整。若要更改列宽度并保持整个表的宽度不变，拖动欲更改的列的右边框，相邻列的宽度随之更改，实际上调整了两列的大小，表格的总宽度不改变。若要更改某个列的宽度并保持其他列的大小不变，按住 Shift 键，然后拖动列的边框，这个列的宽度就会改变，相邻列宽度不变，表的总宽度随之改变。若要调整行高，即可直接拖动行边框，也可在属性栏中修改。

3. 单元格操作

(1) 常规复制粘贴。习惯使用文字处理软件的人，对复制、粘贴再熟悉不过了，Dreamweaver 中常规复制粘贴类似于 Word 中文字处理的复制粘贴技术。其操作方法也与 Word 字处理软件相同。既可以使用 Ctrl+C 复制、Ctrl+V 粘贴，也可以按住 Ctrl 键后用鼠标拖动需要复制的文字至新位置。

(2) 选择性粘贴。从字面上理解，所谓选择性粘贴就是可以随意按自己的需要选择粘贴的方式，允许以不同方式指定所粘贴的文本的格式。例如，如果要将文本从带格式的 Microsoft Word 文档粘贴到 Dreamweaver 文档中，但是想去掉所有格式设置，以便能够向所粘贴的文本应用自己的 CSS 样式表，可以在 Word 中选择文本，将它复制到剪贴板，然后打开"编辑"→"选择性粘贴"，选择"仅文本"选项。其他的复制形式如图 3.15 所示。选择性粘贴的快捷键为 Ctrl+Shift+V。

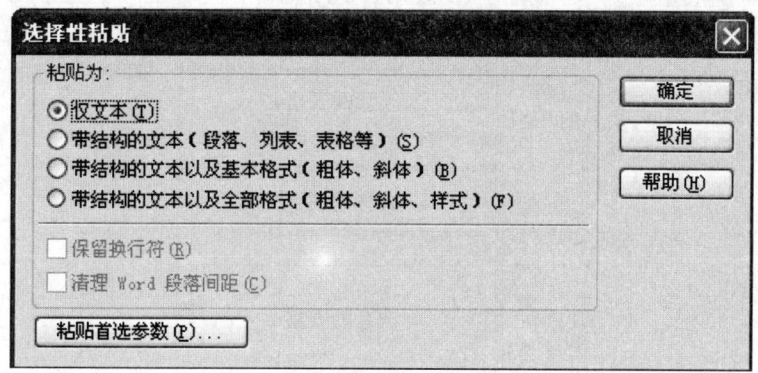

图 3.15　选择性粘贴

(3) 单元格的清除。单元格内容的清除既可以选中内容后按键盘上的删除键，也可选择"编辑"菜单中的"清除"项。

3.3.3　用表格进行页面布局

几百平方米的房子，要放置大量桌椅，如何放置呢？应该有一个布局；大量的文字、图片要形成一个网页，又如何放置呢？也需要布局。网页布局主要有两种方式：一种是表格方式布局；另一种是 CSS+DIV，也就是样式和层。表格方式使用得极其广泛，实际应用中不但要掌握表格的应用方法，更要注意实际技巧的应用。

1. 表格在页面布局中的应用

采用表格方式布局的页面一般都是四表制，即头部一张表，导航栏一张表，体部一张表，尾部一张表。四张表的宽度相同，风格一致。

属性的设置除长度之外，四张表应该完全相同。一般来讲行列均应设为 1，表格宽度应该根据分辨率设定，如果是 1280×1024 或 1024×768 的分辨率应该将宽度设为 1000 像素，如图 3.16 所示。而 800×600 的分辨率则应该设为 750～800 像素，习惯上设置为 776 像素。边框粗细、单元格边距、单元格间距均设为 0 像素。

表格
表格大小
行数: 1
列数: 1
表格宽度: 1000
像素
边框粗细: 0
像素
单元格边距: 0
单元格间距: 0

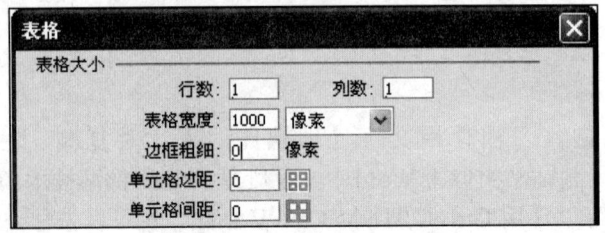

图 3.16　页面布局表格属性的设置

这四张表格，除体部之外，都十分简单。体部表格则较为复杂，一般的做法是将体部表格竖向拆分之后，再嵌套表格，实现体部的布局，如图 3.17 所示。

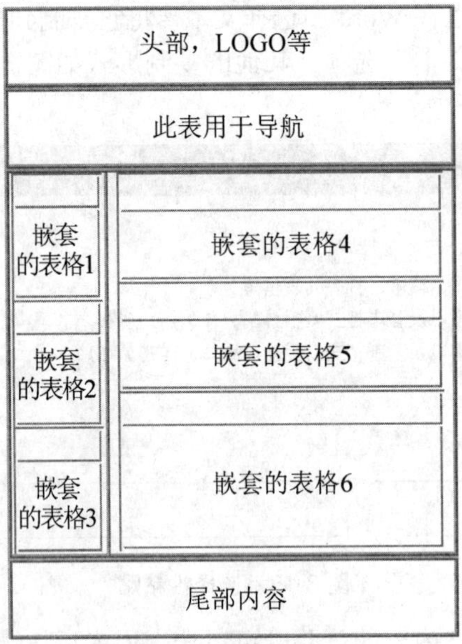

头部，LOGO等
此表用于导航
嵌套的表格1
嵌套的表格2
嵌套的表格3
嵌套的表格4
嵌套的表格5
嵌套的表格6
尾部内容

图 3.17　“表格”对话框

应用提示：实际使用时，先在页面中插入一张表格，进行全部属性设置后，直接利用这张表格复制三张表格即可快速搭建网页的整体框架。

2. 表格布局的注意事项

(1) 严禁一表到底。所谓一表到底就是整个页面由一张大表格做框架，经过拆分，嵌套形成整体布局。一表到底不利于布局，同时网页打开速度极其缓慢。实际使用时，要用多张表格上下排列形成整体布局，严禁使用一表到底。

(2) 表格不可行、列同时拆分。页面制作人员在实际制作时最头痛的就是表格总是串位，总是无法轻松驾驭。其实，原因只有一个，就是拆分不当。表格的拆分有一个重要原则就是单向拆分，更通俗地说就是表格只能沿一个方向拆分。例如，可以将表格拆分为三列，但是拆分为三列的表格就不能再进行横向拆分了，否则表格极难定位。

(3) 嵌套表格时尺寸的设定要注意，表格内部嵌套表格时其长度的设定只能使用百分比，不能设定实际像素数。例如，可以将表格的宽度设置为 99%，但不能设置为 120 像素。这是因为整体表格发生变化时，用百分比方式设定的表格可以根据父表格的变化而自动调整，而采用像素为单位的设置方法，一旦外表格调整后，将破坏整体表格的布局。

(4) 表格边框设置。由于页面布局中使用表格的主要目的是版面定位，所以，表格边框宽度为 0 像素。

3.4　样式和层操作

在网页版面布局的两种方式中，表格方式是最常用、最简单、最易用的大众化的布局方式，也是多年来一直广泛使用的网页排版方式，目前大部分网站都采用表格方式布局。而CSS+DIV 布局方式则是近年来逐渐流行的一种全新的网页布局方法。CSS 即层叠样式表，DIV即层，CSS+DIV 则是采用层和样式表进行精确布局的方法，也是网页布局技术发展的流行趋势。

3.4.1　CSS 样式表和 DIV 层的概念

1. CSS 的含义

CSS 是 Cascading style Sheet 的简称，翻译成中文的含义就是"层叠样式表单"，一般称做"层叠样式表"或"样式表"。它实质上是一系列格式设置规则，它们控制 Web 页面内容的外观。使用 CSS 设置页面格式时，内容与表现形式是相互分开的。页面内容(HTML 代码)位于自身的 HTML 文件中，而定义代码表现形式的 CSS 规则位于另一个文件(外部样式表)或HTML 文档的另一部分(通常为<head>部分)中。使用 CSS 可以非常灵活并更好地控制页面的外观，从精确的布局定位到特定的字体和样式等。之所以称做"层叠"是因为同一段文字可以用多个样式表从不同角度进行修饰，可以使用一个样式表设置颜色，使用另外一个样式表设置字体。

举个例子，在 Word 中有一个"格式刷"，选中一段设置精美格式的文字并单击"格式刷"后，在欲设置格式的一段文字上轻轻一刷，这段文字格式就设置完毕。网页制作中的 CSS与 Word 中的格式刷极为类似，我们只需要将文字的字体、字号、颜色、行距以及其他风格设置成样式并存储，在需要设置为这一格式的地方，选中欲设置的文本，轻轻一刷即可完成设置工作。

2. CSS 样式的分类

CSS 样式表按其位置的不同可以分为内联样式(Inline Style)、内部样式表(Internal Style Sheet)、外部样式表(External Style Sheet)3 类。

(1) 内联样式(Inline Style)。内联样式是写在 HTML 标记之中的，它只针对自己所在的标记起作用。例如：

```
<p style="font-size:12px;color:green;">美丽的鹤城，我的家</P>
```

上面的实例中，以 P 标记开始，</p>标记结束构成了一个文字段落，其中的 style 定义段落中的字体大小是 12 像素，颜色为绿色，其作用范围是该段内部。

(2) 内部样式表(Internal Style Sheet)。内部样式表是写在<head></head>里面的，它只针对所在的 HTML 页面有效。

(3) 外部样式表(External Style Sheet)。把内联样式表中的<style></style>之间的样式规则定义语句放在一个单独的外部文件中，这个外部文件就是外部样式表文件，其扩展名是.css。一个外部样式表文件可以通过<link>标签连接到 HTML 文档中。

3. 层的含义

层是一种 HTML 页面元素，可以将它定位在页面上的任意位置。图层除了像表格一样可以设定背景、位置、自由移动、响应事件、控制显示外，还可以轻松建立三维效果，我们可以使网页中的对象在垂直方向互相重叠，再配合 Timeline 的应用可以做出意想不到的效果，使网页更加生动，动感十足。因此，局部处理图层能给网页增色不少。当我们使用 CSS-P 的时候，我们主要把它用在 DIV 上。当把文字和图像等放在 DIV 中时，它可称做"DIV block"，或"DIV element"或"CSS-layer"，或干脆称做"layer"。而中文我们把它称做"层次"。所以当以后看到这些名词的时候，就知道它们是指一段在 DIV 中的 HTML。

4. CSS+DIV 的页面排版优越之处

采用 CSS+DIV 进行网页布局与采用表格方式进行网页布局相比具有以下 3 个显著优势。

(1) 表现和内容相分离。CSS 是以独立的外部样式表文件存在的，而实际显示的文本内容则存放于 HTML 文件中。如果用表格方式布局，样式与文本内容是混合在一起的。这种组成结果对搜索引擎更加友好，更加有利于页面被百度、雅虎等搜索引擎收录。

(2) 提高页面浏览速度。样式与内容的分离，最直接的特征就是 HTML 中大量用于样式设置的标签不见了，原本臃肿的 HTML 文件瘦身了，网页文件大大变小了，页面的浏览速度随之提高了。

(3) 易于维护和改版。采用 CSS+DIV 的页面布局方式，原本要修改的数十处乃至数百处格式，只需要在 CSS 中进行一次修改，所有使用该样式之处全部随之改变。只要简单地修改几个 CSS 文件就可以重新设计整个网站的页面。

3.4.2 样式表的创建

创建样式表文件的方法很多，常用的有以下几种。

1. 用"文件"菜单的新建子菜单创建

第一种方法：单击"文件"→"新建"→"基本页"→"CSS"，建立外部样式表文件。

第二种方法：单击"文件"→"新建"→"CSS 样式表"，调出各类预存的 CSS 样式表，从中选择样式，然后单击"创建"命令，将自动创建样式表文件，样式表文件创建后可以进行修改。

2. 用样式浮动面板创建

选择"窗口"→"CSS 样式"，也可按 Shift+F11 快捷键打开样式浮动面板，单击鼠标右键，在弹出的子菜单中选择"新建"命令。

3. 用"文本"菜单的 CSS 样式创建

单击"文本"菜单下的"CSS 样式"子菜单中的"新建"，弹出"新建 CSS 规则"子菜单，子菜单中共有以下三项，如图 3.18 所示。

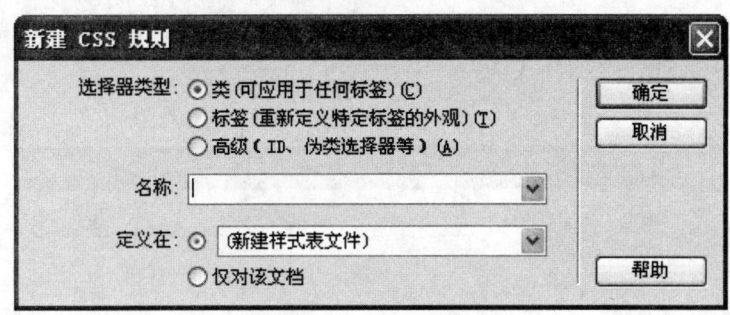

图 3.18 新建 CSS 规则

(1) 选择器类型。选择器即样式要套用的对象，通常是 HTML 标记。其中"类"可以应用于任何标签，更简单地说就是选择器类型设为"类"定义的标签，是通用的标签，可以应用于网页上的任何地方、任何 HTML 标记上。其中"标签"，则用于重新定义特定标签的外观。网页的母语是 HTML 语言，每个 HTML 标记都有默认的属性，实现默认的效果，使用"标签"可以改变这些默认效果。例如，我们可以在下面的"名称"下拉列表中选择 table，则整个网页中所有表格的默认效果全都是该 CSS 样式所设置的效果。其中的"高级"则是为特定的组合标签定义层叠样式表，使用 ID 作为属性，以保证文档具有唯一可用的值。高级样式是一种特殊类型的样式。

(2) 名称。在"选择器类型"选项下面是一个变化的栏目，随"选择器类型"的选择而变化。

如果在"选择器类型"中选择"类"，该处显示"名称"，在其后直接填入类的名称即可。要特别注意，对于自定义样式，名称前必须有圆点(•)。

如果在"选择器类型"中选择"标签"，则该处显示"标签"，在此处输入或选择 HTML 标记。

如果在"选择器类型"中选择"高级"，此处则变为"选择器"。其下拉列表中共有 4 个选项，即 a:link、a:visited、a:hover、a:active。a:link 设置 a 对象在未被访问前的样式表属性；

a:visited 设置 a 对象在其链接地址已被访问过时的样式表属性；a:hover 设置对象在其鼠标悬停时的样式表属性；a:active 设置对象在被用户激活(在鼠标单击与释放之间发生的事件)时的样式表属性。

(3) 定义在。"定义在该文档"只作用在当前文档，其优点是创建完成后就直接应用到当前文档。"新建样式表文件"创建出一个独立的外部 CSS 样式表文件，多个文档可以链接到外部 CSS 样式表文件，其优点是只要修改外部的 CSS 样式表文件，所有链接到该样式表文件的文档格式都会自动发生改变。

3.4.3 外部层叠样式表的链接

样式表可以实现网页的各种不同风格。别人建立好的样式表如何引入到自己的网页中使用呢？Internet 网上有大量的编写好的样式表文件如何使用呢？这便是外部样式表的链接。若要链接外部 CSS 样式表，可执行下列操作之一打开"CSS 样式"面板。

(1) 选择"窗口"→"CSS 样式"，也可按 Shift+F11 快捷键。

(2) 在"CSS 样式"面板中，单击"附加样式表"按钮，或单击该面板顶部右边的三角按钮从弹出的菜单中选择"附加样式表"。

(3) 完成对话框设置，然后单击"确定"按钮，如图 3.19 所示。

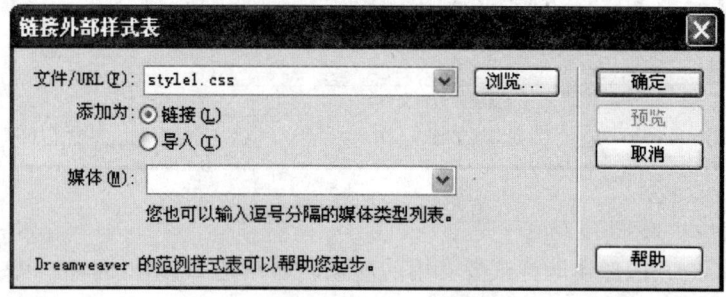

图 3.19 链接外部样式表

【操作实例 3-3】样式表的创建。

步骤 1：启动 Dreamweaver 8，进入起始页，单击"新建项目"→HTML 进入 Dreamweaver 8 工作界面。

步骤 2：输入文字，选择"文本"→"CSS 样式"→"新建"调出"新建 CSS 规则"对话框，选择器的类型为"类"，在名称框里输入样式名如".cs1"，在"定义在"一栏中选择"新建样式表文件"，设置如图 3.20 所示，单击"确定"按钮。

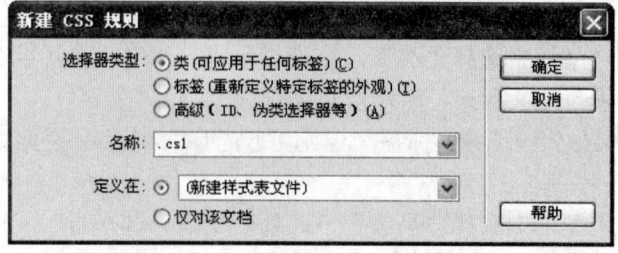

图 3.20 "新建 CSS 规则"对话框

步骤 3：进入 CSS 样式定义对话框，设置该样式，如图 3.21 所示。

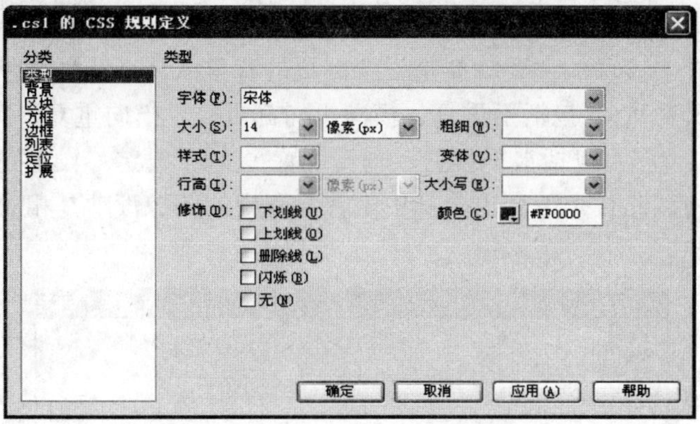

图 3.21　CSS 样式定义对话

步骤 4：在文档选中文字，在属性栏的样式一栏中选择.cs1 的样式。

3.4.4　设置 CSS 样式

新建 CSS 样式的最后一步就是设置 CSS 样式，也就是 CSS 规则定义，通过设置 CSS 样式，具体定义字体、字号、行高等类型，以及背景、边框等项目。在 CSS 规则定义中具体包括类型、背景、区块、方框、边框、列表、定位、扩展 8 类。

1. 设置 CSS 规则的"类型"

CSS 规则的"类型"设置包括字体、大小、粗细、样式、变体、行高、大小写、修饰、颜色 9 项设置，分别用于设置字体名称、字号大小、字体的加粗程度、字体样式(斜体、偏斜体)、变体、两行之间的距离、英文的大小写设定、各种修饰(下划线、上划线、删除线、闪烁)。其中最为重要的是行高的设定，在 Dreamweaver 的属性面板中没有设置行高的选项，初学者往往不知在哪设置行高，其实行高的设置是通过 CSS 样式设置实现的。粗细值设为"400"时相当于正常字体，而设置为"700"时则相当于粗体，如图 3.22 所示。

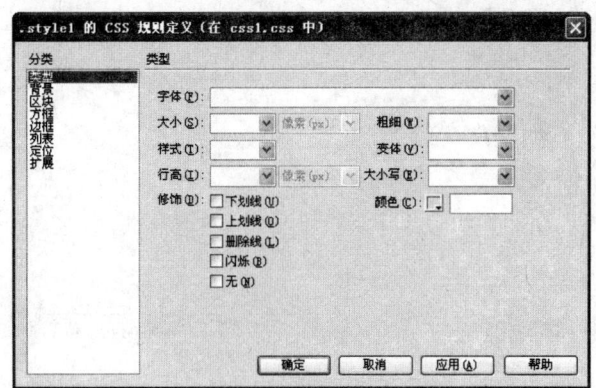

图 3.22　CSS 规则定义中的"类型"设置

2. 设置 CSS 规则的"背景"

在 HTML 中,背景只能使用单一的色彩或利用图像水平垂直方向的平铺。使用 CSS 之后,有了更加灵活的设置。该项的主要功能是设置网页的背景,包括背景颜色、背景图像两项设置。其中背景图像又对重复(包括不重复、横向纵向都重复、横向重复、纵向重复)、附件(图像滚动、图像固定)、位置(包括水平位置、垂直位置)进行了设定。设定完成后,网页中的背景颜色、背景图像将以此设定值变更。其中附件设置中的图像滚动是相对整个网页窗口的滚动与固定,如图 3.23 所示。

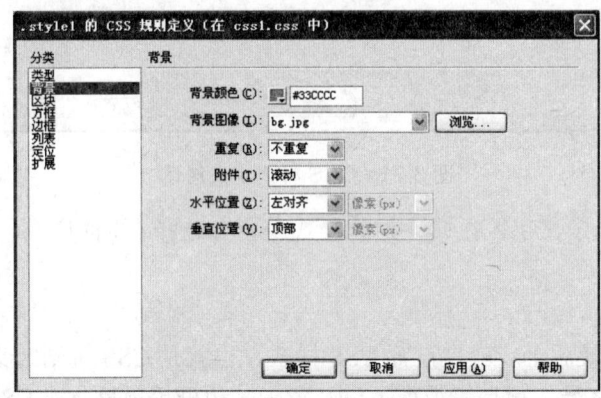

图 3.23 CSS 规则定义中的"背景"设置

3. 设置 CSS 规则的"区块"

这是一组对 CSS+DIV 版面设置中的区块进行设置的选项,包括单词间距、字母间距、垂直对齐、文本对齐、文字缩进、空格、显示 7 项设置。其中"空格"确定如何处理元素中的空格,在其右侧选"正常"为收缩空格;"保留"为保留所有空白,包括空格、制表符和回车;"不换行"指仅当遇到 br 标签时文本才换行。"显示"指定是否以及如何显示元素,如图 3.24 所示。

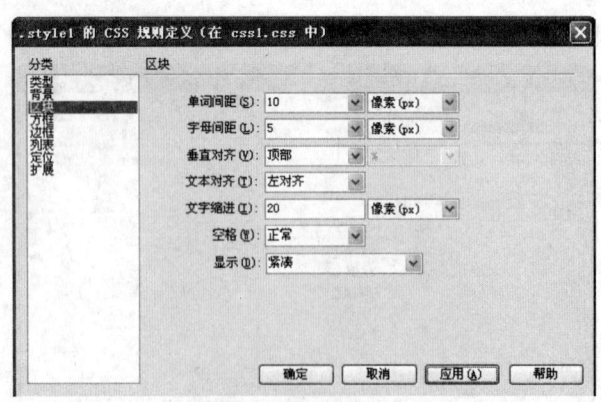

图 3.24 CSS 规则定义中的"区块"设置

4. 设置 CSS 规则的"方框"

"方框"是用来定义各种距离的,凡是和距离有关的,如间距、边距等都在这里设定,包括宽高、填充、边界的设定等。其中"浮动"选项可以将元素移动到页面范围之外；"清除"选项定义不允许层出现应用样式的元素的某个侧边；"填充"定义应用样式的元素内容和元素边界之间的空白大小；"边界"定义应用样式的元素边界和其他元素之间的空白大小，如图 3.25 所示。

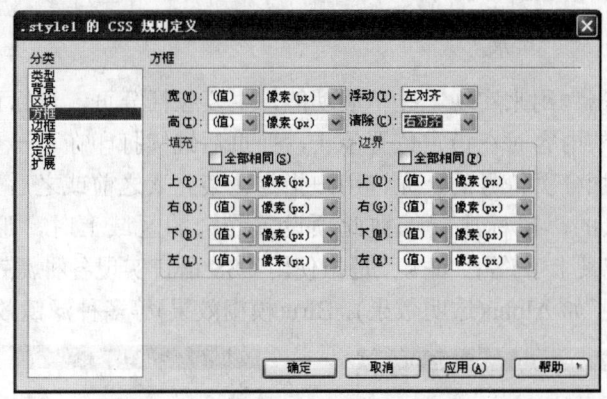

图 3.25 CSS 规则定义中的"方框"设置

5. 设置 CSS 规则的"边框"

"边框"样式设置可以给对象添加边框，设置边框的颜色、粗细、样式。可分别加上、下、左、右的边框。例如，只加一个下边框，且设为虚线边框，这样可以在所选元素下显示一条虚线。"边框"设置包括样式、宽度、颜色 3 项内容，可以分别对上、右、下、左 4 个边框进行设置。

6. 设置 CSS 规则的"列表"

CSS 规则的"列表"包括类型设置、项目符号图像设置、位置设定 3 个部分，如图 3.26 所示。"类型"设置项目符号或编号的外观。"项目符号图像"可以为项目符号指定自定义图像。单击"浏览"按钮可通过浏览选择图像，或输入图像的路径。"位置"设置列表项文本是否换行和缩进(外部)以及文本是否换行到左边距(内部)。

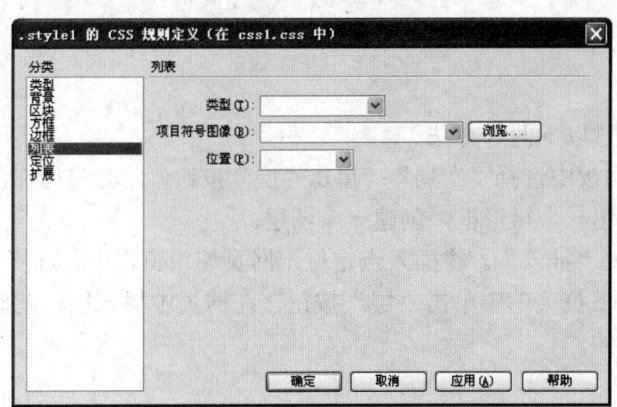

图 3.26 CSS 规则定义中的"列表"设置

7. 设置 CSS 规则的"定位"

"定位"是用于"层"设置的一个选项，由于在 Dreamweaver 中提供了更方便的可视化的层制作功能，因此在实际应用中很少使用这一功能。这一选项还包括上、下、左、右 4 个方位的置入和裁切，如图 3.27 所示。

8. 设置 CSS 规则的"扩展"

CSS 规则的"扩展"用来实现一些扩展功能，主要包括分页、光标和过滤器 3 种效果。分页就是指打印网页的内容时在指定位置停止，换页后继续打印在下一页纸上。"分页"是通过样式来为网页添加分页符号的，允许用户指定在某元素之前或之后分页；"光标"是通过样式改变鼠标形状的，鼠标放置于被此项设置修饰的区域上时，形状会发生改变，如 Hand(手)、crosshair(交叉十字)等；"滤镜"是指使用 CSS 语言实现各种滤镜效果，Dreamweaver 在下拉列表框中提供了如 Alpha(透明效果)、Blru(模糊效果)等多种滤镜效果，如图 3.28 所示。

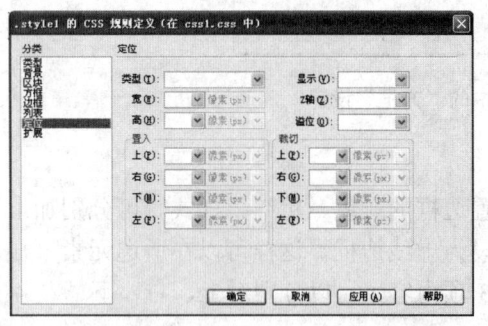

图 3.27　CSS 规则定义中的"定位"设置

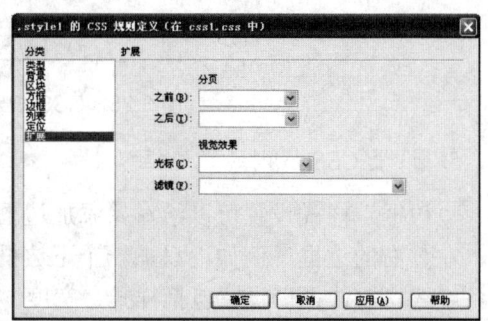

图 3.28　CSS 规则定义中的"扩展"设置

3.4.5　CSS 样式的应用

在网页制作过程中，一般要先根据需要进行 CSS 样式设置，然后再用 CSS 样式对文本进行设置。

3.4.6　层的创建

1. 层的创建

层的创建可以通过以下两种方法。

(1) 在"插入"面板中选择"布局"。单击"层"按钮，此时光标在网面中显示为一个小十字，拖动鼠标，拉出一个矩形框，创建一个图层。

(2) 在菜单中选择"插入"。将插入点定位于网页编辑窗口中，选择主菜单"插入"，单击"布局"选项，在下拉菜单中单击"层"按钮，在网页中插入层，此时插入的层在网页中的位置的尺寸是默认的。

2. 嵌套层

(1) 概念。所谓嵌套层是指包含在其他层中的层。嵌套层能够确保该层永远位于其父层的上方。

(2) 创建方法。创建嵌套层，首先将插入点放置在已创建的层中，然后选择主菜单"插入"下的"布局"选项，在下拉菜单中单击"层"按钮即可插入嵌套层。

3.4.7　层的编辑

1. 层的"属性"面板

在层的"属性"面板中可以设置层的各项属性，主要属性设置方法如下。

(1) 在"层编号"编辑框中设置当前层的名称。

(2) 在"左"和"上"编辑框中设置层相对于页面或其父层左上角的位置。在"宽"和"高"编辑框中设置层的宽度与高度。在"Z 轴"编辑框中设置层的层次属性值。

(3) 在"可见性"下拉列表框中设置层的可见性。使用脚本语言，如 JavaScript 可以控制层的动态显示和隐藏。其中 Default 代表不指明层的可见性；Inherit(继承)代表可以继承其父级层的可见性；Visible(可见)代表可以隐藏层及其包含的内容，无论其父级层是否可见；Hidden(隐藏)代表可以隐藏层及其包含的内容，无论其父级层是否可见。

(4) 在"背景层图像"编辑框中输入层背景图像的名称和路径，"背景颜色"设置层的背景颜色。

(5) 在"类"下拉列表框中选择已经设置好的 CSS 样式或新建 CSS 样式。

2. 显示层面板

层面板用于管理网页中的层。选择主菜单"窗口"下的"层"选项，即可显示或隐藏层面板。在层面板中，文档中的层都显示在层列表中，如果存在嵌套层，则以树状结构显示层的嵌套。

3. 调整层的大小

层的大小可以随意调整。既可以单独调整一个层，也可以同时调整多个层，使它们具有相同的大小。

调整层的大小，其操作方法如下。

(1) 选中层，拖动其周围控制点来调整层大小。

(2) 选中层，按 Ctrl 键和方向键，每次增大或缩小 1 像素。

(3) 选中层，同时按 Ctrl+Shift 快捷键，然后按方向键，可以使层的大小每次改变一个网格单位的距离。

(4) 在"属性"面板的"宽"和"高"编辑框中输入层的精确尺寸进行调整。

(5) 调整多个层的大小，可在网页编辑窗口中选中这些层，选择主菜单"修改"下的"对齐"选项，在下拉菜单中单击"设成宽度相同"或"设成高度相同"菜单，则以最后一个选中的层的大小为标准，调整其他层，使它们具有相同的宽度或高度。也可在"属性"面板的"宽"和"高"编辑框中输入宽度和高度值，该值将应用于所有被选中的层。

4. 移动层

层的位置可以任意移动，其操作方法有以下 3 种。

(1) 选中层，拖动层的边框。

(2) 选中层，用小键盘上的方向键调整，每次移动 1 像素。

(3) 选中层，按 Shift 键和方向键，可以快速移动层，每次移动一个网格单位的距离。

5. 对齐层

进行对齐层操作时，先选中层，再选择主菜单"修改"下的"对齐"命令，然后在其子菜单中选择对齐方式。对齐方式主要有左对齐、右对齐、对齐上缘、对齐下缘。

6. 改变层的重叠顺序

要在层面板中改变层的重叠顺序，操作方法如下。

(1) 单击菜单"窗口"下的"层"命令，打开层面板。

(2) 选择层并向上或向下拖动层。在"Z 轴"输入框中，单击层的 Z 值，并输入新值。当输入比现有值大的数值时，该层将向上移动；当输入比现有值小的数值时，该层将向下移动。

3.5 模 板 操 作

3.5.1 模板概述

仔细观察创意各异的网站，都有一个共同的特征，除了首页外，其他各个子页面的结构、风格基本相同，所不同的只有其中的文字、图片等内容。再仔细观察浩如烟海的网站，发现每个网站有几十甚至几百、上千个子页面，畏难情绪顿生。其实，不要怕，不要急，这很容易理解，生活中处处有这样的例子。例如，一本书中的每一章，除了第一页外，其他各页在布局、页眉、页脚、行距等方面完全相同。

聪明的人不难发现，做一个网站，只需要把首页做好，然后再完成一个子页面，其他页面则用子页面"克隆"即可。这个"克隆"好比制作面包的模具，可以批量生成网站的子页面，这便是网页的模板。

1. 网页模板的定义

网页模板就是为了快速生成网站的各页面，而制作的网页框架，使用网页编辑软件输入各个页面需要的内容，生成各个子页面，其扩展名为 dwt。制作完成后，系统自动在站点中生成 Templates 文件夹。使用时要注意，不要将模板文件移出模板文件夹，也不要将其他非模板文件存入模板文件夹中。

2. 网页模板的本质

模板的本质就是在一个普通的网页上定义了哪里可以编辑，哪里不可以编辑，可以编辑的地方在用模板生成的子页面上可以随意添加内容、更改内容，不可以编辑的地方则作为各自页面的公共特征存在。拿书做例子对比，模板就好像一本书的整体风格样式，也就是样章，而书中每一页的内容、图片则是可编辑区，内容各不相同，可以随意更改。而页眉、页脚则相当于不可编辑区，不能随意更改。如果要更改页眉页脚，必须在模板中进行更改，而模板一旦更改，整个网站中所有用模板生成的页面都将改变。

3. 使用网页模板创建网页的原因

很多初学者对网页模板十分漠视，我们必须走近网页模板、了解网页模板，才能爱上模板，并且在网站制作的漫漫职场中长相伴、永相随。为什么不直接编写网页，而使用模板创建网页呢？使用网页模板有哪些优点呢？

(1) 可以快速制作网站。不管是几十个，还是几百个，鼠标轻点，弹指之间，所有子页面全部搞定，剩余的工作只需要用户自行录入内容即可。使用网页模板大大提高了网页的制作速度。以前，需要花费专业网页设计师一两个月制作的网站，而现在，使用模板可以在短短一两周内完成整个网站的制作。

(2) 可以快速修改网站。用模板制作的子页面，当需要对整体风格进行修改时，不必"页页"躬亲，只需要修改模板，各个子页面将自动更新。

(3) 降低制作成本。制作时间缩短了，制作人员减少了，制作效率提升了，制作成本随之降低了。

(4) 可以借鉴成熟经验。目前 Internet 上有大量的免费模板，可以供自由使用，每一个模板无不是专业人士呕心沥血、几经推敲的得意之作，大可放心地拿来使用。

3.5.2　创建模板

使用模板前需先创建模板。创建模板最常见的方法是先设计好一个普通页面，再将页面另存为模板。

1. 模板中的几个区域的概念

(1) 可编辑区域是基于模板的文档中的未锁定区域，它是模板用户可以编辑的部分。制作模板时可以将模板的任何区域指定为可编辑区。要让模板生效，它应该至少包含一个可编辑区域；否则，将无法编辑基于该模板的页面。

(2) 重复区域是文档中设置为重复的布局部分。例如，可以设置重复一个表格行。通常重复部分是可编辑的，这样模板用户可以编辑重复元素中的内容，同时使设计本身处于模板创作者的控制之下。在基于模板的文档中，模板用户可以根据需要使用重复区域控制选项添加或删除重复区域的副本。在模板中插入的重复区域共有两种类型：重复区域和重复表格。

(3) 可选区域是在模板中指定为可选的部分，用于保存有可能在基于模板的文档中出现的内容(如可选文本或图像)。在基于模板的页面上，模板用户通常控制是否显示内容。

(4) 可编辑标签属性可以在模板中解锁标签属性，以便该属性可以在基于模板的页面中编辑。例如，可以"锁定"在文档中出现的图像，以让模板用户将对齐设为左对齐、右对齐或居中对齐。

2. 具体操作步骤

(1) 打开要另存为模板的文档，选择"文件"→"打开"命令，然后选择文档打开。

(2) 根据需要在文档中对可编辑区、重复区、可选区进行设置。

(3) 选择"文件"→"另存为模板"命令，弹出"另存为模板"对话框，如图 3.29 所示。

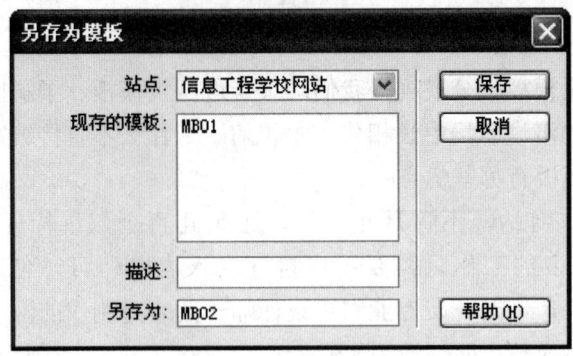

图 3.29 "另存为模板"对话框

(4) 从"站点"弹出菜单中选择一个用来保存模板的站点，并在"另存为"文本框中为模板输入名称。

(5) 单击"保存"按钮，完成整体模板的设计制作，以后仍然可以像普通网页一样打开模板，对其进行修改、完善。

3.5.3 编辑模板

编辑模板包括模板各区域的创建、模板参数的设置，以及模板的删除、重命名、修改等操作。其中最常用的是模板可编辑区的创建。

1. 模板的基本操作

(1) 打开模板。打开模板既可以在 Dreamweaver 右侧的"资源"面板中双击模板文件名打开，也可以在"文件"面板中双击文件名打开。

(2) 修改模板。打开模板后，就可以像修改普通页面一样进行修改了。修改完成后，保存时会弹出"更新模板文件"对话框，单击"更新"按钮后，将对所有由此模板生成的页面进行自动修改，如图 3.30 所示。

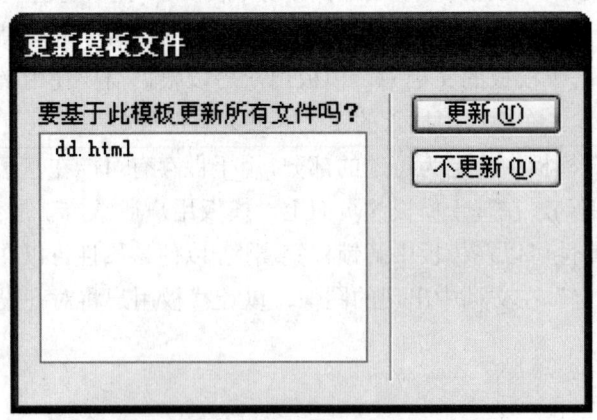

图 3.30 "更新模板文件"对话框

(3) 删除模板。在"资源"面板或"文件"面板中选中模板文件，按键盘上的删除键 Delete，即可删除模板文件。

（4）重命名模板。与删除模板一样，选中文件，双击后直接修改即可，切记扩展名不可改变。

2. 定义模板的可编辑区

选择欲设置为可编辑区域的文本或内容，也可将插入点放在想要插入可编辑区域的地方，执行下列操作之一即可插入可编辑区域，如图 3.31 所示。

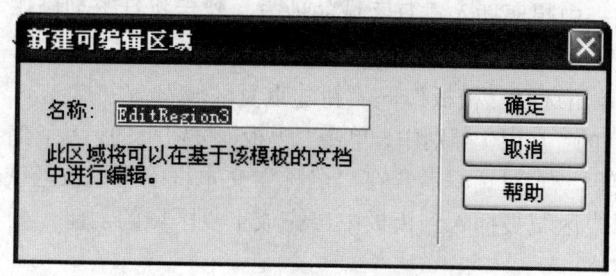

图 3.31 "新建可编辑区域"对话框

（1）选择"插入"→"模板对象"→"可编辑区域"命令。

（2）用鼠标右键单击选择"模板"→"新建可编辑区域"命令。

（3）在"插入"栏的"常用"类别中，单击"模板"按钮上的箭头，然后选择"可编辑区域"。

出现"新建可编辑区域"对话框后在"名称"文本框中为该区域输入唯一的名称。同一模板中的多个可编辑区域不能使用相同的名称。

3. 创建模板的可选区域

若要插入可选区域，在"文档"窗口中，选择想要设置为可选区域的元素，然后执行下列操作之一。

（1）选择"插入"→"模板对象"→"可选区域"命令。

（2）用鼠标右键单击所选内容，然后选择"模板"→"新建可选区域"命令。

（3）在"插入"栏的"常用"类别中，单击"模板"按钮上的箭头，然后选择"可选区域"命令。

弹出"新建可选区域"对话框，为可选区域指定选项，单击"确定"按钮，如图 3.32 所示。

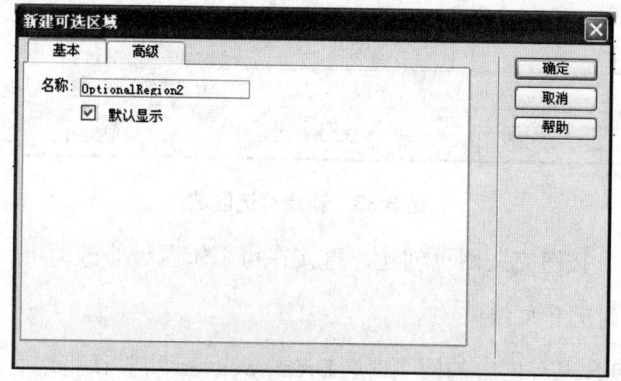

图 3.32 "新建可选区域"对话框

4. 创建模板的重复区

模板用户可以使用重复区域在模板中复制任意次数的指定区域。重复区域不是可编辑区域。若要使重复区域中的内容可编辑，例如，让用户可以在基于模板的文档的表格单元格中输入文本，必须在重复区域内插入可编辑区域。

若要在模板中插入重复区域，在"文档"窗口中选择想要设置为重复区域的文本或内容，也可将插入点放入文档中想要插入重复区域的地方，然后执行下列操作之一创建重复区域。

(1) 选择"插入"→"模板对象"→"重复区域"命令。

(2) 用鼠标右键单击选择"模板"→"新建重复区域"命令。

(3) 在"插入"栏的"常用"类别中，单击"模板"按钮上的箭头，然后选择"重复区域"。

弹出"新建重复区域"对话框后，在"名称"文本框中为模板区域输入唯一的名称。单击"确定"按钮，重复区域被插入到模板中，完成重复区域的创建。

3.5.4 使用模板

1. 用模板创建网页

模板创建完成后，就可以使用模板方便地建立网页了。具体方法如下。

(1) 选择"文件"→"新建"命令，打开"从模板新建"对话框。

(2) 单击"模板"选项卡，左侧是已经存在的站点名称，中间则是该站点对应的模板。选择站点名称并选择模板后，右侧将出现模板"预览"窗口，如图3.33所示。

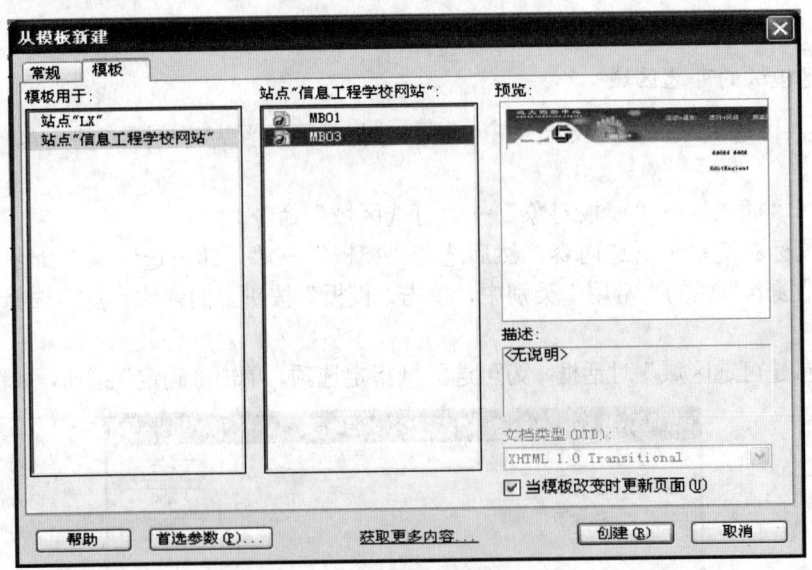

图3.33　新建可选区域

(3) 单击"创建"按钮完成网页创建，直接在可编辑区域修改即可。

2. 将模板应用到现有文档

将模板应用到包含现有内容的网页时，Dreamweaver将尝试将现有内容与模板中的区域进行匹配。如果应用的是现有模板之一的修订版本，则名称可能会匹配。如果将模板应用到

一个尚未应用模板的网页页面，则没有可编辑的区域进行比较，便会出现不匹配的情况。Dreamweaver 跟踪这些不匹配的情况，这样可以选择将当前页的内容移动到哪些区域，也可以删除这些不匹配的内容。具体步骤如下。

(1) 打开要应用模板的网页页面。

(2) 选择"修改"→"模板"→"应用模板到页"命令，弹出"选择模板"对话框，如图 3.34 所示。

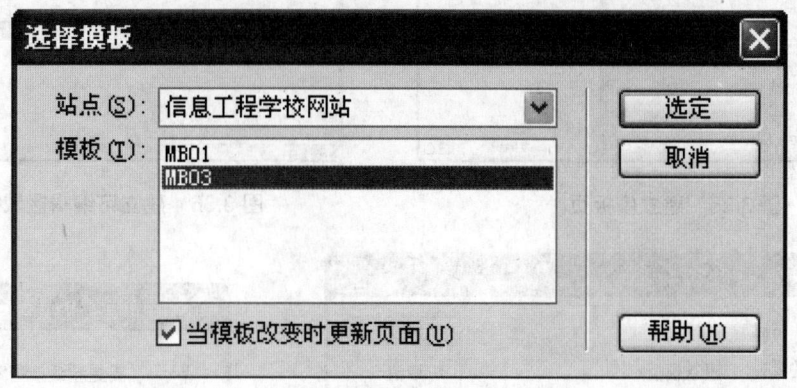

图 3.34　"选择模板"对话框

(3) 从列表中选择一个模板并单击"选定"按钮。如果文档中存在不能自动指定到模板区域的内容，将出现"不一致的区域名称"对话框。

(4) 如果有未解决的内容，可为该内容选择一个目标，然后单击"确定"按钮。

3．从模板中分离网页

若要更改基于模板的网页的锁定部分的内容，必须将该网页从模板中分离出来。将文档分离之后，整个文档就变成普通的文档了，整个页面都可以随意编辑。从模板分离文档操作步骤如下。

(1) 打开想要分离的基于模板的网页。

(2) 选择"修改"→"模板"→"从模板中分离"命令。

文档从模板分离，所有模板代码都被删除，模板的更新操作将不再影响已经分离的页面，分离的页面将不会再继续自动更新。

【操作实例 3-4】用模板创建网页。

步骤 1：启动 Dreamweaver 8，进入起始页，单击"新建项目"→HTML 命令，打开工作界面。

步骤 2：建立站点如"qqhre"，在其站点内创建图像文件夹等。设置效果如图 3.35 所示。

步骤 3：布置模板页的版面，将经常更新的内容设置为可编辑区域，如图 3.36 所示。保存该文档，自动弹出"另存为模板"对话框，在此对话框内将模板命名为"mb"并更新该文档，如图 3.37 所示。

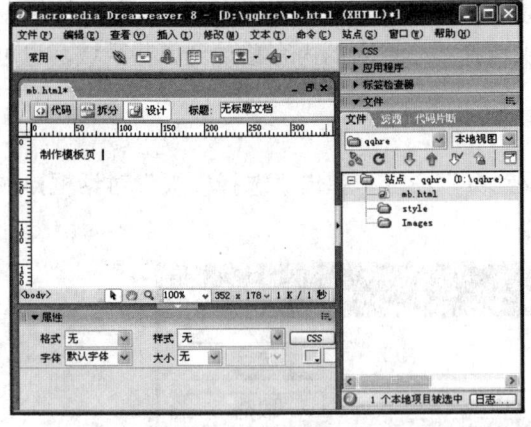

图 3.35 建立模板页

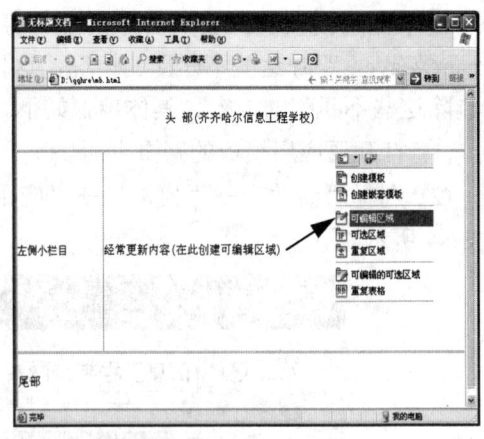

图 3.36 建立可编辑区域模板

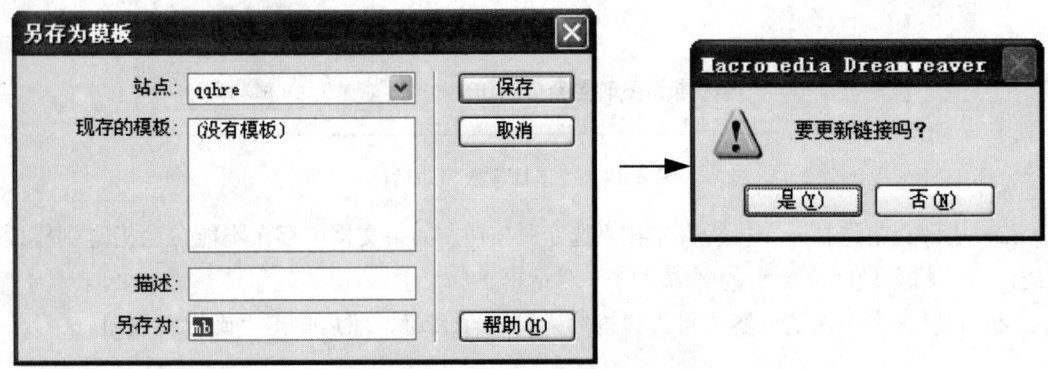

图 3.37 "另存为模板"对话框

步骤 4：在"文件"菜单下选择"新建文档"命令，在弹出的"从模板新建"对话框内选择"模板"选项卡，然后再选择该站点下的模板，如图 3.38 所示。

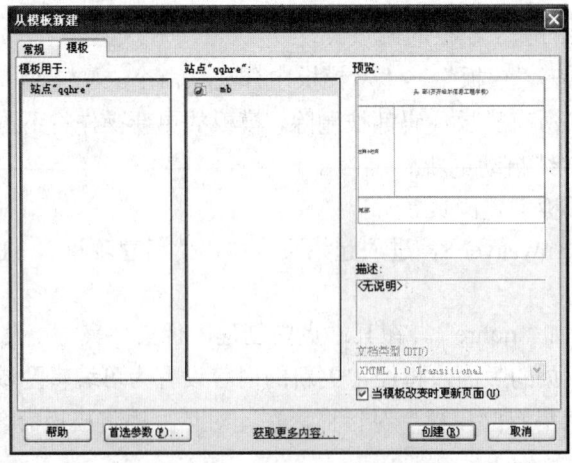

图 3.38 "从模板新建"对话框

步骤 5：由此建立新的模板页，应用到各导航栏目中,在可编辑区编辑网站内容，随时更

新即可，效果如图 3.39 所示。

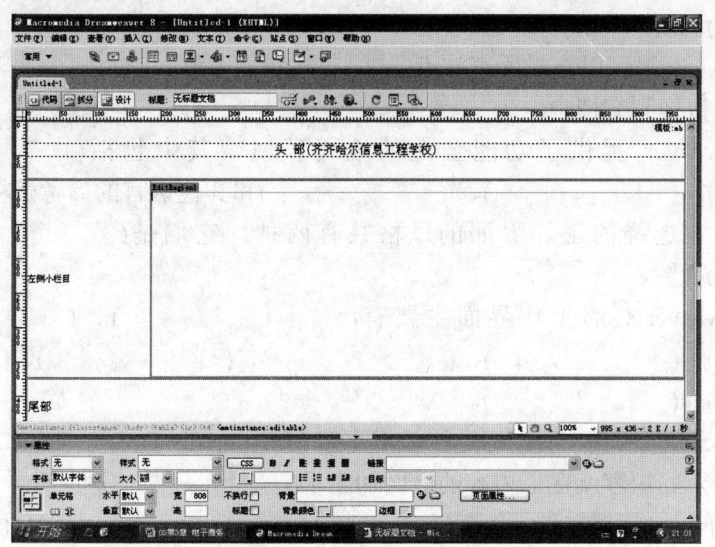

图 3.39 新建的模板页

本章小结

1．本章知识概述

本章从 Dreamweaver 入门的基础知识讲起，系统讲授了站点的设置方法、页面属性的设置步骤、表格的基本操作方法、样式和层的使用以及模板的使用。其中重点对表格的创建、表格的编辑、使用表格进行页面布局进行了详细的讲解。对电子商务网站建设过程中常用的各项技能按照企业实际需要的流程进行了全方位的讲解。

2．本章名词

浮动面板、跟踪图像、鼠标经过图像、图像地图、绝对路径、相对路径、虚拟链接、脚本链接、选择性粘贴、CSS、内联样式、内部样式表、外部样式表、层、模板、可编辑区域、重复区域、可选区域、可编辑标签。

3．本章的数字

Dreamweaver 的 8 项功能、起始页的 3 个模块、站点设置包括 3 大部分 5 个步骤、Dreamweaver 文本的 6 种操作、链接目标的 4 个选项、表格布局的 4 项注意、CSS 样式表的 3 类、CSS+DIV 的 3 大优势、使用模板的 4 大优点、模板中的 4 个区域的概念。

每课一考

一、填空题(40 空，每空 1 分，共 40 分)

1．Dreamweaver 是 Macromedia 公司推出的一个(　　　　　　　)网页编辑器。

2．Dreamweaver 不仅提供了强大的(　　　　　　　　　　)功能，而且提供了完善的(　　　　　　　)机制。

3．Dreamweaver 可以查看所有站点(　　　　　　)或(　　　　　　　)，并将它们从易于使用的面板直接拖到文档中。

4．Dreamweaver 提供了功能全面的编码环境，其中包括(　　　　　　　)、(　　　　　　)、(　　　　　　)、(　　　　　　　　)和其他语言的参考资料。

5．可供用户选择的工作界面的风格共有两种，它们是(　　　　　　　)视图和(　　　　　　)视图。

6．Dreamweaver 8 的工作界面主要有(　　　　　　　)、(　　　　　　　)、(　　　　　　)、(　　　　　　)、(　　　　　　)、(　　　　　　)、(　　　　　　)和(　　　　　　)。

7．启动 Dreamweaver 8 后，标题栏显示文字 Macromedia Dreamweaver 8.0，新建或打开一个文档后，显示的内容就在原内容的后面加上了(　　　　　　)和(　　　　　　)。

8．文件菜单用来管理文件，包含(　　　　　　)、(　　　　　　)、(　　　　　　)、(　　　　　　)、(　　　　　　)等。

9．文档窗口底部的状态栏提供与正创建的文档有关的其他信息。标签选择器显示环绕当前选定内容的(　　　　　　)的层次结构。

10．站点设置包括 3 个部分，5 个步骤。3 个部分即(　　　　　　)、(　　　　　　)、(　　　　　　)。

11．网页中图像的操作主要有(　　　　　　)、(　　　　　　)、(　　　　　　)、(　　　　　　)4 种。

12．链接的目标有两种：一是(　　　　　　)；二是(　　　　　　)或(　　　　　　)。

13．虚拟链接也称(　　　　　　)。

二、选择题(20 小题，每小题 1 分，共 20 分)

1．Dreamweaver 是(　　)工具。
　　A．主页编辑　　　B．动画制作　　　C．版面设计　　　D．浏览网页

2．Dreamweaver 不可以使用的服务器技术有(　　)。
　　A．ASP .NET　　　B．ASP　　　C．JSP　　　D．C++

3．第一次启动 Dreamweaver 8 时，系统会弹出(　　)对话框。
　　A．总会　　　B．工作区设置　　　C．帮助　　　D．页面设置

4．Dreamweaver 8 的起始页不包括(　　)。
　　A．打开最近项目　　B．创建新项目　　C．从范例创建　　D．帮助

5．Dreamweaver 8 工作环境的最上一行就是(　　)。
　　A．标题栏　　　B．属性栏　　　C．菜单栏　　　D．状态栏

6．Dreamweaver 8 共有(　　)个菜单项。
　　A．12　　　B．10　　　C．6　　　D．8

7．编辑菜单用来编辑文本，其中不包括(　　)。
　　A．剪切　　　B．复制　　　C．粘贴　　　D．打印

8. 可以通过按( )或者单击菜单栏中的"窗口"和"插入"按钮来显示或隐藏。

    A. F10   B. Ctrl+F10   C. Ctrl+F2   D. F2

9. Dreamweaver 显示模式有共有三种,其中不包括( )。

    A. 代码   B. 拆分   C. 设计   D. 编译

10. 在标签选择器上单击( )标签,可以选择整个网页内容。

    A. body   B. head   C. table   D. tr

11. 面板的隐藏与显示快捷键为( )。

    A. F4   B. F2   C. F8   D. F12

12. 打开页面属性设置对话框的快捷键为( )。

    A. Ctrl+J   B. Alt+J   C. Ctrl+M   D. Alt+M

13. ( )定义鼠标放在链接上时文本的颜色。

    A. 链接   B. 变换图像链接 C. 已访问链接   D. 活动链接

14. 可以选做跟踪图像的图像格式不可能有( )。

    A. JPEG   B. GIF   C. PNG   D. BMP

15. 链接的文件在一个未命名的新浏览器窗口中打开应在"目标"下拉菜单中选择( )。

    A. _blank   B. _parent   C. _self   D. _top

16. 众多相关网页通过( )形成了一个整体。

    A. 超级链接   B. 图像   C. 表格   D. 表单

17. 空链接在设置时用( )代替。

    A. ?   B. !   C. #   D. 空格

18. 链接到邮件的正确写法应该在邮箱地址前加上( )。

    A. Mailto: B. To   C. Mail   D. Mailto

19. 在 Dreamweaver 单元格操作中选择性粘贴快捷键为( )。

    A. Ctrl+C   B. Ctrl+V   C. Shift+V   D. Ctrl+Shift+V

20. ( )不是 CSS 样式表的分类。

    A. 内联样式   B. 内部样式表   C. 外部样式表   D. 外联样式表

三、判断题(20 小题,每小题 1 分,共 20 分)

1. Dreamweaver 具有可视化编辑功能,可以快速创建 Web 页面。   ( )

2. 在 Fireworks 中创建和编辑图像,可以直接导入 Dreamweaver。   ( )

3. Dreamweaver 不支持 Flash。   ( )

4. Dreamweaver 不可以完全自定义。   ( )

5. 单击"工具栏"→"标准"命令即可显示或隐藏标准工具栏。   ( )

6. 标准工具栏包含来自"文件"和"编辑"菜单中的一般操作按钮。   ( )

7. 标题可以直接在文本框中输入。   ( )

8. "代码"视图是一个用于可视化的页面制作视图,所见即所得的制作方式,与在浏览器中看到的页面内容完全相同。   ( )

9. "代码和设计"视图使你可以在一个窗口中同时看到同一文档的"代码"视图和"设计"视图。   ( )

10. 浮动面板就是浮动于编辑窗口之外，方便使用者在文档和面板之间来回切换的一种工具集合。 （　　）

11. "已访问链接"定义访问过的链接的颜色。 （　　）

12. 网页制作时也可以在设计页面插入用做参考的跟踪图像。 （　　）

13. Dreamweaver 提供了一个方便的日期对象，该对象只能以固定格式插入当前日期。（　　）

14. 图像地图也称为"热点"。 （　　）

15. 有时链接的目的是为了执行一定的功能，而不是为了打开网页或文件，而功能的实现需要编写脚本，这种链接便是脚本链接。 （　　）

16. 表格行列的操作主要使用"插入"、"修改"两个菜单项。 （　　）

17. 按 Shift 键后再拖动右下角的黑色小方块，可以等比例调整表格尺寸。 （　　）

18. 表格内部嵌套表格时其长度的设定只能使用百分比，不能设定实际像素数。 （　　）

19. 由于页面布局中表格的目的是帮助定位，所以表格边框宽度要求设为 1 像素。 （　　）

20. CSS 的含义是层叠样式表。 （　　）

四、问答题(4 小题，每小题 5 分，共 20 分)

1. 简述层的含义。

2. 简述 CSS+DIV 布局的优越之处。

3. 简述层大小的调整方法。

4. 什么是模板？

 技能实训

一、操作题

1. 登录北京大学出版社网站，查看风格，并在 Dreamweaver 中用表格画出其构成框架。

2. 用北京大学出版社网站原文字、原图片，照猫画猫原样模拟主页。

二、励志题

在网上查找与网页制作学习有关的网站，几名同学成立一个网页制作小组，建立一个"电子商务网站建设学习网"。

第 4 章 XHTML 基础

本章知识结构框图

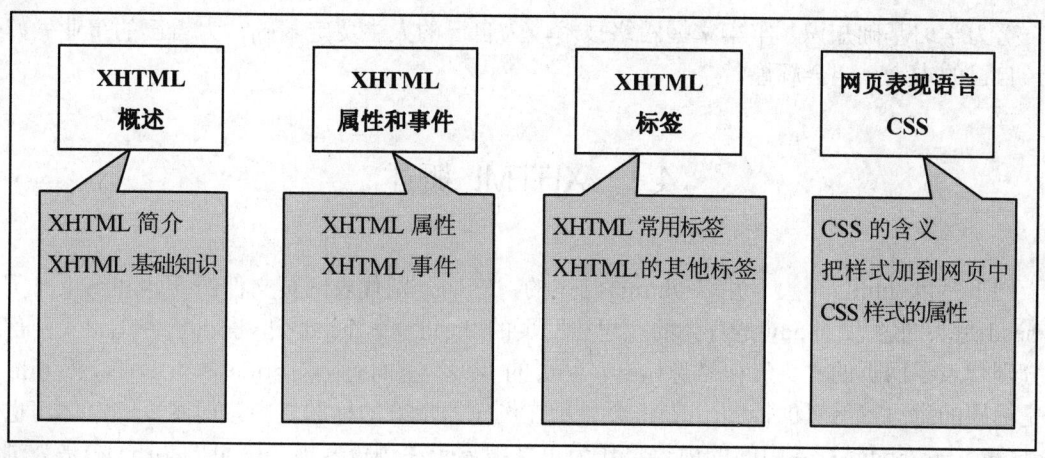

XHTML 概述	XHTML 属性和事件	XHTML 标签	网页表现语言 CSS
XHTML 简介 XHTML 基础知识	XHTML 属性 XHTML 事件	XHTML 常用标签 XHTML 的其他标签	CSS 的含义 把样式加到网页中 CSS 样式的属性

本章知识要点

1. XHTML 的基础知识、特性、与 HTML 的区别;
2. XHTML 的属性、事件;
3. XHTML 的标签;
4. 网页表现语言 CSS。

本章学习方法

1. 奠定基础, 理论先行, 加强理解, 熟记基本理论;
2. 广泛阅读相关资料, 深度拓展知识范围;
3. 找出已经学过的 HTML 等书籍, 温故知新。

每个上网的人都熟悉百度, 简单的页面, 专一的主题, 却坐上了搜索引擎业界的第一把交椅, 让我们走近百度的 CEO 李彦宏, 看看他成长的足迹。

学习激励与案例导航

怀抱梦想, 成就事业

百度 CEO 李彦宏, 1991 年毕业于北京大学信息管理专业, 随后赴美国布法罗纽约州立

大学完成计算机科学硕士学位。在搜索引擎发展初期，李彦宏作为全球最早研究者之一，最先创建了 ESP 技术，并将它成功地应用于 INFOSEEK/GO.COM 的搜索引擎中。1999 年底，怀抱"科技改变人们的生活"的梦想，李彦宏回国创办百度。经过多年努力，百度已经成为中国人最常使用的中文网站之一，全球最大的中文搜索引擎，同时也是全球最大的中文网站之一。2005 年 8 月，百度在美国纳斯达克成功上市，成为全球资本市场最受关注的上市公司之一。在李彦宏的领导下，百度不仅拥有全球最优秀的搜索引擎技术团队，同时也拥有国内最优秀的管理团队，产品设计、开发和维护团队；在商业模式方面，也同样具有开创性，对中国企业分享互联网成果起到了积极的推动作用。目前，百度也是全球跨国公司寻求合作最多的中国公司之一，随着百度日本公司的成立，百度加快了走向国际化的步伐。

努力学习基础知识，牢牢掌握网络技术，为自己的人生奠定基础，为自己的事业做好铺垫，自己的未来一定会辉煌。

4.1　XHTML 概述

网页是以<html>开头，并以</html>结尾的，它们分别代表网页文件的开始和结束。英文中 head 是头的意思，body 是身体的意思。网页的<head>、</head>和<body>、</body>两部分就分别代表了网页的"头"和"身体"。网页的"头"里面有一对<title></title>标签。title 一词是标题的意思，网页的标题(title)将会显示在浏览器上方的标题栏中。而网页的身体，也就是<body>与</body>标签中间的内容将作为正文被显示在浏览器中。网页的头(head)是为浏览器(还有搜索引擎等软件)编写的，它不会显示在页面上，而身体(body)是为网站的用户编写的，是浏览器将要显示的内容。编写这些网页内容的代码遵循的原则是 HTML(HyperText Markup Language)超文本标记语言的语言结构。那么 XHTML 又是什么呢？

4.1.1　XHTML 简介

1. XHTML 的介绍

所谓 XHTML(The Extensible HyperText Markup Language)是可扩展超文本标记语言的缩写。

出现 XHTML 目的就是要替代 HTML。虽然 XHTML 和 HTML 4.01 几乎相同，但是 XHTML 的代码更加严密，是更加整洁的 HTML 版本。

XHTML 的定义形同将 HTML 视为 XML(从代码的结构上)。XHTML 也是 W3C(World Wide Web Consortium)理事会或万维网联盟的推荐标准。

由于某些需要，XHTML 将以前版本的 HTML 能够实现的一些功能交给了 CSS，从而实现了表现与样式的分离。这是 Web 未来发展的潮流。

2. 学习 XHTML 的原因

XHTML 是 HTML 和 XML 的组合。XHTML 将 XML 的语法和所有 HTML 4.01 的元素结合起来。这里说到的 XML(Extensible Markup Language)是可扩展标记语言的缩写。

并未遵循语法规则的 HTML 代码在浏览器中依然能够正确地显示，见表 4-1。

表 4-1　实例 4-1 程序代码及解释

程 序 代 码	对 应 解 释
01　<html>	01 声明 HTML 网页开始
02　<head>	02 声明网页头部分开始
03　　<title>XHTML 学习网</title>	03 声明标题内容
04	04 此处缺少头标签的结束标记</head>
05　<body>	05 声明网页主体部分开始
06　<h1>没有遵循语法规则的代码也能正常显示	06 缺少标题标签的结束标记</h1>
07　</body>	07 声明网页主体部分结束
08	08 此处缺少 HTML 网页结束标记</html>

可见，通过 HTML 和 XML 的结合，发挥它们各自的长处，就获得了现在并且在将来都实用的可扩展超文本置标语言——XHTML。等到其他浏览器都升级至支持 XML 时，XHTML 能够被所有支持 XML 的设备读取，现在 XHTML 给了一个加工 HTML 文档的机会，让这些文档能够在所有的浏览器中查看，并且有良好的向后兼容性。

3. XHTML 对比 HTML

开始可以通过书写严密的 HTML 代码来为 XHTML 的学习做准备。

XHTML 与 HTML 的区别并不是很大，因此熟悉 HTML 4.01 标准代码对学习 XHTML 来讲非常有意义。补充一点，现在就应该开始习惯使用小写标签书写 HTML 代码，不要漏掉结束标签。XHTML 与 HTML 最主要的区别如下。

(1) XHTML 元素必须合理嵌套，见表 4-2。

表 4-2　实例 4-2 程序代码及解释

程 序 代 码	对 应 解 释
01　元素可以不使用正确的相互嵌套	01 在 HTML 中一些元素可以不使用正确的相互嵌套
02　XHTML 中所有元素必须合理的相互嵌套	02 在 XHTML 中所有元素必须合理地相互嵌套
03　<ul>	03～11 在列表嵌套的时候经常会犯一个错误，就是忘记在列表中插入一新列表必须嵌在<li>标记中
04　　<li>吉林省</li>	
05　　<li>黑龙江省</li>	
06　　　<ul>	
07　　　　<li>哈尔滨市</li>	
08　　　　<li>齐齐哈尔市</li>	
09　　　</ul>	
10　　<li>辽宁省</li>	
11　</ul>	
12　<ul>	12～21 在这段正确的代码示例中，</ul>后面加入了</li>标签即第 19 行的</li>
13　　<li>吉林省</li>	
14　　<li>黑龙江省</li>	
15　　　<ul>	
16　　　　<li>哈尔滨市</li>	
17　　　　<li>齐齐哈尔市</li>	
18　　　</ul>	
19　</li>	

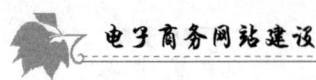

续表

程 序 代 码	对 应 解 释
20　　<li>辽宁省</li>	
21　　</ul>	

(2) XHTML 文档形式上必须规范。所有的 XHTML 元素必须被嵌入在<html>根元素中。所有其他的元素可以有自己的子元素。位于父元素之内的子元素必须成对出现并且使用正确的嵌套。文档的基本构架见表 4-3。

表 4-3　实例 4-3 程序代码及解释

程 序 代 码	对 应 解 释
01　<html>	01 声明 HTML 网页开始
02　<head>	02 声明网页头部分开始
03　　<title>…</title>	03 声明标题内容
04　</head>	04 声明网页头部分结束
05　<body>	05 声明网页主体部分开始
06　…	06 网页的主体内容
07　</body>	07 声明网页主体部分结束
08　</html>	08 声明 HTML 网页结束

(3) XHTML 标签必须使用小写。因为 XHTML 文档是 XML 的应用产物，XML 是区分大小写的，所以
标签和
标签会被认为是两种不同的标签，见表 4-4。

表 4-4　实例 4-4 程序代码及解释

程 序 代 码	对 应 解 释
01　<BODY>	01 不允许用大写字母声明
02　　<P>这是错误的代码</P>	02 不允许用大写字母声明
03　</BODY>	03 不允许用大写字母声明
04　<body>	04 正确的标签书写
05　　<p>这是正确的代码</p>	05 正确的标签书写
06　</body>	06 正确的标签书写

(4) 所有的 XHTML 元素都必须有始有终。非空元素必须有结束标签,空标签同样要关闭,可以在开始标签后加上"/>"，见表 4-5。

表 4-5　实例 4-5 程序代码及解释

程 序 代 码	对 应 解 释
01　<P>这是错误的段落标签书写</P>	01 不允许用大写字母声明
02　<p>这是正确的段落标签书写</p>	02 正确的标签书写
03　这是错误的换行标签 	03 错误的换行标签
04　这是正确的换行标签 	04 正确的换行标签
05　这是错误的水平线标签<hr>	05 错误的水平线标签
06　这是正确的水平线标签<hr />	06 正确的水平线标签
07　这是错误的图片标签<img src="html.gif" alt="代替文本">	07 错误的图片标签
08　这是正确的图片标签<img src=" xhtml.gif" alt="代替文本" />	08 正确的图片标签

应用提示: 重要的是要让 XHTML 和目前的浏览器兼容，就应该为类似
和<hr /> 这样的标签在 "/" 前加上额外的空格。

4.1.2 XHTML 基础知识

1. XHTML 的语法结构

XHTML 要求书写整洁的 HTML 语法，更多的 XHTML 语法规则如下。

(1) XHTML 的属性名称必须小写，见表 4-6。

表 4-6 实例 4-6 程序代码及解释

程 序 代 码	对 应 解 释
01　<table WIDTH="100%">	01 表格标签的宽属性用大写，错误
02　<table width="100%">	02 表格标签的宽属性用小写，正确

(2) XHTML 的属性值使用双引号，见表 4-7。

表 4-7 实例 4-7 程序代码及解释

程 序 代 码	对 应 解 释
01　<table width=100%>	01 表格标签的宽属性值未加双引号，错误
02　<table width="100%">	02 表格标签的宽属性值加双引号，正确

(3) XHTML 的属性不允许简写，见表 4-8。

表 4-8 实例 4-8 程序代码及解释

程 序 代 码	对 应 解 释
01　<input checked>	01 简写属性，错误
02　<input checked="checked" />	02 完整属性，正确

下面是在 HTML 中可以简写的属性和其在 XHTML 中正确书写的列表，见表 4-9。

表 4-9 实例 4-9 HTML 中可以简写的属性与 XHTML 的对比

程 序 代 码	对 应 解 释
01　mpact	01 compact="compact"
02　checked	02 checked="checked"
03　declare	03 declare="declare"
04　readonly	04 readonly="readonly"
05　disabled	05 disabled="disabled"
06　selected	06 selected="selected"
07　defer	07 defer="defer"
08　ismap	08 ismap="ismap"
09　nohref	09 nohref="nohref"
10　noshade	10 noshade="noshade"
11　nowrap	11 nowrap="nowrap"
12　multiple	12 multiple="multiple"
13　noresize	13 noresize="noresize"

(4) XHTML 标签中用 id 属性来替换 name 属性。对于 a, applet, frame, iframe, img 和 map 元素，HTML 4.01 中定义了 name 属性，而在 XHTML 中是不能这样做的，应该用 id 来代替，见表 4-10。

表 4-10 实例 4-10 程序代码及解释

程 序 代 码	对 应 解 释
01 <img src="picture.gif" name="picture1" />	01 应用 name 属性，错误
02 <img src="picture.gif" id="picture1" />	02 应用 id 属性，正确

应用提示：针对版本比较低的浏览器，应该同时使用 name 和 id 属性，并使它们两个的值相同，如<img src="picture.gif" id="picture1" name="picture1" />。

(5) lang 属性可以应用于绝大多数的 XHTML 元素。它能指定元素中的内容所使用的语言。如果要在元素中使用 lang 属性，就必须加上"xml:"，语法格式为

```
<div lang="no" xml:lang="no">Hello World!</div>
```

(6) XHTML DTD 用来定义必要的元素。所有 XHTML 文档都必须有 DOCTYPE(文档类型)声明。文档内必须含有 html，head，body 元素，而且 title 元素必须出现在 head 元素内。基本类型的 XHTML 文档样本，见表 4-11。

表 4-11 实例 4-11 程序代码及解释

程 序 代 码	对 应 解 释
01 <!DOCTYPE Doctype goes here>	01 声明文档类型
02 <html xmlns="http://www.w3.org/1999/xhtml">	02 声明 HTML 网页开始
03 <head>	03 声明头部内容开始
04 <title>标题</title>	04 声明标题内容
05 </head>	05 声明头部内容结束
06 <body>	06 声明主体内容开始
07 </body>	07 声明主体内容结束
08 </html>	08 声明 HTML 网页结束

应用提示：DOCTYPE 声明并不是 XHTML 文档自身的一部分，它也不属于 XHTML 元素，不需要有关闭标签。xmlns="http://www.w3.org/1999/xhtml"是一个固定的值，即使文档里没有包含它，w3.org 的校验器也会自动加上。

2. XHTML 的 DTD

XHTML 标准制定了 3 种文档类型定义，使用最普遍的是 XHTML 过渡型类型。必须得有<!DOCTYPE>。XHTML 文档主要由 3 个方面构成：DOCTYPE(文档声明)、Head(头部)和 Body(主体)。文档声明必须出现在 XHTML 文档的首行，是基本的文档结构，余下部分看上去就像 HTML 语法结构。简单的 XHTML 文档代码见表 4-12。

表 4-12   实例 4-12 程序代码及解释

程 序 代 码	对 应 解 释
01 <!DOCTYPE html PUBLIC "-//W3C//DTD XHTML 1.0 Strict//EN" "http://www.w3.org/TR/xhtml1/DTD/xhtml1-strict.dtd">	01 声明文档类型
02 <html>	02 声明 HTML 网页开始
03 <head>	03 声明头部内容开始
04 <title>…</title>	04 声明标题内容
05 </head>	05 声明头部内容结束
06 <body>…</body>	06 声明主体内容
07 </html>	07 声明 HTML 网页结束

三类文档类型定义：DTD 具体指定了页面中的语法，DTD 被用做指定文档中使用的标签以及元素集的规则，例如 HTML；XHTML 指定在 SGML(Standard Generalized Markup Language，标准通用置标语言)中的文档类型或"DTD"；XHTML DTD 所描述的 XHTML 标签精确，计算机易读性好，语法和文理都合适。XHTML 1.0 指定当前的 3 类 XHTML 文档类型：严密型、过渡型和框架型。

(1) XHTML 1.0 严密型。当想要从以前那种混乱的观念中解脱出来，编写整洁的代码，就使用这个 DTD，并将它和样式表一起使用，见表 4-13。

表 4-13   实例 4-13 程序代码及解释

程 序 代 码	对 应 解 释
01 <!DOCTYPE htmlPUBLIC "-//W3C//DTD XHTML 1.0 Strict//EN" "http://www.w3.org/TR/xhtml1/DTD/xhtml1-strict.dtd">	01 严密型的 DTD

(2) XHTML 1.0 过渡型。使用这个 DTD 可以发挥一些 HTML 的优势并且可应用于一些不支持样式表的浏览器，见表 4-14。

表 4-14   实例 4-14 程序代码及解释

程 序 代 码	对 应 解 释
01<!DOCTYPE htmlPUBLIC "-//W3C//DTD XHTML 1.0 Transitional//EN" ""http://www.w3.org/TR/xhtml1/DTD/xhtml1-transitional.dtd">	01 过渡型的 DTD

(3) XHTML 1.0 框架型。使用 HTML 的框架就用这个 DTD，见表 4-15。

表 4-15   实例 4-15 程序代码及解释

程 序 代 码	对 应 解 释
01 <!DOCTYPE html PUBLIC "-//W3C//DTD XHTML 1.0 Frameset//EN" ""http://www.w3.org/TR/xhtml1/DTD/xhtml1-frameset.dtd">	01 框架型的 DTD

3. HTML 转换成 XHTML

要将一个 HTML 页面转换成 XHTML 页面，首先应该熟悉前面所提到的 XHTML 语法，然后依照下面的步骤来做。

(1) 添加 DOCTYPE 定义。想要让 HTML 页都成为有效的 XHTML 页就必须有 DOCTYPE 声明。需要注意的是，比较新的浏览器(如 IE 7)会对文档里的 DOCTYPE 有不同的处理。如果浏览器读到一个含有 DOCTYPE 声明的文档，它或许能"正确"处理文档。然而不使用 DOCTYPE 的 XHTML 就有可能导致显示内容的下滑或看上去的效果和设想中的不同。在每个页的首行添加以下 DOCTYPE 声明。

(2) 小写标签和属性名称。自从 XHTML 区分大小写并只接收小写 HTML 标签和属性后，查找所有大写标签或属性并替换成小写标签或属性的工作就开始了。但在代码书写中如果已经习惯使用小写属性名称，那么这类工作实际上工作量并不大。

(3) 为所有属性值加上引号。W3C 表示 XHTML 1.0 中所有属性值都必须用引号括起来，所以每个页都需要检查，这是项消耗时间的工作，以后应该避免出现这类问题。

(4) 检查空标签：<hr>，
和<img>。在 XHTML 中不允许有空标签。像<hr>和
应该用<hr />和
来替换。用
标签的话会在浏览器中出现错误，使用
来解决这个问题(br 后多加个空格)。

一些其他的标签(如<img>标签)会出现像上面一样的问题。不要用</img>来关闭<img>标签，在标签的末尾使用"/>"来解决。

4.2 XHTML 属性和事件

4.2.1 XHTML 属性

XHTML 可含有属性。各标签所特有的属性都在下面的描述中。这里所列的是所有标签的核心属性、语言属性和键盘属性。

1. 核心属性

核心属性在 base，head，html，meta，param，script，style 和 title 元素中无效，见表 4-16。

表 4-16　实例 4-16 程序代码及解释

程 序 代 码	对 应 解 释
01　class	01 元素类别
02　id	02 唯一 ID
03　style	03 内样式
04　title	04 提示

2. 语言属性

语言属性在 base，br，frame，frameset，hr，iframe，param 和 script 中无效，见表 4-17。

表 4-17　实例 4-17 程序代码及解释

程 序 代 码	对 应 解 释
01　dir	01 设置文字
02　lang	02 语言代码

3. 键盘属性

键盘属性见表 4-18。

表 4-18　实例 4-18 程序代码及解释

程 序 代 码	对 应 解 释
01　accesskey	01 设置键盘快捷访问
02　tabindex	02 设置元素的定位键命令

4.2.2　XHTML 事件

HTML 4.0 的新特征让其能在浏览器中使用 HTML 触发事件，像用户单击 HTML 元素时就能开始一个 JavaScript 一样。下面是通过插入 XHTML 标签中的属性来定义事件行为。

1．窗口事件

只在 body 和 frameset 元素中才有效，见表 4-19。

表 4-19　实例 4-19 程序代码及解释

程 序 代 码	对 应 解 释
01　onload	01 装载时
02　onunload	02 卸载时

2．表单元素事件

在表单元素中才有效，见表 4-20。

表 4-20　实例 4-20 程序代码及解释

程 序 代 码	对 应 解 释
01　onchange	01 当元素有改变时脚本会执行
02　onsubmit	02 当表单提交时执行
03　onreset	03 当表单重置时执行
04　onselect	04 元素被选中时执行
05　onblur	05 元素失去焦点时执行
06　onfocus	06 元素得到焦点时执行

3．键盘事件

键盘事件在 base，bdo，br，frame，frameset，head，html，iframe，meta，param，script，style 和 title 元素里都无效，见表 4-21。

表 4-21　实例 4-21 程序代码及解释

程 序 代 码	对 应 解 释
01　onkeydown	01 当键按下时做什么
02　onkeypress	02 当键按下然后释放时做什么
03　onkeyup	03 当键释放时做什么

4．鼠标事件

鼠标事件在 base，bdo，br，frame，frameset，head，html，iframe，meta，param，script，style 和 title 元素里都无效，见表 4-22。

表 4-22　实例 4-22 程序代码及解释

程 序 代 码	对 应 解 释
01　onclick	01 单击事件
02　ondblclick	02 双击事件
03　onmousedown	03 按下事件
04　onmousemove	04 移动事件
05　onmouseout	05 鼠标移开元素事件
06　onmouseover	06 鼠标在元素上面事件
07　onmouseup	07 鼠标释放事件

4.3　XHTML 标签

4.3.1　XHTML 的常用标签

1. 标题标签<h1>到<h6>

定义标题，可以使用从<h1>到<h6>这几个标签，它们对应的终止标签分别为</h1>到</h6>，其中<h1>到<h6>字号顺序减小，重要性也逐渐降低。通常浏览器将在标题的上面和下面自动各空出一行距离，语法格式为

```
<hn align="left|center|right">标题文字</hn>
```

h 设置标题文字的大小，取 1 到 6 的整数值，取 1 时文字最大，取 6 时文字最小。align 项用来设置段落文字在网页上的对齐方式：left(左对齐)、center(居中对齐)或 right(右对齐)。默认为 left。

2. 段落标签<p>

定义段落使用<p>和</p>，在<p>和</p>之间的内容会被识别为一个段落，这个标签就类似一个"自然段"。与标题类似，浏览器也会在段落的开始之前和结束之后各加一行空白，语法格式为

```
<p align="left|center|right">文字</p>
```

3. 换行标签

当在想另起一行书写文字却又不希望另起一个自然段时，就可以应用
标签了。
标签也是一个空标签，需要加上一个"/"以符合 XHTML 的要求，语法格式为

```
文字<br />
```

4. 水平分割线标签<hr />

实现水平分割线的标签是<hr/>。和
标签一样，<hr/>也是一个空标签，为了遵守 XHTML 的规则，需要加上一个"/"，语法格式为

```
<hr align="left|center|right" size="横线粗细" width="横线长度" color="横线颜色
```

" noshade=" noshade " />

noshade 项用来设置线条为平面显示(没有三维效果)，默认时有阴影或立体效果。

5. 注释<!-- -->

合理利用上面介绍的 4 个标签可以使浏览网页的用户觉得网页的层次清晰，而注释也可以在阅读网页源代码时感觉层次清晰。在<!--和-->之间的东西就是注释的内容，它们将不会在网页上显示。综合实例见表 4-23。

表 4-23 实例 4-23 程序代码及解释

程 序 代 码	对 应 解 释
01 <html>	01 声明 HTML 网页开始
02 <head>	02 声明头部开始
03 <title>这个网页的标题</title>	03 标题标签
04 </head>	04 声明头部结束
05 <body>	05 声明主体开始
06 <h1>一号标题</h1><!--字号最大-->	06 一号标题标签字号最大
07 <h2>二号标题</h2><!--字号比一号小-->	07 二号标题标签字号比一号小
08 <h3>三号标题</h3><!--字号比二号标题小-->	08 三号标题标签字号比二号小
09 <h4>四号标题</h4><!--字号比三号标题小-->	09 四号标题标签字号比三号小
10 <h5>五号标题</h5><!--字号比四号标题小-->	10 五号标题标签字号比四号小
11 <h6>六号标题</h6><!--字号最小-->	11 六号标题标签字号最小
12 <hr /><!--水平分割线，注意"/" -->	12 水平线标签
13 <p>此处为换落内容</p>	13 换落标签
14
换行	14 换行标签
15 </body>	15 声明主体结束
16 </html>	16 声明 HTML 网页结束

6. 文字格式标签

<b>标签使得包含在它之中的内容变成粗体显示。这种定义文字显示方式的标签叫做文字格式标签(文字样式标签)。与粗体标签<b>类似的还有斜体标签<i>。在 XHTML 标准中不推荐使用<b>，而推荐使用<strong>；同样，不推荐使用<i>，而推荐使用<em>，见表 4-24。

表 4-24 实例 4-24 程序代码及解释

程 序 代 码	对 应 解 释
01 <b>不推荐使用</b>	01 文体加粗标签，不推荐使用
02 <strong>推荐使用</strong>	02 文体加粗标签，推荐使用
03 <i>推荐使用</i>	03 文体斜体标签，不推荐使用
04 <em>推荐使用</em>	04 文体斜体标签，推荐使用
05 <sup>上标标签</sup>	05 表示主体上标标签
06 <sub>下标标签</sub>	06 表示主体下标标签

7. 特殊字符(字符实体)

在 XHTML 中 "<" 和 ">" 是比较特殊的字符，因为它们被用于识别标签，而且在标签中的 "<" 和 ">" 并不会出现在页面上。如果想让浏览器显示这些特殊字符，就可以使用字符实体，例如小于号 "<" 在 XHTML 代码中写做 "<"。特殊字符的书写代码见表 4-25。

表 4-25　实例 4-25 程序代码及解释

程 序 代 码	对 应 解 释
01　<	01 浏览显示为 "<"
02　>	02 浏览显示为 ">"
03	03 浏览显示为空格
04　&	04 浏览显示为 "&"
05　"	05 浏览显示为双引号
06　©	06 浏览显示为版权
07　®	07 浏览显示为注册符

8. 超级链接标签<a>

毫不夸张地说,是超级链接把整个互联网连接了起来。超级链接几乎可以指向互联网上的任何资源。

(1) 利用 XHTML 建立超级链接的语法非常简单,只需要一对<a></a>标签即可,语法格式为

```
<a href="这个超级链接将要指向的网址">页面上将要显示的文字或者图片等</a>
```

其中<a>标签中的 href 属性就是这个超级链接所要指向的地址,它可以是一般的网址也可以是邮件的地址。创建一个指向邮件地址的超级链接见表 4-26。

表 4-26　实例 4-26 程序代码及解释

程 序 代 码	对 应 解 释
01　<a href="mailto:xxx@xxx.com">联系我们</a>	01 邮箱超级链接

浏览网页,单击一下新创建的链接,如果系统安装了 Outlook 之类的邮件管理软件,就会打开一个给 xxx@xxx.com 邮箱发送邮件的界面。

<a>和</a>之间的内容(元素)将被作为超级链接显示在网页上。注意,href 属性值为一般网址(绝对路径)时,其 "http://" 是不可以省略的,否则浏览器将把它作为相对路径来识别。绝对路径与相对路径的区别不在本 XHTML 的范围之内,如果不了解这个概念,请查阅相关书籍。

(2) 页内跳转超级链接(锚记)。在浏览网站时,有一些超级链接可以让内容回到页面的顶端或者当前网页内的任何一个位置。它的语法格式为

```
<h1>XHTML—超级链接<a id="biaoti"></a></h1>
```

而超级链接本身的代码为

```
<a href="#biaoti">回到标题</a><h1>
```

页面内的跳转在页面内有大量内容时,可以让用户很快地找到所需要的信息。通常情况下都是在一些说明性的网页内做目录使用。

9. 列表标签

(1) 无序列表<ul>。无序列表的标签是<ul></ul>,而每一个列表项目则用<li>标签表示。无序列表代码见表 4-27。

表 4-27 实例 4-27 程序代码及解释

程 序 代 码	对 应 解 释
01 <ul>	01 无序标签开始
02 <li>聊斋志异</li>	02 无序标签中的列表项目 1
03 <li>红楼梦</li>	03 无序标签中的列表项目 2
04 <li>西游记</li>	04 无序标签中的列表项目 3
05 </ul>	05 无序标签结束

(2) 有序列表<ol>。有序列表的标签是<ol></ol>，列表项目仍然是<li>。无序列表代码见表 4-28。

表 4-28 实例 4-28 程序代码及解释

程 序 代 码	对 应 解 释
01 <ol>	01 有序标签开始
02 <li>聊斋志异</li>	02 有序标签中的列表项目 1
03 <li>红楼梦</li>	03 有序标签中的列表项目 2
04 <li>西游记</li>	04 有序标签中的列表项目 3
05 </ol>	05 有序标签结束

可以看到无序列表与有序列表在外观上的不同就是在每个项目前面是小圆点还是数字。而在含义上，ul 表示的是并列关系，ol 则表示有先后顺序关系。

10. 图片标签<img>

(1) <img>标签用于在网页里插入图片。<img>标签有一个必需的属性"src"，它的属性值就是图片的地址，语法格式为

```
<img src="图片文件名" alt="替换文本" width="图片宽度" height="图片高度" border="边框宽度" hspace="水平方向空白" vspace="垂直方向空白" align="left|center|right" />
```

<img>也是一个空标签，需要在结尾加上一个"/"以符合 XHTML 的要求。属性 alt 叫做替换属性，当图片由于某种原因而无法显示时，alt 的属性值就会代替图片出现；而当图片正常显示时，通常只要把鼠标停在图片上就会看到 alt 属性的属性值。

(2) 用图片作为链接，见表 4-29。

表 4-29 实例 4-29 程序代码及解释

程 序 代 码	对 应 解 释
01<a href="http://www.qqhre.com/"><img src="logo.gif" alt="技术支持"/></a>	01 图片做超级链接

浏览网页，图片变成了超级链接，单击一下图片就会进入信息工程学校的主页。

4.3.2 XHTML 的其他标签

1. 表格标签<table>

表格是 XHTML 中处境最为尴尬的一个标签。表格应该被用来展示数据，而不是用于网页布局。

在 CSS 流行之前，table 被广泛应用于定位。在 XHTML 中，table 不被推荐用来定位，W3C 希望 CSS 可以取代<table>在定位方面的地位。不过事实上由于利用 CSS 布局常常需要大量的手写代码工作(常用的网页设计软件如 Dreamweaver 并不能完美支持 div 的显示)，<table>仍被许多网站用于首页布局。例如 Google 的 More products 页面用<table>来定位。不过还是推荐使用 CSS 来定位网页，因为这是 Web 发展的方向。

(1) 表格的边框(border)属性。<table>标签可以有 border 属性。如果不设置 border 属性的值，在默认情况下，浏览器将不显示表格的边框。<table>标签代码见表 4-30。

表 4-30　实例 4-30 程序代码及解释

程 序 代 码	对 应 解 释
01　<table border="1">	01 边框为 1 的表格开始
02　　<tr>	02 表格中的行标签开始
03　　　<td>一个格子</td>	03 表格中的单元格标签
04　　　<td>一个格子</td>	04 表格中的单元格标签
05　　</tr>	05 表格中的行标签结束
06　</table>	06 边框为 1 的表格结束

上面的代码中，一共有 1 对<tr>，对应着一行，而<tr>(行)又有两个<td>(单元格)，于是就成了一个 1 行 2 列的表格。这样的表格用来列出数据之类的信息足够了，但是用来定位的表格通常要复杂一些。再次强调不推荐用 table 来定位，所以这里仅仅简单地介绍了<table>。

(2) 用表格显示很多数据，还需要加入 caption(标题)，thead，tbody 等。

2. 框架结构标签<frameset>

框架结构可以让几个网页同时显示在浏览器的一个页面内。不推荐使用它来设计网站。

框架允许在一个浏览器窗口内打开两个乃至多个页面。也可以这样理解，<frameset>其实就是一个大<table>，只不过整个页面是<table>的主体，而每一个单元格的内容都是一个独立的网页。框架集标签的语法格式为

```
<frameset rows="横向框架数"|cols="纵向框架数" border="边框宽度" bordercolor="边框颜色" frameborder="是否有边框" framespacing="窗格间的空白" />
```

(1) 给框架结构分栏("cols"和"rows"属性)。既然框架结构可以被理解为一个网页为单元格的表格，那么就一定要分栏了。其中 cols 属性将页面分为几列，而 rows 属性则将页面分为几行，见表 4-31。

表 4-31　实例 4-31 程序代码及解释

程 序 代 码	对 应 解 释
01　<html>	01 声明 HTML 网页开始
02　<frameset rows="25%,75%">	02 框架集标签开始
03　　<frame src="1.html"/>	03 框架标签 1
04　　<frame src="2.html"/>	04 框架标签 2
05　</frameset>	05 框架集标签结束
06　</html>	06 声明 HTML 网页结束

其中"rows="25%,75%""表示该页面共分为两行，它有两个属性值，它们的大小分别为页面高度的 25% 和 75%。

(2) 框架标签<frame>。上面的实例中已经用到了<frame>标签，它的 src 属性就是这个框架里将要显示的内容。框架标签的语法格式为

```
<frame src="源文件名" id="框架名" border="边框宽度" bordercolor="边框颜色"
frameborder="是否有边框" framespacing="窗格间的空白" marginwidth="框架内容与左右边框的
空白" marginheight="框架内容与上下边框的空白" scrolling="滚动条" noresize="noresize" />
```

在本实例中的两个框架是可以通过拖拽来改变大小比例的，如果希望它们大小固定可以使用“noresize="noresize"”属性。

注意： <frame>标签是空标签，需要加上一个“/”以符合 XHTML 的要求。

(3) <noframe>标签。该标签只有当浏览器不支持框架结构时才会起作用，但现在绝大多数网民的浏览器都支持框架结构。

3. 表单标签<form>

表单是用户提交信息的重要渠道。表单以一个<form>标签开始。用户注册网站会员，投票，等等都需要表单来实现。仅仅依靠 XHTML 是无法处理这些表单的，如果想处理这些表单需要使用一些类似 ASP、PHP、JSP 和 ASP.NET 的网页后台技术。下面介绍常见的表单组成元素。

(1) 表单内的<input>标签。表单元素都用到了<input>标签，决定它们类型不同的是<input>标签的“type”属性的值。<input>标签的“type”属性的值如下。

① 文本框的语法格式为

```
<form>姓名:<input type="text" name=" text "/><br/></form>
```

② 密码框的语法格式为

```
<form>姓名:<input type="password" name=" password "/><br/></form>
```

③ 复选框的语法格式为

```
<form>爱好<input type="checkbox" name="checkbox"/><br/></form>
```

④ 单选框的语法格式为

```
<form><input type=" radio " name=" radio "/>男</form>
```

⑤ 普通按钮的语法格式为

```
<form>按钮:<input type="button" name=" button "/><br/></form>
```

⑥ 重置按钮的语法格式为

```
<form>重置:<input type="reset" name=" reset "/><br/></form>
```

⑦ 提交按钮的语法格式为

```
<form>提交:<input type="submit" name=" submit "/><br/></form>
```

⑧ 图片域的语法格式为

```
<form>图片:<input type="image" name="image"/><br/></form>
```

⑨ 文件域的语法格式为

```
<form>文件:<input type=" file " name=" file "/><br/></form>
```

⑩ 隐藏域的语法格式为

```
<form>隐藏:<input type=" hidden " name=" hidden "/><br/></form>
```

<input>标签也是一个空标签。没有终止标签。在标签的后面加上一个"/"以符合 XHTML 的要求。

(2) 文本域的语法格式为

```
<form>文本域:<textarea name="textarea"></textarea></form>
```

(3) 下拉框的语法格式为

```
<form>下拉框:
    <select name="select">
      <option>选项 1</option>
      <option>选项 2</option>
    </select>
</form>
```

<input>标签、文本域标签和下拉框标签的浏览效果如图 4.1 所示。

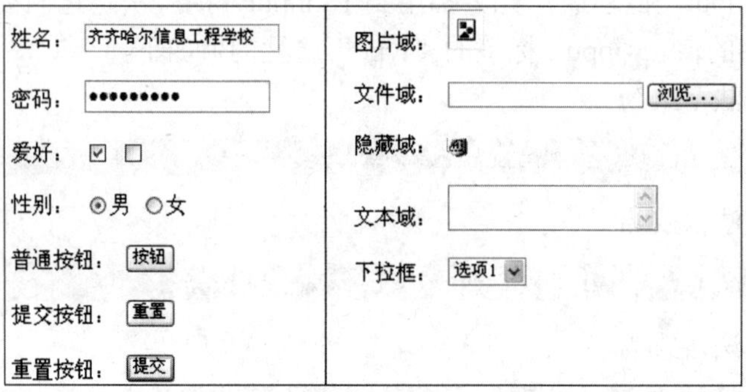

姓名: 齐齐哈尔信息工程学校	图片域:
密码: ●●●●●●●●	文件域: [ ] [浏览...]
爱好: ☑ ☐	隐藏域:
性别: ◉男 ○女	文本域: [ ]
普通按钮: [按钮]	下拉框: [选项1 ▼]
提交按钮: [重置]	
重置按钮: [提交]	

图 4.1 <iuput>标签、文本域标签和下拉框标签的浏览效果

4.4 网页表现语言 CSS

4.4.1 CSS 的含义

CSS 是 Cascading Style Sheets(层叠样式表)的简称,用于增强控制网页样式并允许将样式信息与网页内容分离的一种标记语言。引入 CSS 的目的就是把结构与样式分离即减少网页的代码量,加快页面传送速度。它可以有效地对页面的布局、颜色和字体等实现更加精确的控制。

4.4.2 把 CSS 样式加到网页中

可以使用下面 4 种方法把样式加到网页中。

1. 行内样式

行内样式是在 XHTML 标记中增加一个模式属性 style，而 style 属性的内容就是 CSS 的属性和值，语法格式为

```
<标记 style="属性:属性值; 属性:属性值; …">
```

2. 内嵌样式

用<style>标记实现内嵌样式单，习惯把样式单放到 XHTML 文件的<head>…</head>标记内，语法格式为

```
<head>
    <style type="text/css">
    <!--
      选择符1{属性:属性值; 属性:属性值; …} /*注释内容*/
      选择符2{属性:属性值; 属性:属性值; …}
      …
    -->
    </style>
</head>
```

<!--和-->的作用是避免旧版本的浏览器不支持 CSS，特意把<style>…</style>标记的内容以注释的形式表示。对于不支持 CSS 的浏览器，会自动略过注释的内容，而正常显示下面的内容。选择符有三种形式：html 标签名、.选择符名、#选择符名。当选择符为 html 标签名时，CSS 样式控制这个 html 标签的样式；当选择符为.选择符名时，html 标签必须用 class 属性来附加这个样式名；当选择符为#选择名时，html 标签必须用 id 属性来附加这个样式名，见表 4-32。

表 4-32　实例 4-32 程序代码及解释

程 序 代 码	对 应 解 释
01 　<html>	01 声明 HTML 网页开始
02 　<head>	02 声明头部开始
03 　　<style type="text/css">	03 内嵌样式标签开始
04 　　<!--	04 注释开始
05 　　　p{color:#ff0000; }/*注释内容*/	05 创建段落标签的样式
06 　　　.a{color:#00ff00; }	06 创建.a 类的样式
07 　　　#b{color:0000ff;}	07 创建#b 身份认证的样式
08 　　-->	08 注释结束
09 　　</style>	09 内嵌样式标签结束
10 　</head>	10 声明头部结束
11 　<body>	11 声明主体部分开始
12 　<p>换段内容为红色</p>	12 段落内的文本变为红色
13 　<div class="a">此处内容为绿色</div>	13 class 类内的文本变为绿色
14 　<div id="b">此处内容为蓝色</div>	14 id 认证的文本变为蓝色
15 　</body>	15 声明主体部分结束
16 </html>	16 声明 HTML 网页结束

3. 链接到单个外部样式单文件

如果要应用一个样式或多个样式到多个 XHTML 文件中，就要建立包含样式说明的外部样式单文件(.css 文件)，然后在 XHTML 文件中用<link>标记链接到这个样式单文件。在这里<link>标记是 XHTML 文件与.CSS 文件之间架设的桥梁，语法格式为

```
<link rel="stylesheet" href="样式单文件" type="text/css" />
```

<link>表示链接样式单文件。Rel="stylesheet"属性定义在网页中使用外部样式单。Type="text/css"属性定义文件的类型是样式单文本。

4. 导入多个外部样式单文件

在内嵌样式单文件的<style>…</style>标记中插入多个外部样式单文件，语法格式为

```
<head>
    <style type="text/css">
    <!--
    @import url("外部样式单文件 1");
    @import url("外部样式单文件 2");
    其他样式
    -->
    </style>
</head>
```

所有的@import url 声明必须放在样式单的开始部分，其他样式在其后。@import url 语句后面的"；"号不能省略。

4.4.3 CSS 样式的属性

样式单是由属性和属性值组成的，CSS 样式有很多的属性，下面是常用的属性，其他属性请参考 CSS 手册。

1. 背景属性

CSS 背景属性允许控制元素的背景颜色，设置一张图片作为背景，设置垂直或水平的重复背景图片，以及图片在页面上的位置，见表 4-33。

表 4-33　实例 4-33 程序代码及解释

程 序 代 码	对 应 解 释
01　background	01 设置所有背景属性
02　background-attachment	02 设置背景图片是固定的还是滚屏的
03　background-color	03 设置背景颜色
04　background-image	04 设置一张图片作为背景
05　background-position	05 设置背景图片的起始位置
06　background-repeat	06 设置背景重复图片

2. 字体属性

字体属性(Font Properties)包括：字体的名称、字号、字体的粗细等，见表 4-34。

表 4-34　实例 4-34 程序代码及解释

程 序 代 码	对 应 解 释
01　font	01 快速设置所有字体属性的声明
02　font-family	02 一份为元素准备的字体系列优先列表
03　font-size	03 设置字体大小
04　font-size-adjust	04 指定首选字体 x 高度
05　font-stretch	05 当前字体系列的合并或扩展
06　font-style	06 设置字体样式
07　font-variant	07 让字体显示为小号或正常
08　font-weight	08 设置字体的粗细

3. 文本属性

CSS 文字属性允许控制文字的外观，包括改变文字的颜色，增加或者缩短文字的间距，文字的对齐，装饰，第一行文字的缩进等，见表 4-35。

表 4-35　实例 4-35 程序代码及解释

程 序 代 码	对 应 解 释
01　color	01 设置文字颜色
02　direction	02 设置文字的书写方向
03　letter-spacing	03 设置字符间距
04　text-align	04 在一元素中对齐文字
05　text-decoration	05 添加文字修饰(下画线等)
06　text-indent	06 首行文字缩进
07　text-shadow	07 为文本添加阴影
08　text-transform	08 控制字母
09　unicode-bidi	09 同一页面从不同方向读进的文本显示
10　white-space	10 设置怎样给一元素控件留白
11　word-spacing	11 设置单词间距

本章小结

1. 本章知识概述

本章从 XHTML 语言基本概念开始，重点阐述了 XHTML 的基础知识，XHTML 属性和事件，以及 XHTML 的标签及 CSS 样式。全面讲解 XHTML 的结构及 XHTML 与 HTML 版本的区别，以及如何把 HTML 网页内容转换为 XHTML 网页内容，从而使网页内容更加接近 Web 标准。本章最后对 XHTML 的标签与 CSS 样式的综合应用进行了探讨。

2. 本章名词

HTML 语言、XHTML 语言、XML 语言、W3C、CSS 样式。

3. 本章的数字

XHTML 与 HTML 最主要的 4 个区别，XHTML 文档的 3 个构成方面，XHTML 文档的 3

种类型，HTML 转换成 XHTML 的 4 类属性，XHTML 的 4 类事件，XHTML 的常用 13 类标签，把 CSS 样式加到网页中的 4 种方法，样式的 3 类属性。

每课一考

一、填空题(40 空，每空 1 分，共 40 分)

1．网页是以<html>开头，并以</html>结尾的，它们分别代表(   )文件的开始和结束。英文中(   )是头的意思，(   )是身体的意思。

2．非空元素必须得有结束标签，空标签同样也得关闭，可以在开始标签后加上(   )即可。

3．XHTML 出现的目的是(   )。

4．表态网页是标准的 HTML 文件，其文件扩展名是(   )或(   )。

5．样式单文件的注释格式是(   )，CSS 样式单文件中的注释是(   )。

6．浏览器会忽略注释标记中的文字而不做显示，注释标记的格式是(   )。

7．强制换行标记的格式是(   )，不换行标记的格式是(   )。

8．特殊字符空格的字符代码是(   )，小于号"<"的字符代码是(   )，大于号">"的字符代码是(   )。

9．段落标记放在一个段落的头尾，用于定义一个段落，其格式为(   )。

10．标题文字标记的格式为<h#>文字</h#>，其中#号是设置标题文字的大小，#号取值范围是(   )。

11．水平线标记的格式为(   )。

12．在特定文字样式标记中斜体字标记是(   )，粗体字标记是(   )，上标标记是(   )，下标标记是(   )。

13．字体标记的格式为(   )，其中字体名属性是(   )；设置文字大小属性是(   )。

14．无序列表标记的格式为(   )，有序列表标记为(   )。

15．超级链接标记的格式是(   )，电子邮件链接的格式为(   )。

16．图像标记的格式为(   )；在图片标记的格式中，文件的路径属性是(   )。

17．表格标记的格式为(   )，表格中行标记格式为(   )，表格中单元格的标记格式为(   )，表格头的标记格式为(   )。

18．框架集标记的格式为(   )，框架标记的格式为(   )。

19．学习 CSS＋DIV 除了排版外，主要的目的是(   )。

20．在 CSS 样式中"#选择符名"定义的样式，在 DIV 中用(   )来附加；在 CSS 样式中".选择符名"定义的样式，在 DIV 中用(   )来附加。

二、选择题(20 小题，每小题 1 分，共 20 分)

1．在 XHTML 语言中，设置正在被点中的链接的颜色的代码是(   )。
A．<body bgcolor=?>　　　　B．<body alike=?>
C．<body link=?>　　　　　D．<body vlink=?>

2. 在 XHTML 文本显示状态代码中，<CENTER></CENTER>表示(   )。

    A．文本加注下标线　　　　　　　　B．文本加注上标线

    C．文本闪烁　　　　　　　　　　　　D．文本或图片居中

3. 加入一条水平线的 XHTML 代码是(   )。

    A．<hr>　　　　　　　　　　　　　　B．<img src="name" border=?>

    C．<img src="name" align=?>　　　　D．<img src="name">

4. 表示放在每个定义术语词之前的 XHTML 代码是(   )。

    A．<dl></dl>　　　　　　　　　　　B．<dt>

    C．<dd>　　　　　　　　　　　　　D．<ol></ol>

5. 禁止表格格子内的内容自动断行回转的 XHTML 代码是(   )。

    A．<tr valign=?>　　　　　　　　　B．<td colspan=#>

    C．<td rowspan=#>　　　　　　　　D．<td nowrap>

6. 在 CSS 语言中(   )是"字体大小"的允许值。

    A．list-style-position: <值>　　　　B．xx-small

    C．list-style: <值>　　　　　　　　D．<族科名称>

7. 下列对 CSS 字母间隔表述不正确的是(   )。

    A．语法: letter-spacing: <值>B．允许值: normal | <长度>

    C．初始值:none　　　　　　D．字母间隔属性定义一个附加在字符之间的间隔数量

8. 在 XHTML 的颜色属性值中，Purple 的代码是(   )。

    A．"#800080"　　　　　　　　　　B．"#008080"

    C．"#FF00FF"　　　　　　　　　　D．"#00FFFF"

9. XHTML 代码<img src="name">表示(   )。

    A．添加一个图像　　　　　　　　　B．排列对齐一个图像

    C．设置围绕一个图像的边框的大小　D．加入一条水平线

10. 下列对 CSS 中长度单位表述有误的是(   )。

    A．一个长度的值由可选的正号" + "或负号"–"、接着的一个数字、还有标明单位的
       两个字母组成

    B．在一个长度的值之中允许有空格

    C．一个为零的长度不需要两个字母的单位声明

    D．无论是相对值还是绝对值长度，CSS1 都支持

11. XHTML 语言中，设置围绕表格的边框的宽度的标记是(   )。

    A．<table border=#>　　　　　　　B．<table cellspacing=#>

    C．<table cellpadding=#>　　　　　D．table width=# or%>

12. 下列对 CSS 分类属性中目录样式图像表述有误的是(   )。

    A．当图像载入选项打开时，目录样式图像属性在指定目录项标记使用哪个图像代替
       由目录样式类型属性指定的标记

    B．语法：list-style-type: <值>

    C．允许值：<url> | none

    D．适用于：带有显示值的目录项元素

13. 超级链接主要可以分为文本链接、图像链接和(   )。

    A. 锚链接   B. 瞄链接

    C. 卵链接   D. 瑁链接

14. CSS 表示(   )。

    A. 层   B. 行为

    C. 样式表   D. 时间线

15. <frameset cols=#>是用来指定(   )的。

    A. 混合分框   B. 纵向分框

    C. 横向分框   D. 任意分框

16. 能够设置成口令域的是(   )。

    A. 只有单行文本域   B. 只有多行文本域

    C. 单行、多行文本域   D. 多行"Textarea"标识

17. 在 XHTML 文本显示状态代码中，表示(   )。

    A. 文本加注下标线   B. 文本加注上标线

    C. 文本闪烁   D. 文本或图片居中

18. 框架中"可改变大小"的语法是下列(   )。

    A. <IMG SRC="URL" BORDER=?>   B. <SAMP></SAMP>

    C. <ADDRESS></ADDRESS>   D. <FRAME NORESIZE>

19. 创建最小的标题的文本标签是(   )。

    A. <pre></pre>   B. <h1></h1>

    C. <h6></h6>   D. <b></b>

20. 设置围绕表格的边框宽度的 XHTML 代码是(   )。

    A. <table size=#>   B. <table border=#>

    C. <table bordersize=#>   D. <tableborder=#>

三、判断题(20 小题，每小题 1 分，共 20 分)

1. XHTML 是 SGML 的一个简化子集，而 XML 不是。 (   )

2. XHTML 是描述数据显示的语言，而 XML 是描述数据及其结构的语言，但二者功能是相同的。 (   )

3. XHTML 语言不能描述矢量图形、数学公式、化学符号等特殊对象。 (   )

4. DTD 是用来定义自己的标签语言的。 (   )

5. 在 Flash 中，Hit 是按钮的感应区域，当鼠标移到这个区域在上面单击时，才能激发按钮的各种状态，在播放动画过程中，这一帧的内容是可见的。 (   )

6. 框架页本身并不包含实际的属性，它是一个指定其他网页且如何显示网页的容器。 (   )

7. IE 3.0 不能识别 CSS 格式，因此不建议使用该版本的浏览器。 (   )

8. 在使用框架结构的网页下载速度快。 (   )

9. 在表单提交的两种方式中，POST 方式比 GET 方式慢。 (   )

10. 时间轴是制作动画的主要工具，时间轴由层控制区和帧控制区两个部分组成。 (   )

11．XHTML 语言描述了文档的结构格式，但是并不能精确地定义文档信息如何显示和排列。　　　　　　　　　　　　　　　　　　　　　　　　　（　　）

12．XHTML 的标识不全是封装在由小于号和大于号构成的一对尖括号中的。　（　　）

13．HTML 语言转换成 XHTML 语言，只是语言版本的简单升级。　　　（　　）

14．XHTML 语言的代码可以是大写也可以是小写。　　　　　　　　　（　　）

15．CSS 样式加到网页中可以用内嵌形式加入。　　　　　　　　　　（　　）

16．CSS 样式加到网页中可以用标记单行形式加入。　　　　　　　　（　　）

17．CSS 样式加到网页中可以用外接单一样式单形式加入。　　　　　（　　）

18．CSS 样式加到网页中可以用多个外部样式单形式加入。　　　　　（　　）

19．CSS 样式只能控制字体。　　　　　　　　　　　　　　　　　　（　　）

20．表格是网页排版的唯一形式。　　　　　　　　　　　　　　　　（　　）

四、问答题(4 小题，每小题 5 分，共 20 分)

1．简述什么是超级链接及其语法格式，两种 URL 的区别。

2．简述 HTML 文档的结构。

3．简述什么是网页，网页的特点。

4．简述网页设计的基本准则。

5．简述什么是 HTML 的单标识和双标识。

 技能实训

一、操作题

登录下列网站了解其类型、功能组成、网站特点。

(1) 腾讯网(http://www.qq.com)

(2) 360 安全卫士网(http://www.360.cn)

(3) 优酷网(http://www.youku.com)

二、励志题

上网查找马化腾、周鸿祎、古永锵的事迹，写一篇感想，要求透过三人的成长轨迹，制定自己的学习计划。

第5章　电子商务系统规划设计开发

本章知识结构框图

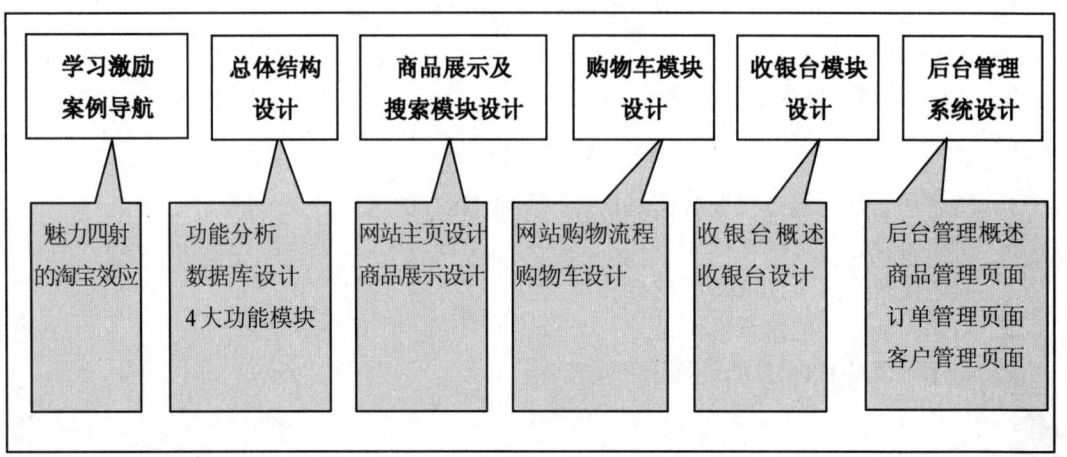

学习激励 案例导航	总体结构 设计	商品展示及 搜索模块设计	购物车模块 设计	收银台模块 设计	后台管理 系统设计
魅力四射 的淘宝效应	功能分析 数据库设计 4大功能模块	网站主页设计 商品展示设计	网站购物流程 购物车设计	收银台概述 收银台设计	后台管理概述 商品管理页面 订单管理页面 客户管理页面

本章知识要点

1. 电子商务网站的功能分析和基本模块设计;
2. 各个功能模块中的数据库设计;
3. 电子商务网站的后台管理办法。

本章学习方法

1. 统观大局,理论先行,加强理解;
2. 广泛阅读相关资料,深度拓展知识范围;
3. 进行比较学习,以加深和强化对知识的理解。

学习激励与案例导航

魅力四射的淘宝效应

从名不见经传到"淘宝现象",小个子马云用两年时间,再次创造了一个奇迹。不同于阿里巴巴的是淘宝网是在 eBay 易趣的严密封锁下突围而出的。很多互联网用户发现,在淘宝网上基本上不用花什么钱就能开一个不错的商店。在互联网初级阶段的免费行为再一次返回,让人恍如昨日重现。

这种利用强大的资本实力，采用免费的手段吸引用户的方式受到了普遍的质疑，但是这家外向性极强的企业正在改写商业规则！

"一网不捞鱼，二网不捞鱼，三网捞个大尾巴鱼"。众多的电子商务网站现在都忙碌着在网上淘金，很多网站做梦都想捞个大尾巴鱼，结果笑醒了发现梦想破灭了。

作为中国一夜成名的网络拍卖网站，淘宝网在 2003 年诞生。2004 年 7 月份，当马云宣布阿里巴巴将投资 3.5 亿元人民币发展淘宝网的时候，淘宝网的身价和他的竞争对手还相差一个档次。之后就是不断的升级、突破，甚至打价格战。有人说淘宝网在"烧钱"，当时其他的国内几家电子商务网站，也都一个个摩拳擦掌，动辄一掷千金。淘宝网进入了高速扩张期。作为淘宝网的实际控制人，马云更是口出狂言："淘宝三年不许赢利！"

但就是在这样的情况下，据淘宝网公布的 2005 年第一季度经营业绩数据显示，目前淘宝网注册会员数近 600 万，网站单日访问量达到 6000 万，是国内同类网站的 3 倍。其中，淘宝网在线商品数量更是一举突破 700 万件，占据了国内个人交易网上市场商品的大半壁江山，相当于国内一家大型百货商场商品数目的 10 倍，而淘宝网第一季度 10.2 亿元的成交额则已经是北京王府井百货大楼全年销售额的 3 倍多，相当于 4 家家乐福门店、6 家中国沃尔玛门店的水平。

通过这个例子可以看出，就是这种魅力四射的"淘宝现象"使得数以万计的企业不得不考虑进军电子商务这个市场，正所谓：酒香还需勤吆喝！那么就让我们从这里开始看看如何去规划设计和开发一个淘宝这样的网站吧。

5.1 总体结构设计

电子商务是在互联网开放的环境下，基于浏览器/服务器应用方式，实现消费者的网上购物、商户之间的网上交易和在线电子支付的一种新型的商业运营模式。不同领域的电子商务网站的建立，给人们的生活带来了巨大的便利，正在改变着千百年来人们传统的消费模式。

对企业来说，电子商务网站是企业对外展示信息，从事商务活动的窗口和界面。如何设计并建立一个经济、实用、安全、高效的电子商务网站是很多企业必须考虑的问题。

5.1.1 卓越网的购物过程

我们首先登录卓越网首页，如图 5.1 所示。我们可以看到商城首页提供了各类商品的入口，并包含大量热门类别、热门商品的链接，给浏览者琳琅满目的感觉，兴许你进入时，你感兴趣的商品就会映入你的眼帘，你可以通过商城提供的商品搜索功能查询你感兴趣的商品。心动不如行动，赶快链接你感兴趣的商品吧！如图 5.2 所示是浏览某商品的详细信息页。

浏览完了商品信息，满意的话，千万不要犹豫，单击将其放入购物车，你的购物车就增加了你此次选择的商品。在你选择完商品后，你就可以去查看购物车的内容了，在这里你可以修改购物车中商品的数量、清空购物车等。然后或者在本站继续购物，或者进入结算中心进行结算。在填写完相关的信息后，一个订单就完成了。电子商城在收到你的订单后会和你联系，以确认和核实订单，之后发货，直到你收到你订购的商品并付款确认，整个交易就结束了。

图 5.1 卓越网首页

CASIO卡西欧Combination系列男表AQ-160WD-1B（限量）

品牌名:CASIO卡西欧

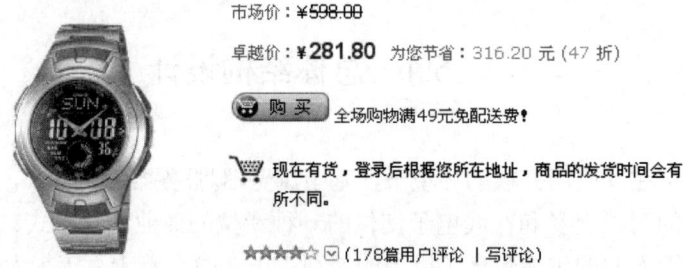

市场价：¥598.00

卓越价：¥281.80 为您节省：316.20 元 (47 折)

购买 全场购物满49元免配送费！

现在有货，登录后根据您所在地址，商品的发货时间会有所不同。

★★★★☆ ☑ (178篇用户评论 ｜写评论)

图 5.2 商品详细信息

5.1.2 网站主要功能分析设计

1. 系统描述

根据上面对卓越网购物过程的分析可以看出，一般的电子商务网站包括两个基本的部分，即前台界面和后台程序。在前台界面上，用户可以浏览、搜索商品，查看最新公告(如举办的活动、特价商品)，身临其境，如同在商场里一样。用户在前台使用一个叫"购物车"的工具模拟现实生活中在商城购物，既可以把自己喜欢的商品放入其中，也可以对已放入其中的商品进行诸如放弃购买、改变数量等操作。当用户购买货物结束后需要到商城的服务台去结账，这就是网上所说的"下订单"。下完订单，可以打印或发 E-mail 保留订单，以方便收到货物时进行查对。后台程序，则是完成实际功能的所在，商家在此管理本企业的相关信息，发布、录入、更改网上商品信息，完成对订单的查询、处理，并管理在商城里注册的用户等。

2. 系统流程

浏览者在进入电子商城后，首先访问商城的首页，这里除了有各种商品的入口外，还可以看到各种公告和特价商品，重要的是商城还为浏览者提供了商品搜索功能。当单击了感兴趣的商品后，可以查看它的详细信息，对满意的商品则可以放入购物车，而且可以随时随地去修改购物车中的商品及数量，最后到收银台结账。

在下订单前要确保已经在该商城中注册并且登录，这样做的目的是为了核实订购者的详细信息。用户在下订单时，必须填写自己的详细信息，包括姓名、收件地址、电话和 E-mail，以及送货方式、款项支付方式等信息。当商城管理人员收到该订单时，将与用户核实订单的内容，特别是订购人的收件地址等，确认之后网上商城会及时发货。当订购者根据自己选择的支付方式进行付款并收到商品后，一个真正意义上的交易就完成了。

本网站命名为"新世纪商城"，其域名为"store.newcentury.com"，系统流程如图 5.3 所示。

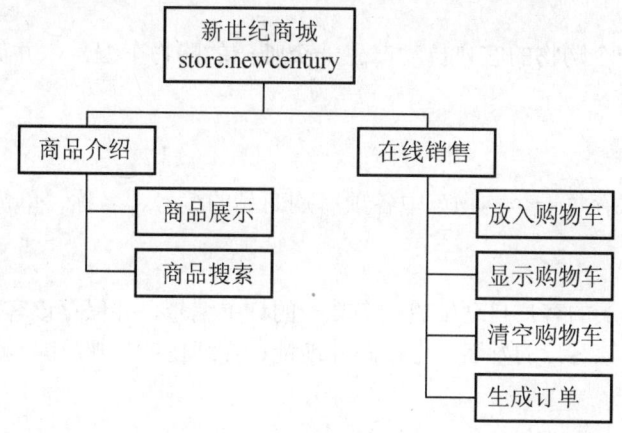

图 5.3　系统流程

5.1.3　数据库设计

每个电子商务网站都包含数据库系统，一个良好的数据库系统对整个网站功能的实现至关重要。所有电子商务网站数据库的设计有其共性，本节将就数据库设计进行总体讲解。

电子商务网站需要设计各种表，表之间相互关联，共同存储着系统所需要的数据。在设计表的过程中，有这样几条原则：数据库设计一个表最好只存储一个实体或对象的相关信息，不同实体最好存储在不同的表中；数据表的信息结构一定要合理，表的字段数量不要过多；扩充信息和动态变化的信息一定要分开放在不同的表中；多对多这样的表关系系统，尽量不要出现。数据库对象的命名也要遵循一定的规范，所有的数据对象一定不要用中文命名，数据对象的命名最好用英文或英文的缩写。

> **小技巧**：对不同的数据对象，如数据表、存储过程、视图等，最好要用一定的规则来区分，比如可以在数据库表后面加上"_table"作为标识。

电子商城网站中常用到的数据库表如表 5-1 所示。

表 5-1　电子商城网站中常用的数据表

序　　号	数　据　库　表	数据库表名称
1	Products_table	商品表

序　号	数 据 库 表	数据库表名称
2	Carts_table	购物车表
3	CartItem_table	购物车明细表
4	Order_table	订单表
5	OrderItems_table	订单明细表

1. 商品表

商品表包括商品编号、商品名称、市场价、优惠价和简短说明等信息。

2. 购物车表

购物车表为每一个购物的客户自动产生一个唯一的购物车编号，并保存该客户的购物日期等重要信息。

3. 购物车明细表

购物车明细表保存每一个购物车中各项所购商品的编号、名称、单价和数量等信息。

4. 订单表

订单表为确定购买的客户自动生成一个唯一的订单编号，并保存该客户的订购日期、订购总计金额，同时保存该客户的姓名、电子邮件地址、详细住址、邮政编码和联系电话等信息。

5. 订单明细表

订单明细表保存每一个订单中所订购的各项商品的编号、名称、单价和数量等信息。

5.1.4　主要功能模块及其工作流程

根据对系统的分析设计及数据库的设计，我们可以将电子商务网站系统划分为四大模块，如图 5.4 所示。

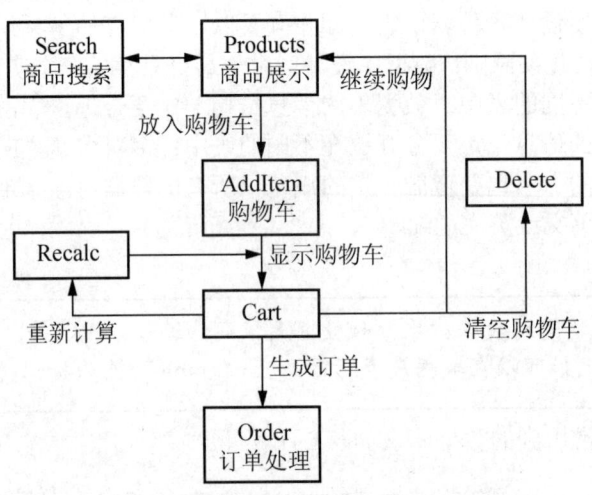

图 5.4　系统工作流程图

1. 商品展示模块

商品展示模块主要功能是展示商品，同时也提供到其他各类展示商品网页的链接。客户单击某商品旁的"购买"链接，即可将该商品放入购物车。

2. 商品搜索模块

商品搜索模块用来提供商品搜索的功能，处理在商品展示页面中客户提出的商品搜索请求，并将搜索的结果返回到商品展示页面中进行展示。

3. 购物车模块

在添加商品页面，一旦客户单击所选商品旁的"购买"链接，本页面立即判断该客户是否已拥有购物车，若没有就为其分配一辆，再将所购之物存入对应的购物车明细表，并调用购物车页面显示所购商品的具体信息。

购物车页面，显示客户已购的各项商品信息，包括商品名称、单价、数量、金额及所购商品的总价。允许客户修改所购商品的数量，并重新计算和显示金额和总价。该页面还提供"继续购物"、"清空购物车"和"结账"等链接。

重新计算页面，响应客户的"重新计算"请求，根据修改后的商品数量重新计算金额和总价，并负责修改购物车明细表中的相关数据。

清空购物车页面，响应客户提出的"清空购物车"请求，并负责删除该客户在购物车明细表中的相关数据。

4. 订单模块

在订单页面，为确定要购买商品的客户自动产生一个唯一的订单编号，然后要求客户如实填写姓名、送货地址、联系电话等信息，再将当前购物日期、总计金额，以及送货地址等信息保存到订单表中，并负责将购物车内的所购商品信息保存到订单明细表中。

5.2 商品展示及搜索模块设计

电子商务网站的商品展示模块是为客户提供网上购物的关键模块。网站内容布局的合理性，网站商品的安排及客户所需商品的搜索等，是网站能够吸引客户的关键因素。在进行这部分设计时，应该从方便客户使用和网络营销的角度出发，综合考虑其功能的实现。

5.2.1 商品展示功能设计

1. 数据库设计

在商品展示模块中要用到 Products_table 表，该商品表的结构设计如表 5-2 所示。

表 5-2 Products_table 表

字 段 名 称	数 据 类 型	说　明
ProductID	自动编号	商品编号、主键
ProductName	文本(20)	商品名称
ProductPlace	文本(20)	商品产地
ProducePrice	货币	商品单价
ProducePicture	文本(50)	商品图片文件名
ProductSalePrice	货币	商品优惠价
ProductDescription	备注	商品简单说明

2．商品展示页面设计

商品展示功能设计的目的是通过不同的商品表现形式，向客户展示网站的各类商品，使客户有目的且快速地挑选所需商品。目前比较常用的是用图片对商品进行展示，给客户留下一个最直观的印象，提高客户的购买欲望。同时，在展示商品图片的同时，给出每一件商品的具体信息，如商品编号、名称、产地、单价等，为后面购物车和网上下订单打下基础。

商品展示的设计思路如图 5.5(a)所示，页面如图 5.5(b)所示。

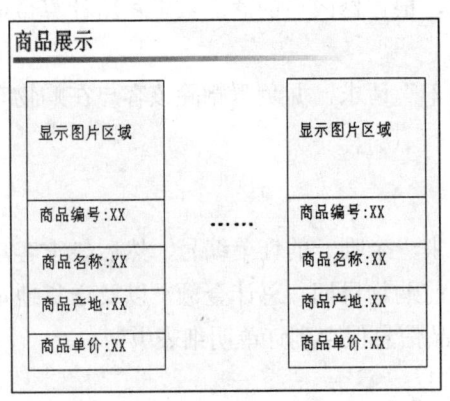

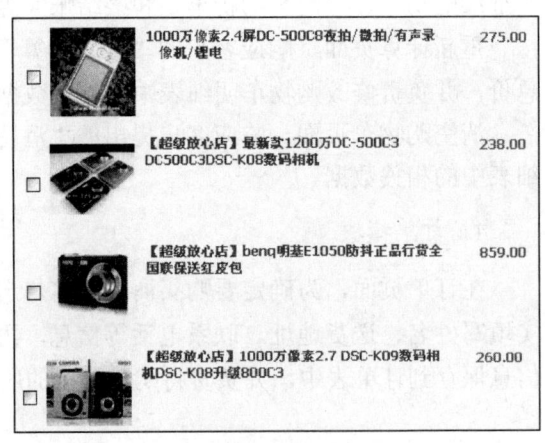

(a) 商品展示设计思路　　　　　　　　(b) 商品展示页面

图 5.5　商品展示页面设计

5.2.2　商品搜索功能设计

1．商品搜索功能介绍

有人说，完善产品搜索功能是商务网站的必修课。进入电子商务网站，最主要目的就是寻找想要的商品(不管是需要购买还是信息参考)，清晰合理的产品目录是电子商务网站的"脊梁骨"，用户可以通过产品目录一级一级地进入到最底层的产品分类列表。

然而，这是一种按照网站设计者的思维进行分类的产品搜索方式，缺少尊重用户体验，也无法体现用户的自主性。通过产品目录寻找到的是分类下所有产品的列表，未能体现用户的个性化需求(比如产品具体参数)。用户需要在大量产品列表页面之间通过翻页寻找产品，这个过程相当麻烦。

此时，强大的产品搜索功能就大大提高了用户寻找商品的方便性，也尊重用户的自主需求和搜索习惯，同时采用产品对比功能能有效地激发用户的购买行为。因此，完善的产品搜索功能对电子商务网站来说如虎添翼。

2. 商品搜索页面设计

在我们的这个电子商务网站中，同样可以通过对商品搜索引擎的设计帮助客户很快找到所需要的商品。客户在使用搜索引擎时，先通过下拉框选择查询关键字的项目类型，再输入查询的关键字，然后提交查询，就可以得到需要的结果。如图 5.6 所示为常见的搜索引擎。

图 5.6 商品搜索引擎图

5.3 购物车模块设计

5.3.1 网站购物流程

为了满足客户实现网上购物的需要，系统设计有商品展示、查看购物车、填写订单、完成订单等功能。网上购物的基本过程如图 5.7 所示。

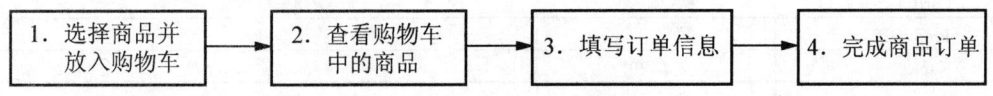

图 5.7 网上购物的基本过程

1. 选购商品

客户可以在商品展示页面中，寻找要购买的商品，然后单击商品条目中的购物车链接，即可将商品放入购物车里。

2. 购物车管理

购物车里放的是客户希望购买的商品，而且通过购物车可以对其中的商品进行调整，如修改商品数量、取消商品等。在该页面中还提供继续购买商品以及生成订单等功能。

购物车功能是网上购物流程中最重要的环节之一，在设计时要求：购物车具有持续性、相关性和直观性，能够准确记住每次放入商品的内容；每一个客户拥有一个独立的购物车；客户可以随时清理购物车中的商品。

3. 订单处理

当客户完成商品的选购后，就要去收银台结账，这个操作实际上就是在线生成订单的过程，也是完成网上购物重要的设计内容之一。

订单是客户在网站所购商品和送货要求等信息的清单。在订单网页中，客户要审查自己购买商品的名称、数量和价格等信息，填写所购买商品的送货地址和送货方式以及货款的支付方式等信息。

对于不同的送货方式和支付方式，客户支付的费用有所不同(费用清单在网页中有说明信息)。完成订单信息的填写并确认无误后，可以提交订单。在订单提交成功后，系统会提供此次购物订单的订单号，客户要保存此订单号，以便了解订单的处理情况和进行订单查询。

5.3.2　购物车设计

1. 数据库设计

电子商务网站一般创建两个表来保存客户购物信息，其命名一般为 Carts_table 和 CartItems_table。其中，Carts_table 表用来自动为每个客户分配一辆购物车，并保存每个客户的购物车编号及购物日期信息，其结构设计如表 5-3 所示；CartItems_table 表用来保存每辆购物车中每一件商品的编号、名称、单价和数量等信息，其结构设计如表 5-4 所示。

表 5-3　表 Carts_table 的结构设计

字 段 名 称	数 据 类 型	说　　明
CartID	自动编号	购物车编号、主键
CartDate	日期/时间	购物日期

表 5-4　表 CartItems_table 的结构设计

字 段 名 称	数 据 类 型	说　　明
ItemID	自动编号	商品项目编号、主键
CartID	数字	购物车编号
ProductID	数字	商品编号
Name	文本(20)	商品名称
Price	货币	商品单价
Quantity	数字	商品数量

2. 放入购物车页面设计

购物车功能是由添加商品页面 AddItem 和购物车页面 Cart 来完成的。AddItem 页面的功能：当客户选中某项商品并单击"购买"链接而激活 AddItem 页面时，该页面首先判断这个客户是否已经有了购物车(即该客户是否为进入本网站后的第一次购物)。若没有购物车就为其新分配一辆(即为该客户在 Carts 表中自动产生一个新的购物车编号 CartID)；若客户已有购物车，则获取对应购物车编号。最后再调用购物车页面 Cart 显示该客户购物车中已购商品的详细内容。

3. 显示购物车页面设计

显示当前客户的购物车中已购商品的各项信息是由购物车页面来完成的。在该页面中还将为客户提供更改已购商品的数量、重新计算应付金额等功能，并提供"继续购物"或"去收银台"结账的超级链接。常见购物车如图 5.8 所示。

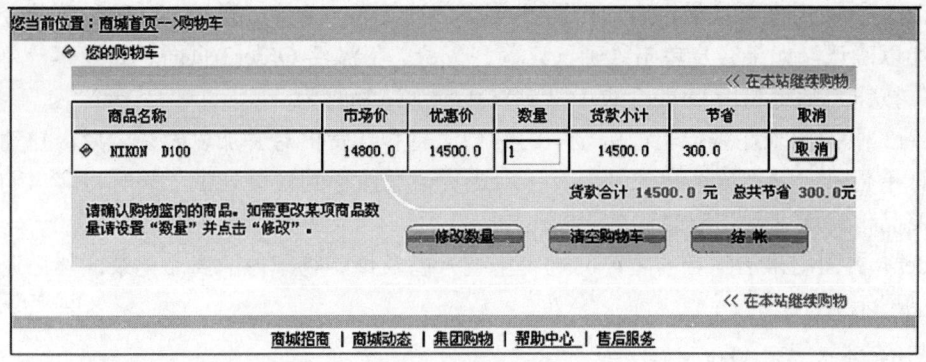

图5.8 购物车示例

4. 重新计算功能的实现

在上述购物车页面所显示的购物清单中，客户可修改所购商品的数量，然后单击"修改数量"按钮，调用重新计算程序对该项商品的金额和总计金额进行重新计算，并将计算后所得的结果再次显示在购物车页面中。

5. 清空购物车功能的实现

客户可在购物车页面中单击"清空购物车"按钮来调用 Delete 页面。该页面负责清除这个客户已经放入购物车中的所有商品，同时负责删除购物车明细表 CartItems 中所有与此购物车编号对应的记录，最后再重定向到商品展示页面 Products，供客户继续选购其他商品，如图5.9 所示。

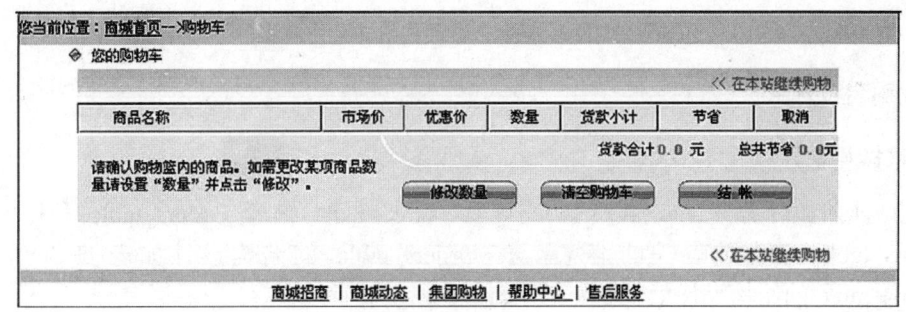

图5.9 购物车计算功能示例

5.4 收银台模块设计

5.4.1 收银台设计概述

1. 收银台各页面模块

本书中用 Order1～Order4 4 个页面来协同实现收银台功能。

Order1 页面提供一个表单，用来要求客户填写真实姓名、电子邮件地址、详细住址、邮政编码、联系电话等信息，以便准确、及时地将货物送达。

Order2 页面用来再次显示客户所购各项商品的名称、单价、数量、金额和总计金额等，供客户加以确认。如果客户单击"确认订购"按钮，将激活 Order3 页面。如果客户单击"取消订购"按钮，则将调用 Order4 页面立刻终止本次购物行为。

Order3 页面用来在客户验证所显示的购物信息和送货信息并加以确认之后，自动生成一个新的订单记录，并把该客户的姓名及各项送货信息保存到订单表中，同时将客户购物车中的各项商品信息保存到相应的订单明细表中。

Order4 页面用来清除当前客户的购物车编号以及该购物车内的商品记录，然后返回本网站的商品展示页面。

2. 收银台各页面模块工作流程

收银台各页面模块的工作流程如图 5.10 所示。

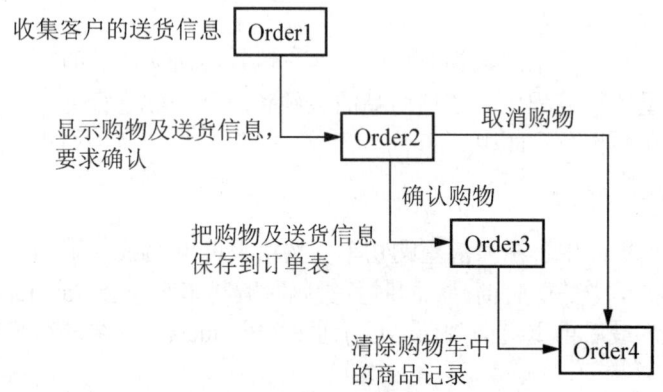

图 5.10 收银台各页面模块的工作流程

5.4.2 收银台设计

1. 数据库设计

为完成本阶段任务并生成客户的购物订单，需要创建订单表 Orders_table 和订单明细表 OrderItems_table 来存放有关的信息。表 Orders_table 的结构设计如表 5-5 所示，表 OrderItems_table 的结构设计如表 5-6 所示。

表 5-5 表 Orders_table 的结构设计

字 段 名 称	数 据 类 型	说　　　明
OrderID	自动编号	订单编号、主键
Date	日期/时间	订单日期
Total	货币	订单金额
Name	文本(10)	客户名称
E-mail	文本(20)	客户电子邮件地址
Province	文本(20)	客户所在省份
City	文本(20)	客户所在城市
Address	文本(20)	送货地址
Zip	文本(6)	邮政编码
Phone	文本(11)	客户联系电话

表 5-6　表 OrderItems_table 的结构设计

字 段 名 称	数 据 类 型	说　　　明
ItemID	自动编号	商品项目编号、主键
OrderID	数字	订单编号
ProductID	数字	商品编号
Name	文本(20)	商品名称
Price	货币	商品单价
Quantity	数字	商品数量

2. 获取送货信息设计

客户单击"去收银台"按钮将激活 Order1 页面，该页面首先判断当前客户是否确实已经购物，只有已经购物才能去结账，否则就提示客户还没有购买任何商品不能结账，并提供一个转到商品展示页面去继续购物的链接。

客户若已经购物，就需要填写如下表单，输入客户真实姓名、电子邮件地址、所在省市、详细住址、邮政编码和联系电话等信息，以便准确、及时地将所购商品送达。

3. 确认购物及送货信息设计

若客户已将各项必填的表单内容填写完毕，接下来就向客户显示已购商品的账单以及由客户所填表单中获取的送货信息，供客户最后一次加以确认。

4. 生成订单页面设计

客户若在 Order2 页面中单击"确认订购"按钮，将激活 Order3 页面，在此页面中首先获取由 Order2 传递来的各项送货数据及总计金额信息，并分别保存到相应变量中。然后 Order3 页面将在订单表 Orders_table 中添加一条新记录，把当前客户的姓名和各项送货信息保存到该记录对应的字段中，并获得一个自动增长的订单编号 OrderID。再获取当前客户的购物车编号，并根据此编号在 CartItems_table 表中取得对应此购物车的商品记录，并将这些记录数据及当前客户的订单编号 OrderID 逐条保存到订单明细表 OrderItems_table 中。

5. 购物车信息的清理

完成结账和生成订单任务之后，将进入 Order4 页面。如果客户在 Order2 页面单击"取消订购"按钮将直接进入 Order4 页面。Order4 页面的任务是获取当前客户的购物车编号，并据此编号删除 Carts_table 表中对应这个购物车编号的记录，同时删除 CartItems_table 表中对应这个购物车编号的所有商品记录。

5.5　后台管理系统设计

5.5.1　后台管理系统概述

网站后台管理系统是电子商务网站中重要的组成部分之一。网站信息的更新、订单的处理以及库存的管理等都依赖于网站后台管理系统的工作。一个管理有序的电子商务网站会给企业带来预期的效益。

本网站在前台设计的基础上，进行网站后台管理系统的功能设计与实现。具体表现为对商品的管理、对订单的管理和对客户的管理等方面，如图 5.11 所示。

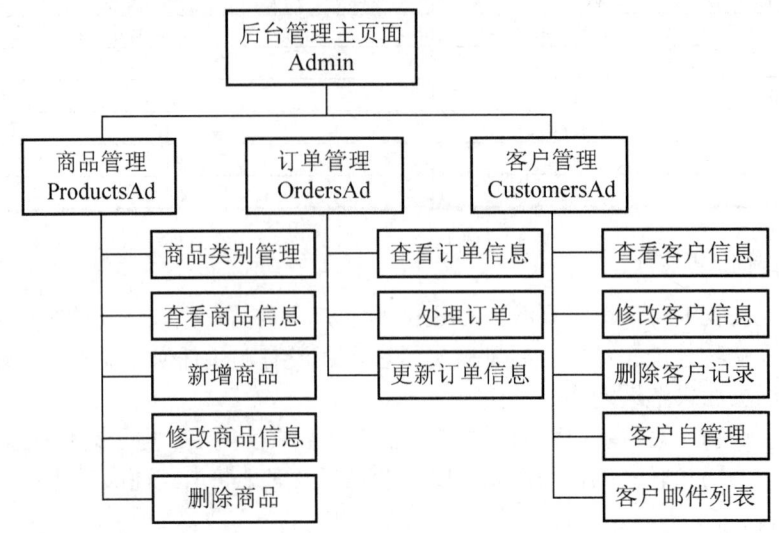

图 5.11　后台管理模块

1. 后台管理主页面

管理者登录此页面后即可根据需要，选择所要进入的具体管理页面。

2. 商品管理页面

商品管理页面负责进行商品类别的管理和各类商品的上架(新增商品)和下架(删除商品)，以及各类商品信息的查看和修改等。这是购物网站后台管理中最繁忙的页面。

3. 订单管理页面

订单管理页面负责对客户订单进行跟踪处理，包括浏览和查询订单信息，将订单交由商品配送部门和账务结算部门处理，并根据商品流动情况及时标明订单处理状态。

4. 客户管理页面

客户管理页面负责查询、修改或删除客户信息，提供给客户自己修改已注册信息的功能，并进行客户邮件列表管理，在需要时通过电子邮件与客户保持联系。

5.5.2　商品管理页面

1. 商品管理主页面设计

商品管理主页面 ProductsAd 以列表的形式，逐行显示每项商品的编号、名称、单价等信息，并在每行右侧为该项商品提供"删除"和"修改"字样的两个链接，在页面的右上方提供一个"新增商品"字样的链接。不仅方便了管理者对各项商品信息的查看，而且实现了对商品表 Products 信息的维护和管理。

2. 新增、编辑与删除商品页面设计

在商品管理主页面 ProductsAd 中，需要调用相应的几个子程序来实现新增商品、修改商品信息或删除指定商品记录的功能。

5.5.3 订单管理页面

1. 订单管理页面的主要功能

订单管理主页面 OrdersAd 的主要功能是以列表形式分页显示 Orders_table 表中每条订单记录的订单号、订货人、金额和订货日期等，并在每条记录的尾部添加一个下拉列表框，用于显示该订单的当前处理状态和提供对该状态的修改。同时在页面右下角提供一个"更新订单状态"的链接按钮。

2. 订单管理页面的设计

通过订单管理页面 OrdersAd，并结合两个相应的订单数据表来保存和查看订单状况并实现订单管理功能。

订单数据表包括订单表 Orders_table 与订单明细表 OrderItems_table，在订单表 Orders_table 中应添加一个 Status 字段来标明各个订单的当前状态。

在订单管理主页面 OrdersAd 中，需要包含或调用相关的几个程序来实现在订单表中对订单记录的查询、对各条订单记录状态的更新，以及显示订单细节等功能。

5.5.4 客户管理页面

1. 客户信息管理

面向管理者的客户信息管理是由 CustomersAd 页面来完成的，管理员通过身份验证可以在此页面中查看或修改存放在 Users_table 表中的客户信息，也可根据情况注销一些客户记录。

2. 客户自管理

客户在网站注册之后，可能出于各种原因需要改变其注册信息，例如，更换电子邮件地址或者联系电话，也可能是先前填写的信息不够准确等。另一个需要改变注册信息的重要原因是需要更换密码，以确保客户自身信息的安全。为此，就需要网站为客户提供在线修改自身信息的功能。

本章小结

1. 本章知识概述

本章从淘宝网的兴起开始谈起，以实现"新世纪商城"网站为主线，详细分析了系统的结构和功能模块，介绍了网站主页的结构设计和实现方法，并根据网站的功能结构图，进行了主要模块的功能设计和数据库设计。指出了应用电子商务网站技术建立企业综合信息管理系统，可使企业的市场营销、进存销管理、账务管理以及客户关系管理等工作得到有机结合和高效率运作；建立一个主题鲜明的专业性销售网站，开展企业的营销活动，为消费者提供与企业沟通的渠道，可提高企业的服务质量和竞争力。另外，对网站的后台管理系统的功能构成，并根据网站的功能结构图，进行了主要模块的分析设计。为学生将来进行网站建设提供了相应的技术解决方案。

2. 本章名词

前台界面、后台程序、数据库设计、商品展示、商品搜索、购物车、收银台、订单处理、网站主页、后台管理、商品管理、订单管理、客户管理。

3. 本章的数字

电子商务网站设计的 2 个角色、电子商务网站的 5 个常用数据库表、电子商务网站前台设计的 4 个模块、电子商务后台设计的 3 大功能。

 每课一考

一、填空题(40 空，每空 1 分，共 40 分)

1. 电子商务网站前台的功能一般包括(　　　　　)、(　　　　　)、(　　　　　)和(　　　　　)。

2. 主页设计内容通常包括(　　　　　)、(　　　　　)、(　　　　　)、(　　　　　)和(　　　　　)等部分。

3. 设计主页时应该遵循(　　　　　)、(　　　　　)、(　　　　　)和易于导航的原则。

4. 为了满足客户实现网上购物的需要，系统设计的功能有(　　　　　)、(　　　　　)、(　　　　　)和(　　　　　)。

5. 网站的(　　　　　)系统是电子商务网站中重要的组成部分之一。它的功能包括(　　　　　)、(　　　　　)和(　　　　　)。

6. 确定电子商务网站的(　　　　　)就是定位电子商务网站的主要题材。

7. 电子商务网站后台处理功能包括(　　　　　)、(　　　　　)和(　　　　　)。

8. 通过(　　　　　)的查询功能，用户可以方便、快捷地在网站上找到所需要的产品及服务方面的信息。

9. 以二维表格作为数据模型的数据库称为(　　　　　)数据库。

10. 在电子商务环境中使用的在线支付方式主要包括银行卡、(　　　　　)、电子支票和智能卡。

11. 网站内容和功能设计过程包括两个步骤，首先要建一个所需的内容和功能的清单，然后确定内容如何(　　　　　)。

12. 网站信息的(　　　　　)、(　　　　　)以及(　　　　　)等都依赖于网站后台管理系统的工作。

13. 商品表包括(　　　　　)、(　　　　　)、(　　　　　)、(　　　　　)和(　　　　　)等信息。

14．根据对系统的分析设计及数据库设计，我们可以将电子商务网站系统划分为（　　　　　）大模块。

15．电子商务网站的（　　　　　　　　　）模块是为客户提供网上购物的关键模块。

16．网站（　　　　　），网站商品的安排及（　　　　　　　）等，是网站能够吸引客户的关键因素。

二、选择题(20 小题，每小题 1 分，共 20 分)

1．以下描述了电子商务网站在电子商务活动中的作用，其中错误的是（　　　）。
　　A．企业进行电子商务活动的依托　　B．对外展示信息的窗口
　　C．从事商务活动的窗口　　　　　　D．只是为了企业内部信息发布

2．体现网站（　　）的页面内容是每页的焦点，需要放在第一位。
　　A．功能　　　　B．信息结构　　　C．主题　　　D．导航

3．如果将建立网站比做写文章，则设计网站的（　　）就是文章的提纲。只有拟好了提纲，才能明确主题，分清层次。
　　A．功能　　　　B．导航系统　　　C．链接结构　　　D．信息结构

4．为了使浏览者不在网站中迷失方向，最好的办法是为网站设计（　　）。
　　A．链接结构　　　B．搜索引擎　　　C．标识　　　D．导航系统

5．网站的维护工作包括了多方面的内容，其中不包括（　　）。
　　A．维护网站的层次结构和既有的设计风格永远不变
　　B．及时更新、整理网站的内容保证网站内容的实效性
　　C．定期清理网站包含的链接以保证链接的有效性
　　D．及时对用户意见进行反馈并做相应的改进以及随时监控网站的运行状况

6．如果在 Amazon.com 站点买过书并再次访问该站点时，屏幕上将建议你购买几种你可能喜欢的书，这属于 Amazon.com 站点的（　　）。
　　A．网站推广　　　B．销售个性化　　　C．内容选择　　　D．内容的更新

7．网站模板是指网站内容的总体结构和（　　）。
　　A．页面格式总体规划　　　　　B．网页制作规划
　　C．动画制作规划　　　　　　　D．数据库规划

8．商店生成系统主要可分为三大模块：前台商务系统、商家店面管理系统和（　　）。
　　A．信息发布系统　　　　　　　B．站点后台管理系统
　　C．管理员系统　　　　　　　　D．基本资料输入系统

9．（　　）不属于消费者在网上商店进行购物的操作。
　　A．浏览产品　　　　　　　　　B．选购产品
　　C．订购产品　　　　　　　　　D．信息发布

10．网站可以利用（　　）技术为用户提供对产品及其他信息的查询功能。
　　A．信息分类和数据库　　　　　B．信息分类和信息处理
　　C．信息检索和数据库　　　　　D．信息检索和信息发布

11．购物车软件应该由（　　）组成。　　　　　（多选）
　　A．购物车显示模块　　　　　　B．用户交流模块
　　C．确认和支付模块　　　　　　D．订单生成模块

12. ( )属于网上购物的购物车应该具备的功能。 (多选)

 A．自动跟踪并记录消费者在网上购物过程中所选择的商品

 B．允许购物者可以随时更新购物车中的商品

 C．完成对数据的校验

 D．具有良好的扩展性和接口

13．网站信息管理中的数据库设计的主要任务是( )等。 (多选)

 A．信息检索设计　　　　　　B．数据结构的设计

 C．后台数据库维护设计　　　　D．数据库安全性考虑

14．支持在电子商务网站上进行产品展示的主要方法有( )。 (多选)

 A．分类和搜索目录　　　　　　B．产品的搜索引擎

 C．自动推荐　　　　　　　　　D．在网站上发布广告

15．确定电子商务网站的主题应考虑的因素有( )。 (多选)

 A．所从事的业务　　　　　　　B．主题定位要专业

 C．主题要新颖　　　　　　　　D．内容全面

16．下列关于网站目标分析的说法中，错误的是( )。

 A．很贵和很便宜的产品都很难成功

 B．需要观察、试用或触摸的商品容易成功

 C．全球性的商品较容易成功

 D．收入水平越高，越愿意在网上购物

17．比较下列商品与服务，其中最适合在线销售的是( )。

 A．食品　　　 B．服装　　　 C．理财、保险　　　 D．家电

18．可视化设计最重要的是确定网站的( )，然后设计建立页面的表现框架，建立页面模型。

 A．信息结构　　 B．目录　　　 C．页面布局　　　 D．页面内容

19．通过( )的查询功能，用户可以方便、快捷地在网站上找到所需要的产品及服务方面的信息。

 A．搜索引擎　　 B．数据库　　 C．网站　　　 D．页面上

20．企业建设电子商务网站除了宣传企业的形象与产品外，主要是帮助企业提高业务处理质量和效率。所以了解企业的( )是网站设计之前的一个重要业务。

 A．用户群　　　 B．竞争对手　　 C．现有业务流程　　 D．定位

三、判断题(20小题，每小题1分，共20分)

1．因为电子商务也是在传统商务活动中发展和成熟起来的，它也必然地具有很多同传统商务相一致的特征，因此，它可以完全照搬传统商务运营管理的经验。　　　　　　( )

2．网站维护工作对网站的升级有消极影响，开展定期维护工作推迟甚至阻碍了对网站的升级。　　　　　　　　　　　　　　　　　　　　　　　　　　　　　　　　　　( )

3．用户通过 Internet 数据中心服务(Internet Data Center，IDC)可以极大地降低自身的运营成本和经营风险。　　　　　　　　　　　　　　　　　　　　　　　　　　　　( )

4．网络操作系统是指利用商用网络将一组高性能的工作站或者高档微机，按某种结构联结起来，在并行程序设计环境支持下统一调度的并行处理系统。 （　　）

5．在电子商务网站的运营管理上应该根据具体情况采取灵活多样的运营管理方式，既可以借鉴传统的运营管理方式，也要考虑电子商务网站在服务方法、技术手段上的新特点。（　　）

6．电子商务类网站中的商务信息提供商以提供动态信息为主要特征。 （　　）

7．拍卖网站以拍卖的形式进行产品的经营，同时为网上客户提供互通有无的机会。（　　）

8．对网站定期维护方便以后进行的网站升级工作，可以缩小升级的范围并避免了不必要的重复性劳动，大幅度降低了因网站升级而产生的开销。 （　　）

9．因为电子商务是建立在一种全新的服务载体上的，必然在服务的方法和技术手段上具有其新特点，因此，传统商务运营管理的经验在电子商务网站的运营管理中没有实用的价值。 （　　）

10．对企业来说，电子商务网站是企业对外展示信息，从事商务活动的窗口和界面。（　　）

11．一般的电子商务网站包括两个基本的部分，即前台界面和后台程序。 （　　）

12．网站前台管理系统的功能设计与实现，具体表现为对商品的管理、对订单的管理和对客户的管理这几个方面。 （　　）

13．在进行主页设计时，网页的大小无所谓。 （　　）

14．购物车里放的是客户希望购买的商品，但无法对购物车中的商品进行调整。（　　）

15．一个良好的数据库系统对整个网站功能的实现至关重要。 （　　）

16．电子商务网站一般都设计有购物车功能。 （　　）

17．数据库表的字段数量不要过多。 （　　）

18．用图片对商品进行展示，可以给客户留下一个最直观的印象，提高客户的购买欲望。 （　　）

19．订单是客户在网站所购商品和送货要求等信息的清单。 （　　）

20．订单管理页面负责对客户订单进行跟踪处理。 （　　）

四、问答题(4小题，每小题5分，共20分)

1．简述电子网站系统的主要功能。

2．什么是电子购物车？它应该有哪些主要功能？

3．什么是订单网页？网上购物一般的过程是什么样的？

4．简述电子商务后台管理系统的主要功能。

技能实训

1．假设你要为一个企业做一个与IT产品销售相关的电子商务网站，请你设想该网站的需求分析，并规划这个电子商务网站的整体结构。

2．利用所学知识，仿照"新世纪商城"网站的结构，创建一个婴幼儿商品的购物网站。

第6章　ASP .NET 基础

本章知识结构框图

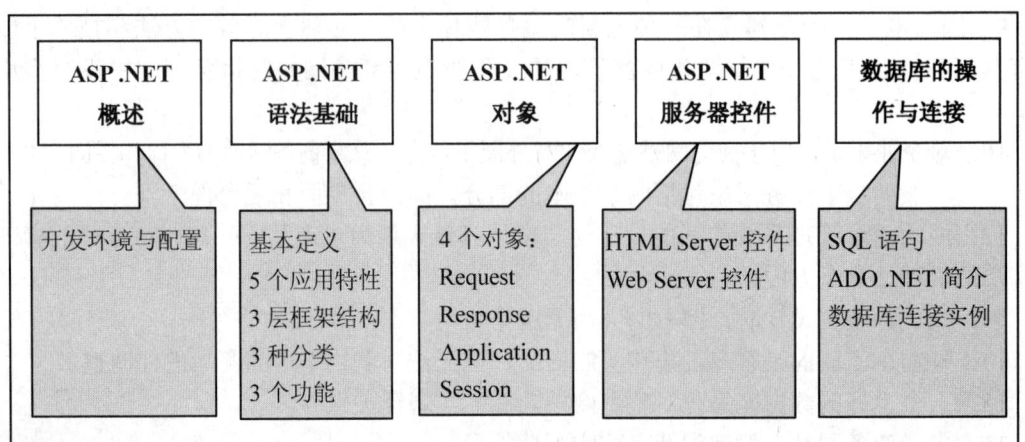

ASP .NET 概述	ASP .NET 语法基础	ASP .NET 对象	ASP .NET 服务器控件	数据库的操作与连接
开发环境与配置	基本定义 5 个应用特性 3 层框架结构 3 种分类 3 个功能	4 个对象： Request Response Application Session	HTML Server 控件 Web Server 控件	SQL 语句 ADO .NET 简介 数据库连接实例

本章知识要点

1. 了解并学会配置 ASP .NET 的开发环境；
2. ASP .NET（C#）语法及 ASP .NET 的对象和服务器控件的定义及使用规范；
3. ASP .NET 数据库的读/写方法。

本章学习方法

1. 奠定基础，理论先行，加强理解，熟记基本语法；
2. 广泛阅读实例，通过实例掌握相关的语法；
3. 自己动手，加强练习。

程序改变人生！有多少程序员的人生因程序而辉煌，而程序人生需要锲而不舍的精神，需要日夜求索的坚持。王江民，一个肢体残疾人，38 岁才开始计算机的学习，却创造了中国反病毒软件的奇迹。

学习激励与案例导航

王江民的程序人生

王江民，北京江民新科技有限公司董事长兼总裁，著名的反病毒专家、国家高级工程

师、中国残联理事、山东省烟台市政协委员、山东省肢残人协会副理事长，荣获过"全国新长征突击手标兵"、"全国青年自学成才标兵"、"全国自强模范"荣誉，有着 20 多项技术成果和专利，在信息安全领域更做出了突出贡献，是一个受人尊敬的长者、专家。38 岁开始学习计算机，两三年之内成为中国最出色的反病毒专家之一；45 岁只身一人独闯中关村办公司，他设计的江民杀毒软件很快占据反病毒市场的 80％以上。他身残志坚的毅力和品质也让很多程序员面对困难和挫折时，得到极大鼓舞。

抬头看看王江民，低头自我反思吧，是在沉默中将理想泯灭，还是在拼搏中求发展！

6.1　ASP .NET 概述

6.1.1　认识 ASP .NET

1. ASP 简介

谈到 ASP .NET，首先需要搞清楚什么是 ASP。ASP 的全称是 Active Server Pages，即活动服务器页面。为什么称为活动服务器页面，这是因为以前的因特网全部是由静态的 HTML 页面组成的，如果需要更新网站内容，不得不制作大量的 HTML 页面。有了 ASP 以后，我们就能够根据不同的用户，在不同的时间向用户显示不同的内容。网站的内容更新也不再是一个乏味的重复过程，它开始变得简单而有趣。因此，在国内掀起了一股学习 ASP 的热潮。

2. ASP 的缺陷

随着时间的推移，人们发现 ASP 一方面为网站的设计者带来了便利，另一方面也使得网站的各种代码难于管理。由于 ASP 程序和网页的 HTML 混合在一起，这就使得程序看上去相当杂乱。在现在的网站设计过程中，通常是由程序开发人员做后台的程序开发，由专业的美工设计页面，这样，在相互配合的过程中就会产生各种各样的问题。同时，ASP 页面是用脚本语言解释执行的，使得其速度受到影响。尤其当一个由大量的 HTML 代码和 VBScript、JavaScript 代码混合在一起的网页需要修改时，程序员宁愿写新的代码，也不愿意改原来的程序，因为原来程序的模块化和可重用性都太低。另外，由于受到 VBScript 脚本语言的自身条件限制，我们在编写 ASP 程序的时候不得不调用 COM 组件来完成一些功能。由于以上种种限制，微软推出了 ASP .NET。

3. ASP .NET 的发展历史

2001 年，ASP .NET 正式出现，在刚开始发布时，它的名字是 ASP+，但是，为了与微软的.NET 计划相匹配，并且表明这个 ASP 版本并不是对 ASP 的补充，微软将其命名为 ASP .NET。

ASP .NET 不仅仅是 ASP 的一个简单升级，而且更为我们提供了一个全新而强大的服务器控件结构。从外观上看，ASP .NET 和 ASP 是相近的，但是本质上完全不同。ASP .NET 几乎全是基于组件和模块化的，每一个页，每一个对象和 HTML 元素都是运行的组件对象。在开发语言上，ASP .NET 抛弃了 VBScript 和 JavaScript，而使用 NET Framework 所支持的 VB .NET，C#等语言作为其开发语言。

6.1.2　ASP .NET 运行环境和工具

ASP .NET 需要用 IIS 做 Web 服务器,下面简要讲述 IIS 的安装。IIS 是 Internet Information Server 的缩写,即 Internet 信息服务。它是一种 Web 服务,主要包括 WWW 服务器、FTP 服务器和 SMTP 服务器等。Windows 2000 上提供的 IIS 版本为 5.0,Windows XP 提供的 IIS 版本为 5.1,Windows 2003 则是 IIS 6.0。

1.　安装 IIS

下面进行 IIS 的安装。

(1) 单击"开始"→"设置"→"控制面板"菜单,打开控制面板,双击"添加/删除程序"项,启动"添加/删除程序"应用程序。

(2) 在"添加/删除程序"对话框左侧的列中,单击"添加/删除 Windows 组件"。

(3) 出现"Windows 组件向导"对话框后,单击"下一步"按钮。

(4) 在"组件"列表中选中"Internet 信息服务(IIS)"项,如图 6.1 所示。

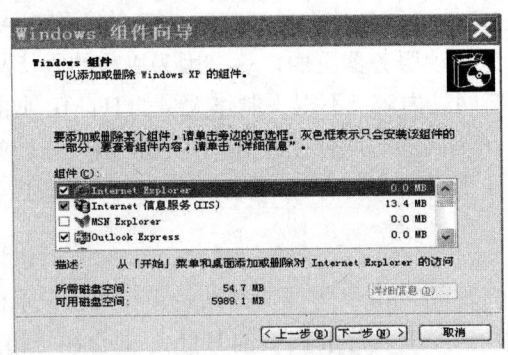

图 6.1　Windows 组件安装向导图

(5) 单击"下一步"按钮,然后根据向导提示插入系统安装盘进行安装。

> **应用提示**:如果你是初学者,这里直接用默认安装即可;如果对 IIS 有一定了解的话,可以单击"详细信息"按钮,对所安装的组件进行详细设置。

IIS 安装完毕后,在浏览器的地址栏中输入 http://localhost/iishelp/或 http://127.0.0.1/iishelp/,即可看到 IIS 的帮助文档和 ASP 的帮助文档,如图 6.2 所示。

如果系统盘为 C 盘,IIS 的默认主目录是 C:\INETpub\wwwroot,且所建网站的信息保存在这个目录中,理论上不需要做任何设置就可以使用。

2.　安装 .NET Framework

安装完 IIS 以后,已经可以执行 ASP 脚本了。为了支持 ASP .NET 脚本,还必须安装 .NET Framework,最新的版本可以在微软的网站上下载,程序(Microsoft .NET Framework 2.0 版可再发行组件包)大约 23MB,文档大约 120MB。以目前最流行的稳定版本 2.0 为例,.NET 正式版的安装界面如图 6.3 所示。

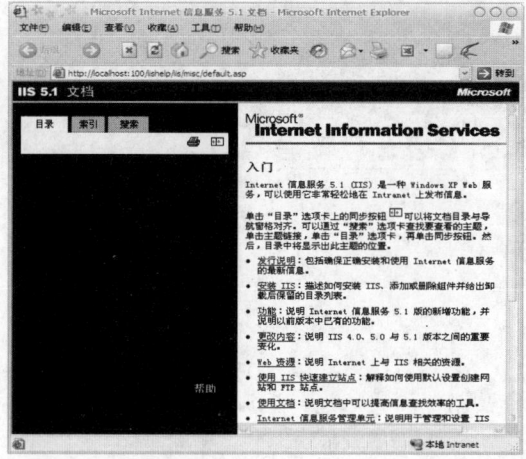

图 6.2　IIS 的帮助文档

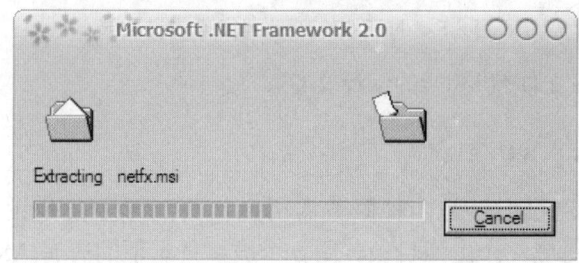

图 6.3　.NET Framework 2.0 的安装

接下来的步骤按照 .NET 的默认选项安装，安装完成以后的界面如图 6.4 所示。

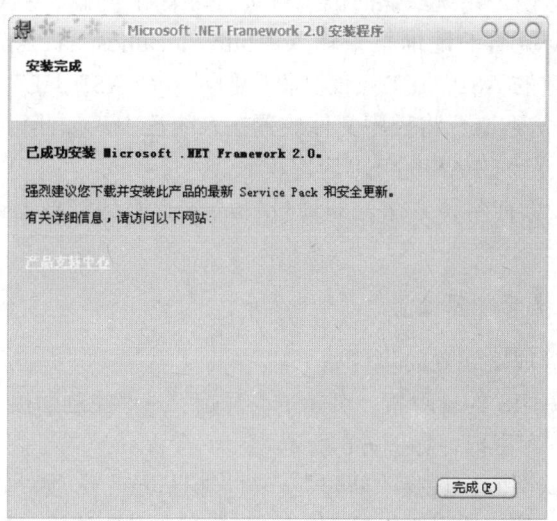

图 6.4　.NET Framework 2.0 安装完成

安装好以后，ASP .NET 的运行环境就建立好了。相关的程序安装在 WINDOWS\Microsoft.NET\Framework\v2.0.50727 目录中，如图 6.5 所示。

131

图 6.5　.NET Framework 2.0 安装目录

图 6.5 中的 csc.exe 文件就是 C#的编译文件。

6.1.3　开发环境的配置

与 ASP 一样，ASP .NET 是一种服务器语言，其配置主要是设置虚拟目录。每一个 ASP .NET 应用程序都对应一个虚拟目录。同一个虚拟目录下的所有 ASP .NET 对象，包括页面、配置文件、组件及 Global 配置文件等组成了一个 ASP .NET 应用程序。

在安装 IIS 后，系统将会在系统盘下自动创建 INETpub 目录。在该目录下存在一个名为"wwwroot"的目录，这便是系统默认的虚拟目录。如果用户直接将 ASP .NET 页面放置在该目录下，则可通过在浏览器的地址栏中输入"http://localhost/aaa.aspx"直接访问。这里的 aaa.aspx 表示用户所创建的 ASP .NET 页面文件。但是一个 ASP .NET 应用程序往往会包含很多文件，同时用户也常常不愿意将程序文件放置在系统盘中。如此可以通过设置虚拟目录来访问用户放置在任意目录下的 ASP .NET 应用程序。

手动设置虚拟目录总有两种方法，即通过 Internet 服务管理器或直接在文件夹中进行设置。

1. 通过 Internet 服务管理器设置

通过 Internet 服务管理器设置的步骤如下。

(1) 对于已经安装好 IIS 的计算机，可单击"开始"→"控制面板"→"管理工具"选项，打开"Internet 信息服务"窗口，如图 6.6 所示。

(2) 右键单击"默认网"，选择"新建"→"虚拟目录"选项，如图 6.7 所示。

(3) 弹出"虚拟目录创建向导"对话框，单击"下一步"按钮，提示输入虚拟目录别名，如图 6.8 所示。这里的虚拟目录别名对应硬盘上实际存在的一个文件夹。

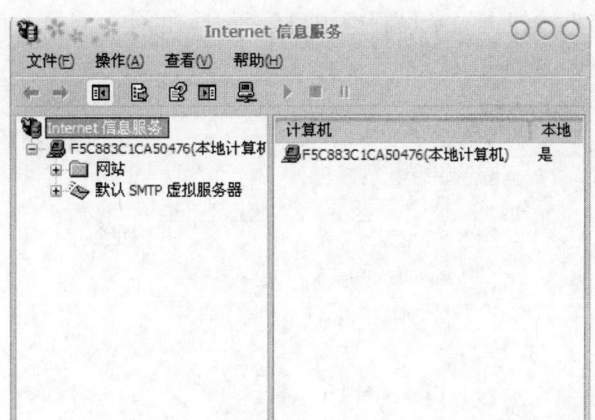

图 6.6 "Internet 信息服务"窗口

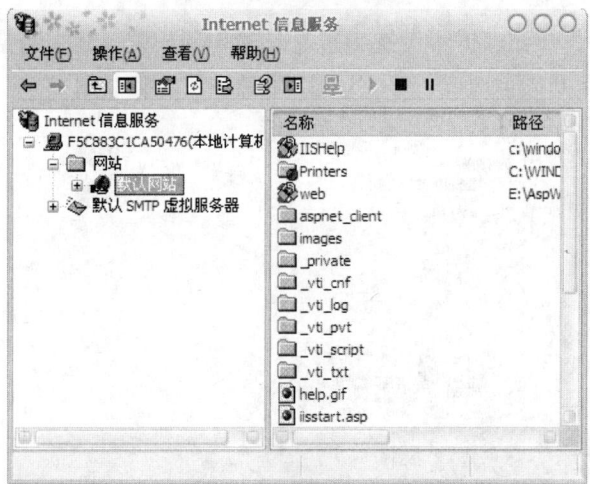

图 6.7 新建虚拟目录

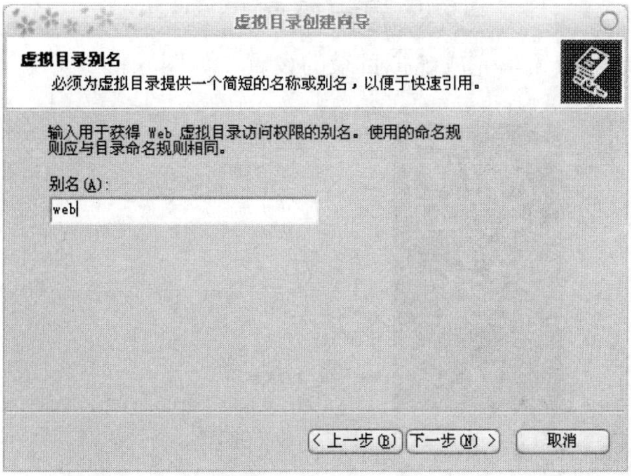

图 6.8 虚拟目录别名

(4) 单击"下一步"按钮，提示设置虚拟目录所对应的实际目录，如图 6.9 所示。

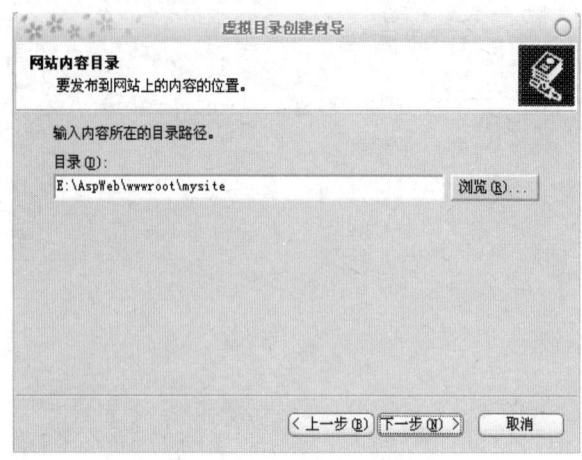

图 6.9　网站内容目录

(5) 单击"下一步"按钮，提示设置虚拟目录的访问权限，其中包括读取、运行脚本、执行、写入及浏览，如图 6.10 所示。

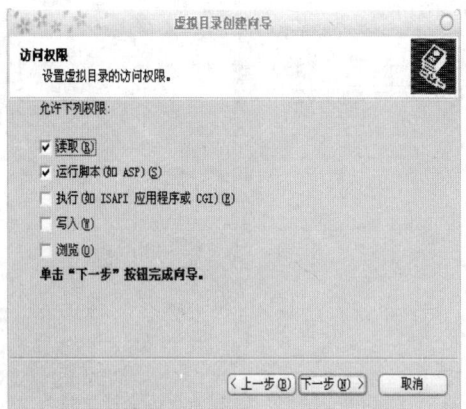

图 6.10　虚拟目录访问权限设置

(6) 单击"下一步"按钮，完成虚拟目录的设置，如图 6.11 所示。

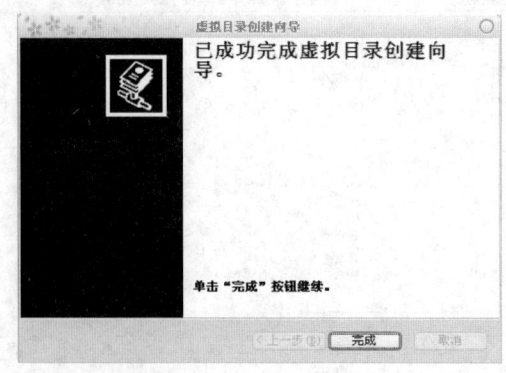

图 6.11　虚拟目录设置完成

2. 直接在文件夹中设置

直接在文件夹中设置虚拟目录的步骤如下。

(1) 右键单击要设置为虚拟目录的文件夹 mysite，选择"共享"选项，显示"mysite 属性"对话框。打开"Web 共享"选项卡，如图 6.12 所示。

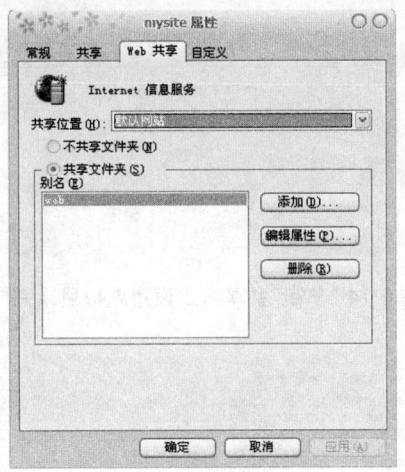

图 6.12　mysite 文件夹的 Web 共享

(2) 选择"共享文件夹"单选按钮，弹出"编辑别名"对话框，如图 6.13 所示。

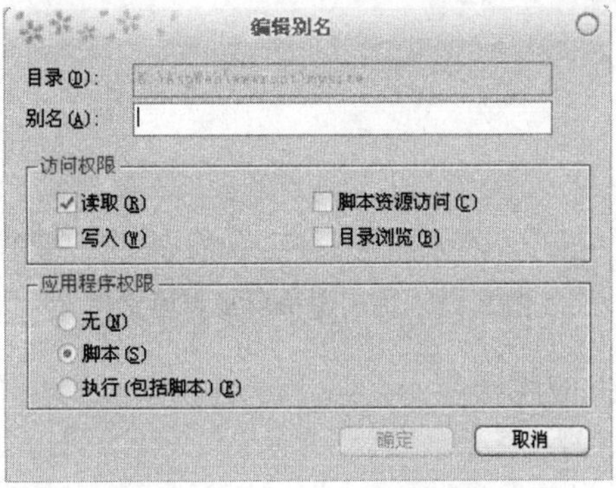

图 6.13　编辑 Web 共享文件夹的别名

(3) 输入该文件夹所对应的虚拟目录的别名，设置其访问权限。单击"确定"按钮，完成虚拟目录的设置，如图 6.14 所示。

相比之下，直接在文件夹中设置虚拟目录更为快捷和方便。虚拟目录设置完成后，用户便可直接用虚拟目录来访问该文件夹中的 ASP .NET 程序。假设我们所创建的虚拟目录名为"web"，其对应的实际目录为"E:\aspweb"，在该目录下存在名为"huangying.aspx"的 ASP .NET 文件，则可通过在浏览器的地址栏中输入"http://localhost/web/huanying.aspx"来访问该文件。其中 localhost 代表本机。如果访问的是其他计算机中的文件，则可将 localhost 改为该计算机的 IP 地址。如果在"默认 Web 站点属性"对话框中将该文件名设置为默认文档，我们甚至可以忽略文件名，而直接输入"http://localhost/web"来访问该文件，如图 6.15 所示。

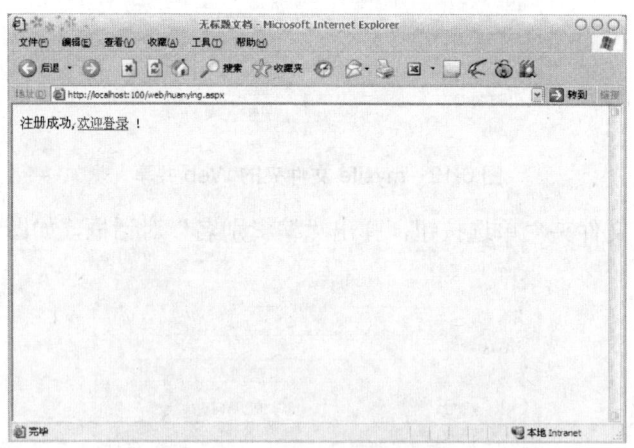

图 6.14　Web 共享方式设置虚拟目录完成

图 6.15　访问虚拟目录页面文件

6.1.4　创建第一个 ASP .NET 应用程序

1. 开发环境的选择

由于要在 ASP .NET 中进行程序设计，需要使用的语言是 Visual Basic .NET 或 C#，这两种语言都是 Visual Studio .NET 环境下的程序设计语言，因此给人一种假象，即必须使用 Visual Studio.NET 才能进行 ASP .NET 程序设计。但事实上并不是这样。由于 ASP .NET 应用程序实际上就是一个纯文本的文件，这个文件的实际编译工作是向 IIS 第一次发出对这个文件的 HTTP 请求是由 ASP .NET 进行的，并不是 Visual Studio .NET 做的，所以是否在 Visual Studio .NET 中进行程序设计无关紧要，只要有一个文本编辑器就可以进行 ASP .NET 程序设计。

2. 第一个 ASP .NET 应用程序

在正式学习 ASP .NET 语法之前，首先来看一个典型的 ASP .NET 页面，程序代码如表 6-1 所示。

实例 6-1 显示"我的第一个 ASP .NET 应用程序页面"字符串，见表 6-1。

表 6-1　实例 6-1 程序代码及解释

程 序 代 码	对 应 解 释
01 <% @ Page Language="c#" %>	01 ASP .NET 脚本语言的声明
02 <html>	02 HTML 文档开始
03 <head>	03 头部开始
04 <title>第一个 ASP .NET 页面</title>	04 网站标题
05 </head>	05 头部结束
06 <body>	06 主体部分开始
07 <%	07 ASP .NET 代码段开始
08 <Response.Write("我的第一个 ASP.NET 应用程序页面")	08 输出语句
09 %>	09 ASP 代码段结束
10 </body>	10 主体部分结束
11 </html>	11 HTML 文档结束

将该文件代码复制到 E:\aspweb 文件夹下，保存为 SL6-01.aspx，在浏览器地址栏中输入"http://localhost/web/SL6-01.aspx"，结果如图 6.16 所示。

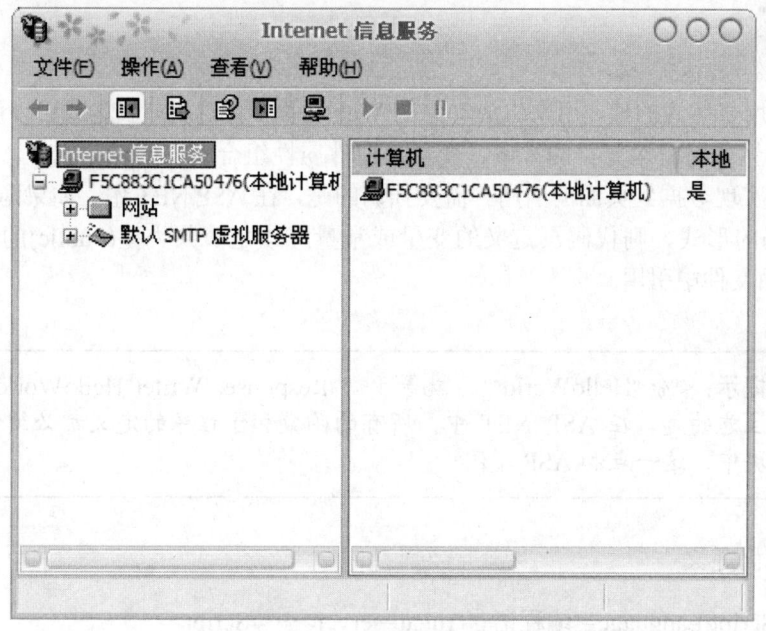

图 6.16　第一个 ASP .NET 页面

6.2　ASP .NET 的基本语法

根据 SL6-01.aspx 程序，分析 ASP .NET 的基本语法规范。

6.2.1　ASP .NET 系统的文件类型

ASP .NET 系统有多种文件类型，其中主要有.aspx、ascx、.vb、cs、asax 和 web.config 等。主要是为了将数据处理程序与页面相分离，更好地实现程序的模块化和对源程序的保护。可用 VB .NET 语言或 C#语言为应用程序建立多个代码文件，这种文件的扩展名为.vb 或.cs。这样在应用程序中，在可见的 aspx 中是一些不重要的描述代码，而真正的数据处理代码则在.vb 或.cs 文件中。当然，也可以将这类文件编译为.dll 格式使用。这就是 ASP .NET 中重要的代码分离技术。

每一个 ASP .NET 应用系统应包含一个系统环境文件.asax 和系统配置文件 web.config，以进行系统环境设置和系统配置。

6.2.2 定义代码块

1. <% %>

格式：<%程序代码%>

功能：定义一段在服务器上运行的程序代码，用来生成动态的 Web 页面。这一功能对于其他动态 Web 技术均支持。需要强调的是，在 ASP .NET 中，此格式仅用于混合源程序形式中的交互逻辑代码定义。如果是隐藏代码或分离代码的形式，则不使用此格式。

2. <% = %>

格式：<% =表达式 %>

功能：引用表达式的值，用来生成动态的 Web 页面。在这里，表达式可以解释为"常量、变量、控件属性或将有运算符的常量、变量及控件属性组合起来的表达式"。如果是数据控件，则可直接实现数据到页面的引用。需要强调的是，在 ASP.NET 中，如果隐藏的是隐藏代码或分离代码的形式，则代码页定义的变量或常量应该是公共类型(Public)的；否则，无法在.aspx 的页面文件中引用。

> **应用提示**：<%="HelloWorld"%〉就等于<%Response. Write("HelloWorld")%>。另外需要注意的是，在 ASP .NET 中，所有的函数和子程序的定义都必须放置在代码定义块中，这一点和 ASP 不同。

6.2.3 脚本代码定义

格式：<Script Language="编程语言"runat=server>…</Script>

功能：定义一段在服务器上运行(用 runat=server 指定)的程序代码，用来生成动态的 Web 页面，其中的"编程语言"可以是 C#、VB、JS 等。

6.2.4 服务器端控件

1. Web 服务器控件

格式：<asp：控件类型 id="控件名"… runat="server">可视属性值</asp：控件类型>

功能：在页面上定义一个服务器控件。一个服务器控件所需要的主要属性有控件类型(如 Lable、TextBox、Button 等)、可视属性值以及位置信息等。"可视属性值"代表该控件在页面上的显示结果。需要强调的是，在 ASP .NET 中，如果是隐藏代码或分离代码的形式，此

格式中的"控件类型"和"控件名"一定要和对应的程序代码中的控件定义相对应。

2. HTML 服务器控件

HTML 服务器控件使开发者能够更程序化地使用和操作 HTML 元素，定义之上，再增加 runat="server"、id＝控件名等属性。

注意，HTML 服务器控件和 Web 服务器控件两者的不同就在于后者增加了 id＝"Textl"、runat="server"等属性。增加属性的目的是便于在服务器端运行对应的程序代码和在服务器端的程序访问。

需要特别强调的是，如果将一个普通的 HTML 元素定义为一个服务器控件，那么该控件就和其他服务器控件一样可以产生相应的事件，如 ServerClick、ServerChange 等，我们可以给这些事件编写事件处理程序。

这部分内容在 6.5 节将会有详细的介绍。

6.2.5 注释

几乎所有的程序语言都用注释来帮助开发者更好地编写代码，注释能使开发者对源程序进行标注，并方便程序的调试。

格式：<%-- 注释的内容--%>

功能：注释的语法格式比较简单，注释即说明程序代码。注释的内容在编译时被忽略且不参与页面显示。

6.2.6 页面编译指令

可以使用"<%@_编译器指令%>"通用格式来设定一个编译器指令。所谓页面编译指令指当页面编译器在处理 ASP .NET Web 窗体页(即.aspx 文件)时所使用的设置，即指示 ASP .NET 如何处理该页面。当使用页面编译指令时，一般情况下将其包含在文件的开头，但理论上它们可以位于.aspx 文件中的任何位置。对于每个页面编译指令，均包含一个或多个特定于该指令的属性。

6.2.7 命名空间

命名空间是微软在 .NET 框架中心引入的一个专业术语,其作用是将多个类组成在逻辑上相关的一些单元，以便在 .NET 中进行引用。每个命名空间均包含了可在程序中使用的类型，如类、结构、枚举和接口等。

命名空间的一个主要功能是对相关类型进行逻辑分组，例如，命名空间 System .Web 包含了所有管理 Web 请求的低级执行的 ASP .NET 类；System .IO 包含了所有用来处理输入和输出操作的类。命名空间不对类型进行物理分组，这也是它与过去经常使用的类的主要区别。

减少名称冲突是命名空间的另一个主要功能。事实上，在面向对象的应用中很多开发人员可能使用相同的类名称，而命名空间减少了这种名称冲突的可能性。因为在 .NET 中，一个有效的类名称是在命名空间的名称上再加上具体的类的名称。

对于命名空间的引用，是通过指令@Import 来完成的，例如：

```
<% @ import Namespace="system.IO"%>
```

6.3 ASP .NET(C#)语法基础

C#是.NET 开发平台中的全新开发语言。C#语言自 C/C++演变而来，既简化了 C++中复杂的部分，又保留了 C++的重要特性。由于 C#与 Web 标准完全同步，使得其非常适用于设计基于 Internet 的 Web 应用程序。

6.3.1 C#语言概述

C#是微软公司专门为.NET 量身定做的编程语言，它与 .NET 有密不可分的关系。C#的类型就是 .NET 框架所提供的类型，C#本身并无类库，而是直接使用 .NET 框架所提供的类库。因此，C#是最适合开发.NET 应用的编程语言。

1. C#的特点

C#不仅具有 C++的强大功能，而且具有 Visual Basic 简单易用的特性。C#的语法与 C++基本相同，C#具有以下典型的特点。

(1) 快速应用开发(RAD)：支持快速开发(Rapid Application Development，RAD)可以说是目前开发语言最为重要的一大功能，支持快速开发可以使得开发人员的开发速率增倍，从而使他们从繁重的重复性劳动中解放出来。

(2) 简洁的语法：C#的代码在.NET 框架的环境下运行，不允许直接进行内存操作，其最大的特色是没有了指针；此外，C#还对 C++语法中的冗余进行了简化，只保留了常见的形式，采用真正的关键字替代了那些伪关键字。

(3) 纯粹的面向对象设计：C#具有面向对象编程语言所应有的一切特性，如封装、继承和多态。在 C#的类型系统中，每种类型都可以看做一个对象。但 C#只允许单继承，即一个类不会有多个基类，从而避免了类型定义的混乱。而且 C#中没有了全局函数和全局变量，所有的函数和变量都必须被封装在一个类中。

(4) 与 Web 结合紧密：NET 中心的应用程序开发模型意味着越来越多的解决方案需要与 Web 标准相统一，C#能够与 Web 紧密结合，使得大规模深层次的分布式开发成为可能。由于有了 Web 服务框架的帮助，对于开发者来说，网络服务看起来就像是 C#的本地对象。开发者能够利用他们已有的面向对象的知识和技巧开发 Web 服务。

2. 使用 C#进行编程

下面开始使用 C#设计一个简单程序，并且利用这个程序来说明 C#编译器的使用。

实例 6-2 是第一个 C#程序，见表 6-2。

表 6-2 实例 6-2 程序代码及解释

程 序 代 码	对 应 解 释
01 Using System;	01 为 C#语言的 using 命名空间指示符，"System" 是 Microsoft .NET 系统提供的类库
02 Class Hello	02 声明并实现一个 Hello 类

续表

程 序 代 码	对 应 解 释
{	
03 Public static void main( )	03 声明 Main()函数是公有静态的且返回类型为 void(无类型)
{	
04 Console.writeline("你好！欢迎学习 ASP .NET");	04 程序输出一个字符串"你好！欢迎学习 ASP .NET"
}	
}	

C#用分号";"作为分隔符来终止每条语句。与 C 和 C++一样，C#是对大小写敏感的。在 C#中，程序的执行总是从 Main()方法开始。Main()方法的返回类型可以是 void 类型(表示没有返回值)或 int 类型(代表应用程序的返回类型为整数)。

6.3.2 变量和常数

1. 变量

C#是对大小写敏感的，即大写和小写字母被认为是不同的字母。例如变量名 something、Something、SOMETHING 都是不同的名字，代表不同的变量。

命名变量名要遵守如下的规则。

(1) 不能是 C#关键字。

(2) 第一个字符必须是字母或下划线。

(3) 不要太长，一般不超过 31 个字符为宜。

(4) 不能以数字开头。

(5) 中间不能有空格。

(6) 变量名中不能包含";"，"+ -"之类的特殊符号。实际上，在变量名中除了能使用 26 个英文大小写字母和数字外，只能使用下划线"_"。

(7) 变量名不要与 C#中的库函数名、类名和对象名相同。

变量通常应该具有描述性的名称。例如，看到 numberOfStudents 这个变量名，就立刻想到它表示学生人数，即使简化成 numOfStudent 也很清楚。变量命名的方式，决定了程序书写的风格。在整个程序中保持统一风格很重要。

2. 常量

常量是常数或代表固定不变值的名称。程序中如果想让变量的内容初始化后一直保持不变，可以定义一个常量。

例如，在圆面积计算中经常要使用常数 π，在设计程序时，可以通过命名一个容易理解和记忆的名字来改进程序的可读性。同时在定义中加关键字 const，把它规定为常量性质，可以帮助预防程序出错。

实例 6-3 使用常量，见表 6-3。

表6-3　实例6-3程序代码及解释

程序代码	对应解释
01　using　System;	01 为 C#语言的 using 命名空间指示符，"System"是 Microsoft .NET 系统提供的类库
02　class Hello	02 声明并实现一个 Hello 类
{	
03　public const double PI=3.14159265;	03 声明一个公有双精度常量 PI，并给 PI 赋初值 3.14159265
04　static void Main( )	04 声明 Main()函数是静态的且返回类型为 void(无类型)
{	
05　Console.WriteLine("圆周率 PI 的值为{0}"，PI);	05 输出一个字符串"圆周率 PI 的值为 3.14159265"
}	
}	

在实例 6-3 中，定义了一个常量 PI，然后在 Main()函数中将它输出。一般定义常量的变量名称全部用大写字母。

6.3.3　C#语言的数据类型

C#支持两种类型："值类型(Value Type)"和"引用类型(Reference Type)"。值类型包括简单类型(Simple Type)、枚举类型(Enum Type)和结构类型(Struct Type)。引用类型包括类类型(Class Type)、数组类型(Array Type)和代表类型(Delegate Type)。值类型和引用类型的区别是：值类型可以直接赋值，但引用类型是使用存储实际数据的引用值的地址。

1. 值类型

简单类型，也称为纯量类型，是直接由一系列元素构成的数据类型。C#语言中提供了一组已经定义好了的简单类型，可以分为整数类型、布尔类型、字符类型和实数类型。

(1) 整数类型：整数类型的变量值为整数。计算机的存储单元是有限的，因此计算机语言提供的整数类型的值总是在一定的范围之内的。在 C#中有 8 种整数类型，这些整数类型在数学上的表示以及在计算机中的取值范围如表 6-4 所示。

表6-4　整数类型

整数类型	特征	取值类型
sbyte	有符号 8 位整数	−128～12
byte	无符号 8 位整数	0～255
short	有符号 16 位整数	−32 768～32 767
ushort	无符号 16 位整数	0～65 535
int	有符号 32 位整数	−2 147 483 648～2 147 483 647
uint	无符号 32 位整数	0～4 294 967 295
long	有符号 64 位整数	−9 223 372 036 854 775 808～9 223 372 036 854 775 807
ulong	无符号 64 位整数	0～18 446 744 073 709 551 615

(2) 布尔类型：布尔类型是用来表示"真"和"假"这两个概念的。布尔类型表示的逻辑变量只有两种取值，在 C#中，分别用 ture 和 false 两个值来表示。

应用提示：在 C 语言中，用 0 来表示"假"，其他任何非零的值表示"真"。在 C#中，布尔型变量只能是 ture 或者 false。

(3) 实数类型：实数在 C#中采用两种数据类型来表示：单精度(float)和双精度(double)。它们的区别在于取值范围和精度不同。

单精度：取值范围为 $\pm 1.5 \times 10^{-45} \sim 3.4 \times 10^{38}$，精度为 7 位。

双精度：取值范围为 $\pm 5.0 \times 10^{-324} \sim 1.7 \times 10^{308}$，精度为 15～16 位。

C#还专门定义了一种十进制类型(decimal)，主要用于做金融和货币方面的计算。在现代的企业应用程序中，不可避免地要进行这方面的大量计算和处理。

十进制类型是一种高精度、128 位的数据类型，它所表示的范围是 $1.0 \times 10^{-28} \sim 7.9 \times 10^{28}$ 的 28～29 位的有效数字。

当定义一个变量并赋值给它时，使用 m 后缀来表明它是一个 decimal 型，例如：

decimal cur=100.0m

如果省略了 m，则变量被赋值之前将被编译器认做 double 型。

(4) 字符类型：字符包括数字字符、英文字母和表达符号等，C#提供的字符类型按照国际上公认的标准，采用 Unicode 字符集。一个 Unicode 的标准字符长度为 16 位，用它可以表示世界上大多数语言。给一个变量赋值的语法为

```
char mychar='M';
```

也可以直接通过十六进制或者 Unicode 赋值。

```
char mychar='\x0034';//mychar='4'
char mychar='\u0039';//mychar='9'
```

在 C#中仍然存在转义符，用来在程序中代替特殊字符，见表 6-5。

表 6-5　转义符

转 义 符	字 符 名	转 义 符	字 符 名	转 义 符	字 符 名
\'	单引号	\"	双引号	\\	反斜杠
\0	空字符	\a	感叹号	\b	退格
\f	换页	\n	新行	\r	回车
\t	水平 tab	\v	垂直 tab		

(5) 结构类型：在实际的程序设计过程中，经常把一组相关的信息放在一起。把一系列相关的变量组成一个单一的实体，成为生成结构的过程，这个单一的实体类型叫做结构。

结构类型采用 struct 来进行声明，举例说明其用法。

实例 6-4 使用结构类型，见表 6-6。

表 6-6　实例 6-4 程序代码及解释

程 序 代 码	对 应 解 释
01 using System;	01 为 C#语言的 using 命名空间指示符，"System" 是 Microsoft .NET 系统提供的类库

续表

程序代码	对应解释
02 struct Student	02 声明并实现一个 Student 结构类型，该类型包含姓名、年龄、电话、通信地址四个变量
{	
03 public string Name	03 学生姓名为字符串型
04 public unit Age；	04 年龄为无符号 32 位整数
05 public string Phone；	05 电话为字符串型
06 public string Address；	06 地址为字符串型
{	
07 class Test	07 声明并实现一个 Test 类
08 Public static void main( )	08 声明 Main()函数是公用静态的且返回类型为 void(无类型)
{	
09 Student t；	09 声明结构类型 Student 的变量 t
10 t.Name="张小二"；	10 给姓名赋值"张小二"
11 t. Age=18；	11 给年龄赋值"18"
12 t. Phone="13012345678"	12 给电话赋值"13012345678"
13 t.Address="北京大学出版社"	13 给地址赋值"北京大学出版社"
14 Console. WritrLine("该学生姓名={0}，年龄={1}，电话={2}，通信地址={3}"，t. Name，t. Age=，t. Phone， t.. Address)；	14 输出一个字符串"该学生姓名=张小二，年龄=18，电话=13012345678，通信地址=北京大学出版社"
}	
}	
}	

结构这个概念也是一种封装，即把同一事物的属性和方法封装到一个结构体中。在 C#语言中，没有类的概念。需要进行简单的封装，一般使用结构体。

(6) 枚举类型：枚举(enum)实际上是为一组在逻辑上密不可分的整数值提供便于记忆的符号。同样使用实例来说明其使用的方法。

实例 6-5 使用枚举类型，见表 6-7。

表 6-7　实例 6-5 程序代码及解释

程序代码	对应解释
01 using System；	01 为 C#语言的 using 命名空间指示符，"System"是 Microsoft .NET 系统提供的类库
02 enum WeekDay	02 声明并实现一个 WeekDay 枚举类型
{	
03 Sunday，Monday，Tuesday，Wednesday，Thursday，Friday，Saturday	03 该类型包含 Sunday，Monday，Tuesday，Wednesday，Thursday，Friday，Saturday7 个元素
}；	
04 class Test	04 声明并实现一个 Test 类
{	
05 static void Main()	05 声明 Main()函数是静态的且返回类型为 void(无类型)
{	
06 WeekDay day；	06 声明 WeekDay 实例 day
07 day=WeekDay.Sunday；	07 将 WeekDay 枚举类型中的 Sunday 元素赋值给变量 day
08 Console.WriteLine("day 的值是{0}"，day)；	08 输出一个字符串"day 的值是 Sunday"
}	
}	

该程序中的枚举列举了可能出现的星期，从星期日到星期六。

系统默认枚举中的每个元素都是 int 型的，而且第一个元素的值为 0，它后面的每一个连续的元素的值加 1 递增。在枚举中，也可以给元素直接赋值，如果把 Sunday 的值设为 2，那么后面的元素依次为 3，4 等。

应用提示：枚举类型的元素所附的值的类型只可以为：long、short 和 byte 等整数类型。

2. 引用类型

C#中的另一大数据类型是引用类型。"引用"这个词的含义是：该类型的变量不直接存储所包含的值，而是指向它所要存储的值。也就是说，引用类型存储实际数据的引用值的地址，C#中的引用类型包括类(class)、接口(interface)、代表(delegate)和数组(array)4 种。

(1) 类：在面向对象设计方法中，类是一系列具有相同性质的对象的抽象，类是一个数据结构，将对象的属性(状态)和方法(行为)统一在一个单元中，是对对象共同特征的描述。以学生为例，所有学生都有学号、姓名、性别、年龄、所属系别、联系电话等，将这些共同的特征和一些方法定义在一个模板中就构成了学生类。如果在这个学生类中指定了具体的值，如"200011070，张良，男，20，计算机科学系，67698623"，这就是学生类的一个实例，或者叫对象。对象是类的一个实例。类和对象是密切相关的，没有脱离对象的类，也没有不依赖类的对象。

创建类的一个对象必须使用关键字 new 来进行声明，而对于结构变量可以使用直接声明，也可以使用 new 进行创建，因为结构是值类型，类是引用类型。对于值类型，每创建一个变量，就在内存中开辟一块区域；而对于引用类型，每个变量只存储目标的引用，当系统新建一个引用变量时，就增加一个指向目标的指针。

实例 6-6 是一个名为 Myclass 的简单类的声明，见表 6-8。

表 6-8 实例 6-6 程序代码及解释

程 序 代 码	对 应 解 释
01 public class Point	01 声明并实现一个公有 Point 类
{	
02 public int x, y;	02 声明两个公用整型变量 x，y
03 public point(int x, int y)	03 声明一个公用且有两个整型变量 x，y 的 point ()函数
{	
04 this.x=x;	04 用 this 关键字给正在构造的对象 x 赋值
05 this.y=y;	05 用 this 关键字给正在构造的对象 y 赋值
}	
}	

使用 new 创建类的一个对象，为该对象分配内存：

point p1=new point(5，15)

当不再需要对象时，该对象所占内存将被系统自动收回，在 C#中不准显式地释放对象，这与 Java 一样。

(2) 接口：上面讲过类是一系列具有相同性质的对象的抽象，而接口是定义一个约定，是对一组能够提供相同服务的类的抽象，接口对程序中的各个类进行分组。接口通过关键字interface 进行定义。接口支持多继承(multiple inheritance)。

在下面的实例 6-7 中，接口 CcomboBox 同时继承了接口 CtextBox 和接口 ClistBox，见表 6-9。

表6-9　实例6-7程序代码及解释

程 序 代 码	对 应 解 释
01 interface Cdraw	01 声明一个接口 Cdraw
{	
02 void paint();	02 声明一个函数 paint()
}	
03 interface CTextBox：Cdraw	03 声明一个继承了接口 Cdraw 的接口 CTextBox
{	
04 void SetText (string text);	04 声明一个函数 SetText()
}	
05 interface CListBox：Cdraw	05 声明一个继承了接口 Cdraw 的接口 CListBox
{	
06 void　SetItems(string[ ]items);	06 声明一个含有变量 string[ ]items 的函数 SetItems()函数
}	
07 interface CcomboBox：CtextBox，ClistBox{ }	07 声明一个接口 CComboBox，它同时继承了接口 CtextBox 和接口 ClistBox

(3) 代表：代表类似于 C++编程语言中的函数指针，但与函数指针不同，代表是面向对象和类型安全的，用来封装某个方法的调用过程。代表 delegate 是关键字，它所封装的方法一定要与某个类或对象相关联。代表将方法处理为实体，使其能够被赋值给变量，并作为参数传递。代表的使用分 3 步：定义、实例化和调用，如：

delegate int w1(string　text);

delegate void w2( );

代表的实例化使用 new 来完成，同时还需要指定所封装的方法，如：

WL td＝new W2( );

这样 td 就是系统定义的类 System delegate 的一个扩展。

(4) 数组：数组是一个包含若干变量的数据结构，这些变量都可以通过计算索引进行访问。数组中包含多个数据对象，这些数据对象具有相同的数据类型，每个数据对象叫做数据元素。数据元素的类型可以是任何一种值类型，可以是类，也可以是数组。

数组的维数称为数组的"秩"，"秩"为 1 的数组称为 1 维数组，秩为 2 的数组称为 2维数组。在 C#中所有的数组都是从 .NET 类库中的 System.Array 类库中派生的。在 C#中规定下标从 0 开始，即第一个元素的索引为 0，第二个为 1，以此类推。

一维数组在定义时，需要指明数组元素的类型和数组的名称，如定义一个整型数组：

int [ ] myarray;

数组必须在初始化之后才能使用，数组初始化需要使用关键字 new 进行，初始化后就可以对各个数组元素进行赋值，如：

int [ ] myarray=new int [3]；   //myarray 有 3 个整数元素

myarray[0]=2；

myarray[1]=1；

myarray[2]=4；

对上面数组进行初始化和赋值，也可以写成以下形式：

int [ ] myarray=new int[ ]{2，1，4}；

或者

int [ ] myarray={2，1，4}

6.3.4　操作符

表达式由操作数和操作符组成。操作符指明作用于操作数的操作方式，操作数可以是个常量、变量，或者是另一个表达式。

根据操作数所作用的个数，操作符可以分为 3 类。

(1) 一元操作符：仅作用于一个操作数的操作符，例如++操作符，一元操作符又可分为前缀操作符和后缀操作符。

(2) 二元操作符：作用于两个操作数之间的操作符，例如"+"。

(3) 三元操作符：作用于三个操作数的操作符。C#中仅有一个三元操作符，即"? : "。

当一个表达式中有多个操作符时，表达式的求值顺序由操作符的优先级决定，即先执行优先级高的操作符，将运算结果再作为低优先级的操作符的操作数。优先级的顺序可通过小括号改变。赋值操作符和条件操作符属于右结合操作符，其他的所有二元操作符都是左结合操作符。

例如：表达式 2+8+(2+(8-3)*4%3)-4 的计算步骤为

2+8+(2+5*4%3)-4   // *和%优先级相等，左结合

2+8+(2+20%3)-4

2+8+(2+2)-4

2+8+4-4

结果为 10

条件操作符"? : "是右结合操作符，对于：b? x: y 来说，如果第一个操作数 b 为一个布尔型表达式，且 b 的值为 true，则计算表达式 x 的值并返回结果；如为 false，则计算并返回表达式 y 的值。任何情况下都不会对后两个表达式 x 和 y 同时进行求值。

例：3＞9 ? 8: 7＜3 ?6: 10 的计算步骤为

3＞9 ? 8: (7＜3 ?6: 10)//右结合

3＞9 ? 8: 10

1. 算术运算操作符

最常用的操作符是加(+)、减(-)、乘(*)、除(/)4 个操作符。它们可以作用于整数和实数类型，当两种不同类型的操作数进行运算时，结果的类型与精度最高的操作数类型相同。" / "用来求除法的商，"%"求除法的余数。

例如，7/2 的结果为 3，而 7.0 / 2 的结果为 3.5。如果两个整数类型的变量相除又不能整

除的话，返回的结果是不大于相除之值的最大整数。

实例 6-8 是算术运算操作符的运用，见表 6-10。

表 6-10　实例 6-8 程序代码及解释

程 序 代 码	对 应 解 释
01 using System;	01 为 C#语言的 using 命名空间指示符，"System"是 Microsoft .NET 系统提供的类库
02 namespace SL6-8	02 声明一个 SL6-8 命名空间
{	
03 class do_test	03 声明并实现一个 do_test 类
{	
04 public static void Main()	04 声明 Main()函数是静态的且返回类型为 void(无类型)
{	
05 int x=2，y=5;	05 声明两个整型变量 x，y，并给 x 赋初值 2，给 y 赋初值 5
06 double Z;	06 声明一个双精度变量
07 Z=y/x;	07 定义 Z=y/x
08 Console.WriteLine("z={0}"，Z);	08 输出 "z=2"
09 Z=y/2.0;	09 定义 Z=y/2.0
10 Console.WriteLine("z={0}"，Z);	10 输出 "z=2.5"
11 Z=y%x;	11 定义 Z=y%x
12 Console.WriteLine("z={0}"，Z);	12 输出 "z=1"
}	
}	
}	

该程序的执行结果为：Z=2，Z=2.5，Z=1。

2．逻辑操作符

C#提供了 3 种逻辑操作符：逻辑 "与"(&&)，逻辑 "或"(||)，逻辑 "非"(!)。

逻辑 "与" 和 "或" 都是二元操作符，逻辑 "非" 是一元操作符，在表达式中同时存在多个逻辑操作符时，逻辑 "非" 的优先级最高，逻辑 "与" 的优先级高于逻辑 "或" 的优先级。

实例 6-9，逻辑操作符的运用，见表 6-11。

表 6-11　实例 6-9 程序代码及解释

程 序 代 码	对 应 解 释
01 using System;	01 为 C#语言的 using 命名空间指示符，"System"是 Microsoft .NET 系统提供的类库
02 namespace SL6-9	02 声明一个 SL6-9 命名空间
{	
03 class logicalOperation	03 声明一个 logicalOperation 类
{	
04 public static void Main()	04 声明 Main()函数是静态的且返回类型为 void(无类型)
{	
05 int year;	05 声明一个整型变量 year
06 Console.WriteLine ("请输入一个年份");	06 输出 "请输入一个年份"
07　year=int.Parse(Console.ReadLine());	07 将输入的整型数赋给变量 year

程 序 代 码	对 应 解 释
08 if(year！=0)	08 判断 year 是否不等于零
{	
09 if(year%400)==0||((year%4)==0&&(year%100!=0)))	09 当 year 不等于零时判断以下逻辑关系：year 除以 400 的余数等于零，或 year 除以 4 的余数等于零且 year 除以 100 的余数不等于零
10 Console.WriteLine ("闰年");	10 当以上逻辑关系为 true 时输出"闰年"
11 else	11 否则
12 Console.WriteLine ("非闰年");	12 当以上逻辑关系为 false 时输出"非闰年"
}	
}	
}	
}	

6.3.5 流程控制

通常情况下，程序中的代码是顺序执行的，若要改变代码的执行顺序，就要使用流程控制。流程控制语句分为 3 类。条件控制：以特定的值或表达式决定是否执行程序分支，使用的关键字有 if 和 switch 等。循环控制：使重复执行某段程序代码，使用的关键字有 while，do，for，foreach 等。跳转控制：使程序转移执行，使用的关键字有 goto，break，continue 等。

1. 条件控制

当程序中需要有两个或两个以上的选择时，可以使用条件语句判断要执行的语句段。C# 提供两种选择语句：一种是条件语句，即 if 语句，另一种是开关语句，即 switch 语句。它们都可以用来实现多路分支，从一系列可能的程序分支选择要执行的语句。

1) if 语句

if 语句依据括号中的布尔表达式选择相关语句执行。

if 语句的基本格式有以下两种。

格式一：

```
if(条件)
单条语句；
```

这是 if 最简单的格式，如果条件成立，就执行后面的语句。

例如：

```
if(username=="张小二")
Console.WriteLine("张小二欢迎你！");
```

格式二：

```
if(条件 1){
语句块(多条语句)；
    }
    else if(条件 2){
语句块(多条语句)；
    }
    else{
```

```
    语句块
    }
```

格式二中 else if 可以省略成两重分支结构。当然也可以有多个 else if 以构成多重分支结构。

实例 6-10 是 if 语句的运用，见表 6-12。

表 6-12　实例 6-10 程序代码及解释

程 序 代 码	对 应 解 释
01 int i=3;	01 定义一个整型变量 i 并赋初值 3
02 if (i＝1)	02 判断 i 是否等于 1
03 {MessageBox.Show("i=1"); }	03 i 等于 1 时输出 "i=1"
04 elseif (i==2)	04 判断 i 是否等于 2
05 {MessageBox.Show("i=2"); }	05 i 等于 2 时输出 "i=2"
06 else	
07 { MessageBox.Show("i=3"); }	07 i 不等于 2 时输出 "i=3"

　　应用提示：当应用 if 语句检查等同性时，必须使用两个连续的等号。两个等号表示检查等同性，而一个等号仅表示赋值。

2) switch 语句

当判断的条件相当多时，使用 else if 语句会使程序变得难以阅读，这时使用 switch 语句操作十分方便。switch 根据一个表达式的多个可能取值来选择执行的代码段。

switch 语句的格式为

```
switch(表达式){
case 表达式 1：
语句块；
case 表达式 2：
语句块；
…
default：
语句块；
}
```

每个 switch 语句最多只能有一个 default 标号分支。

switch 语句是按照下面的方式执行的：

首先计算出 switch 表达式的值。

如果 switch 表达式的值等于某一个 switch 分支的常量表达式的值，那么程序控制跳转到这个 case 标号后的语句列表中。

如果 switch 表达式的值无法与 switch 语句中任何一个 case 常量表达式的值匹配而且 switch 语句中有 default 分文，程序控制会跳转到 default 标号后的语句列表中。

如果 switch 表达式的值无法与 switch 语句中任何一个 case 常量表达式的值匹配而且 switch 语句中没有 default 分支，程序控制会跳转到 switch 语句的结尾。

如果程序执行遇到 break 语句，则自动跳出 switch 语句。

实例 6-11 使用 switch 语句，见表 6-13。

表 6-13　实例 6-11 程序代码及解释

程序代码	对应解释
01 using System；	01 为 C#语言的 using 命名空间指示符， "System" 是 Microsoft.NET 系统提供的类库
02 namespace SL6-12	02 声明一个 SL6-12 命名空间
{	
03 class switch_Test	03 声明一个 switch_Test 类
{	
04 static　void　Main( )	04 声明 Main()函数是静态的且返回类型为 void(无类型)
{	
05 Console．WriteLine("请输入 5 分制的一个分数");	05 输出 "请输入 5 分制的一个分数"
06 switch (Console．ReadLine())	06 读取输入数并判断
{	
07 case"5":	07 当输入数为 "5" 时
08 Console.WriteLine("优");	08 输出 "优"
09 break;	09 返回等待输入状态
10 case"4":	10 当输入数为 "4" 时
11 Console.WriteLine("良");	11 输出 "良"
12 break;	12 返回等待输入状态
13 case"3":	13 当输入数为 "3" 时
14 Console.WriteLine（"中"）;	14 输出 "中"
15 break;	15 返回等待输入状态
16 case"2":	16 当输入数为 "2" 时
17 Console.WriteLine("及格");	17 输出 "及格"
18 break；	18 返回等待输入状态
19 case"1":	19 当输入数为 "1" 时
20 Console.WriteLine("不及格");	20 输出 "不及格"
21 break;	21 返回等待输入状态
}	
}	
}	
}	

2. 循环控制

循环语句可以实现程序的重复执行，C#提供了 4 种循环语句：while 语句，do…while 循环语句，for 语句和 for each 语句，程序员可根据实际需要进行选择。

1) while 循环语句

while 循环语句的语法格式为

```
while(布尔表达式)
{
```

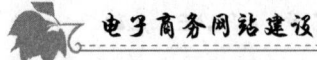

```
statement;
}
```

其执行顺序如下。

(1) 先计算布尔表达式的值。

(2) 若值为 true，则执行语句 statement，然后重新执行步骤 1。

(3) 若布尔表达式的值为 false，则结束循环。

while 循环中程序代码可能执行 0 次，也可能执行多次。布尔表达式一定是一个布尔运算式，不能是一个整数值。

实例 6-12，使用 while 循环，从 1 加到 100，当 i 大于 100 时退出循环，见表 6-14。

表 6-14 实例 6-12 程序代码及解释

程 序 代 码	对 应 解 释
01 using System；	01 为 C#语言的 using 命名空间指示符，"System" 是 Microsoft .NET 系统提供的类库
02 namespace SL6-13	02 声明一个 SL6-13 命名空间
{	
03 class sum	03 声明一个 sum 类
{	
04 public static void Main ()	04 声明 Main()函数是公用静态的且返回类型为 void(无类型)
{	
05 int i=0;	05 声明一个整型变量 i 并赋初值 0
06 int s=0;	06 声明一个整型变量 s 并赋初值 0
07 while(i<=100)	07 判断循环条件(i=<100)，为真时进入循环体；为假时直接跳转到第 10 条语句输出 s=5050
{	
08 s+=i;	08 当 i<=100 时，将 s+i 赋值给 s
09 i++;	09 i 增 1
}	
10 Console.WriteLine("s={0}", s);	10 输出 s 的值
}	
}	
}	

该程序的执行结果：s=5050。

在 while 语句中可以使用 break 语句结束循环；也可以用 continue 语句来停止执行本次循环，继续进行下一次的 while 循环。

实例 6-13，显示除 5 以外的 8 以内的正整数，见表 6-15。

表 6-15 实例 6-13 程序代码及解释

程 序 代 码	对 应 解 释
01 using System；	01 为 C#语言的 using 命名空间指示符，"System" 是 Microsoft .NET 系统提供的类库
02 class mytest	02 声明一个 mytest 类
{	

程 序 代 码	对 应 解 释
03 public static void Main( )	03 声明 Main()函数是公用静态的且返回类型为 void(无类型)
{	
04 for (int i＝1；i＜=8；i++)	04 对整型循环变量 i 赋初值 1,当 i<=8 时执行 for 循环体,且每执行一次 for 循环体后循环变量 i 增 1
{	
05 if(i==5)	05 判断 i 是否等于 5
06 Continue;	06 等于 5 时不执行下一条语句
07 Console.writeLine(i);	07 不等于 5 时依次输出 i 值
}	
}	
}	

程序输出结果为：1 2 3 4 6 7 8。

如果将 continue 改为 break,则仅显示出 1 2 3 4 这几个数。

2) do…while 语句

do…while 循环语句与 while 循环语句功能相近,但与 while 语句不同的是,do…while 语句至少执行一次内嵌语句或者更多次。其语法格式为

```
do{
   statement;
} while(布尔表达式)
```

在这种循环语句中,先执行一次循环体,然后判断布尔表达式是 true 还是 false。若是 true,则跳到 do 循环体内执行;若是 false,则跳出 do 循环语句,执行 while 语句的下一条语句。

实例 6-14,求 7 的阶乘,见表 6-16。

表 6-16 实例 6-14 程序代码及解释

程 序 代 码	对 应 解 释
01 using System;	01 为 C#语言的 using 命名空间指示符,"System" 是 Microsoft .NET 系统提供的类库
02 namespace Sl6-16	02 声明一个 SL6-16 命名空间
{	
03 class mytest	03 声明一个 mytest 类
{	
04 public static void main ( )	04 声明 Main()函数是公用静态的且返回类型为 void(无类型)
{	
05 int i=7;	05 声明一个整型变量 i,并赋初值 7
06 long x=1;	06 声明一个长整型变量 x,并赋初值 1
07 do {	07 进入循环体
08 x*=i;	08 将 x* i 的值赋给 x
09 i--;	09 循环条件变量 i 减 1
10 if(i==0){	10 当 i 等于 0 时
11 break;	11 跳出 do 循环语句
}	
12 } while(true);	12 当 i 不等于 0 时

程 序 代 码	对 应 解 释
13 Console.WriteLine("x={0}", x);	13 输出"x＝5040"
}	
}	
}	

该程序输出结果为：x=5040。

3) for 循环语句

for 循环语句和 while，do 循环语句一样，可以重复执行某一段程序代码，但 for 循环语句更灵活，因为 for 语句将初始值，布尔判断式和更新值都写在同一行代码中。

其语法格式为

> for(初始值；布尔判断式；更新值)
> {循环体}

初始值和更新值可以是一个简单的表达式，也可以用逗号分隔若干个表达式；表达式一般是关系表达式或逻辑表达式，也可以是算术表达式或字符表达式等。

for 循环执行过程如下。

(1) 首先求解初始值。

(2) 判断布尔表达式中的条件是否满足。

(3) 若布尔判断式为真或条件满足，则执行循环体，然后再执行步骤 4。若布尔表达式为假，则结束循环，程序转向执行循环体下面的语句。

(4) 执行完循环体之后，对更新值进行重新计算。

(5) 转回步骤(2)继续执行。

For 循环体里还可以嵌套 for 循环，如果 for 循环体内有 break 语句，则结束这个 for 循环。如果 for 循环体有 continue 语句，则结束本次循环，重新开始执行 for 语句的下一次循环。

实例 6-15 用 for 循环打印杨辉三角形，见表 6-17。

表 6-17　实例 6-15 程序代码及解释

程 序 代 码	对 应 解 释
01 using System;	01 为 C#语言的 using 命名空间指示符，"System" 是 Microsoft.NET 系统提供的类库
02 namespace SL6-17	02 声明一个 SL6-17 命名空间
{	
03 class mytest	03 声明一个 mytest 类
{	
04 public static void Main ()	04 声明 Main()函数是公用静态的且返回类型为 void(无类型)
{	
05 int [,] a=new int[6, 6];	05 定义一个整型 2 维数组 a,该数组由 6 个 1 维数组构成，每个 1 维数组有 6 个元素
06 a[0, 0]=1;	06 对 2 维数组 a 初始化赋值 a [0，0] =1
07 for(int i=1; i<=5; i++)	07 进入 for 循环
08 a[i, 0]=1;	08 把数组 a 第一列设为 1
09 a[i, i]=1;	09 把数组 a 对角线上的元素设为 1

续表

程 序 代 码	对 应 解 释
10 for(int =j; j<i; j++)	10 进入第二个 for 循环
{	
11 a[i, j]=a[i-1, j-1]+a[i-1, j];	11 把数组 a 每一行的除了第一个和最后一个外的元素设置成上一行的相邻两个元素的和
}	
}	
12 for(int i=0; i<=5; i++)	12 对整型循环变量 i 赋初值 0，当 i<=5 时执行 for 循环体，且每执行一次 for 循环体后循环变量 i 增 1
{	
13 for(int j=0; j<=i; j++)	13 整型循环变量 j 赋初值 0，当 j<i 时执行 for 循环体，且每执行一次 for 循环体后循环变量 j 增 1
{	
14 Console.Write("{0}", a[i, j])+"");	14 将数组里面的数字显示出来
}	
15 Console.WriteLine();	15 否则输出空
}	
}	
}	
}	

该程序的执行结果为

```
1
1   1
1   2   1
1   3   3   1
1   4   6   4   1
1   5   10  5   1
```

4) foreach 循环语句

foreach 循环语句是 C # 中独有的循环语句。它对于处理数组和集合等数据类型的运算特别简便。foreach 语句用于列举集合中的每一个元素，并且通过执行循环体对每一个元素进行操作。

foreach 的语法格式为

```
foreach(数据类型  变量 in 集合表达式)
{循环体；}
```

如果集合表达式是数组，对于一维数组按递增的顺序从 0 到 Length-1 遍历数组元素，对于多维数组，先从右到左维度的索引开始递增遍历。

实例 6-16 先建立一个数组对象 myarray，并添加几个元素，然后用 foreach 来存取 myarray 中的元素，见表 6-18。

表6-18　实例 6-16 程序代码及解释

程 序 代 码	对 应 解 释
01 using System;	01 为 C#语言的 using 命名空间指示符，"System" 是 Microsoft .NET 系统提供的类库
02 namespace SL6-18	02 声明一个 SL6-18 命名空间

续表

程 序 代 码	对 应 解 释
{	
03 class mylist	03 声明一个 mylist 类
{	
04 public static void Main( )	04 声明 Main()函数是公用静态的且返回类型为 void(无类型)
{	
05 int[ ] myarray=new int[8];	05 定义一个整型且有 8 个元素的一维数组 myarray
06 for(int i=0；i<8；i++)	06 判断执行 for 循环体
{	
07 myarray[i]=i;	07 myarray[i]=i
}	
08 foreach(int var in myarray)	08 判断执行 foreach 循环语句,定义整型变量 var,从 0～7 遍历此一维数组 marray 中的元素
{	
09 Console.WriteLine(var+"");	09 遍历输出
}	
}	
}	
}	

该程序的执行结果：0 1 2 3 4 5 6 7。

3. 跳转控制

跳转控制主要用来实现程序的跳转，改变程序的执行顺序。C#中的跳转语句主要有 goto 语句，break 语句，continue 语句，return 语句。

1) break 语句和 continue 语句

break 语句主要用于 switch、while、do…while、for 或 foreach 等语句中，用来中断当前的选择或循环并跳出当前的选择或循环语句。

continue 语句主要用于 while、do…while、for 或 foreach 等循环语句中，用于结束本次循环，即跳过 continue 语句后面尚未执行的语句，但并未跳出循环体，接着执行下一次循环的判定。

具体应用详见循环语句中的实例。

2) goto 语句

goto 语句是典型的非结构化程序控制语句，在程序中应尽量避免使用。它用于程序的无条件转移，使用 goto 语句时需要在程序中先声明。

实例 6-17，求 1～100 的偶数的和，见表 6-19。

表 6-19 实例 6-17 程序代码及解释

程 序 代 码	对 应 解 释
01 using System;	01 为 C#语言的 using 命名空间指示符，"System"是 Microsoft .NET 系统提供的类库
02 namespace SL6-19	02 声明一个 SL6-19 命名空间
{	

续表

程 序 代 码	对 应 解 释
03 class mytest	03 声明一个 mytest 类
{	
04 public static void Main ()	04 声明 Main()函数是静态的且返回类型为 void(无类型)
{	
05 int j=0;	05 声明一个整型变量 j 并赋初值 0
06 for(int i=1; i<=100; i++)	06 对整型循环变量 i 赋初值 0,当 i<=100 时执行 for 循环体,且每执行一次 for 循环体循环变量 i 增 1
{	
07 if(i%2！=0)	07 判断 i 是否不能被 2 整除
08 continue;	08 为真时跳过本次循环继续执行 for 循环体
09 j+=i;	09 为假时将 j+i 赋给 j，然后执行 for 循环体
}	
10 Console.WriteLine(j);	10 当 i>100 为假时输出 j 值
}	
}	
}	

该程序的执行结果：2550。

实例 6-18 根据身份证号码判断这个人是男性还是女性，见表 6-20。

表 6-20 实例 6-18 程序代码及解释

程 序 代 码	对 应 解 释
01 using System;	01 为 C#语言的 using 命名空间指示符，"System"是 Microsoft .NET 系统提供的类库
02 namespace SL6-20	02 声明一个 SL6-20 命名空间
{	
03 class goto_test	03 声明一个 goto_test 类
{	
04 public static void Main()	04 声明 Main()函数是静态的且返回类型为 void(无类型)
{	
05 Loop;	05 Loop
06 Console.WriteLine("请输入 18 位身份证号码: ");	06 输出"请输入 18 位身份证号码:"
07 String str=Console.ReadLine();	07 读入输入的整型字符串
08 if (str. Length！=18)	08 若整型字符串长度不是 18 位
09 goto error;	09 跳转至 error 分支
10 if (str[17]%2==0)	10 若整型字符串长度是 18 位，并且此整型字符串能被 2 整除
11 {Console.WriteLine("女性"); }	11 则输出"女性"
12 else	12 若整型字符串不能被 2 整除
13 Console.WriteLine("男性");	13 则输出"男性"
14 return;	14 返回
15 error:	15 error 分支
16 Console.WriteLine("身份证号码长度不正确");	16 输出"身份证号码长度不正确"
17 goto Loop;	17 跳转至 Loop
}	
}	
}	

电子商务网站建设

3) return 语句

return 语句用于将控制权返回到出现 return 的函数的调用方。return 语句要求返回类型相同的表达式。如果方法返回类型为 void，则可以使用不带表达式的 return 语句。

实例 6-19，将实例 6-18 对性别进行判断的程序进行改写，见表 6-21。

表 6-21　实例 6-19 程序代码及解释

程 序 代 码	对 应 解 释
01 using System;	01 为 C#语言的 using 命名空间指示符，"System" 是 Microsoft .NET 系统提供的类库
02 namespace SL6-21	02 声明一个 SL6-21 命名空间
{	
03 class return_test	03 声明一个 return_test 类
{	
04 public static void Main()	04 声明 Main() 函数是静态的且返回类型为 void(无类型)
{	
05 Console.WriteLine("请输入 18 位身份证号码：");	05 输出"请输入 18 位身份证号码："
06 String str=Console.ReadLine();	06 读入输入的整型字符串
07 if(str. Length！=18)	07 若整型字符串长度不是 18 位
08 { Console.WriteLine("身份证号码长度不正确");	08 输出"身份证号码长度不正确"
09 return;	09 返回
}	
10 if (str[17]%2==0)	10 若输入的 18 位整型字符串能被 2 整除
11 {Console.WriteLine("女性"); }	11 则输出"女性"
12 else	12 若整型字符串不能被 2 整除
13 Console.WriteLine("男性");	13 则输出"男性"
}	
}	
}	

6.4　ASP .NET 对象

在 ASP .NET 早期版本 ASP 中，有几个内部对象，如 Response、Request 等，这几个对象是 ASP 技术中最重要的部分。在 ASP .NET 中，这些对象仍然存在，使用的方法也大致相同，不同的是，这些内部对象是由 .NET Framework 中封装好的类来实现的。因为这些内部对象是在 ASP .NET 页面初始化请求时自动创建的，所以在程序中可以直接使用，而无须对类进行实例化。

6.4.1　Request 对象

Request 对象主要是让服务器端取得客户端浏览器的一些数据。常用的三种取得数据的方法是：Request.Form、Request.QueryString、Request，第三种是前两种的一个缩写，可以取代前两种情况。而前两种主要对应的是 Form 提交时的两种不同的提交方法，即 Post 方法和 Get 方法。

158

因为 Request 对象是 Page 对象的成员之一，所以在程序中不需要做任何的声明即可直接使用。Request 对象正确的对象类别名称是 HttpRequest。Request 对象的属性和方法很多，表 6-22 列出了它的常用属性和方法。

表 6-22　Request 对象的常用属性和方法

名　　称	属性/方法	功　能　说　明
TotalBytes	属性	返回用户提交的数据的字节总数
ApplicationPath	属性	返回目前正在执行程序的服务器端的虚拟目录
Browser	属性	返回有关客户端浏览器的功能信息
ClientCertificate	属性	返回有关客户端安全认证的信息
ContentType	属性	返回目前需求的 MIME 内容类型
Cookies	属性	返回一个 HttpCookieCollection 对象的集合
FilePath	属性	返回目前执行网页的相对地址
Form	属性	返回请求页面中的所有表单内控件信息的集合
HttpMethod	属性	返回目前客户端 HTTP 数据传输的方式：Post 或 Get
Path	属性	返回被请求页面的完整路径(包括文件名)
Url	属性	返回有关目前请求的 URL 信息
PhysicalApplicationPath	属性	返回目前执行的服务器端程序在服务器端的真实路径
QueryString	属性	返回附在网址后面的参数内容
RawUrl	属性	返回浏览器提交的没有协议和域名的 URL 地址
RequestType	属性	返回客户端 HTTP 数据的传输方式：Get 或 Post
UserHostAddress	属性	返回远程客户端机器的主机 IP 地址
UserHostName	属性	返回远程客户端机器的 DNS 名称
UserLanguages	属性	返回用户浏览器配置的语言
BinaryRead	方法	统计当前输入流的字节数总和
MapPath	方法	返回实际路径
SaveAs	方法	将 HTTP 请求的信息存储在磁盘中

实例 6-20，Request 对象的使用：利用 Request 对象获得客户端的信息，见表 6-23。

表 6-23　实例 6-20 程序代码及解释

程　序　代　码	对　应　解　释
01 <html>	01 HTML 文本开始
02<head>	02 头部开始
03<title>Request 对象的使用</title>	03 网站标题
04<%@ Page Language="C#"%>	04 ASP .NET 脚本语言的声明
05 <%	05 ASP .NET 代码段开始
06 string strUserName = Request["Name"];	06 获取 "name"，赋给 strUserName
07 string strUserLove = Request["Love"];	07 获取 "love"，赋给 strUserLove
08 %>	08　ASP .NET 代码段结束
09 姓名：<%=strUserName%>	09 在 "姓名" 后面显示 strUserName 的值
10 爱好：<%=strUserLove%>	10 在 "爱好" 后面显示 strUserLove 的值
11 </head>	11 头部结束
12 <body>	12 主体部分开始
13 <form action="" method="post">	13 定义表单，提交方式 "post"
14 <P>姓名：<input type="TEXT" size="20" name="Name"></P>	14 表单元素 Name，类型：文本，长度：20
15 <P>兴趣：<input type="TEXT" size="20" name="Love"></P>	15 表单元素 Love，类型：文本，长度：20
16 <P><input type="submit" value="提 交"></P>	16 提交表单按钮
17 </form>	17 表单结束

续表

程 序 代 码	对 应 解 释
18 </body>	18 主体部分结束
19 </html>	19 HTML 文本结束

将上述代码保存为 SL6-20.aspx，放到 IIS 服务器的根目录 C:\INETpub\wwwroot 下，打开浏览器，在地址栏中输入"http://localhost/SL6-20.aspx"，将显示页面运行结果，如图 6.17 所示。

在姓名栏中输入"zj"，在兴趣栏中输入"读书"，单击"提交"按钮，显示结果如图 6.18 所示。

图 6.17　使用 Request 对象的表单信息

图 6.18　使用 Request 对象实例的显示结果

6.4.2　Response 对象

Response 对象的主要功能是输出数据到客户端。Response 对象正确的对象类别名称是 HttpResponse，和 Request 对象一样属于 Page 对象的成员，所以不用定义便可以直接使用。Response 对象提供了许多属性和方法，其常用的属性和方法见表 6-24。

表 6-24　Response 对象的属性和方法

名　称	属性/方法	功 能 说 明
Charset	属性	表示输出流所使用的字符集
ContentEncoding	属性	设置输出流的编码
ContentLength	属性	输出流的字节大小
ContentType	属性	输出流的 HTTP MIME 类型
Cookies	属性	服务器发送到客户端的 Cookie 集合
Output	属性	服务器响应对象的字符输出流
RedirectLocation	属性	将当前请求重定向
方法名	属性	功能说明
AppendCookie	方法	向响应对象的 Cookie 集合中增加一个 Cookie
Clear	方法	清空缓冲区中的所有内容输出
Close	方法	关闭当前服务器到客户端的连接
End	方法	终止响应，并且将缓冲区中的输出发送到客户端
Redirect	方法	重定向当前请求

Response 对象中最常用的一种方法就是 Write()，该方法将字符串或者数据直接写回到客户端浏览器的页面中。

实例 6-21 实现了一个非常简单的功能，即显示系统当前时间，见表 6-25。

表 6-25　实例 6-21 程序代码及解释

程 序 代 码	对 应 解 释
01 <html>	01 HTML 文本开始
02 <head>	02 头部开始
03 <title>Response 对象的使用</title>	03 网站标题
04 </head>	04 头部结束
05 <body>	05 主体部分开始
06 　<hr>	06 定义水平分隔线
07 　　<%	07 ASP .NET 代码段开始
08 Dim cw(7)	08 定义一个有 7 个元素的一维数组
09 cw(0)="星期日" 　　cw(1)="星期一" 　　cw(2)="星期二" 　　cw(3)="星期三" 　　cw(4)="星期四" 　　cw(5)="星期五" 　　cw(6)="星期六"	09 分别给数组元素 cw(0)赋值星期日，cw(1)赋值星期一，cw(2)赋值星期二，cw(3)赋值星期三，cw(4)赋值星期四，cw(5)赋值星期五，cw(6)赋值星期六
10 response.write("今天是"&year(now( ))&"年")	10 输出系统时间的 "年"
11 response.write(month(now( )) &"月" &day(now( ))&" 日")	11 输出系统时间的 "月" 和 "日"
12 response.write(cw(WeekDay(now()))-1))	12 输出 cw(WeekDay(now())-1)
13 %>	13 ASP .NET 代码段结束
14<hr>	14 定义水平分隔线
15 </body>	15 主体部分结束
16</html>	16 HTML 文本结束

将上述代码保存为 SL6-21.aspx，放到 IIS 服务器的根目录 C:\INETpub\wwwroot 下，打开浏览器，在地址栏中输入 "http://localhost/SL6-21.aspx"，将显示页面运行结果，如图 6.19 所示。

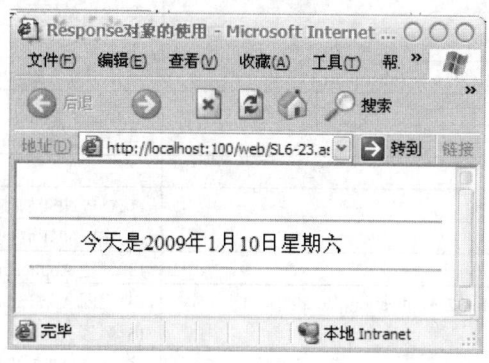

图 6.19　使用 Responset 对象实例的显示结果

6.4.3　Application 对象

Application 对象是为在同一个 ASP .NET 应用程序的多个用户之间共享状态信息的，它可以被全局用户访问，因此可以创建和保存全局级别的变量。Application 对象在 ASP .NET

应用程序的第一个用户请求页面创建，一个 Application 对象对应于一个 IIS 的虚拟目录以及其下的子目录。

Application 对象的常用属性和方法见表 6-26。

表 6-26　Application 对象的属性和方法

名　　称	属性/方法	功　能　说　明
Item	属性	通过名称或索引访问 Application 对象所包含的所有项目
AllKeys	属性	使用户能够检索 Application 对象包含的所有项目名
Count	属性	返回一个 Application 对象所包含的项目的数量
All	属性	以数组的方式返回 Application 对象包含的所有项目
Lock	方法	在同一时间锁定 Application 对象变量，防止其他用户访问
Unlock	方法	在同一时间解除对 Application 对象变量的锁定，其他用户可以访问
Remove	方法	清除某一个 Application 对象变量
RemoveAll	方法	清除所有的 Application 对象变量

浏览网页时，经常看到网页上有"您是第***位访客"的信息，其中的"***"是每一位访客的访问统计之和，利用 Application 对象可以统计网页的访问次数。

实例 6-22 利用 Application 对象实现网页访问计数器，见表 6-27。

表 6-27　实例 6-22 程序代码及解释

程　序　代　码	对　应　解　释
01 <html>	01 HTML 文本开始
02 <head>	02 头部开始
03 <title> Application 计数器</title>	03 网站标题
04 <script language="C#" runat="server">	04 ASP .NET 脚本语言的开始
05 public string G(int counter)	05 定义整形函数 G
{	
06 string myimage="";	06 定义变量 myimage
07 string S = counter.ToString();	07 将 counter.ToString()值赋给变量 S
08 for(int i = 0 ;i<=S.Length-1;i++)	08 给出循环条件并给循环变量赋初值
{	
09 myimage = myimage + "<IMG SRC=" + S.Substring(i,1) + ".gif">;	09 使用数字图片的方式给变量 myimage 赋值
}	
10 return myimage;	10 返回变量 myimage
}	
11 </script>	11 ASP .NET 脚本语言的结束
12 <%	12 ASP .NET 代码段开始
13 Application.Lock();	13 锁定 Application 对象
14 Application["count"] =Convert.ToInt32(Application["count"]) + 1;	14 返回 Application 对象所包含的项目的数量
15 Application.UnLock();	15 解锁 Application 对象
16 %>	16　ASP .NET 代码段结束
17 </head>	17 头部结束
18 <body>	18 主体部分开始
19 <p align="center">您是本站第 <%=G(Convert.ToInt32((Application["count"])))%>位客人！</p>	19 居中显示您是本站第"Application 对象返回值"位客人
20 </body>	20 主体部分结束
21 </html>	21　HTML 文本结束

将上述代码保存为 SL6-22.aspx，放到 IIS 服务器的根目录 C:\INETpub\wwwroot 下，打开浏览器，在地址栏中输入"http://localhost/SL6-22.aspx"，将显示页面运行结果，如图 6.20 所示。

图6.20　Application 计数器

> **应用提示**：Application 对象虽然可以实现计数器的功能，但是当我们刷新页面时，计数器的值也会随之增加，这样就起不到真正的记录到访人数的功能。下面的 Session 对象能够弥补这一缺陷。

6.4.4　Session 对象

Session 对象简单来说就是服务器给客户端的一个编号。当一台 WWW 服务器运行时，可能有若干个用户浏览器正在访问这台服务器上的网站，当每个用户首次与这台 WWW 服务器建立连接时，就与这个服务器建立了一个 Session，同时，服务器会自动为其分配一个 SessionID，用以标识这个用户的唯一身份。这个 SessionID 是由 WWW 服务器随机产生的一个由 24 个字符组成的字符串。这个唯一的 SessionID 是有很大的实际意义的。当一个用户提交表单时，浏览器会将用户的 SessionID 自动附加在 Http 头信息中，这是浏览器的自动功能，用户不会察觉到。当服务器处理完这个表单后，将结果返回给 SessionID 所对应的用户。

Session 对象具有以下功能。

(1) Session 可以用来存储访问者的一些爱好。例如，访问者是喜好绿色背景还是蓝色？访问者是否对分屏方式怀有敌意，以及访问者是否喜欢浏览纯文本的站点等，这些信息可以使用客户特定的 Session 来跟踪。

(2) Session 还可以实现我们在购物网站经常见到的购物篮的功能。无论用户什么时候在网站中选择了一种产品，这种产品都会进入购物篮，当用户准备离开时，就可以立即进行以上所有选择的产品的订购。这些购物信息可以被保存在 Session 中。

(3) 最后，Session 还可以用来跟踪访问者的习惯。它可以跟踪访问者从一个网页到另一个网页，这样可以帮助网站管理者对网站进行更新和定位。

Session 对象有很多属性和方法，具体见表 6-28。

表 6-28　Session 对象的属性和方法

名　　称	属性/方法	功　能　说　明
SessionID	属性	获取用于表示会话的唯一会话 ID
Timeout	属性	获取或设置会话的超时期限(单位为分钟)
Keys	属性	获取存储在会话中的所有值的键的集合
LCID	属性	获取或者设置当前会话的区域设置标识符
IsCookieless	属性	指示会话 ID 是嵌入在 URL 中还是存储在 Cookie 中
IsNewSession	属性	指示会话是否适于当前请求一起被创建
IsReadOnly	属性	指示会话是否为只读
Abandon	方法	取消当前的会话
Add	方法	将新的项添加到会话状态中
Clear	方法	消除会话状态中的所有值
Remove	方法	删除会话状态集合中的项
ToString	方法	返回表示当前对象的字符串

用 Session 对象实现电子商务网站的购物车功能，该实例总共包括两个购物页面和一个实现购物车的页面。

实例 6-23 是简单的网上书店，见表 6-29。

表 6-29　实例 6-23 程序代码及解释

程　序　代　码	对　应　解　释
01 <html>	01 HTML 文本开始
02 <head>	02 头部开始
03 <title> 网上书店 </title>	03 网站标题
04 <% @ Page Language="C#" %>	04 ASP .NET 脚本语言的声明
05 </head>	05 头部结束
06 <body>	06 主体部分开始
07 <%	07 ASP .NET 代码段开始
08 if(Request["B1"]=="提交") {	08 若用户单击"提交"按钮 B1
09 Session["s1"]=Request["c1"];	09 返回值若为"c1"，用 Session "s1" 存储
10 Session["s2"]=Request["c2"];	10 返回值若为"c2"，用 Session "s2" 存储
11 Session["s3"]=Request["c3"]; }	11 返回值若为"c3"，用 Session "s3" 存储
12 %>各种图书大甩卖，一律 20 元	12 ASP .NET 代码段结束
13 <form method="post" action=" SL6-23.aspx">	13 定义一个表单
14 <p>　</p>	14 空一段
15 <p><input type="checkbox" name="c1" value="网站建设">网站建设</p>	15 重起一段定义一个名为 c1 的复选框表单元素，其值为"网站建设"
16 <p><input type="checkbox" name="c2" value="网页设计">网页设计</p>	16 重起一段定义一个名为 c2 的复选框表单元素，其值为"网页设计"
17 <p><input type="checkbox" name="c3" value="多媒体技术">多媒体技术</p>	17 重起一段定义一个名为 c3 的复选框表单元素，其值为"多媒体技术"
18 <p><input type="submit" value="提交" name="B1">	18 定义名为 B1 的"提交"按钮
19 <input type="reset" value="全部重写" name="B2">	19 定义名为 B2 的"全部重写"按钮
20 <a href=" SL6-24.aspx">买点别的</a>	20 给"买点别的"设置到 SL6-24.aspx 的超链接
21<a href=" SL6-25.aspx">查看购物车</a>	21 给"查看购物车"设置到 SL6-25.aspx 的超链接

续表

程 序 代 码	对 应 解 释
22 </form>	22 表单结束
23</body>	23 主体部分结束
24</html>	24 HTML 文本结束

以上程序实现了一个最简单的网上书店功能，当用户购买了一些商品后单击"提交"按钮，就把信息提交到购物车中了。如果用户还想买点别的，可以单击"买点别的"按钮，进入下一个购物页面。

实例 6-24 是网上运动用品专卖店，见表 6-30。

表 6-30 实例 6-24 程序代码及解释

程 序 代 码	对 应 解 释
01 <html>	01 HTML 文本开始
02<head>	02 头部开始
03<title> 网上运动用品专卖店</title>	03 网站标题
04 <% @ Page Language="C#" %>	04 ASP .NET 脚本语言的声明
05 </head>	05 头部结束
06 <body>	06 主体部分开始
07 <%	07 ASP.NET 代码段开始
08 if(Request["X1"]=="提交") {	08 若用户单击"提交"按钮 X1
09 Session["s4"]=Request["b1"];	09 返回值若为"b1"，用 Session "s4" 存储
10 Session["s5"]=Request["b2"];	10 返回值若为"b2"，用 Session "s5" 存储
11 Session["s6"]=Request["b3"]; }	11 返回值若为"b3"，用 Session "s6" 存储
12 %>各种球大甩卖,一律伍拾元	12 ASP .NET 代码段结束
13 <form method="post" action=" SL6-24.aspx">	13 定义一个表单
14 <p> </p>	14 空一段
15 <p><input type="checkbox" name="b1" value="篮球">篮球</p>	15 重起一段定义一个名为 b1 的复选框表单元素，其值为"篮球"
16 <p><input type="checkbox" name="b2" value="足球">足球</p>	16 重起一段定义一个名为 b2 的复选框表单元素，其值为"足球"
17 <p><input type="checkbox" name="b3" value="排球">排球</p>	17 重起一段定义一个名为 b3 的复选框表单元素，其值为"排球"
18 <p><input type="submit" value="提交" name="X1">	18 定义名为 X1 的"提交"按钮
19 <input type="reset" value="全部重写" name="B2">	19 定义名为 B2 的"全部重写"按钮
20 <a href=" SL6-23.aspx">买点别的</a>	20 给"买点别的"设置到 SL6-23.aspx 的超链接
21<a href=" SL6-25.aspx">查看购物车</a>	21 给"查看购物车"设置到 SL6-25.aspx 的超链接
22 </form>	22 表单结束
23</body>	23 主体部分结束
24</html>	24 HTML 文本结束

将上述代码分别保存为 SL6-23.aspx 和 SL6-24.aspx，放到 IIS 服务器的根目录 C:\INETpub\wwwroot 下，打开浏览器，在地址栏中输入"http://localhost/SL6-23.aspx"和"http://localhost/SL6-24.aspx"，将显示页面运行结果，如图 6.21 和图 6.22 所示。

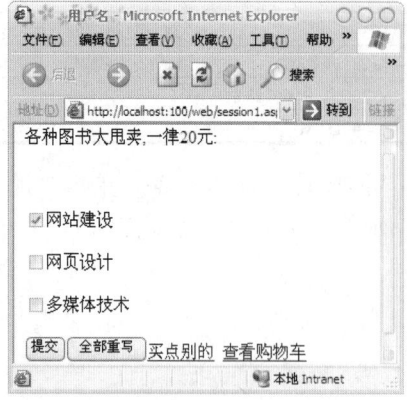

图 6.21　网上书店显示图

图 6.22　网上运动用品专卖店显示图

用户买了书和球类用品以后，可以查看一下购物车，这时所有的物品就会显示在购物车中了。

实例 6-25，购物车代码为

```
<% @ Page Language="C#" %>
<html>
<head><title>用户名</title></head>
<body>
```
你选择的结果是
```
<div align="center">
  <center>
  <%
Response.Write(Session["s1"]+"<br>");
Response.Write(Session["s2"]+"<br>");
Response.Write(Session["s3"]+"<br>");
Response.Write(Session["s4"]+"<br>");
Response.Write(Session["s5"]+"<br>");
Response.Write(Session["s6"]+"<br>");
%>
  </center>
</div>
</body>
</html>
```

将上述代码保存为 SL6-25.aspx，放到 IIS 服务器的根目录 C:\INETpub\wwwroot 下，打开浏览器，在地址栏中输入"http://localhost/SL6-25.aspx"，将显示页面运行结果，如图 6.23 所示。

> **应用提示**：可以使用 Session 对象存储特定的用户会话所需的信息。当用户在应用程序的页之间跳转时，存储在 Session 对象中的变量不会清除；而用户在应用程序中访问页面时，这些变量始终存在。

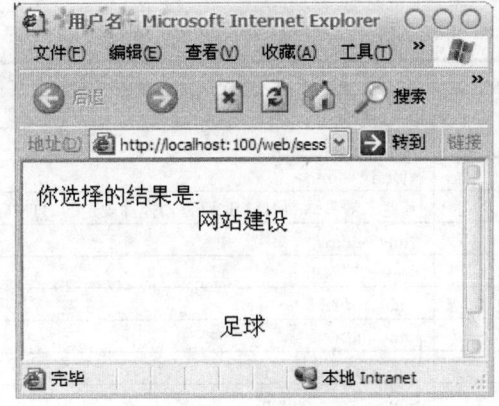

图 6.23 购物车页面显示结果

6.5 ASP .NET 服务器控件

在 ASP .NET 中，一切都是对象。Web 页面就是一个对象的容器。那么这个容器可以装什么东西呢？本节我们学习 HTML Server 控件和 Web 服务器控件，叫做 Control。这是 Web 页面能够容纳的对象之一。

为什么会有 HTML Server 控件和 Web 服务器控件之分呢？这是因为一些 Control 是在服务器端存在的。服务器端控件有自己的外观，在客户端浏览器中，Server Control 的外观由 HTML 标记来表现。Server Control 会在初始化时，根据客户的浏览器版本，自动生成适合浏览器的 HTML 标记。

6.5.1 HTML Server 控件

HTML Server 控件是 ASP .NET 所提供的控件，是在服务器端执行的组件，可以产生标准的 HTML 文件。一般来说，标准的 HTML 标签无法动态控制其属性、使用方法、接收事件，必须使用其他的程序语言来控制标签，这对于使用 ASP 程序设计来说很不方便，而且会使 ASP 程序比较杂乱。ASP .NET 在这方面开发了新的技术，即将 HTML 标签对象化，使程序(如 Visual Basic .NET、C#、…)可以直接控制 HTML 标签，对象化后的 HTML 标签称为 HTML Server 控件。

(1) 在 HTML 元素的标记中添加 runat="server" 属性，使它转变成服务器端控件。

(2) 为 HTML 元素添加 ID 属性，使服务器端程序可以识别。

(3) 为了区别是 HTML 标记还是 HTML Server 控件，将改造后的控件重新命名。

1. HTML Server 控件名称

HTML Server 控件名称以及对应 HTML 的标记符如表 6-31 所示。

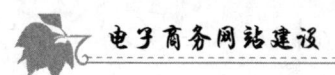

表 6-31　HTML Server 控件

HTML Server 控件名	对应 HTML 标记符
HtmlAnchor	\<a> \</a>
HtmlButton	\<button> \</button>
HtmlForm	\<form>\</form>
HtmlGeneric	其他未被具体的 HTML 服务器控件规定的 HTML 元素有\<body>,\<div>,\<span>等
HtmlImage	\<img> \</img>
HtmlSelect	\<select> \</select>
HtmlTable	\<table> \</table>
HtmlTableCell	\<td> \</td>
HtmlTableRow	\<tr> \</tr>
HtmlInputButton	\<input type="button">
HtmlInputCheckBox	\<input type="checkbox">
HtmlInputFile	\<input type="file">
HtmlInputHidden	\<input type="hidden">
HtmlInputImage	\<input type="image">
HtmlInputRadioButton	\<input type="radio">
HtmlInputText	\<input type="text"> 和 \<input type="password">

2. HTML Server 控件的分类

HTML Server 控件分为两类，HTML 容器控件和 HTML 输入控件。

(1) HTML 容器控件。

HTML 容器控件对应那些要求有配对开闭标记的 HTML 元素，见表 6-31 中的 1～9 行。

(2) HTML 输入控件。

HTML 输入控件对应那些不要求有关闭标记的 HTML 元素，这些 HTML 元素包括用 Type 属性来定义它们的输入类型，见表 6-31 中的 10～16 行。

3. HTML Server 控件的属性

HTML Server 控件的共有属性见表 6-32。

表 6-32　HTML Server 控件的共有属性

属 性 名	适 合 范 围	功 能 说 明
Attributes	所有控件	属性集，通过这个属性集可以访问被控件定义的属性名和值
Style	所有控件	属性集，通过这个属性集可以访问应用到该控件的样式表属性
Disabled	所有控件	返回一个 Bool 值，确定或指定控件在生成 HTML 代码时是否包含 Disabled 属性
TagName	所有控件	返回一个 String 类型的标记名称
InnerHtml	容器类控件	表示容器控件开闭标记之间的内容
InnerText	容器类控件	表示容器控件开闭标记之间的内容，可自动将其中的特殊字符转化为 HTML 引用
Name	输入类控件	获取或者设置输入控件特有的标识名称
Value	输入类控件	获取或者设置输入控件的内容
Type	输入类控件	获取或者设置输入控件的类型

HTML Server 控件的个性属性和它们对应的 HTML 标记的属性相同。

4. HTML Server 控件的事件

在 HTML Server 控件中，Botton 控件有 3 种方法可以在编程中使用。

(1) OnServerClick：用于单击事件的处理。

(2) OnMouseOver：用于鼠标移入按钮事件的处理。

(3) OnMouseOut：用于鼠标移出按钮事件的处理。

例如，下面的代码定义了一个 HtmlAnchor 控件：

```
<a href="http://www.microsoft.com/china"Target="_blank" runat="server">欢迎来到微软
中国 </a>
```

它与普通的<a></a>标记相比，区别仅仅就是添加了 runat="server"属性。

实例 6-26 使用 HtmlTextArea 控件创建多行文本框：

```
<html>
<head>
<script language="C#" runat="server">
void SubmitBtn_Click(Object sender,EventArgs e)
{
Span1.InnerHtml="您提交的信息是:
<br>"+TextArea1.Value;
}
</script>
</head>
<body>
<form runat="server" ID="Form1">
     <h3>HTMLTextArea 实例</h3>
          请输入您的内容:
     <br>
     <textarea id="TextArea1" runat="server" NAMAE="TextArea1">
     </textarea>
     </br>
     <input type="submit" value="提交" OnServerClick=
               "SubmitBtn_Click" runat="server">
     <p>
     <span id="Span1" runat="server"/>
     </form>
     </p>
     </body>
</html>
```

将上述代码保存为 SL6-26.aspx，放到 IIS 服务器的根目录 C:\INETpub\wwwroot 下，打开浏览器，在地址栏中输入"http://localhost/SL6-26.aspx"，将显示页面运行结果，运行时的初始界面如图 6.24 所示。在 textarea 中输入内容后，单击"提交"按钮，运行后界面如图 6.25 所示。

 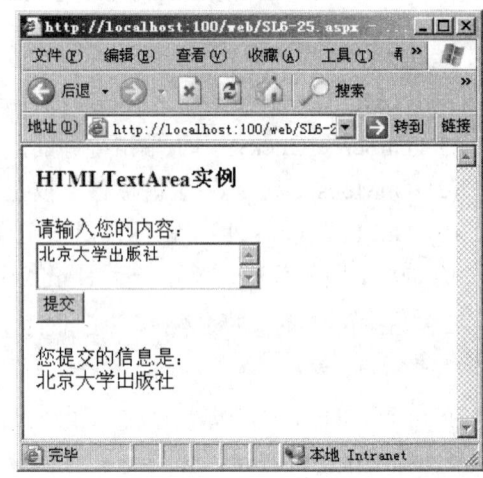

图 6.24 HtmlTextArea 控件运行初始界面　　图 6.25 HtmlTextArea 控件运行结果界面

6.5.2 Web Server 控件

除了将 HTML 标记改造为服务器控件外，ASP .NET 还专门提供了一组 Web Server 控件。与 HTML Server 控件相比，这组控件具有更好的面向对象的特性，能自动检测客户端浏览器的类型和功能，生成相应的 HTML 代码，从而最大限度地发挥浏览器的功能；具有数据绑定的特性，所有属性都可以进行数据绑定，某些控件甚至还可以向数据源提交数据。

Web 控件中包括传统的表单控件，如 TextBox 和 Button，以及其他更高抽象级别的控件。它们提供了一些能够简化开发工作的特性。

在 HTML 标记中，Web 控件会表示为具有命名空间的标记，即带有前缀的标记。前缀用于将标记映射到运行时组件的命名空间。标记的其余部分是运行时类自身的名称。与 HTML 控件相似，这些标记也必须包含 runat="server"属性。下面是一个声明的示例：

```
<asp: TextBox id="textBox1" runat="server" >
</asp:TextBox>
```

在上述例子中，"asp"是标记前缀，会映射到 WebControls 命名空间。

Web Server 控件有很多，常用的见表 6-33。

表 6-33 Web Server 控件

Web Server 控件	功 能 描 述	Web Server 控件	功 能 描 述
AdRotator	显示一个图形序列	Button	显示按钮
Calendar	显示日历	DropDownList	创建下拉列表
CalendarDay	Calendar 控件中的一天	HyperLink	创建超链接
CheckBox	显示复选框	Image	显示图像
CheckBoxList	创建多选的复选框组	ImageButton	显示可单击的图像
Label	显示可编程的静态内容	LinkButton	创建超链接按钮
ListBox	创建单选或多选下拉列表	ListItem	创建列表中的一个项目
Panel	为其他控件提供容器	TableRow	创建表格行
TextBox	创建文本框	Style	设置控件的样式

Web Server 控件	功 能 描 述	Web Server 控件	功 能 描 述
Table	创建表格	TableCell	创建表格单元
RadioButton	创建单选按钮	RadioButtonList	创建单选按钮组

下面介绍最常用的几个 Web Server 控件的属性和用法。

1. 文本输入控件

TextBox 服务器控件是让用户输入文本的输入控件，也可以显示多行文本框或显示屏蔽用户输入的文本框。

TextBox 控件包含多个属性，用于控制该空间的外观。文本框的显示宽度(一字符为单位)由它的 Columns 属性确定。如果 TextBox 控件是多行文本框，则它显示的行数由 Rows 属性确定。要在 TextBox 空间中显示换行文本，可将 Wrap 属性设置为 true。

2. 选择控件

1) 复选控件

在日常信息输入时，我们会遇到这样的情况，输入的信息只有两种可能性(例如，性别、婚否等)，如果采用文本输入，一是输入烦琐，二是无法对输入信息的有效性进行控制。这时如果采用复选控件(CheckBox)，就会大大减轻数据输入人员的负担，同时输入数据的规范性也得到了保证。

CheckBox 的使用比较简单，主要使用 Id 属性和 Text 属性。Id 属性指定对复选控件实例的命名，Text 属性主要用于描述选择的条件。另外当复选控件被选择以后，通常根据其 Checked 属性是否为真来判断用于选择与否。

2) 单选控件

使用单选控件的情况跟使用复选控件的条件差不多，区别在于：单选控件的选择可能性不一定是两种，只要是有限种可能性，并且只能从中选择一种结果的，原则上都可以使用单选控件(RadioButton)来实现。

单选控件主要的属性跟复选控件也很类似，也有 Id 属性和 Text 属性，同样也依靠 Checked 属性来判断是否选中，但是与多个复选控件之间互不相关的情况不同，多个单选控件之间存在着联系，要么是同一选择中的条件，要么不是。所以单选控件多了一个 GroupName 属性，它用来指明多个单选控件是否为同一条件下的选择项，GroupName 相同的多个单选控件之间只能有一个被选中。

3. 列表控件

列表框(ListBox)是在一个文本框内提供多个选项供用户选择的空间，它比较类似于下拉列表，但是没有显示结果的文本框。实际上列表框很少使用，大多数情况下都使用列表控件 DropDownList 来代替 ListBox 文本框的情况。

列表框的属性 SelectionMode，选择方式主要是决定控件是否允许多项选择。当其值为 ListSelectionMode.Single 时，表明只允许用于从列表框中选择一个选项；当值为 ListSelectionMode.Multi 时，用户可以用 Ctrl 键或者 Shift 键结合鼠标，从列表框中选择多个选项。

实例 6-27 是 ListBox 控件的用法，见表 6-34。

表 6-34 实例 6-27 程序代码及解释

程 序 代 码	对 应 解 释
01 <html>	01 HTML 文本开始
02<head>	02 头部开始
03<title> ListBox 控件实例</title>	03 网站标题
04 <script language="C#" runat="server">	04 ASP .NET 脚本语言的开始
05 public void Page_Load(object sender,System.EventArgs e) {	05 定义一个页面加载函数
06 if(!this.IsPostBack)Label1.Text="未选择"; }	06 事件判断
07 public void Button1_Click(object sender, System.EventArgs e) {	07 定义按钮 1 响应函数
08 string tmpstr="";	08 定义变量 tmpstr
09 for(int i=0; i<this.ListBox1.Items.Count; i++) {	09 进入循环体
10 if(ListBox1.Items[i].Selected)	10 如果 ListBox1 被选择
11 tmpstr=tmpstr+" "+ListBox1.Items[i].Text; }	11 则输出字符串为在原有字符串后插入一个空格 增加选中的内容
12 if(tmpstr=="")Label1.Text="未选择";	12 如果没有选择
13 else Label1.Text=tmpstr; }	13 输出字符串原有内容
14 </script>	14 ASP .NET 脚本语言的结束
15 </head>	15 头部结束
16 <body> ListBox 控件实例 <p>请选择本学期所修科目	16 主体部分开始
17 <form id="form1" runat="server">	17 表单 form1 开始
18 <asp:listbox id="ListBox1" runat="server" SelectionMode="Multiple" Height="100px" Width="96px">	18 定义一个高为"100px"，宽为"96px"允许多项选择的名为 ListBox1 的列表控件
19 <asp:ListItem Value="电子商务网站建设">电子商务网站建设</asp:ListItem> <asp:ListItem Value="多媒体图像处理">多媒体图像处理</asp:ListItem> <asp:ListItem Value="高等数学">高等数学</asp:ListItem> <asp:ListItem Value="科学社会主义">科学社会主义</asp:ListItem> <asp:ListItem Value="大学英语 I">大学英语 I</asp:ListItem> <asp:ListItem Value="大学英语 II">大学英语 II</asp:ListItem>	19 定义了 6 个下拉选项
20</asp:listbox>	20 列表控件结束
21 <input id="Button1" type="button" value=" 提 交 " name="button1" runat="server" onserverclick="Button1_Click"> <p>您的选择结果是：	21 定义"提交"按钮
22 <asp:label id="Label1" runat="server" Width="160px"></asp:label>	22 显示"Lable1"的内容
23 </form>	23 表单结束
24 </p>	24 空一段
25 </body>	25 主体部分结束
26 </html>	26 HTML 文本结束

将上述代码为 SL6-27.aspx，放到 IIS 服务器的根目录 C:\INETpub\wwwroot 下，打开浏览

器，在地址栏中输入"http://localhost/SL6-27.aspx"将显示页面运行结果，运行时的初始界面如图 6.26 所示。在 textarea 中输入内容后，单击"提交"按钮，运行后界面如图 6.27 所示。

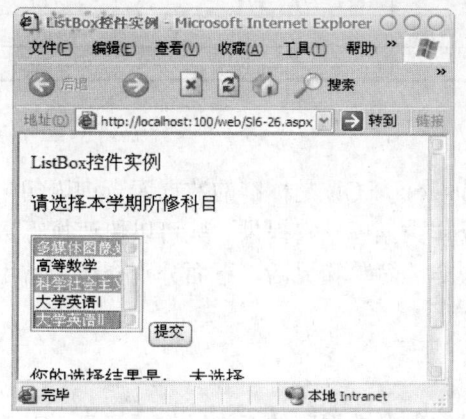

图 6.26　运行初始界面

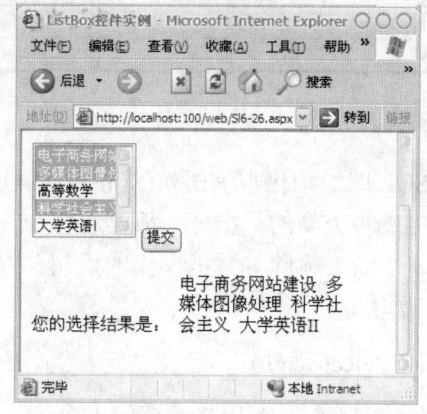

图 6.27　单击"提交"按钮后的界面

6.6　数据库的操作与连接

日常生活中常常见到数据库的应用，如电话本就是一个简单的数据库，可以对电话本里面的联系人进行增加、删除或修改等操作，还可以给它建立一个索引以方便查找。同样，计算机中的数据库也是如此。本节将介绍数据库的概念和在 ASP .NET 中建立及操作数据库的方法。

6.6.1　数据库概述

数据库访问功能几乎已经成为一些大型应用程序的必备功能。数据库相当于一个仓库，里面可以存放各种东西。如果只是简单地把东西随意堆进仓库，以后要寻找这个东西将是一件非常困难的事情。所以在把东西放进仓库时，都要先将东西分类，以便日后管理。计算机里面的数据库就是用来完成数据的分类存储管理工作的，以方便数据的使用。数据库发展上有三种模型：层次模型、网状模型和关系模型。

现在实际应用中大部分都是关系数据库。关系型数据库由许多数据表(Table)组成，资料表是由许多条记录(Row 或 Record)所组成的，而记录又是由许多的字段(Co1umn 或 Filed)所组成的。假设一个电子商务网站现在要记录用户的数据，即记录用户的账号、密码、姓名、住址以及 E-mai1 地址等数据，这些所要记录的每一个项目就是一个字段。将这些字段进行整理，分析出这些字段的长度、数据类型后，得到数据表的规格见表 6-35。

表 6-35　数据规格表

编　号	字 段 用 途	字 段 名 称	数 据 类 型	长　度
1	用户账号	userID	字符	10
2	用户姓名	userName	字符	10

编　号	字 段 用 途	字 段 名 称	数 据 类 型	长　度
3	用户密码	userPwd	字符	10
4	用户地址	userAddr	字符	30
5	用户 E-mail 地址	userEmail	字符	30

6.6.2　SQL 语句

SQL 即结构化查询语句(Structured Query Language)。SQL 是标准的数据库查询语句，不论使用哪种类型的数据库，都要通过 SQL 语句来操作数据库。它提供一些可以快速执行数据查询、更新、删除等数据操作的语句。SQL 的用法非常简单和灵活，下面分别介绍最常用的 SQL 语句。

1．Select 语句

Select 语句是使用最频繁的 SQL 语句，它可以实现对数据库的查询操作，还可以对查询结果进行分组统计、合并、排序等。它的简单语法格式为

```
Select 字段名 Form 表名 Where  条件
```

其中，"Select 字段名"用于选取字段；"Form 表名"用于选择所需字段所在的数据源；"Where 条件"是指当满足什么条件时可以进行查询操作。

获取全部字段的语法格式为

```
Select * Form 表名 Where 条件
```

例如，查询成绩表单中"网站建设"在 80 分以上的学生姓名：

```
Select 姓名 Form 成绩单 Where 网站建设>80
```

2．Insert 插入语句

向表中添加一条新记录需要使用 SQL Insert 语句，这种语法格式为

```
Insert 表名(字段名)Values ('值')
```

这个语句把字符串的值插入表的某字段中。在第一个括号中指定要被插入数据的字段的名字，而实际的数据在第二个括号中给出。

如果一个表中有多个字段，通过把字段名和字段值用逗号隔开，可以向所有的字段中插入数据。假设职员表中有"姓名"、"学历"和"所属部门"3 个字段，下面的 Insert 语句添加了一条 3 个字段都有值的完整记录：

```
Insert 职员表 (姓名,学历,所属部门)Values ('zj','硕士','经济管理学院')
```

3．Update 修改语句

要修改表中已经存在的一条或多条记录，应使用 SQL Update 语句。同 Select 语句一样，Update 语句可以使用 Where 子句选择更新特定的记录。

```
Update 表名 Set 字段1='更新后的值'Where 字段2='某值'
```

这个 Update 语句更新所有字段 2 的值为某值的记录，对所有被选中的记录，字段 1 的值被指定为更新后的值。

假如将职员表中 zj 的所在部门更新为财务处，其语法格式为

```
Update 职员表 Set 所在部门='财务处'Where 姓名='zj'
```

4．Delete 删除语句

要从表中删除一个或多个记录，需要使用 SQL Delete 语句。Delete 语句中也可以包含 Where 子句，用来选择要删除的记录。

Delete 语句的完整语法格式为

```
Delete [Form] {表名} [Where 条件]
```

在 SQL 语句中，可以使用的任何条件都可以在 Delete 语句的 Where 子句中使用。例如，下面的这个 Delete 语句只删除那些"姓名"字段的值为"zj"或"学历"字段的值为"本科"的记录：

```
Delete 职员表 Where 姓名='zj' or 学历='本科'
```

在执行 Delete 语句时要慎重，在设计表时，建议设计删除标识，执行删除时，将删除标识设为真，同时在彻底删除记录时，记录该删除操作。

6.6.3　ADO .NET 简介

ASP .NET 本身无法存取数据库，它必须与 ADO .NET 配合起来才能存取数据库的记录。

1．ADO .NET 的含义

ADO(ActiveX Data Object)对象是继 ODBC(Open Database Connectivity，开放数据库连接架构)之后微软主要推出的存取数据的最新技术。ADO 对象是程序开发平台用来和 OLE DB 沟通的媒介，ADO 目前最新的版本是 ADO .NET。

以前的 ADO 版本是为了存取数据库而设计的，ADO .NET 则是为了适应广泛的数据控制而设计的，所以使用起来比以前的 ADO 更灵活有弹性，也提供了更多的功能。ADO .NET 的出现提供了更有效率的数据存取。ADO .NET 还提供了许多功能及技术，将以前放在不同 COM 组件上的对象及功能包含进来。除此之外，ADO .NET 还将 XML 整合进来，这样数据的交换变得非常轻松容易。

2．ADO .NET 的组成部分

ADO .NET 提供了一个数据访问界面，以便于与 SQL Server 和 Oracle 等 OLE DB 数据资源进行交互。需要使用数据的应用程序可以通过 ADO .NET 连接这些数据资源，并重新获取、处理和更新数据。

为了实现数据访问，ADO .NET 提供了两个核心组件：DataSet 和.NET Framework 数据提供程序，前者可以包含一个或多个表以及这些表之间的关系和约束信息，后者则是一组包含 Connection、Command、DataReader 和 DataAdapter 对象在内的组件。

1) DataSet 数据集

DataSet 称为数据集，它是 ADO .NET 的核心组件。它用于实现独立于任何数据源的数据访问，既可以用于 XML 数据，也可以用于管理应用程序本地的数据。

2) .NET Framework

ADO .NET 结构的另一个核心元素是.NET Framework 数据提供程序，其组件用于实现数据操作和对数据的快速、只进、只读访问。表 6-36 概括说明了组成.NET Framework 数据提供程序的 4 个核心对象，其中 Connection(连接)对象提供与数据源的连接，Command(命令)对象用于执行返回数据、修改数据、运行存储过程以及发送或检索参数信息的数据库命令，DataReader(数据读取器)从数据源中提供高性能的数据流，DataAdapter(数据适配器)提供连接 DataSet 对象和数据源的桥梁。DataAdapter 使用 Command 对象在数据源中执行 SQL 命令，以便将数据加载到 DataSet 中，并使对 DataSet 中数据的更改与数据源保持一致。

表 6-36　.NET Framework 数据提供程序的核心对象

对　　象	功　能　说　明
Connection	建立与特定数据源的连接
Command	对数据源执行返回数据、修改数据、运行存储过程以及发送或检索参数信息的命令
DataReader	从数据源中读取只进且只读的高性能数据流
DataAdapter	用数据源填充 DataSet 并解析更新。DataAdapter 使用 Command 对象在数据源中执行 SQL 命令，以便将数据加载到 DataSet 中，并使对 DataSet 中数据的更改与数据源保持一致

6.6.4　使用 Connection 对象创建数据库的连接

对一个数据库进行数据插入和读取之前，必须首先建立连接，即建立 Connection 对象。Connection 对象连接数据库时常用的对象有以下种。

1. SqlConnection 对象

(1) 功能：用于连接 Microsoft SQL Server 7.0 及后继版本。

(2) 格式：myConnection=New SqlConnection("server=localhost; database=数据库名", uid=sa; pwd=)

2. OleDbConnection 对象

(1) 功能：用于连接 OleDb 数据源或者 Microsoft SQL Server 6.x 及先前版本。

(2) 格式：My Connection=New SqlCommand("SELECT*FROM 表名", myConnection)

常用的 Connection 对象的方法有 Open()方法和 Close()方法，分别用来打开和关闭连接。常用的属性有：Database 属性用来指定要连接的数据库的名称，DataSource 属性用来获取数据源的服务器名或文件名，Provider 属性用来提供数据库驱动程序，ConnectionString 属性用来指定连接的字符串。要连接当前目录的一个 Access 数据库文件，如实例 SL6-28.aspx 所示。

实例 6-28 使用 Connection 对象：

```
<% @ page Language="C#" %>
<%@ Import Namespace="System.Data" %>
<% @ Import Namespace="System.Data.OleDb" %>
<script language="C#" runat="server">
```

```
void Page_Load(Object sender, EventArgs e)
{
    OleDbConnection Conn=new OleDbConnection ( );
Conn.ConnectionString="Provider=Microsoft.Jet.OLEDB.4.0; "+
"Data Source="+Server.MapPath("luntan.mdb");
Conn.Open ( );
Message.Text=conn.State.ToString( );
Conn.Close ( );
}
</Script>
<asp:Label id="Message" runat="server" />
```

将上述代码保存为 SL6-28.aspx，放到 IIS 服务器的根目录 C:\INETpub\wwwroot 下，打开浏览器，在地址栏中输入 http://localhost/SL6-28.aspx，将显示页面运行结果，运行时的界面如图 6.28 所示。

图 6.28　使用 Connection 对象连接数据库

6.6.5　使用 Command 对象执行对数据库的操作

建立数据库的连接以后，利用 Command 对象来执行命令并从数据源返回结果。Command 对象常用的构造函数包括两个参数：一个是要执行的 SQL 语句；另一个是已经建立的 Connection 对象。

根据使用的对象不同，Command 也有两个不同的对象：SqlCommand 对象和 OleDbCommand 对象。它们的功能分别如下。

1. SqlCommand 对象

(1) 功能：初始化 SqlCommand 类的新实例，执行对数据库的操作以及返回查询的结果等。

(2) 格式：SqlCommand myCon=New SqlCommand("SELECT*FROM 表名",myConnection)

2. OleDbCommand 对象

(1) 功能：初始化 OleDbCommand 类的新实例，执行对数据库的操作以及返回查询的结果等。

(2) 格式：OleDbCommand myCon=New OleDbCommand("SELECT*FROM 表名", myConnection)。

Command 对象比较常用的方法有 ExecuteReader()方法、ExecuteScalar()方法和 ExecuteNonQuery()方法，这些方法主要用来执行 SQL 语句。另外，ADO .NET 的事务处理是通过 Command 对象和 Connection 对象实现的。

实例 6-29 使用 ExecuteReader 方法：

```
<% @ page Language="c#" %>
<%@ Import Namespace="System.Data" %>
<% @ Import Namespace="System.Data.OleDb" %>
<script language="C#" runat="server">
void Page_Load(Object sender, EventArgs e)
{
   OleDbConnection Conn=new OleDbConnection ( );
   Conn.ConnectionString="Provider=Microsoft.Jet.OLEDB.4.0;"+"Data
Source="+Server.MapPath("luntan.mdb");
   Conn.Open ( );
   OleDbCommand Comm=new OleDbCommand("select * from information",Conn);
   OleDbDataReader dr=Comm.ExecuteReader();
   dg.DataSource=dr;
   dg.DataBind();
   Conn.Close ( );
   }
</Script>
<asp:Label id="dg" runat="server" />
```

ADO .NET 访问数据库的规范还有很多，鉴于篇幅，不详细介绍，感兴趣的读者可以查阅相关书籍。

本章小结

1. 本章知识概述

本章从 ASP .NET 的基本概念开始，重点阐述了 ASP .NET 的运行环境及其配置；接着讲解了 ASP .NET 的文件类型、代码块、命名空间、注释等基本语法规范。接下来注重讲述 ASP .NET 语言 C#的语法，讨论了 C#的变量和常数、数据类型、操作符、流程控制等基本语法。又对 ASP .NET 的内部对象进行了讲解，包括 Request、Response、Application、Session 四个最常用的内部对象。本章最后对使用 ASP .NET 对数据库读写进行了探讨。

2. 本章名词

ASP、ASP .NET、IIS、页面编辑指令、命名空间、值类型、引用类型、类、ADO .NET。

3. 本章的数字

运行 ASP .NET 必须安装的两个软件：IIS 和 .NET Framework；ASP .NET 的 5 个应用特性、3 层框架结构、3 种分类、3 个功能；ASP .NET 的 4 个最常用的内部对象：Request、Response、Application、Session。

每课一考

一、填空题(40 空，每空 1 分，共 40 分)

1．ASP 的全称是(   )(   )(   )，中文名称是
(   )。

2．在创建虚拟目录的过程中，已经对(   )与其对应的(   )
(   )等属性进行了设置。

3．ASP .NET 系统的文件类型有(   )(   )(   )。

4．ASP .NET 程序设计方式的最大特点是(   )。

5．ASP .NET 的语法在很大的程度上与(   )兼容，同时它还提供了一种新的
(   )用于生成(   )的应用程序。

6．编写 ASP .NET 程序时，代码<%@ page language="C#">的作用是(   )。

7．C#是 Visual Studio .NET 中引入的一种新的编程语言。C#从(   )和
(   )演变而来，是一种简单、现代、类型安全和面向对象的语言。

8．C#中定义变量必须指明变量的(   )。

9．C#中的数据类型可以分为(   )和(   )两类。

10．定义符号常量的关键字是(   )。

11．C#中数组的维数称为数组的(   )。

12．C#中用于流程控制的类型共有(   )(   )和(   )
3 种。

13．在 ASP .NET 中，用于响应用户请求的内置对象是(   )和(   )。

14．环境变量(   )可以获得一个程序所在文件的 URL 的值。

15．在程序设计过程中，可以使用 Request 的(   )属性获得用户的浏览器信息。

16．HTML Server 控件分为两类，(   )和(   )。

17．TextBox 服务器控件是让(   )的输入控件，也可以显示(   )
或显示(   )的文本框。

18．ASP .NET 本身无法存取数据库，它必须与(   )配合起来才能存取数据库
的记录。

19．ADO .NET 是一组由.NET Framework 提供的对象类的名称，用于(   )中
的数据交互。

20．创建数据库连接需要使用(   )对象，并在连接字符串中提供登录的
(   )和(   )。

21．为了实现数据库访问操作，需要使用(   )对象。

二、选择题(20 小题，每小题 1 分，共 20 分)

1．下列语言中，(   )不能用来撰写 ASP .NET 程序。

　　A．C#　　　　　　　　B．JavaScript　　C．Visual Basic　　D．以上皆是

2. 下列语言中，(   )不能用来实现动态网页技术。

    A．JavaScript   B．CGI   C．XML   D．Java Applet

3. 下面的变量名中，(   )的命名是非法的变量名。

    A．CHINA   B．double   C．A+B   D．_xc

4. 下面各个常量中，(   )是合法的字符型常量。

    A．"你好"   B．" " C．"2008 北京奥运会"   D．1

5. C#的数据类型有(   )。

    A．值类型和调用类型   B．值类型和引用类型

    C．引用类型和关系类型   D．关系类型和调用类型

6. 下列选项中，(   )是引用类型。

    A．enum 类型   B．struct 类型   C．string 类型   D．int 类型

7. (   )方法可以将另一个页面的内容插入本页面。

    A．Redirect   B．Response   C．Execute   D．Transfer

8. (   )方法用于写文本响应以回应对网页的请求。

    A．Rewrite   B．Read   C．Write   D．TextWrite

9. (   )包含处理 Web 请求的方法。

    A．HttpServerUtility   B．HttpResponse

    C．HttpRequest   D．HttpWebProcess

10. (   )方法可以显示 HTML 代码。

    A．UrlEncode B．HtmlEnconde C．TextEnconde D．TextToHTML

11. Global.asax 文件一般存储在应用程序的(   )目录中。

    A．子   B．bin   C．obj   D．根

12. Global.asax 的(   )事件在每次页面请求开始时触发。

    A．Application_EndRequest   B．Application_Start

    C．Application_BeginRequest   D．Session_Start

13. 对于每个访问应用程序的用户，会启动单个(   )。

    A．Server   B．Session   C．应用程序   D．请求

14. (   )对象由 HttpApplication State 类提供的。

    A．Session   B．Application C．Server   D．全局

15. 应用程序中的所有页面均可以访问(   )变量。

    A．Session   B．Application C．Server   D．ViewState

16. (   )和(   )方法用于确保应用程序级变量不会同时被多个用户更新。

    A．Block()和 Unblock()   B．Lock()和 Unlock()

    C．Server 和()Session()   D．Lock()和 Key()

17. 在 ASP .NET 框架中，服务器控件是为配合 Web 表单工作而专门设计的。服务器控件有两种类型，它们是(   )。

    A．HTML 控件和 Web 控件   B．HTML 控件和 XML 控件

    C．XML 控件和 Web 控件   D．HTML 控件和 IIS 控件

18. 在 ASP .NET 中，设置 Session 对象的 TimeOut 属性，可以为当前会话保持一定的超

时限制，TimeOut 是以(　　)为时间单位的。(选择一项)

    A．小时　　　　　B．分钟　　　　C．秒　　　　　D．毫秒

19．在 ASP .NET 中，文本框控件 TextBox 允许多种输入模式，包括单行、多行和密码输入模式，这是通过设置其(　　)属性来区分的。(选择一项)

    A．Style　　　　B．TextMode　　C．Type　　　D．Input

20．(　　)不是 ASP .NET 的特点。

    A．可以使用完整的 C#，VB .net 等编译语言编程

    B．在服务器端解释执行

    C．基于控件的事件驱动的编程方式

    D．代码和页面文件可以分开编写

三、判断题(20 小题，每小题 1 分，共 20 分)

1．ASP .NET 是 ASP 的升级版本。(　　)

2．IIS 能够提供 Web 服务，主要包括 WWW 服务器，FTP 服务器和 SMTP 服务器。(　　)

3．运行 ASP .NET，只需安装 IIS。(　　)

4．通过设置虚拟目录可以访问用户放置在任意目录下的 ASP .NET 应用程序。(　　)

5．设置虚拟目录有两种方式可以选择：一是在 Internet 信息服务器中设置，二是可以在文件夹中直接设置。(　　)

6．在 C#中，装箱操作是将值类型转化成引用类型。(　　)

7．接口中的成员不可以有访问域修饰符，但可以有其他修饰符。(　　)

8．在 C#中，索引器是专门用来访问对象中的数组信息的。(　　)

9．在 C#中，接口可以被多重继承而类不能。(　　)

10．在 C#中，int[ ][ ]是定义一个 int 型的二维数组。(　　)

11．异常类对象均为 System .Exception 类的对象。(　　)

12．ASP .NET 中，使用验证控件来验证用户输入，要求用户不可跳过该项输入，并且用户输入值为 0～1000，则适用 RequiredFieldValidator 和 RangeValidator 控件。(　　)

13．声明委托实际上是声明了一个方法。(　　)

14．任何事物都是对象。(　　)

15．使用 Request 对象时，需要先声明才能使用。(　　)

16．Response 对象正确的对象类别名称是 HttpResponse。(　　)

17．Application 对象和 Session 对象可以实现同样的计数功能。(　　)

18．HTML Server 控件是 ASP .NET 所提供的控件，是在服务器端执行的组件，可以产生标准的 HTML 文件。(　　)

19．ADO .NET 提供了一个数据访问界面，以便于与 SQL Server 和 Oracle 等 OLE DB 数据资源进行交互。(　　)

20．建立 Connection 对象，可以建立和数据库的连接。(　　)

四、问答题(4 小题，每小题 5 分，共 20 分)

1．简述搭建 ASP .NET 运行环境的过程。

2．在一个网站中只有唯一的 Application 对象吗？

3．简述 HTML Server 控件和 Web Server 控件的区别。

4．比较 ADO 与 ADO .NET 的区别。

 技能实训

一、操作题

1．根据本章介绍，在自己的计算机上安装 IIS，安装完成后在浏览器中运行 localstart.asp，测试 IIS 是否可以正常运行。

2．安装 .NET Framework，并按照实例 SL6-01 编写.aspx 文件，保存在相应位置，在浏览器中测试是否能运行。

3．编写程序，当网站访问者达到 1000 个用户时，显示一个祝贺的信息。

二、励志题

通过 ASP .NET 基础的学习，大家已经掌握了较为先进的网站设计语言，请根据自己的实际情况，策划一个网站，并用 ASP .NET 实现它。

第7章 使用动易 BizIdea 构建电子商务网站

本章知识结构框图

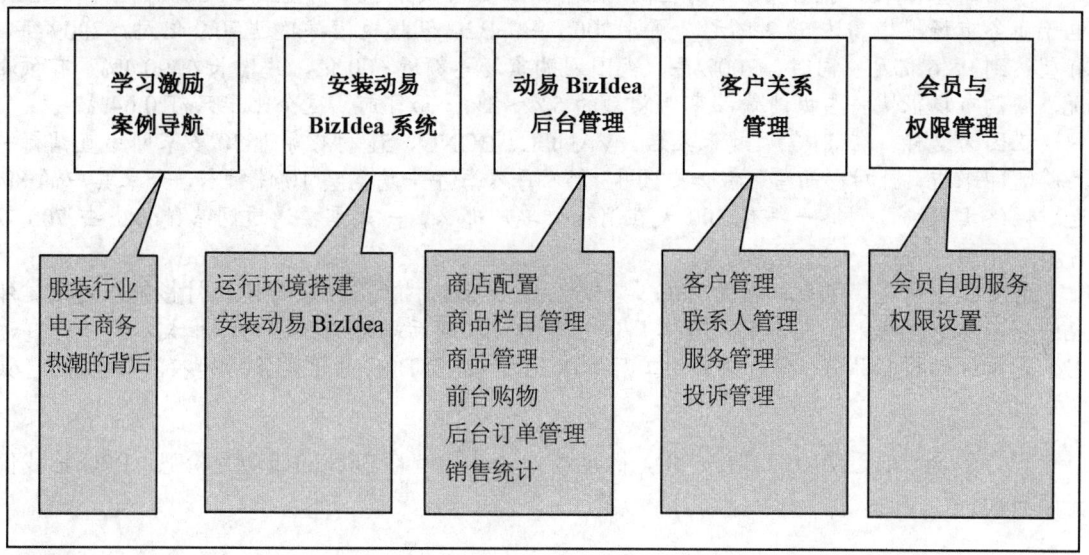

学习激励 案例导航	安装动易 BizIdea 系统	动易 BizIdea 后台管理	客户关系 管理	会员与 权限管理
服装行业 电子商务 热潮的背后	运行环境搭建 安装动易 BizIdea	商店配置 商品栏目管理 商品管理 前台购物 后台订单管理 销售统计	客户管理 联系人管理 服务管理 投诉管理	会员自助服务 权限设置

本章知识要点

1. 如何使用动易 BizIdea 系统快速构建电子商务网站;
2. 如何使用动易 BizIdea 系统进行企业电子商务的运营管理;
3. 动易 BizIdea 系统后台的商店配置、商品销售、客户关系管理、会员管理、权限管理等功能。

本章学习方法

1. 注重对 BizIdea 系统功能的理解,并深入认知电子商务网站的基本构成实例;
2. 注重实践操作,深刻体会电子商务网站的各种功能应用。

不想当将军的士兵不是好士兵!不想成大业的男儿不是伟丈夫!每一个号称天之骄子的大学生都梦想成为成功人士。如今,成功需要智慧,成功离不开电子商务,请看……

学习激励与案例导航

服装行业电子商务热潮的背后

PPG 衬衫品牌是引爆这场 B2C 运动的导火索。这家成立于 2005 年的网络衬衫企业，没有一家实体店、厂房和流水线，如今已成为日销量在 1 万件左右的"明星"公司，而国内男士衬衫市场的领头羊雅戈尔的日销量也只有 1.3 万件左右。

一切的基础来源于庞大的市场空间。据中国互联网数据中心调查显示：2006 年，我国 B2C 电子商务市场规模高达 52.2 亿元，预计 2008 年，B2C 营收规模将超过 70.9 亿元，2009 年，有望达到 98.6 亿元。同时，2007 年，我国网购市场总额近 600 亿，年增长在 90.4%。有预测说，网购市场很快将占据消费品零售总额的 5%～8%，而目前，这个比率只有 0.64%。

正因为这样，在 PPG 火起来之后，VANCL、BONO、51 衬衫等近 30 多家网络直销衬衫品牌随即跟进。就衬衫而言，假如中国 13 亿人每人每年平均购买 10 件衬衣，如果其中的 8%通过网络卖出去，网络一年有 300 天在消化订单，那么，一天需要通过网络销售出去 700 万件衬衫才够。

需要指出的是，风头正盛的 PPG 是一个横空出世的衬衫品牌，具体的衬衫制作是通过外包给制造业来完成的，其本身没有工厂制作能力。而随后跟进的报喜鸟、雅戈尔则不一样，它们是传统的衬衫品牌，有着强大的工厂加工能力，对于 B2C 电子商务的加入，基本属于"觉醒"行为。

没有资金，缺乏经验的青年一代，欲创惊天伟业，借鉴 PPG 的成功经验吧，PPG 给我们无限启迪。

7.1 软 件 安 装

动易 BizIdea 是一款强大的基于微软.NET 平台的电子商务管理系统。由于动易 BizIdea 系统是以微软 .NET 2.0 平台进行开发和架构的，因此网站服务器需要配置好相应的环境后方可正常运行。本章内容将重点讲述动易 BizIdea 系统的安装环境和配置过程。

7.1.1 运行环境搭建

1. 系统运行环境要求

在安装动易 BizIdea 系统之前，必须保证计算机具有基本的软、硬件配置。动易 BizIdea 需要运行于支持.NET 环境的 Windows 系统下，并要求采用 SQL Server 2000 或更高版本的数据库服务器环境。支持动易 BizIdea 正常运行的最低软、硬件环境要求如下。

操作系统：Windows XP/Vista/2000/2003/2008

运行环境：.NET Framework 2.0

Web 服务器：IIS 5.0 或以上版本

硬件要求：PIII 500 CPU 256MB 内存或更高

数据引擎：MS SQL Server 2000/2005/2008 或更高版本

空间大小：初次安装至少 50MB 可用空间

带宽要求：10MB 共享或更高

2. 安装与配置 IIS 5.0

IIS 是微软提供的 Internet 服务器软件，在开始架设网站前，我们的服务器中必须安装好 IIS 并进行相关设置。安装方法已经在第 6 章讲解，在此不再赘述。

3. 安装与配置 .NET Framework 2.0

Microsoft .NET Framework 2.0 是 Microsoft .NET 程序的开发框架的运行库，是动易 BizIdea 系统的底层运行环境。安装方法与第 6 章完全相同。

> **应用提示**：在 Windows 2003 系统中自带了 .NET 1.1 的版本，请在安装完成后选择 .NET 2.0 或更高版本。请注意一定要先安装 IIS 再安装 .NET，否则在设置文件夹权限时会出现找不到 ASP.NET 用户，导致无法设置用户权限的情况。

4. 数据库

数据库技术是计算机软件的一个重要分支，所谓数据库是指经过组织的、关于特定主题或对象的信息集合。动易 BizIdea 系统在数据库方面支持 Microsoft SQL Server 2000 与 2005。Microsoft SQL Server 是基于服务器端的中型数据库，可以适合大容量数据的应用，在处理海量数据的效率、后台开发的灵活性和可扩展性等方面都非常强大，有更多的扩展并可以用于存储过程，且其数据库大小无极限限制。

7.1.2　安装动易 BizIdea 系统

动易 BizIdea 系统具有智能化的安装向导指引，得到动易系统后，按照智能化的向导即可直接安装，非常方便。

1. 在本地计算机安装 BizIdea 系统

(1) 解压动易 BizIdea 系统的安装程序文件压缩包。

(2) 将 "WebSite" 文件夹中的所有网站系统文件，放置到网站目录中，如 E:\BizIdea\ 目录，如果设置为虚拟目录进行网站测试，请在 IIS 中设置好相应的虚拟目录名。

2. 创建与配置数据库

(1) 依次单击 "开始" → "所有程序" → Microsoft SQL Server → "企业管理器"。

(2) 在企业管理器窗口中，选择 "数据库"，用鼠标右键选择 "新建数据库"。在出现的 "数据库属性" 对话框中填写你要的数据库名，再单击 "确定" 按钮，如图 7.1 所示。

(3) 选中刚才新建的数据库，单击顶部菜单中的 "工具" → "SQL 查询分析器"。在出现的 "SQL 查询分析器" 窗口中，单击工具栏上的 "打开" 按钮，打开本系统所在文件夹中的 App_Data\SQL Server 2000.sql 查询文件。

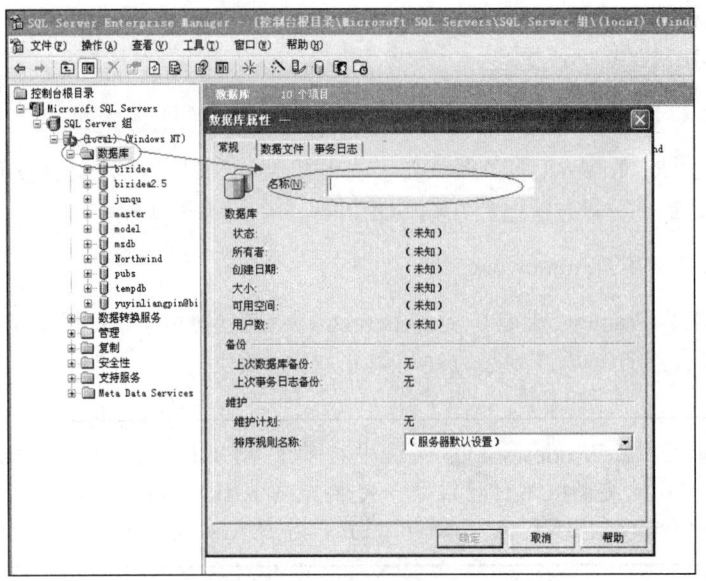

图 7.1 新建 SQL 数据库

(4) 单击工具栏上的"执行查询"按钮，以查询已创建系统需要的表和存储过程。在"查询"窗口中出现"所影响的行数为 1 行"等成功信息，如图 7.2 所示。关闭"SQL 查询分析器"窗口。

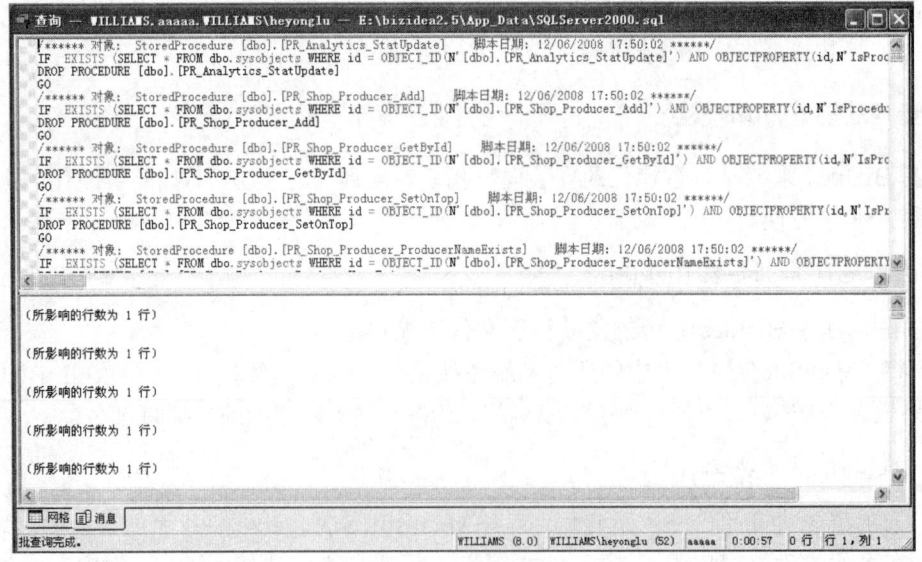

图 7.2 执行查询

(5) 回到 SQL 控制台。单击"安全性"，选择"登录"，用鼠标右键选择"新建一个登录"。在出现的"SQL Server 登录属性- 新建登录"窗口的"常规"选项中，输入名称、SQL Server 身份验证密码，并选中你新建的数据库。

(6) 在"数据库访问"选项中，选中你新建的数据库，并选中"public"和"db_owner"这两个数据库角色。单击"确定"按钮，再次输入一遍密码以确认。

3. 运行动易 BizIdea 系统的安装向导

打开浏览器，在浏览器地址栏中输入 URL 地址 http://localhost/BizIdea/BizIdea 是 IIS 中指定的虚拟目录名，在安装时要进行虚拟目录名设置，例如，网站安装在 IIS 默认根目录下的，则地址为 http://localhost/，这时系统会自动跳转到 BizIdea 系统的安装向导界面进行运行前的安装配置工作。

(1) 在"阅读许可协议"界面中，阅读并同意许可协议后单击"下一步"按钮，如图 7.3 所示。

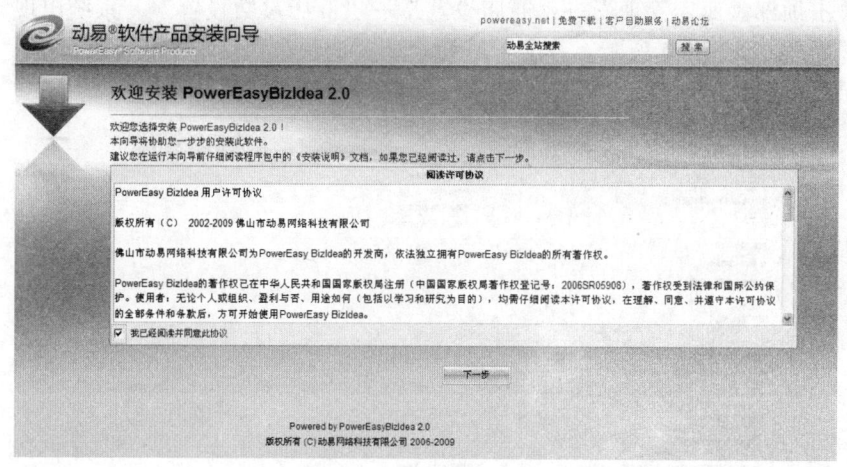

图 7.3 安装 BizIdea

(2) 在出现的"环境检测"界面中对运行环境进行检测，以确认你的环境符合要求。在验证程序及文件完整性、数据库查询脚本文件和目录权限后，单击"下一步"按钮。

(3) 在出现的"数据库连接设置"界面中，选择数据库版本并填写数据源、数据库名称、数据库用户名称、数据库用户口令后，单击"下一步"按钮。

(4) 安装程序进入"创建数据库"界面，等待数据库创建成功。

(5) 在出现的"配置文件设置"界面中填写网站后台的登录信息(管理员密码默认为 admin888，管理认证码为 8888)后，单击"下一步"按钮，系统出现安装完成的提示信息，单击"完成"按钮，系统将自动打开网站首页的界面。

至此，动易 BizIdea 系统安装完成。在完成动易 BizIdea 系统的安装后，我们就能够在本地计算机的浏览器中访问我们所建立的网站了。访问地址为 http://localhost/BizIdea/。

7.2 后 台 管 理

在本节，我们将重点学习动易 BizIdea 系统的后台管理功能。浏览者访问网站的前台可以获得各种新闻资讯、商品导购信息，浏览以及对商品下订单、支付货款、提交送货信息等。而后台则是网站的运营管理者进行全站运营管理的地方。在动易 BizIdea 系统的后台，网站管理者要进行网站信息配置、商品目录构建、商品添加管理、库存管理、订单处理、收款管理、送货处理以及实施各种促销活动等。

7.2.1 商店配置

下面我们将重点讲述如何配置商店的诸如是否允许游客购买商品、商品税率优惠类型、订单式站内短信等相关参数，同时对商店运营所需的银行账户、付款方式、送货方式、促销方案、厂商、品牌、包装、在线支付平台等管理设置一并进行说明，为网店的后续运营操作做好准备。

1. 商店参数配置

依次单击顶部"商店管理"→"商店设置"→"商店参数设置"，系统出现"商店参数配置"管理界面，如图 7.4 所示。在配置好商店相关选项参数后，单击页面底部"保存设置"功能按钮保存设置。

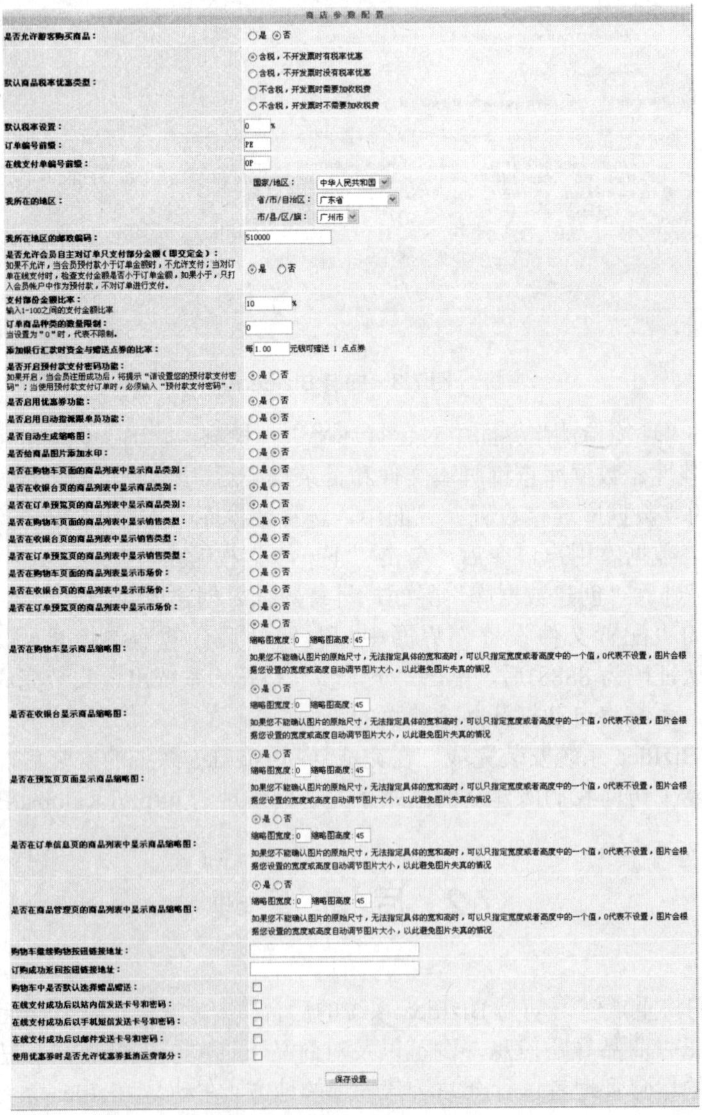

图 7.4　商店参数设置

2. 银行账户管理

在银行账户的管理功能中，BizIdea 系统允许用户添加和设置网店所使用的银行账户，以方便客户在选购商品并提交订单后能查阅和选择相应的银行账户进行付款。

(1) 银行账户管理：依次单击顶部"系统设置"→"银行账户管理"，出现"银行账户管理"界面，在管理界面中显示了账户名称、开户行、户名、账号/卡号、是否默认、已启用、常规操作、排序操作等信息，如图 7.5 所示。

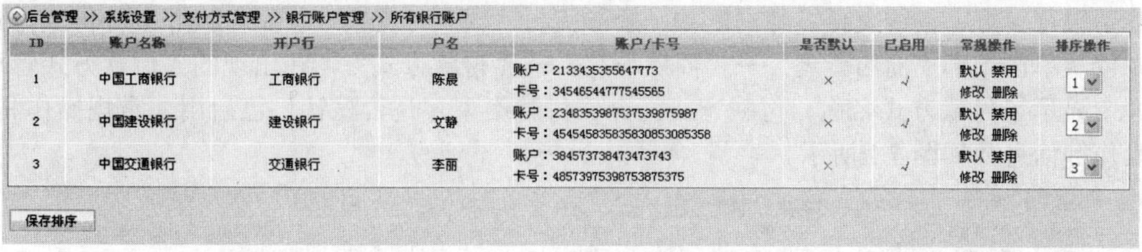

ID	账户名称	开户行	户名	账户/卡号	是否默认	已启用	常规操作	排序操作
1	中国工商银行	工商银行	陈晨	账户：2133435355647773 卡号：34546544777545565	×	√	默认 禁用 修改 删除	1 ∨
2	中国建设银行	建设银行	文静	账户：23483539875375398759987 卡号：4545458358358308530085358	×	√	默认 禁用 修改 删除	2 ∨
3	中国交通银行	交通银行	李丽	账户：38457373847347373743 卡号：48573975398753875375	×	√	默认 禁用 修改 删除	3 ∨

保存排序

图 7.5　银行账户管理

其中，"常规操作"列中提供了设为默认、禁用、修改和删除等管理功能链接；"排序操作"列中提供了银行账户的排序功能。单击"常规操作"列中的相应功能链接，可以对已添加的银行账户进行设为默认、禁用、修改和删除等管理。

(2) 添加银行账户：在左侧的"银行账户管理"中单击"添加银行账户"功能链接，在出现的"添加银行账户"界面中填写店家的账户名称、开户行、户名、账户、卡号、银行图标、账户说明信息，如图 7.6 所示。

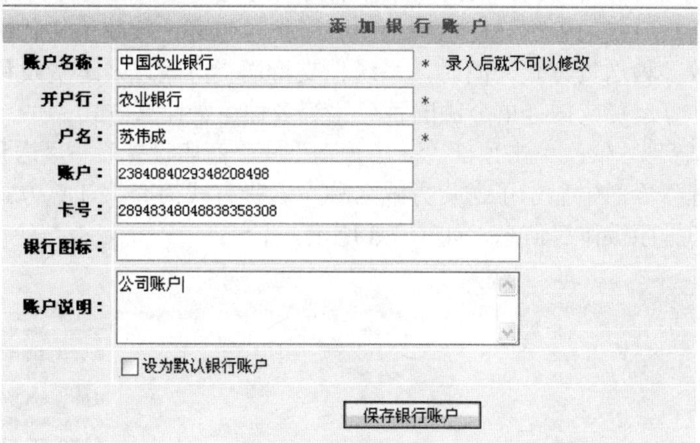

图 7.6　添加银行账户

若同时勾选底部"设为默认银行账户"选项，则保存时将此账户设置为网站中默认的账户。填写完相应的参数后单击"保存银行账户"按钮以保存账户信息，系统出现成功提示信息，单击"返回上一页"功能链接返回"银行账户管理"界面。

3. 在线支付平台管理

随着国内电子商务技术的不断发展与普及，在线支付已经成为网上购物的最重要付款方式。动易 BizIdea 系统的在线支付平台管理功能可以支持国内外的各种在线支付平台，并且系统内置了包括支付宝、财付通、快钱支付等在内的十多个在线支付平台接口。

依次单击顶部"系统设置"→"在线支付平台管理",在出现的"在线支付管理"界面中显示了在线支付名称、商户 ID、手续费率、是否默认、已启用、常规操作、排序操作等信息。

4. 付款方式

客户在前台购买商品时,将根据商店所提供的付款方式进行付款。动易 BizIdea 系统默认内置了银行转账、在线支付、邮局汇款、余额支付、现金、支票、货到付款等多种付款方式。

依次单击顶部"商店管理"→"商店设置"→"付款方式",在出现的"付款方式管理"界面中显示了付款方式名称、付款方式简介、付款类型、是否默认、已启用、常规操作和排序操作等信息,如图 7.7 所示。

ID	付款方式名称	付款方式简介	付款类型	是否默认	已启用	常规操作	排序操作
1	在线支付	可以额外再享受9…	在线支付	√	√	设为默认 禁用 修改 删除	1
5	货到付款		其它		√	设为默认 禁用 修改 删除	2
3	银行转帐		其它		√	设为默认 禁用 修改 删除	3
2	余额支付		余额支付		√	设为默认 禁用 修改 删除	4
4	邮局汇款		其它		√	设为默认 禁用 修改 删除	5
6	现金		其它		√	设为默认 禁用 修改 删除	6
7	支票		其它		√	设为默认 禁用 修改 删除	7

图 7.7　付款方式管理

5. 送货方式

在商品交易过程中,送货方式及相应的运费计算是一件极为复杂的工作,动易 BizIdea 系统对此提出了合理的解决方案。根据国际标准的快递公司标准运费计算方式,动易 BizIdea 系统提供了商品送货方式的管理功能,默认内置了挂号包裹、邮政快递、快递、送货上门、自取、网上下载等多种送货方式。同时,系统也支持送货方式以及运费及税率自定义,提供了免费、按重量计算运费或按订单金额的百分比等多种运费计算方式。

(1) 送货方式管理。依次单击顶部"商店管理"→"商店设置"→"送货方式",在出现的"送货方式管理"界面中显示了送货方式名称、送货方式简介、计算方式、是否默认、已启用、常规操作和排序操作等信息,如图 7.8 所示。

ID	送货方式名称	送货方式简介	计算方式	是否默认	已启用	常规操作	排序操作
1	邮政平邮	免费	免费		√	设为默认 禁用 修改 删除	1
2	邮政快递	免费	免费		√	设为默认 禁用 修改 删除	2
3	EMS快递	免费	免费		×	设为默认 启用 修改 删除	3
4	送货上门	免费	免费		√	设为默认 禁用 修改 删除	4
5	自取	免费	免费		√	设为默认 禁用 修改 删除	5
6	网上下载	免费	免费		√	设为默认 禁用 修改 删除	6

图 7.8　送货方式管理

(2) 添加送货方式:在左侧管理导航的"送货方式管理"中单击"添加送货方式"功能链接。在出现的管理界面中填写送货方式的名称和简介,设置运费、税率,选中"设为默认送货方式"复选框可将本送货方式设为默认的送货方式。

6. 厂商管理

顾客在浏览查看相关商品时,有时需要查看该商品的厂商信息。动易 BizIdea 系统提供的厂商管理功能可在后台预设和管理各商品所属厂商的信息,在添加商品时若选择已添加的厂商信息，则前台商品显示页中，系统将自动链接厂商信息的页面。

依次单击顶部"商店管理"→"商店设置"→"厂商管理"，在出现的"厂商管理"界面中显示了现有商品所对应的厂商信息，如图 7.9 所示。"操作"列中提供了修改、禁用、固顶、推荐、删除等管理功能。列表下方则提供了"删除选中的厂商"功能按钮，以方便对选中的厂商进行批量删除操作。在左侧管理导航中单击"添加厂商"功能链接。在出现的添加厂商功能页面中填写厂商名称，厂商缩写、地址、电话、电子邮件、厂商分类、厂商照片、厂商简介等内容，如图 7.9 所示。

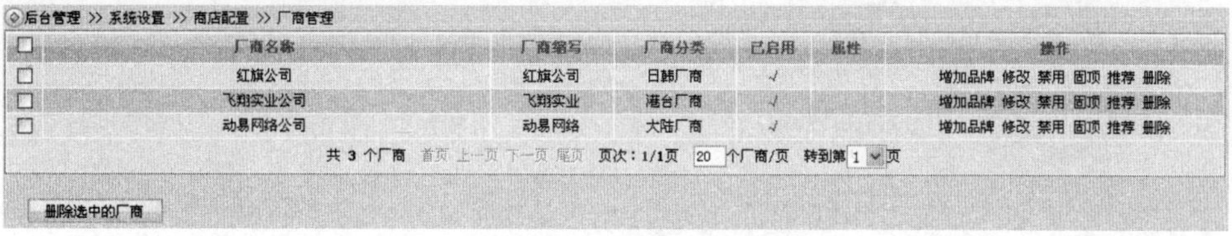

图 7.9　厂商管理

7. 包装管理

不同的商品选择的包装也不同，有时商家会分别计算产品与包装的重量以计算运费(货物总重量=包装自重量+货物自重量)。在系统的包装管理中，除了设置商品自身的重量外，系统也可以把包装的重量计算在产品内。当客户在前台订购商品的同时还选择了需要包装时，系统会根据商品的重量来自动计算选择哪个包装，然后将该包装的重量加到总重量中以计算运费。

在左侧管理导航中单击"添加包装"功能链接，在出现的添加包装功能页面中填写包装名称，包装自重量、包装使用条件等内容，如图 7.10 所示。

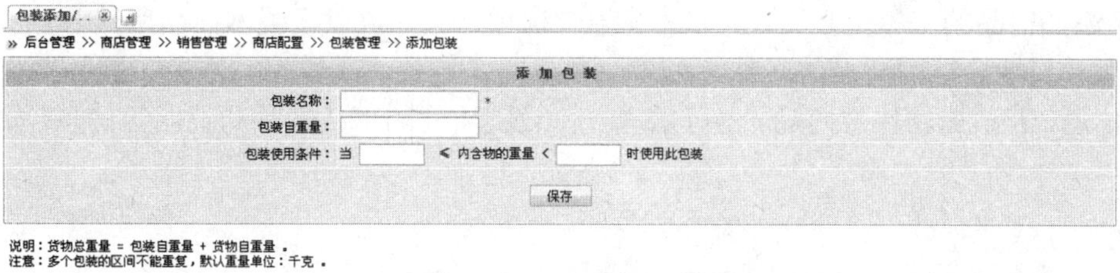

图 7.10　添加包装

8. 商品栏目管理

一个电子商务网站往往拥有非常多的商品，这些商品被分门别类地摆放在不同的目录中，以便顾客能够根据商品分类目录来寻找自己所需要的商品。动易 BizIdea 系统拥有强大的商品栏目管理功能，实现了对大量商品的分类栏目展示。

依次单击"系统设置"→"节点管理"→"添加栏目节点"，在出现的管理界面中显示了基本信息、栏目选项、模板选项、收费设置、前台样式、生成选项、权限设置、自设内容等选项卡，如图 7.11 所示。

在"基本信息"选项卡中，在"所属栏目"下拉框中选择本节点所属的栏目，填写栏目名称、标识符和目录名。在"模板选项"选项卡中，单击"浏览"按钮选择本节点的栏目首页模板、栏目列表页模板，选择内容模型。其他选项卡中的信息可以保持系统默认设置，设置好后单击底部的"添加"按钮以添加栏目节点。

图 7.11　添加栏目

9. 商品管理

在商品管理中，系统尽可能人性化设计其管理体系，你可以随时添加、修改、删除和移动多种类型的商品信息，并可随时对单个或多个商品进行批量删除、停止销售、取消推荐、价格变动、批量移动等管理操作。

1) 添加商品

依次单击顶部的"商店管理"→"商品管理"，在管理界面的左侧导航中，点选商店节点名后单击鼠标右键，点选"添加商品"功能链接，出现"添加商品"管理界面。

(1) 添加商品的基本信息：在"基本信息"选项卡中，可以设置本商品所属节点、所属专题、类型、属性，填写商品的名称、编号、条形码、单位、关键字、重量、服务期限、销售操作等信息，若添加软件类商品，还可以进一步设置软件的下载地址和说明等信息，如图 7.12 所示。

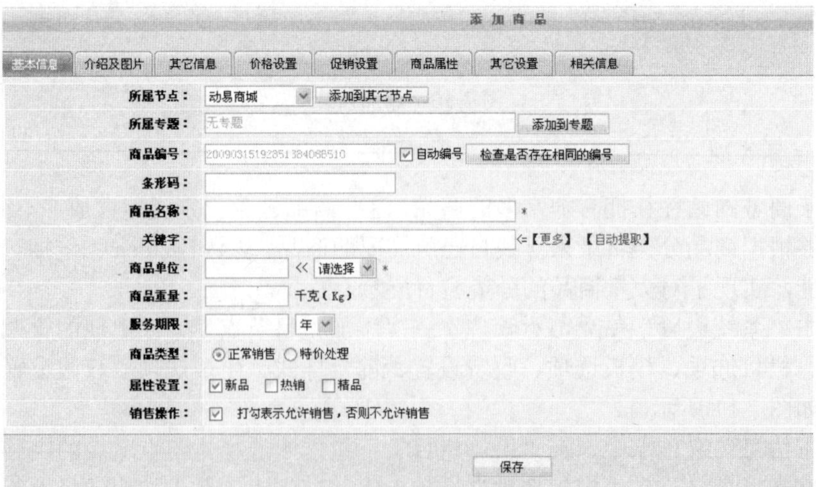

图 7.12　添加商品的基本信息

重要参数说明如下。

所属节点：设定当前商品是否从属于某一个或多个栏目节点。若在左侧节点树中选择了某一节点后单击鼠标右键添加信息，则此处将显示其所属节点名。你可以单击"更换节点"按钮随时更换本商品所属的节点。

所属专题：设定当前商品是否从属于某一个或多个专题节点。

商品编号：默认显示系统生成的商品编号，去掉"自动编号"复选框则由用户自行编号。系统提供了"检查是否存在相同的商品编号"功能按钮，以检查并防止因用户自行添加编号而造成相同的商品编号。

条形码：输入用于商品自动识别的条形码信息。

关键字：用于显示前台相关商品中的内容，关键字相同的商品会显示在"相关商品"列表中。可输入多个关键字，中间用"|"隔开。不能出现"*?,.()"等字符。

商品单位：填写本商品的单位(如"套")。若之前填写过商品单位，则系统自动保存并通过下拉框方式供你快速选择操作。

商品重量：商品的重量主要是当送货方式设为"按重量计算运费"时以计算运费(如果该商品不需要运费，则保持空或填写0)。

服务期限：设置商品的服务期限(以年、月或日为单位)。

商品类型：设置商品为正常销售或特价处理类型。

属性设置：设置商品为新品、热销或精品等属性，以方便在前台归类调用与显示。若添加的商品为软件商品，填写软件的下载地址和说明等信息。

销售操作：若勾选本项则本商品允许立即销售(即在前台可查看和购买本商品)。

(2) 添加商品的介绍及图片：在"介绍及图片"选项卡中可以设置本商品前台显示的信息介绍及图片，如图 7.13 所示。

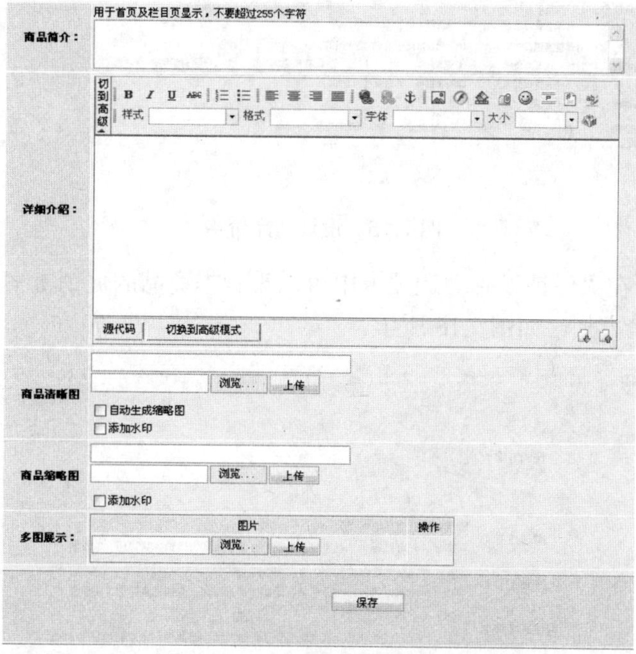

图 7.13　添加商品的介绍及图片

(3) 添加商品的其他信息：在"其他信息"选项卡中，可以设置本商品的生产商、品牌/商标、前台库存计算方式、库存数量、库存报警下限、商品税率、商品推荐等级等相关信息，如图 7.14 所示。

生产商：	［列表］
品牌/商标：	［动易］【列表】
缺货时允许购买：	☐ 打勾表示缺货时允许购买，否则缺货时不允许购买
限购数量：	0　0为不限制，大于0时，此商品不允许批发
最低购买数量：	0　0为不限制，大于0时，此商品的最低购买数量为设定的数量
库存数量：	1000
库存报警下限：	10
前台库存计算方式：	◉ 实际库存　○ 虚拟库存（下订单时扣除）　○ 虚拟库存（支付订单时扣除）
税率设置：	○ 含税，不开发票时有税率优惠　○ 含税，不开发票时没有税率优惠　○ 不含税，开发票时需要加收税费　○ 不含税，开发票时不需要加收税费
商品税率：	0　%
商品推荐等级：	★★★
	保存

图 7.14　添加商品的其他信息

(4) 设置商品价格：在"价格设置"选项卡中可以设置本商品的零售价、会员价以及是否允许批发和单独销售等选项内容，如图 7.15 所示。

基本信息　介绍及图片　其它信息　价格设置　促销设置　商品属性　其它设置　相关信息

市场参考价：	元　仅供消费者购买此商品时参考的市场零售价，一般可以得比当前零售价高一些。
当前零售价：	元 * 商店销售此商品时的价格。一般在前台显示为"***商店价"。游客购买时以此价格为准。会员及代理的折扣计算以此为基数。
会员零售价：	◉ 会员组折扣率　使用会员组中设定的折扣比率。 ○ 统一会员价格　会员价：□元　所有会员都以此为准，不区分组别。 ○ 详细设置会员价　详细设置每个会员组的价格。
代理商价格：	◉ 代理商组折扣率　使用代理商组中设定的折扣比率。 ○ 统一代理商价格　代理商价：□元　所有代理商都以此为准，不区分组别。 ○ 详细设置代理商价　详细设置每个代理商组的价格。
批发价格设置：	☐ 允许批发
允许单独销售：	◉ 是　○ 否　如果不允许单独销售，请指定从属的商品。
	保存

图 7.15　设置商品价格

(5) 促销设置：在"促销设置"选项卡中可以设置本商品的促销方案、赠送点券/现金券以及购物积分的促销方式，如图 7.16 所示。

基本信息　介绍及图片　其它信息　价格设置　促销设置　商品属性　其它设置　相关信息

促销方案：	◉ 不促销 ○ 买 1 送 1 同样的商品 ○ 买 1 送 1 其他商品 …… ○ 买 就 送 1 同样的商品 ○ 买 就 送 1 其他商品 ……
赠送点券：	购买一件此商品可以得到 □ 点券 买满××元可得××点券等更多促销方案，请到"促销方案管理"中设置。
购物积分：	购买一件此商品可以得到 □ 积分 买满××元可得××积分等更多促销方案，请到"促销方案管理"中设置。
赠送现金券：	购买一件此商品可以得到 □ 元现金券 买满××元可得××元现金券等更多促销方案，请到"促销方案管理"中设置。

图 7.16　商品促销设置

(6) 商品属性设置：在"商品属性"选项卡中设置本商品的型号、规则、颜色、尺寸等属性。若添加商品的模型指定为多属性类型时，则可以设置本商品的多种属性及其相应的属性值。

(7) 其他设置：在"其他设置"选项卡中，我们可以设置商品的推荐级别、优先级、点击数(包括日、周、月点击数)、更新时间及本商品所使用的商品内容页模板，如图7.17所示。

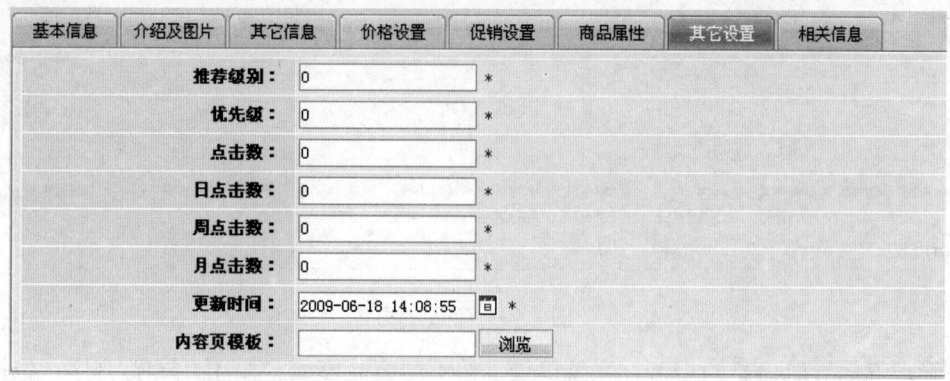

图7.17 商品其他设置

(8) 相关信息：在"相关信息"选项卡中，我们可以选择添加该商品的相关导购信息，如导购文章、商品资讯、商品配件等，可以将网站其他任何节点的文章、图片、下载、商品等信息添加到该商品的关联页面，如图7.18所示。

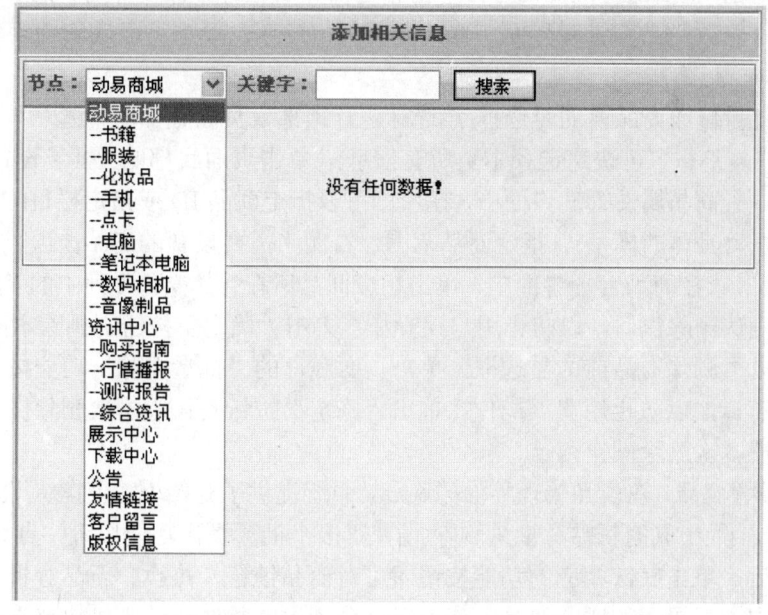

图7.18 添加商品的相关信息

2) 商品管理

动易BizIdea系统具有强大的商品管理功能，管理员拥有相关商品的管理权限后，即可进行修改、审核、移动、删除商品信息等管理操作。

依次单击顶部"商品"→"商品管理"功能链接，在出现的商品管理界面中，系统以分页列表的方式显示商品的名称、单位、库存、价格、类型、推荐级别、商品属性、销售中、已生成和操作等信息。其中，"商品属性"列以不同的文字表示本商品的属性(精：推荐精品；热：热门商品；新：推荐新品；图：有商品缩略图)；"操作"列提供单个商品的修改和删除功能链接，如图 7.19 所示。

图 7.19　商品管理

在管理界面导航信息的右侧，系统提供了按不同商品模型、按 ID 降序/升序、按推荐级别降序/升序、按优先级别降序/升序、按日单击数降序/升序、按周单击数降序/升序、按月单击数降序/升序、按总单击数降序/升序等信息排序的方式，以方便快速分类管理信息。

在管理界面底部，系统提供了开始/停止销售、设为/取消热卖、设为/取消精品、设为/取消新品、批量删除/设置等多个批量操作功能按钮。

(1) 修改商品：在商品管理界面中，单击相应商品所在行"操作"列中的"修改"功能链接，系统出现"修改商品"管理界面。修改好相关信息后，单击页面底部的"保存"按钮保存所做的修改。

点选所需批量修改商品前的复选框(点选标题行顶部或页面底部的"选中本页显示的所有项目"快捷操作复选框，可快速选择本页所有信息)，单击页面底部的"批量设置"功能按钮，在出现的批量设置商品属性管理界面中，在左侧可以指定商品 ID 或指定栏目(当选择栏目后，还可以指定选栏目具体的模型)、指定商品范围，右侧为需要设置的商品选项。

(2) 删除商品：在商品管理界面中，单击相应商品所在行"操作"列中的"删除"功能链接，系统弹出确认删除窗口，以防止用户误操作。单击"确定"按钮则删除本商品信息。

选中所需批量删除商品前的复选框，单击页面底部的"批量删除"功能按钮，系统弹出"确认删除"窗口，以防止用户误操作。单击"确定"按钮则执行本次删除操作，单击"取消"按钮则取消本次删除操作。

(3) 批量设置商品：在商品管理界面的底部，系统提供了开始/停止销售、设为/取消热卖、设为/取消精品、设为/取消新品、批量删除/设置等多个批量操作功能按钮。点选相应商品 ID 前面的复选框后，单击底部相应的功能按钮即可对商品销售、热卖、新品等批量管理进行操作。选中"选中本页显示的所有商品"或列表标题列中的复选框，则可快速选中本页显示的所有商品。

3) 商品库存管理

动易 BizIdea 系统提供库存管理功能，对所有入库、出库商品的单据进行详细记录以方便进行查询与分析。出库与入库是商店处理商品库存管理、库存核算以及销售管理的一种业务功能，可以方便利用单据编号对商品出库、入库的来源情况进行记录、跟踪与查询。

依次单击顶部的"商店管理"→"库存管理"，在出现的管理界面中，系统以分页列表的方式显示所有单据记录的编号、录入时间、录入者、备注和操作信息。其中"操作"列提供单据记录的查看明细、修改和删除功能链接。在左侧库存管理导航中，系统提供添加入库/出库单常规操作功能，提供根据所有库单、入库单、出库单快速查找功能和高级查询功能，如图 7.20 所示。

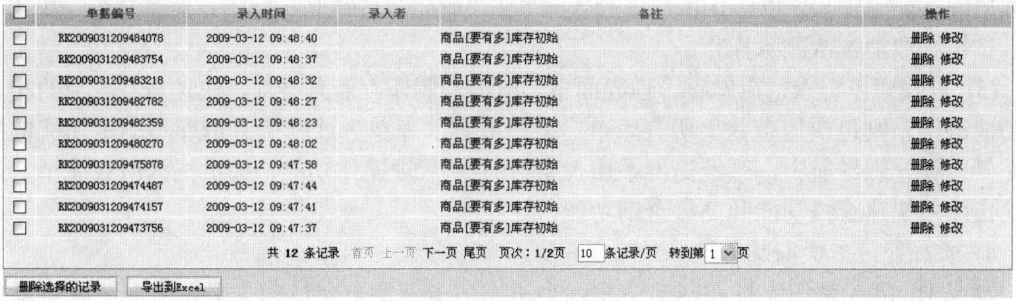

	单据编号	录入时间	录入者	备注	操作
☐	RK2009031209484076	2009-03-12 09:48:40		商品[要有多]库存初始	删除 修改
☐	RK2009031209483754	2009-03-12 09:48:37		商品[要有多]库存初始	删除 修改
☐	RK2009031209483218	2009-03-12 09:48:32		商品[要有多]库存初始	删除 修改
☐	RK2009031209482782	2009-03-12 09:48:27		商品[要有多]库存初始	删除 修改
☐	RK2009031209482359	2009-03-12 09:48:23		商品[要有多]库存初始	删除 修改
☐	RK2009031209480270	2009-03-12 09:48:02		商品[要有多]库存初始	删除 修改
☐	RK2009031209475878	2009-03-12 09:47:58		商品[要有多]库存初始	删除 修改
☐	RK2009031209474487	2009-03-12 09:47:44		商品[要有多]库存初始	删除 修改
☐	RK2009031209474157	2009-03-12 09:47:41		商品[要有多]库存初始	删除 修改
☐	RK2009031209473756	2009-03-12 09:47:37		商品[要有多]库存初始	删除 修改

共 **12** 条记录 首页 上一页 下一页 尾页 页次：1/2页 [10] 条记录/页 转到第 [1▾] 页

[删除选择的记录] [导出到Excel]

图 7.20 商品库存管理

(1) 添加入库/出库单：在库存管理界面中，单击左侧库存管理导航"常规操作"中的"添加入库单"(或"添加出库单")功能链接，在出现的管理界面中，系统将自动分配一个单据编号，在填写录入时间、录入者和备注信息后，单击底部右侧的"添加商品"功能链接。在弹出的窗口中点选一个或多个与本单据对应的商品名后，单击"返回"按钮，系统出现所选择商品的名称、编号、单位、数量、价格和删除操作功能链接，以方便进一步修改商品的信息。单击页面底部的"保存"功能按钮以保存库单信息，如图 7.21 所示。

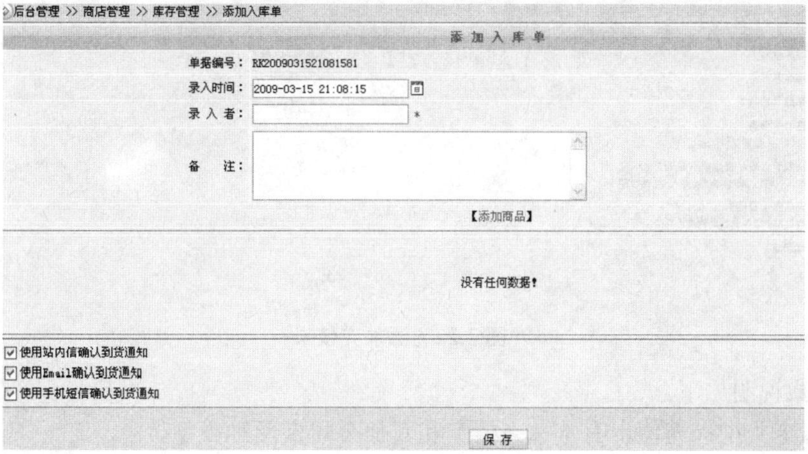

```
后台管理 >> 商店管理 >> 库存管理 >> 添加入库单
```

添加入库单

单据编号：RK2009031521081581
录入时间：2009-03-15 21:08:15
录 入 者：[   ] *
备   注：[   ]

【添加商品】

没有任何数据！

☑ 使用站内信确认到货通知
☑ 使用Email确认到货通知
☑ 使用手机短信确认到货通知

[保存]

图 7.21 添加入库单

入库/出库单记录，在商品及订单的相应操作过程中系统将自动进行记录。例如，在添加商品、促销礼品时，系统自动添加入库单，处理订单发货、发充值卡时，系统自动添加出库单等。

(2) 查看库单明细：在库存管理界面中，单击单据记录"操作"列的"查看明细"功能链接，系统在管理界面的底部提供本库单的商品名称、编号、单位、数量、单价、金额以及本库单合计金额等明细列表信息。

(3) 修改库单明细：在库存管理界面中，单击单据记录"操作"列的"修改"功能链接，在出现的管理界面中修改相应的选项信息后，单击页面底部的"保存"功能按钮以保存修改。

(4) 删除库单记录：在库存管理界面中，单击单据记录"操作"列的"删除"功能链接，系统弹出确认删除窗口，以防止用户误操作。单击"确定"按钮则删除本库单记录。

点选所需批量删除商品前的复选框，单击页面底部的"删除选择的记录"功能按钮，系统弹出确认删除窗口，以防止用户误操作。单击"确定"按钮则执行本次删除操作，单击"取消"按钮则取消本次删除操作。

(5) 查找库单记录：在库存管理界面中，单击左侧库存管理导航"快速查找"中的相关库单功能链接，则可快速查找"所有库单"、"所有入库单"或"所有出库单"等功能链接，在左侧库存管理导航中，系统提供添加入库/出库单常规操作功能，提供根据所有库单、入库单、出库单快速查找功能和高级查询功能。

4) 添加充值卡类商品

动易 BizIdea 系统支持在网站中发行会员充值卡商品。会员购买了充值卡后就可以自行登录会员中心，输入卡号和密码对自己的账户进行充值(在数据库中保存的充值卡密码都是经过 MD5 加密的)，且充值卡充值的所有操作都有明细记录以供查询。

(1) 添加充值卡：依次单击顶部的"商品"→"充值卡管理"，在左侧管理导航"常规操作"中单击"添加充值卡"功能链接，在出现的"添加充值卡"界面中填写好相关参数后，单击"添加"按钮即可添加充值卡，如图 7.22 所示。

添加充值卡	
充值卡类型：	⊙ 本站充值卡　购买者得到卡号和密码后，可以直接在本站进行充值 ○ 其他公司卡　购买者得到卡号和密码后，需要去相关公司或网站进行充值
充值卡所属商品： 商店中的某张点卡类商品可以对应多张实际的充值卡，会员在购买点卡类商品后，可以通过"获取虚拟充值卡"来得到这里输入的卡号和密码。	不通过商店销售
添加方式：	⊙ 单张充值卡　○ 批量添加充值卡
充值卡卡号：	建议设为10~15位
充值卡密码：	建议设为6~10位
充值卡面值： 即购买人需要花费的实际金额	元
充值卡点数、资金或有效期： 购买人可以得到的点数、资金或有效期	500　点
充值截止日期： 购买人必须在此日期前进行充值，否则自动失效	2010-03-15
代理商：	
	添加

图 7.22　添加充值卡

重要参数说明如下。

① 充值卡类型：充值卡有本站充值卡和其他公司卡两种类型。

a. 本站充值卡：购买者得到卡号和密码后，可以直接在本站进行充值。

b. 其他公司卡：购买者得到卡号和密码后，需要去相关公司或网站进行充值。

② 充值卡所属商品：选择本充值卡所从属的商品。若你使用的程序版本中没有商店，充值卡就不能通过商店进行销售(即不通过网站中的商店销售)。

(2) 批量生成充值卡：单击左侧管理导航"常规操作"中的"批量生成充值卡"功能链接，在出现的"批量生成充值卡"界面中填写好相关参数后，单击"添加"按钮即可批量生成充值卡。

重要参数说明如下。

自定义充值卡号码(或密码)：填写自定义的充值卡号码(或密码)，格式为"PE???###?#*"。每个? 代表一个英文字母，# 代表一个数字，* 代表一个英文字母或数字(自定义符号必须是半角)。

(3) 充值卡管理：依次单击顶部的"商品"→"充值卡管理"，在出现的"充值卡管理"界面中显示了充值卡类型、卡号、面值、点数、截止日期、所属商品、状态、使用者、充值时间、代理商、操作等信息。单击"操作"列中的"修改"或"删除"功能链接，可对本充值卡进行修改或删除操作。

5) 批量编辑商品

系统除了提供商品管理中的批量设置功能外，还提供了更为强大的商品批量编辑(商品及属性选择)功能，以方便批量编辑分布在各栏目但属于同一商品模型的商品。

重要参数说明如下。

(1) 商品模型选择：选择所需批量编辑的商品模型。

(2) 查询条件：查询条件选择为"无"则可以选择本模型中的所有商品。若在内容框中输入关键词，例如商品名称、价格范围或商品 ID，然后单击"查询"按钮则查询本模型中相关关键词的商品。

(3) 选择商品：点选所需批量编辑的商品。在左侧"待选列表"内容框中点选商品名(按住 Shift 或 Ctrl 键可以单选或多选商品名)，单击">>"按钮后，即将选中的商品放入"选定列表"内容框中。同时也可以随时通过"<<"按钮去除"选定列表"内容框中的商品。

(4) 需要编辑的字段：点选本模型中所需要编辑的字段(按住 Shift 或 Ctrl 键可以单选或多选字段名)。

(5) 编辑方式：系统提供逐一编辑和统一编辑两种方式。

6) 商品批量导入

为了方便一次导入多个商品信息，系统提供了商品批量导入功能。依次单击顶部的"商品"→"商品批量导入"，出现商品批量导入(Excel 文件选择)管理界面。

设置好相应选项后，单击"下一步"按钮，系统出现商品批量导入(选择导入项)管理界面。在界面中，左侧为 Excel 文件中的信息，右侧为相应商品模型的字段。点选相应的 Excel 文件信息，使之与字段相对应后，单击"导入"功能按钮导入商品数据，如图 7.23 和图 7.24 所示。

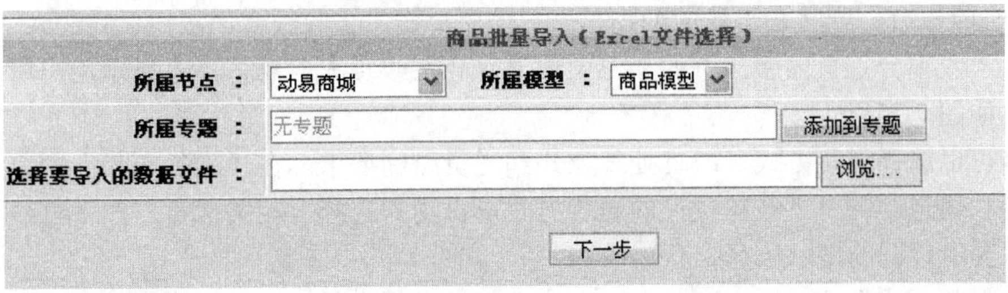

图 7.23 商品批量导入(Excel 文件选择)

图 7.24　商品批量导入(选择导入项)

7.2.2　前台浏览、购物

当网店设置完且商品添加完毕之后，网站就可以对外发布并开展商品的销售工作了。顾客的商品购买行为一般包括以下流程：查看商品、放入购物车、去收银台、付款、收货。动易 BizIdea 系统提供了对顾客前台购物行为的完整支持。并且当顾客订购了商品以后，顾客还能登录"会员中心"对所订购的商品进行签收、管理相关订单、查询在线支付记录和收入/支出等明细记录、下载所购买的软件产品等各种操作。

1. 顾客的商品订购流程

在 BizIdea 系统中，顾客订购商品主要有以下 4 步流程。

(1) 选购商品：顾客在网站前台浏览商品时，单击"购买"按钮或链接就可以看到"我的购物车"页面，在"我的购物车"页面中除了显示会员的用户名、资金余额、积分等用户信息外，还以列表的方式显示用户所订购商品的购买状态、名称、单位、数量、类别、销售类型、市场价、实价和金额。

(2) 去收银台：顾客在"我的购物车"页面中单击"去收银台"按钮后将进入"收银台"页面。在"收银台"页面中，页面上方主要显示相关收货人信息，下方显示用户所订购的商品信息，如图 7.25 所示。

顾客可以选择送货方式、缺货处理方式和送货时间要求。在"送货方式"中，系统显示挂号包裹、快递、网上下载等预设的送货方式以供用户选择，相关送货方式下将显示管理员在系统后台所设置的提示信息。

在"付款方式"中，用户可以选择在线支付、余额支付、银行转账或邮局汇款等预设的多种付款方式。如果需要发票，则需填写相关发票信息、发票抬头、商品名称、发票金额等，并可填写订货留言。

在"确认订单"按钮下方显示用户所订购的商品信息，同时显示购买本商品所得的积分、点券、运费及商品总价等信息。若订购本商品有相关促销或赠送，则将进一步显示订购商品

所得到赠送的总数(包括该商品的促销所赠送的和在某一促销时间范围内所达到的某一促销方案所赠送的点券和积分等总和)等信息。

　　用户在填写和设置相关选项后，单击"确认订单"按钮以确认订单。

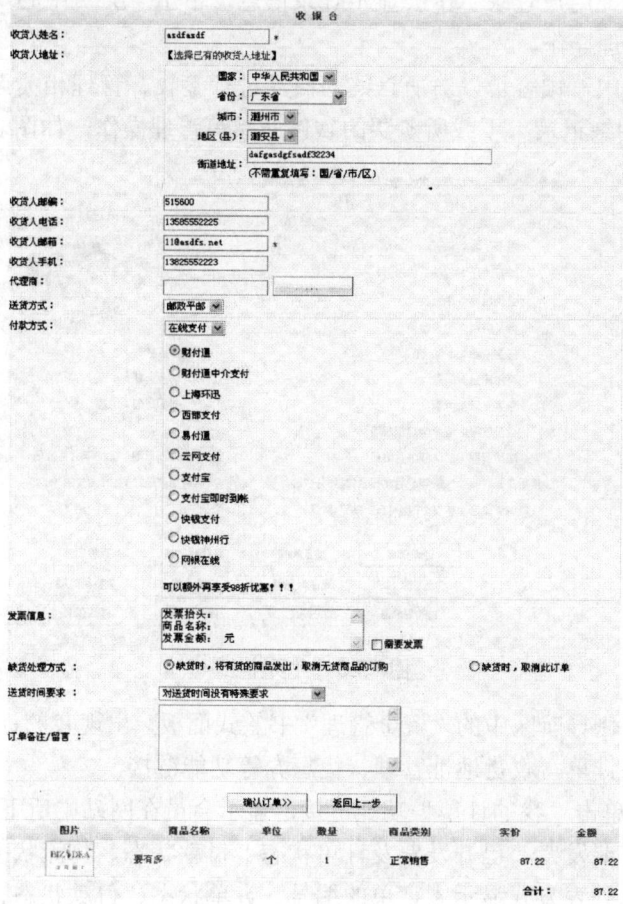

图 7.25　收银台

　　(3) 确认订单信息：在"确认订单信息"界面显示相关收货人信息与所订购商品的信息，用户在确认上述信息无误后，单击"马上提交订单"按钮以提交订单。若信息有误，客户可单击"返回修改收货人信息"按钮，重新修改相关信息后再进行操作。

　　(4) 提交订单：在"确认订单信息"界面中单击"马上提交订单"按钮，则出现订购成功页面，用户可根据本页面提示的订单编号等信息在"会员中心"查询订单的处理情况。订购成功界面会因用户在"收银台"选择"送货方式"的不同而有所差异。

　　① 若用户选择了"在线支付"的支付方式，系统将显示在线支付操作界面，用户可单击"确认支付"按钮，进入相应的在线支付界面进行在线支付操作。

　　② 若用户选择了"余额支付"的支付方式，则系统将显示用户的余额信息并可进行余额支付操作。

　　若用户选择了"银行转账"、"邮局付款"等支付方式，则用户在查看订单信息后可进一步返回商城首页继续选购商品。

2. 会员自助订单管理

在网站首页的"用户登录"中填写所注册的用户名与密码后,单击"登录"按钮即可登录。在登录成功后,"用户登录"中会显示登录信息,单击"会员中心"功能链接即可进入会员中心进行相关管理操作。

在"会员中心"中,顾客可以对所订购的商品进行签收、管理相关订单、查询在线支付记录和收入/支出等明细记录、下载所购买的软件产品等管理操作,如图 7.26 所示。

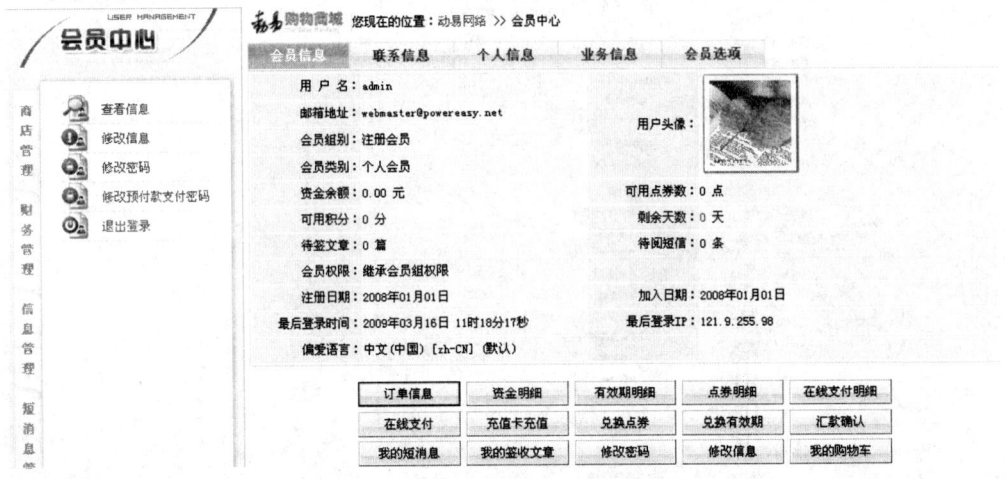

图 7.26　会员中心

单击会员中心左侧导航区中的"资金管理"书签式面板,出现我的订单、资金明细记录、在线支付记录、合并订单、收货地址管理、优惠券等功能链接。

(1) 我的订单:单击"我的订单"功能链接,显示会员在网站中所下订单的编号、时间、金额、收款金额、需要发票、已开发票及订单状态、付款状态、物流状态等详细信息。单击订单编号,系统则以列表方式显示本订单的编号、订单状态、付款状态、物流状态等详细信息,如图 7.27 所示。

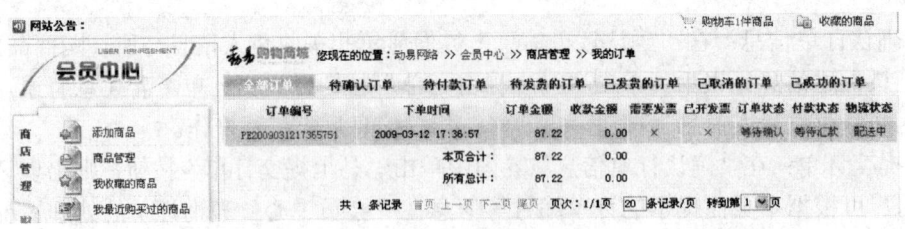

图 7.27　我的订单

在订单信息下方系统提供了众多的订单管理功能:单击"取消订单"功能按钮将取消本订单;单击"从余额中扣款支付"功能按钮,则可以利用会员账户中的资金余额支付本订单;单击"在线支付"功能按钮,可以以在线支付的方式支付本订单。当会员以"从余额中扣款支付"或"在线支付"支付订单费用,或单独汇款后由管理员处理并支付好订单后,系统将出现"签收"功能按钮取代以上 3 个功能按钮,在会员收到商品后,即可单击"签收"功能按钮签收物品。单击"添加反馈"功能按钮，可以填写本订单的反馈信息，在页面下方的选项卡中，会员可以分类查阅付款信息、发票记录、发退货记录、过户记录、服务记录、投诉记录、反馈记录等服务信息。

(2) 支付货款：若会员在购物流程中并没有支付货款，则可单击订单编号在查阅订单详情时，在管理界面中使用预付款支付、在线支付、汇款等方式支付本订单的货款。

若会员在网站账户中尚有资金余额，则可以使用预付款支付方式支付货款。单击页面下方"使用预付款支付"功能按钮，在出现的界面中显示了资金余额、支付内容、支出金额等信息，确认相关信息后单击"确认支付"功能按钮即可支付货款。支付成功后，将从现有的资金余额中扣除相应款项。

若会员选择在线支付方式支付货款，则单击页面下方的"在线支付"功能按钮，在出现的界面中选择支付平台后单击"下一步"按钮，在确认款项界面中确认支付金额后，单击"确认支付"功能按钮，系统将跳转到相应的在线支付平台，按各在线支付平台的操作要求进行在线支付操作。在线支付成功后系统将自动处理订单。

若会员已汇出货款，则单击页面下方的"我已汇款"功能按钮，在出现的界面中设置汇款的日期、金额、银行和备注等信息后，单击"汇款确认"功能按钮即可提交信息。管理员将核对汇款信息后处理订单。

(3) 合并订单：若会员在购物时，因购买多个商品而出现了多个重复订单，则可用系统提供的合并订单功能，将有重复内容的多个订单合并成一个订单，以方便会员和管理员进行查阅和管理。

(4) 记录查询：会员在网站产生消费行为后，相关订单与资金消费情况都将记录在会员中心相关明细记录里。在商城管理中，会员可以查阅收入、支出、在线支付及点券、积分、有效期等明细记录。

(5) 下载列表：若会员购买的是软件类商品，则在会员支付订单货款后，可以从"下载列表"中下载所购买的软件。

(6) 收货地址管理：会员可以在会员中心预置收货地址，以便在订购商品时不用频繁输入收货地址从而加快物品订购效率。

(7) 优惠券：系统在商店管理中提供优惠券功能，商家可以在商店管理中预设优惠券面值和优惠券应用方式及范围。会员在获赠优惠券后，即可在购买商品等操作中(如确认订单信息时)使用优惠券获得优惠。

7.2.3　后台订单管理

在商店购物的订购流程中，用户若递交了选购商品的订单，商家则可在后台的"订单处理"中查看到相关订单信息。BizIdea 系统提供了周全的订单处理流程，细致的订单处理流程和各种统计报表为分析用户提供了详细的数据。

1. 订单处理流程

在处理订单前先了解系统的订单处理流程。用户在前台订购商品并提交订单后，管理员在管理后台可以按以下流程进行操作：客户下单→修改订单→确认订单→添加汇款信息/添加支付信息→开通下载、发货，开发票→结清订单。

2. 查询订单

依次单击顶部的"商店管理"→"订单处理",在出现的管理界面中,系统以分页列表的方式显示了订单的编号、客户名称、用户名、下单时间、订单金额、收款金额、需要发票、已开票、订单状态、付款状态和物流状态等信息。

(1) 快速查找:单击快速查找中的相关管理链接,可以快速查找今天的新订单、所有订单、最近 10 天或一个月内的新订单信息,同时可以快速查找所有未确认、未付款、未付清、未送货、未签收、未开发票、未结清的订单信息,还可以快速查找已结清、已发货和已签收的订单信息。

(2) 高级查询:填写关键词后根据订单编号、客户名称、用户名、代理商、收货人、联系地址、联系电话、下单时间、备注/留言、商品名称或客户 QQ 等条件可以查找订单信息。

(3) 复杂查询:系统提供了复合条件下查询订单信息的复杂查询功能。

3. 添加订单

依次单击顶部的"商店管理"→"订单处理"→"添加订单",在出现的"添加订单"界面中填写相关信息后,单击"添加"按钮即可添加订单信息。在添加好订单后需要修改本订单以添加本订单所附属的商品。在修改订单的管理界面中单击页面底部的"添加商品"功能按钮所弹出的窗口中,系统会自动显示站内的商品,以供管理员快速点选添加用户所需的商品,如图 7.28 所示。

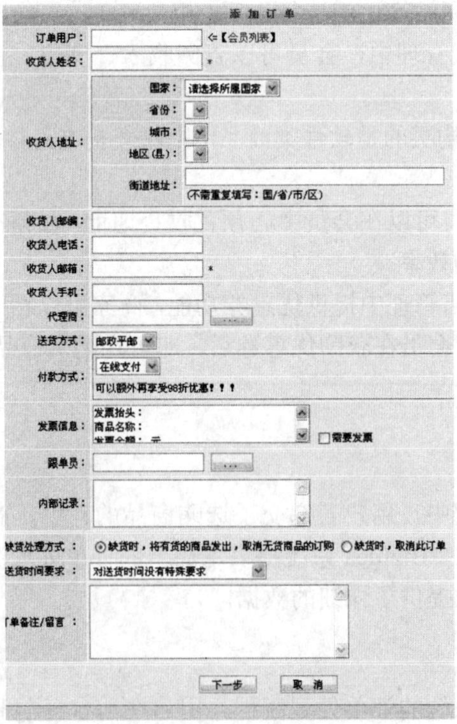

图 7.28　添加订单

4. 订单处理

系统提供强大的订单处理功能，管理员既可以查看、修改、确认订单，也可以对订单进行支付、结清、过户、指派跟单员等操作。

(1) 查看今天的新订单：单击左侧管理导航"快速查找"中的"今天的新订单"功能链接，在出现的"订单处理"功能界面中系统以分页列表的方式显示订单的编号、客户名称、用户名、下单时间、订单金额、收款金额、需要发票、已开票、订单状态、付款状态和物流状态等信息。

(2) 查看订单信息：在订单管理界面中，单击"订单编号"列中本订单的编号，出现"订单信息"管理界面，如图 7.29 所示。

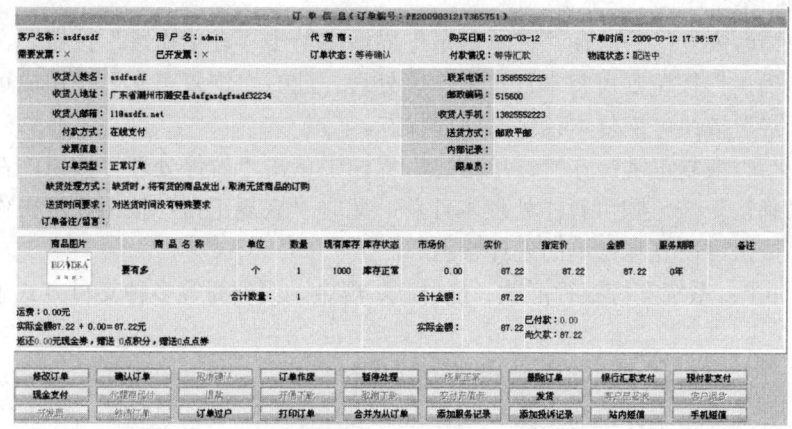

图 7.29 查看订单信息

(3) 修改订单：在"订单信息"界面中，单击"修改订单"按钮，在出现的修改订单信息功能界面中显示了会员填写的收货人信息和所订购的产品信息，如图 7.30 所示。在页面中提供了修改收货人的相关信息，更改会员所订购产品的数量、指定价、服务期限，可填写备注信息以备查询，还可以删除本订单，以及再添加商品。同时还可以重新修改运费计算方式，或手工指定运费等。

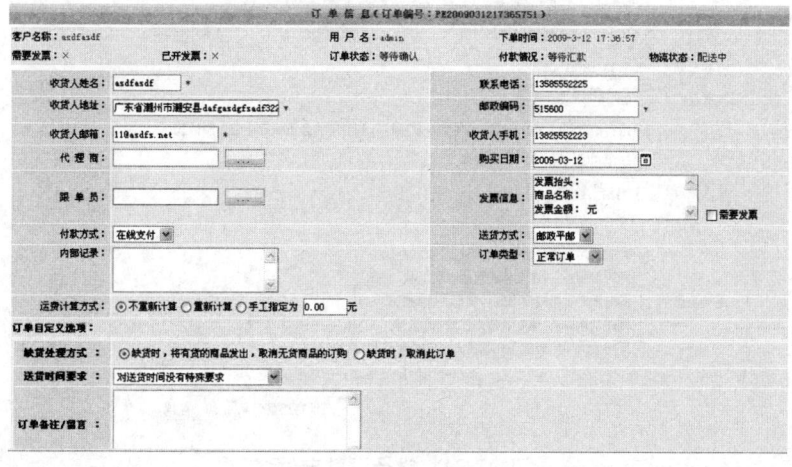

图 7.30 修改订单

(4) 确认/取消确认订单：在"订单信息"界面中单击"确认订单"按钮，系统弹出确认窗口，若确认订单无误则单击"确认"按钮，否则单击"取消"按钮。在确认窗口中还有以下 5 个通知会员提示选项。

① 同时使用站内短信通知会员订单已经确认。

② 同时使用 E-mail 通知会员订单已经确认。

③ 同时使用 E-mail 通知收货人订单已经确认。

④ 同时发送手机短信通知会员订单已经确认。

⑤ 同时发送手机短信通知收货人订单已经确认。

(5) 删除订单：在"订单信息"界面中单击"删除订单"按钮，出现的确认窗口中单击"确认"按钮则删除本订单。

(6) 订单作废/恢复正常：在"订单信息"界面中单击"订单作废"按钮，在出现的确认窗口中单击"确认"按钮则可将本订单做作废处理。此时"恢复正常"按钮成可操作状态，单击"恢复正常"按钮可恢复本订单的处理状态。

(7) 暂停处理/恢复正常：在"订单信息"界面中单击"暂停处理"按钮，在出现的确认窗口中单击"确认"按钮则可暂停处理本订单。此时"恢复正常"按钮成可操作状态，单击"恢复正常"按钮可恢复本订单的处理状态。

(8) 支付订单：系统支持银行汇款、预付款、现金、代理商等多种支付方式来支付本订单的金额。

① 银行汇款支付。会员以银行汇款的方式支付货款，管理员在收到会员货款后，以"银行汇款支付"方式支付本订单的货款。

在"订单信息"界面中单击"银行汇款支付"按钮，在出现的界面中填写汇款日期、汇款金额和备注信息，同时可以设置支付本订单时赠送的点券数。在选择汇入银行和通知会员提示选项后，单击"保存汇款信息"按钮，在出现的确认操作窗口中单击"确认"按钮，系统在自动记录汇款金额的同时支付订单货款，如图 7.31 所示。

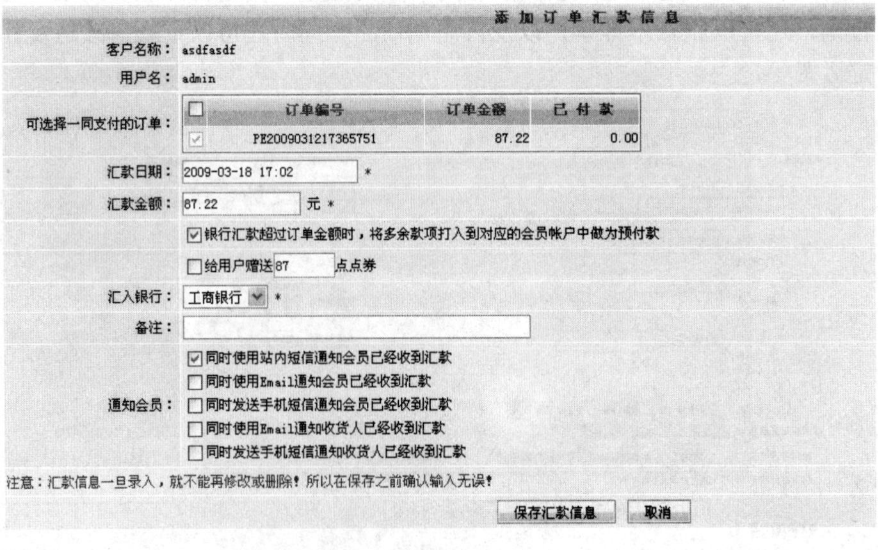

	添加订单汇款信息		
客户名称:	asdfasdf		
用户名:	admin		
	☐	订单编号	订单金额	已付款
可选择一同支付的订单:	☑	PE2009031217365751	87.22	0.00
汇款日期:	2009-03-18 17:02 *		
汇款金额:	87.22 元 *		
	☑银行汇款超过订单金额时，将多余款项打入到对应的会员帐户中做为预付款		
	☐给用户赠送87 点点券		
汇入银行:	工商银行 ▾ *		
备注:			
通知会员:	☑同时使用站内短信通知会员已经收到汇款		
	☐同时使用Email通知会员已经收到汇款		
	☐同时发送手机短信通知会员已经收到汇款		
	☐同时使用Email通知收货人已经收到汇款		
	☐同时发送手机短信通知收货人已经收到汇款		
注意：汇款信息一旦录入，就不能再修改或删除！所以在保存之前确认输入无误！			
		保存汇款信息 取消	

图 7.31 银行汇款支付

② 预付款支付。若本订单的会员本身账户中有余款(如通过用户管理中的相应功能对会员添加了银行汇款，或会员通过充值卡在本商店充值)，管理员就可以以"虚拟货币支付"方式支付本订单的货款。

在"订单信息"界面中单击"现金支付"按钮，在出现的界面中填写支出金额、备注信息和通知会员提示选项后，单击"确定支付"按钮，在出现的确认操作窗口中单击"确认"按钮，系统在自动记录汇款金额的同时支付订单货款，如图7.32所示。

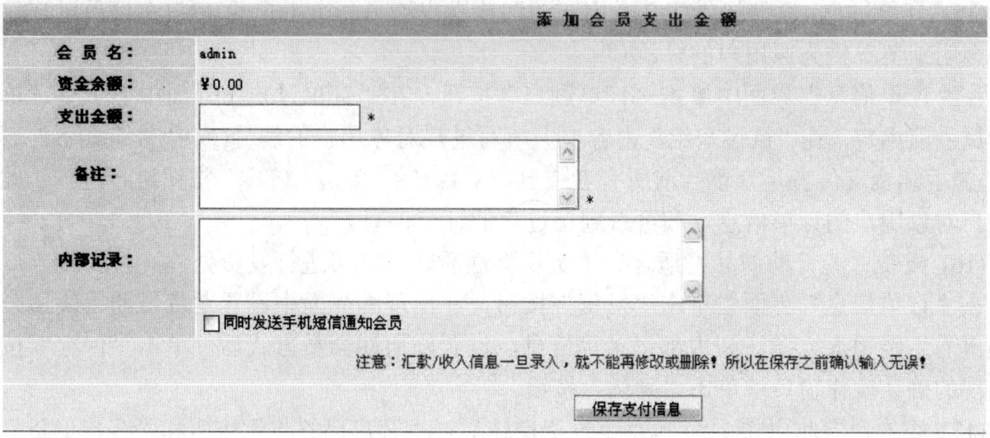

	添加会员支出金额
会员名:	admin
资金余额:	￥0.00
支出金额:	＿＿＿＿＿ *
备注:	＿＿＿＿＿ *
内部记录:	＿＿＿＿＿
	□同时发送手机短信通知会员
	注意：汇款/收入信息一旦录入，就不能再修改或删除！所以在保存之前确认输入无误！
	保存支付信息

图 7.32 添加会员支出金额

若会员所支出的金额不足货款时，则在订单处理界面或查看会员信息界面的订单信息中的"付款状态"列中显示"已收定金"字样。在本订单货款未付清前，"订单信息"界面中依然保留"银行汇款支付"和"虚拟货币支付"功能按钮。

③ 现金支付。若会员以现金方式支付本订单的货款，则在"订单信息"界面中单击"预付款支付"按钮，在出现的界面中填写收款日期、收款金额和备注信息后，单击"确定支付"按钮，在出现的确认操作窗口中单击"确认"按钮。

④ 代理商支付。若本订单在下单过程中已经选择了代理商，且代理商有足够的余额可以支付本订单，则在"订单信息"界面中单击"预付款支付"按钮，系统将自动由代理商支付结清本订单。

(9) 退款：若在订单结清货款后，但商品销售结束或者缺货，购买者又需要退款时，管理员可以通过"退款"方式将款项退还本订单的会员账户中。

(10) 交付充值卡：若本商品性质为"点卡"类，管理员可以通过"交付充值卡"功能按钮将会员所购买充值卡的卡号和密码发给会员。

在选择好通知会员的相关选项后，单击"确认交付充值卡"按钮，系统则向会员发送充值卡的卡号和密码，会员在会员中心则可查看相关充值卡信息。充值卡卡号和密码一旦交付就不能再收回。

(11) 开通/取消下载：若本商品性质为"下载"类，管理员可开通软件的下载地址，会员在会员管理中心即可下载到本类商品。

(12) 开发票：若会员在下订单时要求开具发票，则在本商品详细信息中有"开发票"的按钮。在商家开具发票后，在"订单信息"界面中单击"开发票"按钮，进入"录入开发票信息"界面，在其中填写好相关信息和设置通知会员提示选项后单击"保存"按钮，保存开发票的信息。

(13) 结清订单：若订单已全部结清，在"订单信息"界面中单击"结清订单"按钮以结清订单，界面顶部的"订单状态"由"已确认"变成"已结清"。

(14) 打印订单：在"订单信息"界面中单击"打印订单"按钮，在出现的订单界面中单击"打印"按钮即可打印本订单的信息。单击"查看订单"按钮可查看本订单的详细信息。

(15) 订单过户：系统提供将某个用户的订单过户给另一个用户的功能(在订单过户后相关的资金明细情况仍为原用户的)。

在"订单信息"界面中单击"订单过户"按钮，在"订单过户"界面中显示了订单编号与所属当前用户，在"欲过户给"内容框中填写过户对象用户的编号(或用户名)、备注、手续费(选择手续费支付者是订单当前所有者或过户对象)后，单击"确定"按钮进行过户。此时查看过户对象用户的订单信息，即可看到已过户的订单信息。

(16) 发货：若订购商品性质含有"实物"性质时，则可进行发货处理。

在"订单信息"界面中单击"发货"按钮，在出现的界面中设置发货日期、快递公司、快递单号、经手人、备注和内部记录等信息，设置好通知会员方式后，单击"保存"按钮，在出现的确认操作窗口中单击"确认"按钮。

(17) 客户已签收/退货：在执行了发货操作后，"客户已签收"按钮和"客户退货"按钮将变为可操作状态。当会员收到商品后或要求退货时，可单击"客户已签收"按钮和"客户退货"按钮，对本订单进行已签收和退货的操作。

(18) 合并订单：若同一会员下了多个订单，或要将多个订单合并处理，则可使用"合并订单"的功能合并多个订单。

进入订单处理页面后，单击"合并为从订单"按钮，在弹出的"合并订单"界面中有如下内容。

① 主订单：指将其他订单中的信息合并到本订单中，合并后保留本订单。

② 从订单：指将本订单中的信息合并到主订单中，合并后从订单将被直接删除。

③ 合并方式：可以选择对备注留言和内部记录的合并方式。选择"保存主订单的备注留言和内部记录"后，将保留主订单的备注留言和内部记录，从订单的不保留；选择"保存从订单的备注留言和内部记录"，将保留从订单的备注留言和内部记录，主订单的不保留；选择"保存主订单跟从订单的备注留言和内部记录"，主订单和从订单的备注留言和内部记录都会保留。

(19) 添加服务/投诉记录：若商家对订单客户进行了相关服务，或处理过订单商品的相关投诉事件，则可单击"添加服务记录"按钮和"添加投诉记录"按钮，记录相关服务和投诉的具体信息。在上述订单管理的过程中，系统详细记录了付款操作、开发票、发退货、订单过户、服务记录、投诉记录等相关操作。在订单信息页面底部，系统提供了付款信息、发票记录、发退货记录、过户记录、服务记录、投诉记录和反馈记录书签式面板分类显示相关记录，以方便商家及时查询相关信息。其中反馈记录为用户在会员中心查阅自己订单时所进行的操作。

5. 发货处理

依次单击顶部的"商品"→"发货处理"，在出现的管理界面中，系统以分页列表的方式显示订单的编号、用户名、收货人、收货人地址、邮政编码、联系电话、付款状态和物流状态等信息。

在"发货处理"管理界面左侧，系统既提供了按所有订单、未送货的订单、未签收的订单、已发货的订单或已签收的订单等功能链接快速查找订单，同时也提供了订单的高级查询功能，如图 7.33 所示。

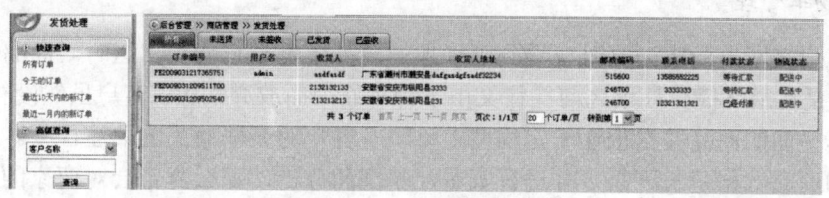

图 7.33 发货处理

当会员收到商品后，可在会员管理中心"商店管理"的"我的订单"中，单击订单编号进入该订单的详细信息列表界面，单击"签收"按钮(或在"发退货记录"选项卡中单击"签收"按钮)以签收本商品。

在发货后可隔一个星期左右回访用户是否已经收到商品。若已经收到，则在本订单的"此订单的发货及退货记录如下"中单击"用户已经签收"(或单击"用户已经签收"按钮)，将此订单置为"已签收"状态。此时发货处理的"订单信息"页面中"发货"按钮已变为"客户已签收"，同时在"物流状态"列中显示"已签收"。

6. 收货地址管理

系统提供了对注册会员所填写的收货地址信息的管理功能，如图 7.34 所示。

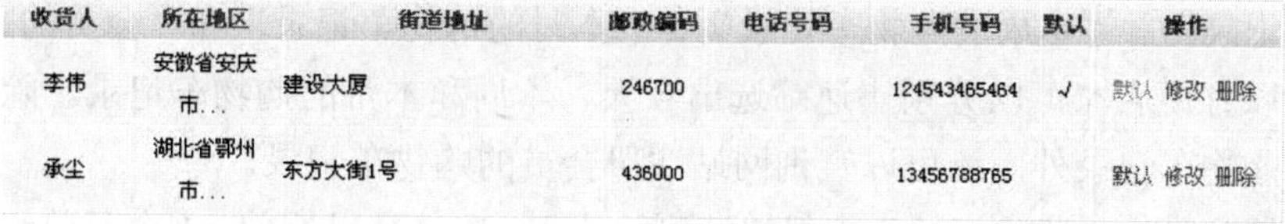

收货人	所在地区	街道地址	邮政编码	电话号码	手机号码	默认	操作
李伟	安徽省安庆市…	建设大厦	246700		124543465464	√	默认 修改 删除
承尘	湖北省鄂州市…	东方大街1号	436000		13456788765		默认 修改 删除

图 7.34 收货地址管理

在"收货地址管理"管理界面左侧，系统提供收货地址查询功能，在填写关键词后按用户名、收货人名、电话号码、手机号码、邮政编码、所在地区或街道地址搜索相关收货地址。

7. 管理员订单管理权限分配

工作效率的最大化意味着企业利益的最大化，系统实现了标准 RBAC(基于角色的访问控制)模型，让商家能分配不同的权限构建协同工作的环境，例如，建立商品管理、订单处理、财务等多个角色，并给他们相应的权限，如图 7.35 所示。

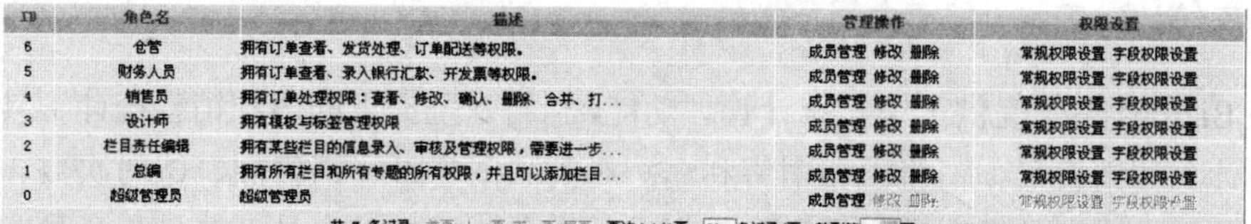

ID	角色名	描述	管理操作	权限设置
6	仓管	拥有订单查看、发货处理、订单配送等权限。	成员管理 修改 删除	常规权限设置 字段权限设置
5	财务人员	拥有订单查看、录入银行汇款、开发票等权限。	成员管理 修改 删除	常规权限设置 字段权限设置
4	销售员	拥有订单处理权：查看、修改、确认、删除、合并、打…	成员管理 修改 删除	常规权限设置 字段权限设置
3	设计师	拥有模板与标签管理权限	成员管理 修改 删除	常规权限设置 字段权限设置
2	栏目责任编辑	拥有某些栏目的信息查看、审核及管理权限，需要进一步…	成员管理 修改 删除	常规权限设置 字段权限设置
1	总编	拥有所有栏目和所有专题的所有权限，并且可以添加栏目…	成员管理 修改 删除	常规权限设置 字段权限设置
0	超级管理员	超级管理员	成员管理 修改 删除	常规权限设置 字段权限设置

共 7 条记录 首页 上一页 下一页 尾页 页次:1/1页 20 条记录/页 转到第 1 页

图 7.35 管理员订单管理权限分配

其中在"商店管理"中，可以详细设置模型中所有节点的查看、录入、审核、信息管理等权限。选中"商品管理"复选框后，单击右侧的"详细设置"功能链接，在弹出的窗口中显示了相应模型中所有节点及其权限复选框。勾选相应权限的复选框，本角色即具有相应节点的管理权限。

8. 购物车管理

很多客户在网上商店浏览时，看到感兴趣的商品会单击它购买，这时候商品就会先放进购物车，但是在最终提交订单之前往往又由于种种原因而放弃购买。客户虽然没有成功下单，但是购物车里面的商品数据也在一定程度上反映了客户对某些商品的关注程度。如果把这些购物车里的商品数据记录下来，并进行查看、整理和分析，那么肯定会对商家的运营决策起到一定的辅助作用。

若用户在商店中选择了商品后只放入购物车但并未将商品提交至收银台，用户在前台购物车的所有商品记录都会以列表形式汇总到购物车管理中，如图 7.36 所示。管理员通过单击查看到具体每个购物车的用户详细联系信息，购买时间，商品种类、价格、数量等信息。若是网站注册会员，在本管理界面中将进一步显示会员名及"手机催单"按钮，通过查阅这些信息，将有利于店家分析会员的购物意向，有针对性地开展主动销售。

购物车ID	用户名	催单	已催	时间	数量	预计金额（元）
14951df4-03eb-4893-b398-f763ffceb117				2009-03-17 15:37:47	1	89.00
46ca0978-2591-4daf-a382-5fbb881801ff	admin	手机催单	×	2009-03-16 11:18:53	1	89.00

共 2 条购物车记录 首页 上一页 下一页 尾页 页次:1/1页 20 条购物车记录/页 转到第 1 ∨ 页

图 7.36 购物车管理

(1) 快速查找：在左侧管理导航"快速查找"中，系统提供了"所有购物车记录"、"今天的购物车记录"、"本周的购物车记录"、"本月的购物车记录"和"会员的购物车记录"功能链接，以方便店家可以分别快速筛选出今天、本周和本月的购物车记录。除了以相应日期范围查询购物车记录外，还可以查询网站注册会员的购物车记录。

在左侧管理导航"清除记录"中能快速删除 1 天前、1 个星期前、1 个月前和 3 个月前的购物车记录。

(2) 手机催单：在左侧管理导航"快速查找"中单击"会员的购物车记录"功能链接，在出现的管理界面中，若是网站注册会员的购物车，则会在列表中显示用户名、"手机催单"按钮及催单状态。单击相应购物车记录催单列表中的"手机催单"按钮，系统转向"给会员发送手机短信"管理界面。

(3) 清除记录：若站内购物车记录较多则会占据较大的数据库空间，系统提供了清除一定日期范围内的购物车记录功能。

7.2.4 销售统计

动易 BizIdea 系统提供了销售统计管理功能，利用系统提供的多种销售统计工具可以对站内商品统计总体销售量、销售额和销售利润；对商品销售量、销售额、访问次数、购买次数进行排名分析；对商品类别销售量和销售额进行排名分析；对会员订单量和会员购物额进行排名；对商品访问次数与购买次数进行对比；分析会员购物规律。系统记录并提供了销售统计功能，统计各种产品的销售情况，为商家提供周全的销售分析，以便有针对性地调整灵活的销售策略。

依次单击顶部的"商店管理"→"销售统计"，在销售统计的下拉菜单中，系统提供了总体销售统计、销售额统计、商品销售量/销售额排名、商品访问购买率、商品类别销售排名、会员订单量排名、会员购物额排名、会员购物规律分析等功能链接，单击相应的功能链接即可查看相应的统计信息。

1. 总体销售统计

依次单击顶部的"商店管理"→"销售统计"→"总体销售统计"，在出现的管理界面中显示了客户平均订单金额、每次访问平均订单金额、订单转化率、注册会员购买率、平均会员订单量。

(1) 客户平均订单金额：总订单金额、总订单数、客户平均订单金额。总订单金额为已经付清的订单的金额总数，总订单数为已经付清的订单总数，客户平均订单金额为订单总额除以订单总数的值。

(2) 每次访问平均订单金额：分为总订单金额、总访问次数、每次访问平均订单金额。总订单金额为已经付清的订单的金额总数，总访问次数为所有商品的总单击数，每次访问平均订单金额为订单总额除以总访问数的值。

(3) 订单转化率：分为总订单量、总访问次数、订单转化率。总订单数为已经付清的订单总数，总访问数为所有商品的总单击数，订单转化率为总订单数除以总访问数的值。

(4) 注册会员购买率：分为有过订单的会员数、总会员数、注册会员购买率。有过订单的会员数为拥有已经付清订单的会员总数，总会员数为注册会员的总数，注册会员购买率为有过订单的会员数除以总会员数的值。

(5) 平均会员订单量：分为总订单数、总会员数、平均会员订单量。总订单数为已经付清的订单总数，总会员数为注册会员的总数，平均会员订单量为总订单数除以总会员数的值，如图 7.37 所示。

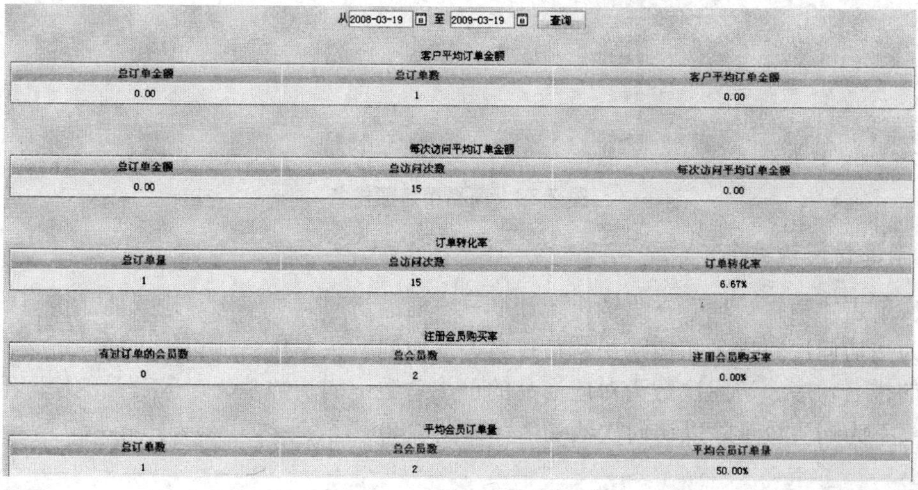

从 2008-03-19 至 2009-03-19 查询

客户平均订单金额

总订单金额	总订单数	客户平均订单金额
0.00	1	0.00

每次访问平均订单金额

总订单金额	总访问次数	每次访问平均订单金额
0.00	15	0.00

订单转化率

总订单量	总访问次数	订单转化率
1	15	6.67%

注册会员购买率

有过订单的会员数	总会员数	注册会员购买率
0	2	0.00%

平均会员订单量

总订单数	总会员数	平均会员订单量
1	2	50.00%

图 7.37　总体销售统计

211

2. 销售额统计

依次单击顶部的"销售管理"→"销售统计"→"销售额统计"，进入后会以报表的形式显示统计结果。在左边的导航栏中分为销售额按日统计、销售额按月统计。销售额按日统计即按查询条件设置的年月来统计当月的每天的销售额；销售额按月统计即按查询条件设置的年来统计当年 12 个月的销售额。

3. 商品销售量排名

依次单击顶部的"销售管理"→"销售统计"→"商品销售量排名"，在出现的管理界面中显示了名次、商品名称、单位、销售数量和销售金额，排列名次顺序默认为按商品销售数量排序。若单击"销售数量"可以按商品的销售数量的名次来排序；单击"销售金额"则可以按商品的销售金额的名次来排序，如图 7.38 所示。

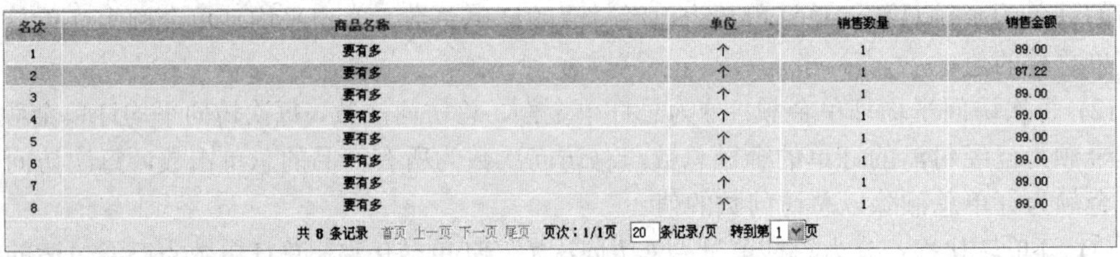

名次	商品名称	单位	销售数量	销售金额
1	要有多	个	1	89.00
2	要有多	个	1	87.22
3	要有多	个	1	89.00
4	要有多	个	1	89.00
5	要有多	个	1	89.00
6	要有多	个	1	89.00
7	要有多	个	1	89.00
8	要有多	个	1	89.00

共 8 条记录　首页 上一页 下一页 尾页　页次:1/1页　20 条记录/页　转到第 1 页

图 7.38　商品销售量排名

4. 商品销售额排名

依次单击"销售管理"→"销售统计"→"商品销售额排名"，在管理界面中显示了名次、商品名称、单位、销售数量和销售金额，排列名次顺序默认为按商品销售额排序，如图 7.39 所示。

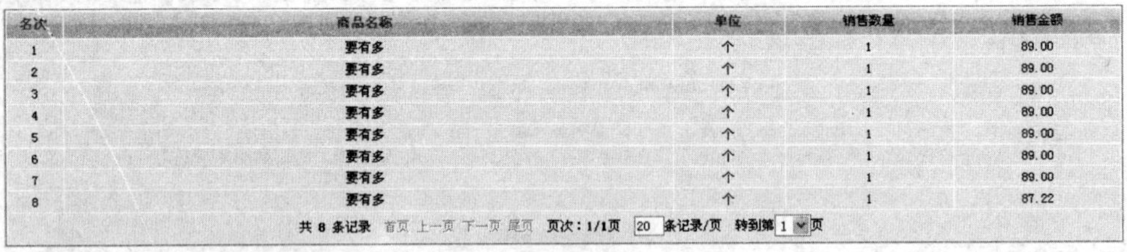

名次	商品名称	单位	销售数量	销售金额
1	要有多	个	1	89.00
2	要有多	个	1	89.00
3	要有多	个	1	89.00
4	要有多	个	1	89.00
5	要有多	个	1	89.00
6	要有多	个	1	89.00
7	要有多	个	1	89.00
8	要有多	个	1	87.22

共 8 条记录　首页 上一页 下一页 尾页　页次:1/1页　20 条记录/页　转到第 1 页

图 7.39　商品销售额排名

5. 商品访问购买率

依次单击"销售管理"→"销售统计"→"商品访问购买率"，进入商品访问购买率界面。分为按访问次数排名、按购买数量排名、按访问购买率排名，单击上面的链接，即可得到不同的排名顺序。访问次数为对应商品的单击总数；购买数量为对应商品的实际购买数；访问购买率为购买数量除以访问次数的值，如图 7.40 所示。

排名	商品名称	访问次数	购买次数	访问购买率
			按访问次数排名 | 按购买次数排名 | 按访问购买率排名	
1	要有多	1	1	100 %
2	要有多	1	1	100 %
3	要有多	1	1	100 %
4	要有多	1	1	100 %
5	要有多	1	1	100 %
6	要有多	1	1	100 %
7	要有多	1	1	100 %
8	要有多	4	1	25 %
9	要有多	1	0	0 %
10	要有多	1	0	0 %
11	要有多	1	0	0 %
12	要有多	1	0	0 %

共 12 条记录 首页 上一页 下一页 尾页 页次:1/1页 20 条记录/页 转到第 1 页

图 7.40　商品访问购买率

6. 商品类别销售排名

依次单击顶部的"销售管理"→"销售统计"→"商品类别销售排名",进入商品类别销售排名界面。分为按商品类别销量排名、按商品类别销售额排名,单击上面的链接,即可得到不同的排名顺序。类别名称为订单中购买的商品对应的商品模型,销售量为该模型下面的商品的购买总数,销售额为该模型下面的商品的购买金额总数。左侧管理导航中提供了查询时间设置,设置不同的时间可以统计不同时间段的数据。

7. 会员订单量排名

依次单击顶部的"销售管理"→"销售统计"→"会员订单量排名",进入会员订单量排名界面,如图 7.41 所示。会员订单量排名统计了所有有订单的会员及他们的订单数量,按照订单数量从高到低排序。

后台管理 >> 商店管理 >> 销售统计 >> 会员订单量排名

订单排名	会员名称	订单数量
1	liwei	1
2	admin	1

共 2 条记录 首页 上一页 下一页 尾页 页次:1/1页 20 条记录/页 转到第 1 页

图 7.41　会员订单量排名

8. 会员购物额排名

依次单击顶部的"销售管理"→"销售统计"→"会员购物额排名",进入会员购物额排名界面,如图 7.42 所示。会员购物额排名统计了所有有订单的会员及他们的订单总额,按照购物总额从高到低排序。

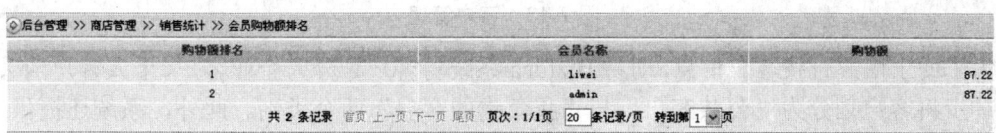

后台管理 >> 商店管理 >> 销售统计 >> 会员购物额排名

购物额排名	会员名称	购物额
1	liwei	87.22
2	admin	87.22

共 2 条记录 首页 上一页 下一页 尾页 页次:1/1页 20 条记录/页 转到第 1 页

图 7.42　会员购物额排名

9. 会员购物规律分析

会员购物规律分析功能提供了网站内的注册会员在指定时间范围内的购物清单,用于分析会员在一定时间范围内的购物规律。

依次单击顶部的"销售管理"→"销售统计"→"会员购物规律分析",即可进入会员购物规律分析界面。在页面的左侧管理导航中，系统提供了查询会员在一定时间内的购物信息的功能，选择相应的时间并填写要查询的会员名后，单击"查询"功能按钮，即可显示会员在指定时间内所购买的商品名称、购买数量和消费金额等购物清单信息。

7.3　客户关系管理

为了用更有效的方法来管理客户关系，为客户提供更经济、快捷、周到的产品和服务，保持和吸引更多的客户，以求达到企业利润最大化的目的，动易 BizIdea 系统内置了客户关系管理功能。

作为对电子商务网站客户关系管理的重要工具，动易 BizIdea 的客户关系管理功能的目的是通过不断改善客户关系、互动方式、资源调配、业务流程等方面，来降低运营成本、提高企业销售收入，并在立足企业利益的同时提高客户满意度。动易 BizIdea 系统的用户可以通过服务管理对客户所进行的相关服务进行及时跟踪回访和记录，以方便对服务进行跟踪和跟进。当然在网络平台上也可以通过短消息、手机短信、邮件列表等手段与客户保持联系，及时沟通。

7.3.1　客户管理

进入动易 BizIdea 系统后台，用户依次单击顶部的"客户关系管理"→"客户管理"功能链接，即可出现客户管理的功能界面。在这个界面里，能够进行添加、查看、修改、删除各种客户信息的操作，如图 7.43 所示。

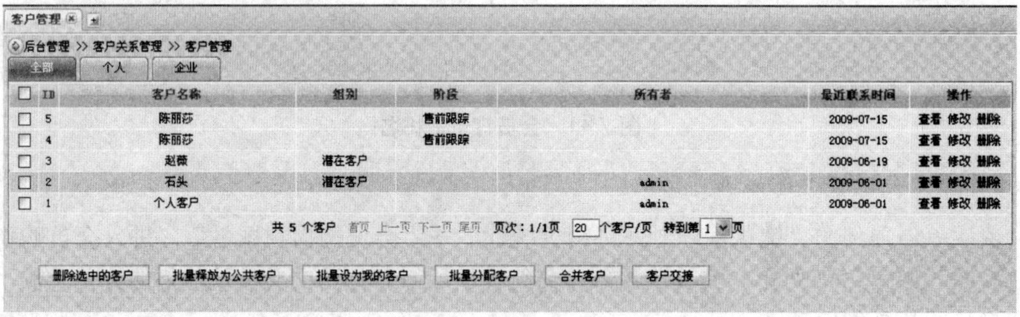

图 7.43　客户管理

为了便于用户查找客户信息，动易 BizIdea 系统将客户划分为企业客户、个人客户两大类，并进一步将客户划分为"公共客户"与"我负责的客户"两个类别。此外，系统还提供了客户组别、客户阶段与高级查询、复杂查询等功能。

1. 添加企业客户

单击左侧管理导航"常规操作"中的"添加企业客户"功能链接，在出现的添加客户信息界面中显示了所需填写的各项内容。为方便快速添加，相关客户信息内容被分成"基本信息"、"联络信息"、"企业信息"、"备注信息"等数个选项卡。我们可以依次单击选项卡进行客户信息的添加，如图 7.44 所示。

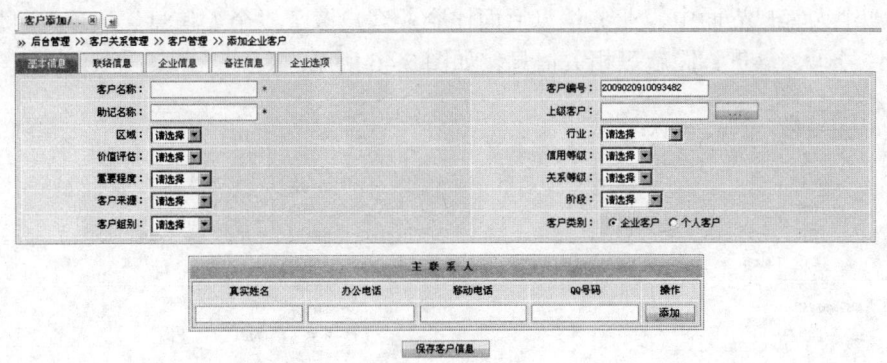

图 7.44　添加企业客户

(1) 基本信息：包含了客户名称、助记名称、区域、价值评估、重要程度、客户来源、客户组别、客户编号、上级客户等信息。其中区域、价值评估、重要程度、所属行业等在下拉框中选择的信息，可以通过数据字典管理来修改。

① 上级客户：如果客户之间有隶属关系(如教育局与学校、集团与所属企业)，则可单击"…"按钮，在弹出的窗口中查找并选择其上级客户。

② 价值评估：客户对本企业价值大小的评估。

③ 关系等级：客户与本企业之间关系的密切程度。

④ 阶段：企业对客户服务的过程阶段(如售前、合同执行期、售后等)。

⑤ 客户组别：指客户的分类(如潜在客户、普通客户、VIP 客户等)。

(2) 客户类型：可切换成企业客户或者个人客户。

联络信息：包含通信地址、联系电话、传真号码等客户联络信息。

(3) 企业信息：包含企业的开户银行、税号、行业地位、业务范围、经营状态、银行账号等企业信息。

(4) 备注信息：可填写相关备注情况以备日后查询。

设置好相关选项信息后，单击"保存客户信息"按钮，即可保存该客户资料。

2. 添加个人客户

添加个人客户的操作与添加企业客户的操作步骤基本相同。可以在左侧"常规操作"中单击"添加个人客户"，也可以在填写企业用户时，通过单击"客户类别"选择"个人客户"来将其切换为个人客户，如图 7.45 所示。

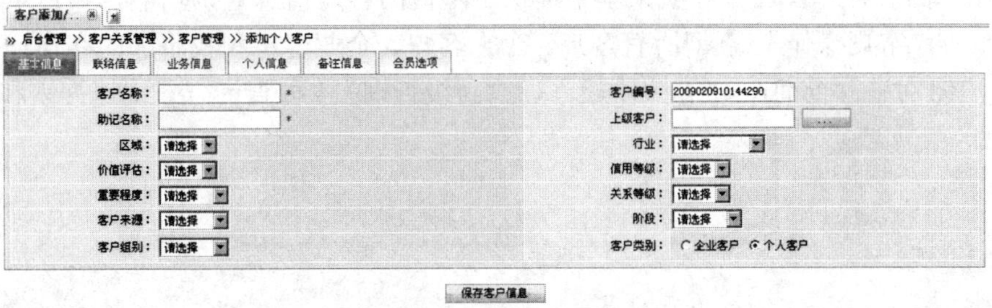

图 7.45　添加个人客户

在添加个人客户界面中，业务信息后面比企业客户多了"个人信息"选项，可填写出生日期、证件号码、籍贯、民族等相关信息，如图 7.46 所示。

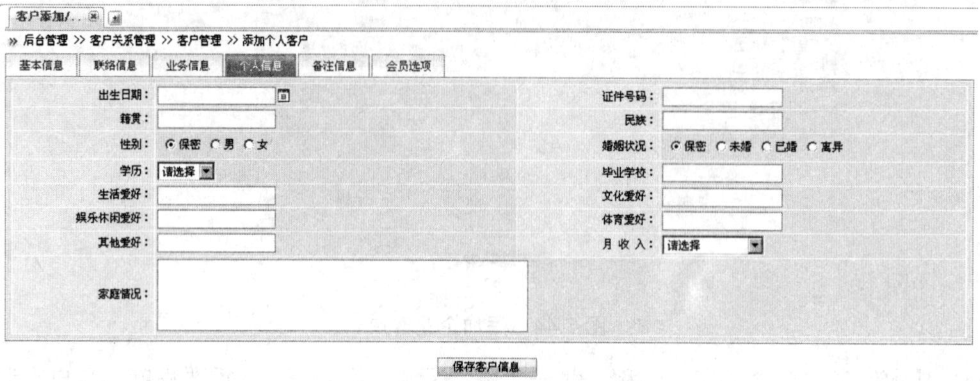

图 7.46　个人信息选项

3. 查看、修改、删除客户信息

依次单击"客户关系管理"→"客户管理"功能链接，在客户列表界面中，单击操作列中的"查看"、"修改"或"删除"功能链接，即可查看或管理客户信息，如图 7.47 所示。为了防止误操作，系统在删除客户信息前会弹出确认删除的窗口，在确认无误后单击"确认"按钮方可删除客户。同时系统还提供了批量删除的功能，用户可以勾选多个客户前的复选框，然后单击页面底部的"删除选中的客户"按钮来批量删除客户信息。此外，还可勾选多个客户然后批量设为公共客户、批量设为我的客户，批量进行关联客户设置等。

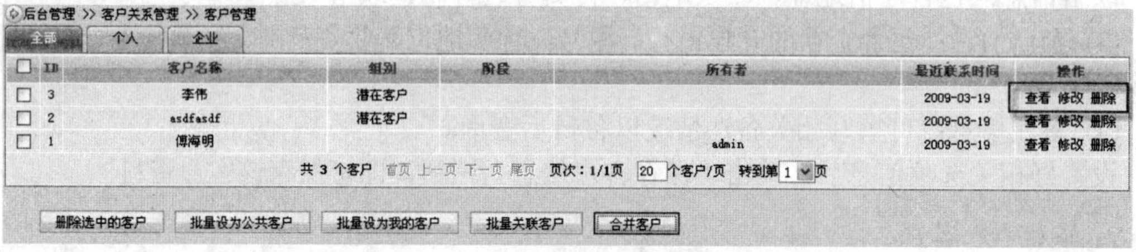

图 7.47　查看、修改、删除客户信息

4. 查询客户信息

系统在左侧"客户管理"导航菜单中提供了丰富的客户信息查询功能，如图 7.48 所示。用户可以根据"常规操作"(查询所有客户、个人客户、企业客户和我添加的客户)、"客户组别"(按客户组别进行查询)、"客户阶段"、"高级查询"4 种查询方式快速搜索和管理相关客户的信息。

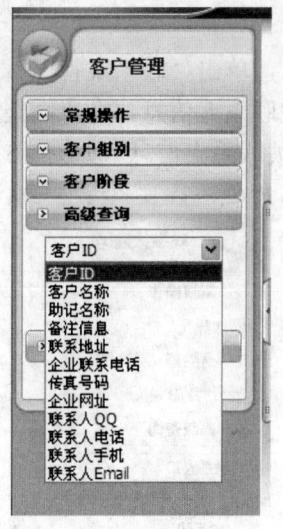

图 7.48 查询客户信息

7.3.2 联系人管理

客户与企业、企业与企业之间往往都有负责相关业务的联系人，他们直接沟通联系的高效与否对业务的迅速开展起着极为重要的作用。动易 BizIdea 系统的客户关系管理中提供了对联系人的管理功能，以方便企业梳理和保持业务信息管理结构。

依次单击"客户关系管理"→"联系人管理"，在出现的管理界面中，系统以分页列表的方式显示了所有联系人的姓名、称谓、工作电话、手机等信息，用户可以对信息进行添加、查看、查询、修改和删除等管理操作，如图 7.49 所示。

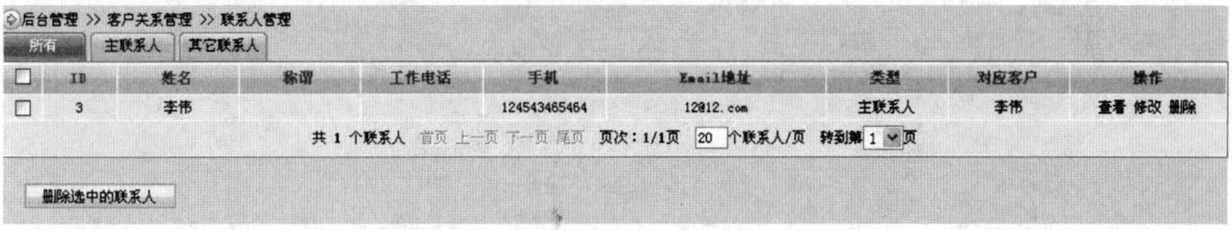

图 7.49 联系人管理

1. 添加联系人

在左侧管理导航中单击"常规管理操作"中的"添加联系人"功能链接，在出现的管理界面中填写相应选项后，单击"保存联系人信息"功能按钮以添加联系人，如图 7.50 所示。

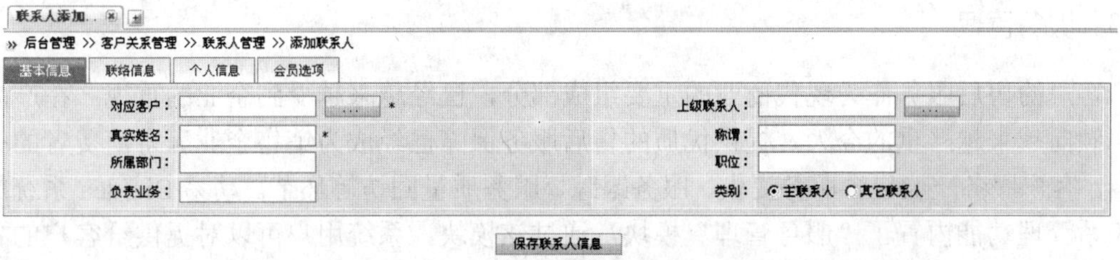

图 7.50 添加联系人

2. 查询联系人

在管理界面左侧的管理导航中，单击"联系人管理"和"我添加的联系人"功能链接，就可以快速浏览系统已添加的相关联系人信息。在"高级查询"中填写关键词后可根据联系人 ID 或联系人名称等条件搜索相关联系人信息，如图 7.51 所示。

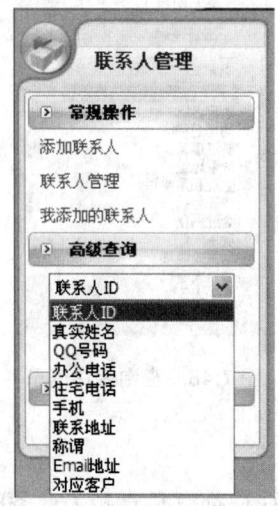

图 7.51　查询联系人

"复杂查询"功能则支持通过各种条件搜索相关联系人信息，如图 7.52 所示。

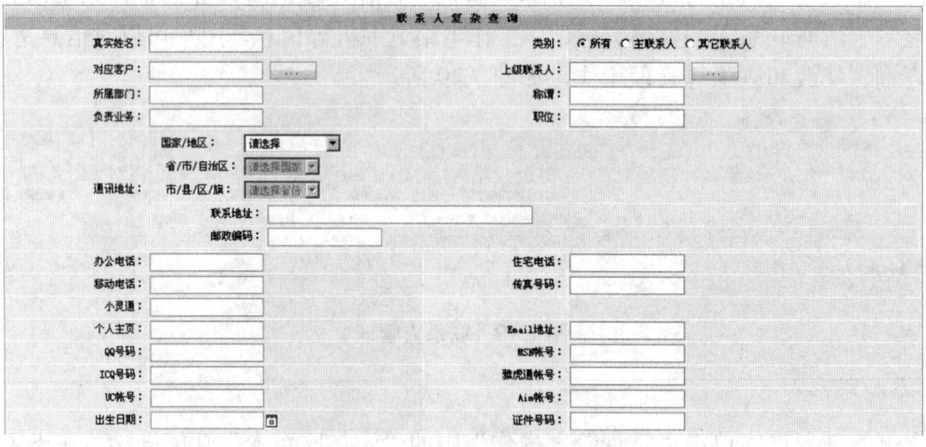

图 7.52　联系人复杂查询

7.3.3　服务管理

客户的售后服务作为现代商业的重要组成部分，已经越来越受到企业的重视。在产品同质化倾向越来越严重的今天，提供优质的售后服务保障已经成为销售企业赢得消费者的有力武器。客户服务一般包含服务提供、服务跟踪、服务质量回访等环节。动易 BizIdea 系统的客户关系管理功能内置了"服务管理"模块，通过该模块，系统用户可以对提供给客户的各类服务进行及时的记录、跟踪与回访，以确保对客户服务的及时有效性，提升客户满意度。

依次单击顶部的"客户关系管理"→"服务管理"菜单，在出现的管理界面中，系统以分页列表的方式显示了所有服务记录的时间、客户名称、主题、服务类型等信息，在"操作"列中提供了回访、修改和删除管理链接，如图 7.53 和图 7.54 所示。

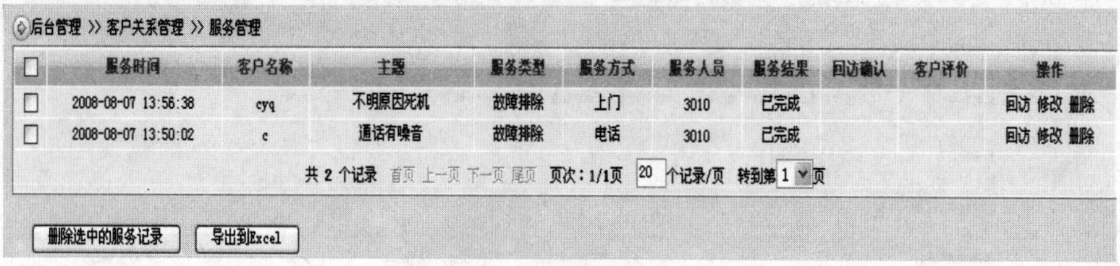

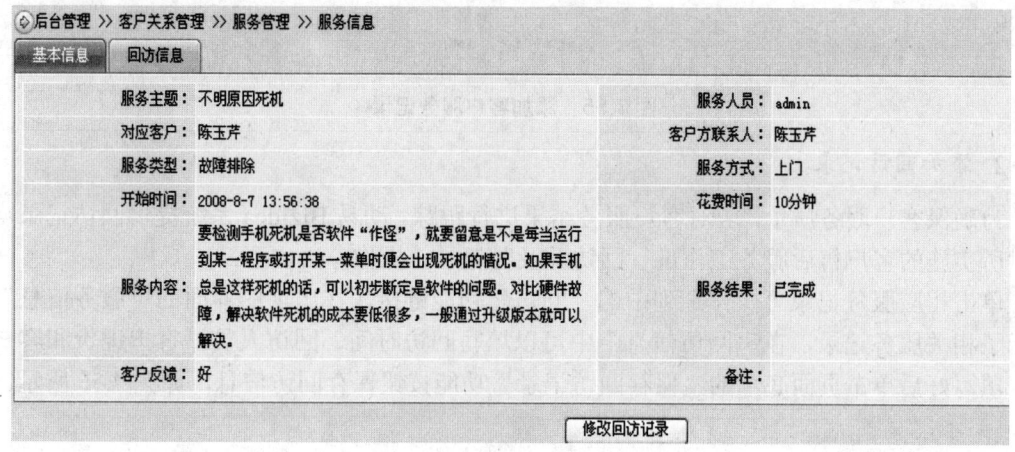

图 7.53　服务管理

图 7.54　查看服务信息

为了方便用户进行客户服务管理，系统根据为客户提供的服务的完成情况将服务划分为"已完成"与"未完成"两个类别。同时，系统还提供了复杂查询与高级查询两种方式，以便进行服务管理内容的检索。

1. 添加客户服务记录

在左侧管理导航中单击"常规操作"中的"添加服务记录"功能链接，在出现的管理界面中填写和设置相应选项后，单击"保存服务记录"功能按钮以添加服务记录，如图 7.55 所示。

重要参数说明如下。

(1) 对应客户：选择本次服务所对应客户的名称。在选择对应客户后，系统将自动显示本客户方的联系人。

(2) 客户方联系人：选择客户联系人名称。个人客户的联系人是其本人，企业客户的联系人为"联系人管理"中添加的该客户所对应的联系人。如选项为空，请先在"联系人管理"中为该企业客户添加联系人。

(3) 服务人员：为客户提供本次服务内容的人员。

(4) 服务结果：服务完成情况。

(5) 服务积分：通过本次服务，客户将添加或减少的积分。

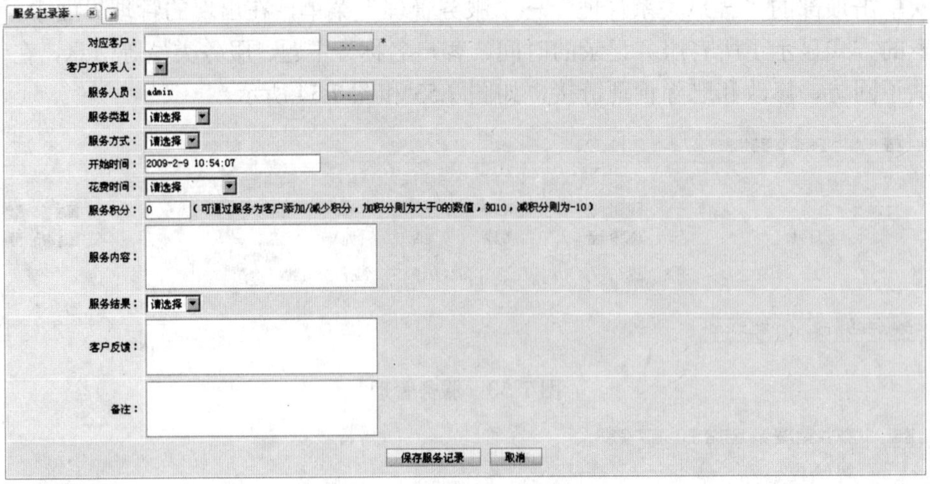

图 7.55　添加客户服务记录

2．添加回访记录

为确保客户服务质量，应对客户服务结果进行跟踪。动易 BizIdea 系统提供回访记录功能以对所实施的客户售后服务工作进行回访并及时记录。操作办法如下：

单击相应服务记录"操作"列中的"回访"功能链接，在出现的界面的"服务信息"中显示了相关服务记录，在"回访信息"中可以填写回访时间、回访人员、客户评价和客户反馈，填写好后单击页面底部的"保存回访记录"功能按钮保存回访信息，如图 7.56 所示。

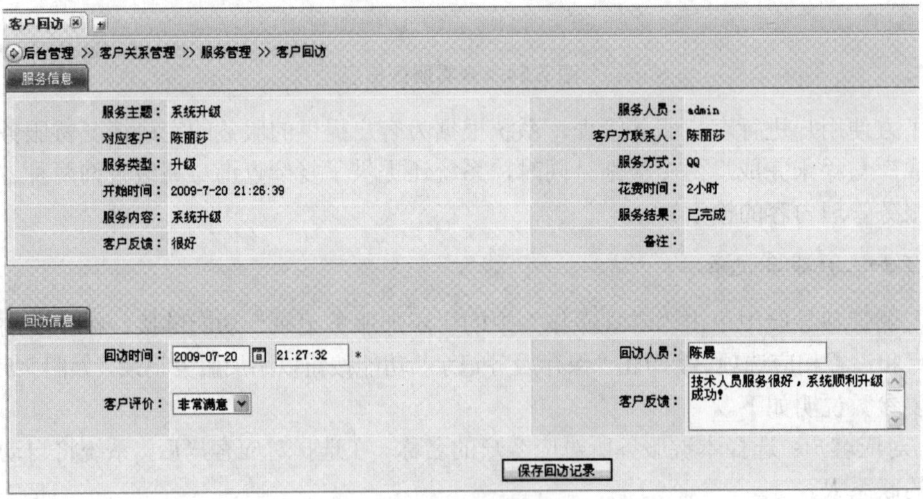

图 7.56　添加回访记录

3．查询服务记录

在管理界面左侧的管理导航中，单击"快速查找"中的全部记录、10 天内的记录、1 个月内的记录、我添加的服务记录功能链接，即可快速分类查找相关服务记录。

在"高级查询"中填写关键词后根据客户名称、客户 ID、服务人员或服务时间等条件搜索相关服务记录，如图 7.57 所示。

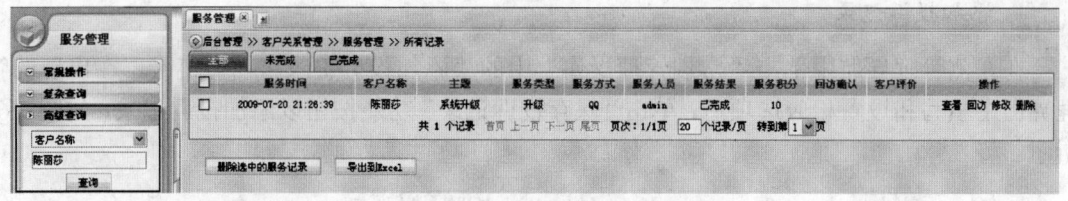

图 7.57　服务记录高级查询

在"复杂查询"中单击"复杂查询"功能链接，在出现的服务记录复杂查询管理界面中，可以根据客户名称、服务类型、服务方式、服务结果、服务时间等复合条件来查询相关信息，如图 7.58 所示。

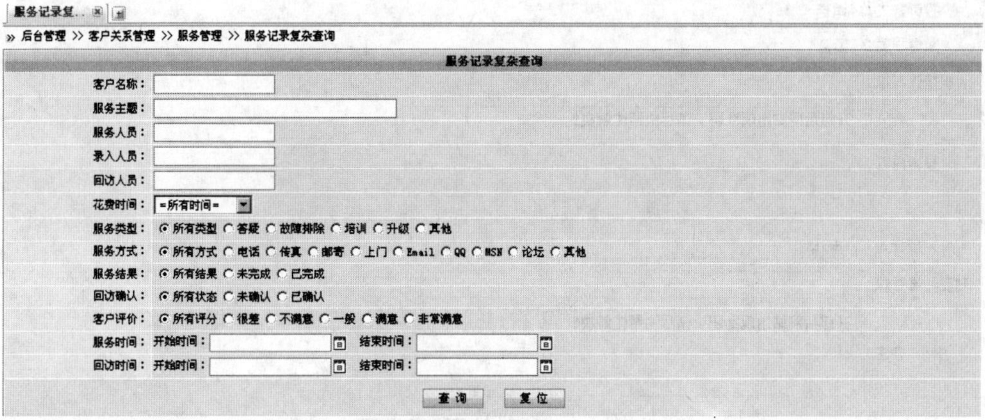

图 7.58　服务记录复杂查询

7.3.4　投诉管理

对于因商品质量或服务中产生的客户投诉现象，动易 BizIdea 系统提供了投诉管理以方便企业商家对投诉进行及时反馈、跟踪与处理，在提高客户投诉处理效率时提高客户满意度。

依次单击顶部的"客户关系管理"→"投诉管理"，在出现的管理界面中，系统以分页列表的方式显示了所有投诉时间、客户名称、投诉类型、主题、紧急程度等信息，"操作"列中提供了修改和删除等管理链接，如图 7.59 所示。

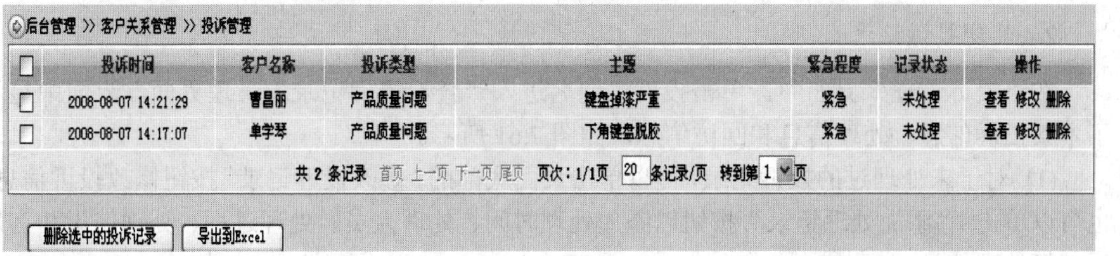

图 7.59　投诉管理

1. 添加投诉记录

在左侧管理导航中单击"常规管理操作"中的"添加投诉记录"功能链接，在出现的管理界面中填写和设置相应选项后，单击"保存投诉记录"功能按钮以添加投诉记录，如图 7.60 所示。

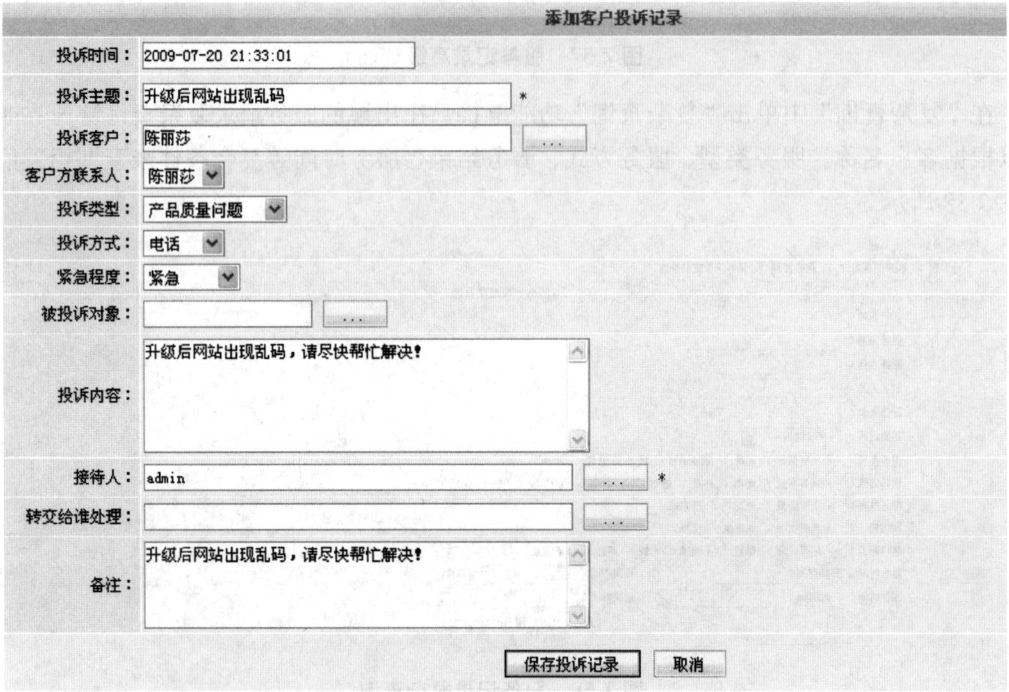

添加客户投诉记录

投诉时间:	2009-07-20 21:33:01
投诉主题:	升级后网站出现乱码 *
投诉客户:	陈丽莎 ...
客户方联系人:	陈丽莎
投诉类型:	产品质量问题
投诉方式:	电话
紧急程度:	紧急
被投诉对象:	...
投诉内容:	升级后网站出现乱码，请尽快帮忙解决！
接待人:	admin ... *
转交给谁处理:	...
备注:	升级后网站出现乱码，请尽快帮忙解决！

保存投诉记录　取消

图 7.60　添加客户投诉记录

重要参数说明如下。

(1) 投诉主题：如服务态度或产品质量等。

(2) 投诉客户：单击"…"按钮查找并选择投诉客户名称。

(3) 客户方联系人：在选择了投诉客户名称后，系统自动选择本投诉客户所对应的联系人。

(4) 接待人：填写或单击"…"按钮查找并选择本次投诉接待人名称。

(5) 转交给谁处理：填写或单击"…"按钮查找并选择本次投诉所需要转交的处理人名称。

2. 处理投诉记录

在"投诉管理"界面中，单击投诉主题名进入"查看投诉记录"管理界面。界面中显示了本条投诉信息、处理信息和回访信息，如图 7.61 所示。

(1) 对于未处理过的投诉记录，可以单击页面底部的"修改投诉记录"按钮修改投诉信息；也可以单击"添加处理记录"按钮以添加处理时间、处理人员、处理过程、处理结果和客户反馈等处理信息。

(2) 对于已处理过的投诉记录，可以单击页面底部的"修改处理记录"按钮修改投诉处理信息；也可以单击"添加回访记录"按钮以添加客户评价、客户反馈等回访信息，如图 7.62 所示。

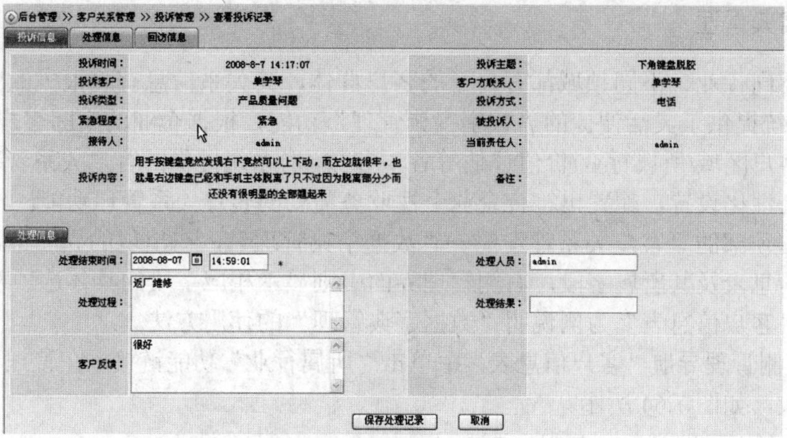

图 7.61　处理投诉记录

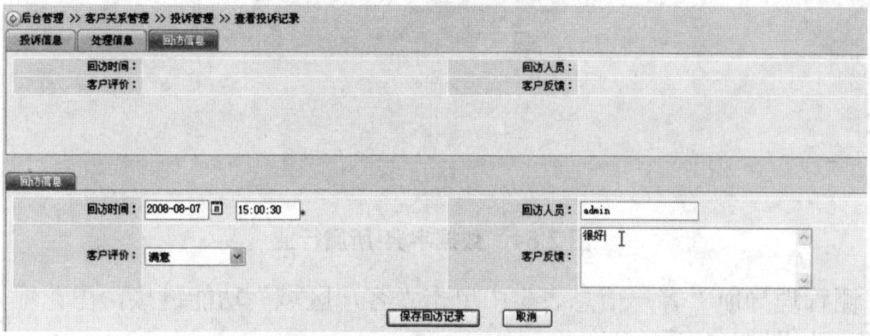

图 7.62　添加回访记录

3．查询投诉记录

在管理界面左侧的管理导航中，单击"快速查找"中的全部记录、10 天内的记录、1 个月内的记录、我接待的投诉记录功能链接，即可快速分类查找相关投诉记录。

在"高级查询"中填写关键词后可根据客户名称或投诉时间等条件搜索相关投诉记录。

在"复杂查询"中单击"复杂查询"功能链接，在出现的投诉记录复杂查询管理界面中，可以根据投诉客户、接待人员、投诉类型、投诉方式、紧急程度、处理时间等复合条件来查询相关信息，如图 7.63 所示。

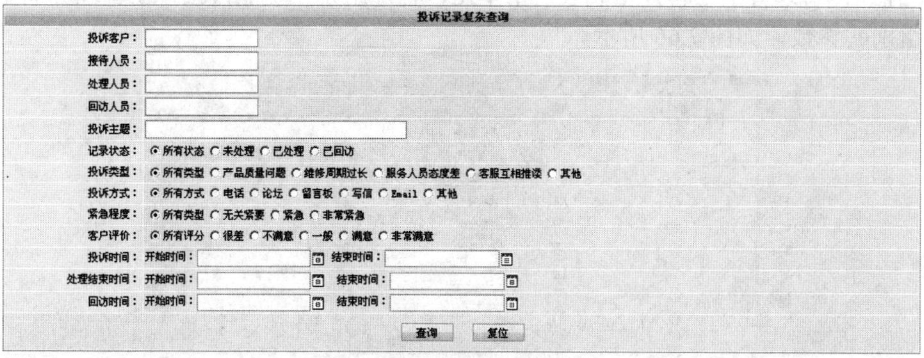

图 7.63　查询投诉记录

7.3.5　数据字典管理

企业在不同行业、不同领域都有自己的客户群体，其关系信息有着很大的区别。为此动易 BizIdea 系统提供了灵活便捷的"数字字典管理"功能，根据企业的实际客户定位与需要，合理设置如客户区域/所属行业/价值评估等各项参数，对系统提供的客户关系管理功能中的相关信息进行个性化设置，配置出符合企业个性业务需要的客户关系管理功能。

依次单击顶部的"客户关系管理"→"数据字典管理"，在出现的界面中，左侧管理导航中显示各信息表及其所属字段，右侧管理界面中则显示相应字段的具体选项及参数设置。

下面以"客户信息表"为例说明"数据字典管理"的使用方法。

(1) 在左侧管理导航"客户信息表"中单击"所属行业"功能链接，在管理界面中填写所属行业的参数，如图 7.64 所示。

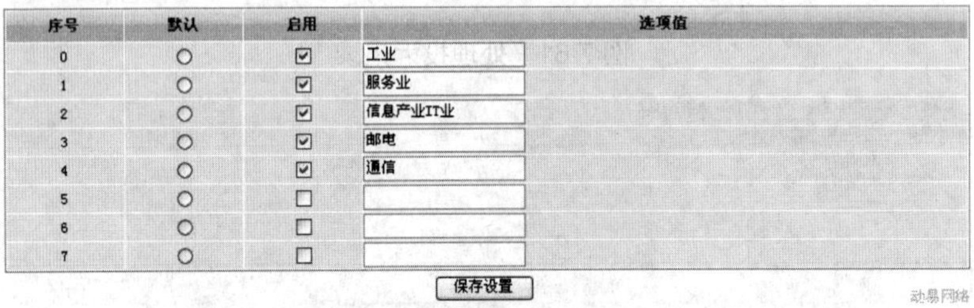

序号	默认	启用	选项值
0	○	☑	工业
1	○	☑	服务业
2	○	☑	信息产业IT业
3	○	☑	邮电
4	○	☑	通信
5	○	☐	
6	○	☐	
7	○	☐	

保存设置

图 7.64　数据字典-所属行业

(2) 在左侧管理导航"客户信息表"中单击"客户区域"功能链接，在管理界面中填写所属区域的参数，如图 7.65 所示。

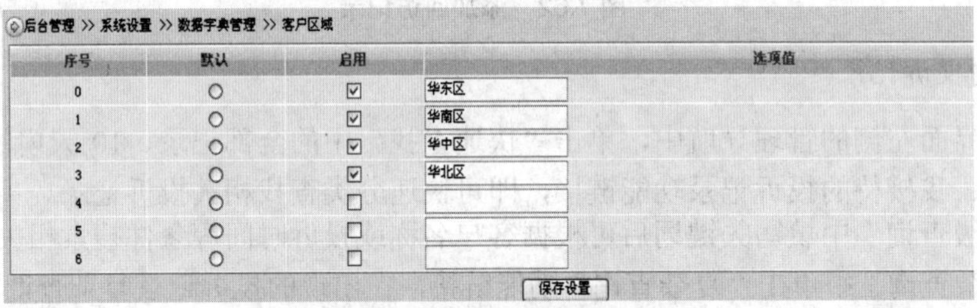

后台管理 >> 系统设置 >> 数据字典管理 >> 客户区域

序号	默认	启用	选项值
0	○	☑	华东区
1	○	☑	华南区
2	○	☑	华中区
3	○	☑	华北区
4	○	☐	
5	○	☐	
6	○	☐	

保存设置

图 7.65　数据字典-客户区域

(3) 在左侧管理导航"客户信息表"中单击"客户组别"功能链接，在管理界面中填写所属客户组别的参数，如图 7.66 所示。

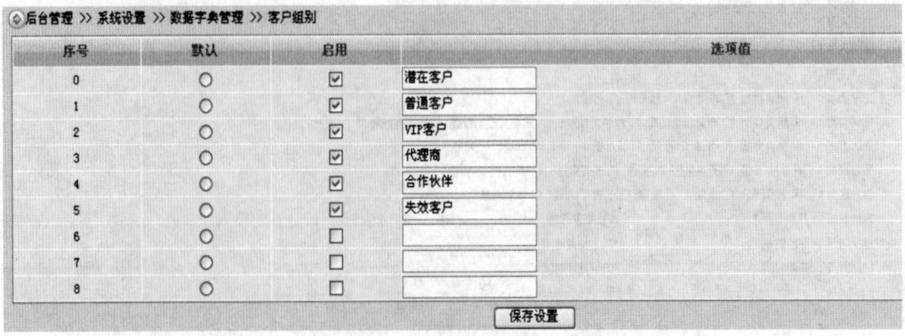

后台管理 >> 系统设置 >> 数据字典管理 >> 客户组别

序号	默认	启用	选项值
0	○	☑	潜在客户
1	○	☑	普通客户
2	○	☑	VIP客户
3	○	☑	代理商
4	○	☑	合作伙伴
5	○	☑	失效客户
6	○	☐	
7	○	☐	
8	○	☐	

保存设置

图 7.66　数据字典-客户组别

(4) 在左侧管理导航"客户信息表"中单击"服务类型"功能链接，在管理界面中填写所属服务类型的参数，如图 7.67 所示。

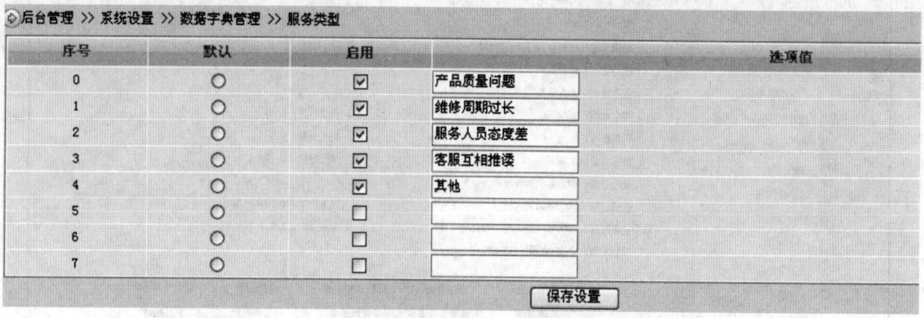

序号	默认	启用	选项值
0	○	☑	产品质量问题
1	○	☑	维修周期过长
2	○	☑	服务人员态度差
3	○	☑	客服互相推诿
4	○	☑	其他
5	○	☐	
6	○	☐	
7	○	☐	

后台管理 >> 系统设置 >> 数据字典管理 >> 服务类型

保存设置

图 7.67 数据字典-服务类型

(5) 设置好各项相应参数后单击"保存设置"功能按钮，保存所做的设置。

重要参数说明如下。

序号：各参数对应的序号，由系统自动生成。

默认：将该选项信息设置为本字段的选项。

清除默认的方法：单击下方空选项前的单选按钮，将其设置为默认信息即可。

启用：可显示下拉列表框等项目。对于暂时不使用的项目，则不勾选"启用"栏的复选框。

7.4 会员与权限管理

7.4.1 会员自助服务

本节介绍的内容是动易 BizIdea 系统的前台会员中心这一会员自助服务平台的功能与操作使用。

会员中心是网站用户各种信息的交互中心，网站会员在会员中心可以进行个人信息修改、账户管理、资金管理、内容管理、商品管理、语言偏好等管理，如图 7.68 所示。

动易 BizIdea 系统的会员中心提供了完善的会员管理体系，能够方便地对会员进行奖励、惩罚，支持虚拟货币(如点券、有效期)，能够设置各种不同的前台会员权限，通过不同会员组权限的设置，会员可自助使用各种点券等虚拟货币，从而方便开展各种商业化操作。

此外，动易 BizIdea 系统的会员中心具备了成熟的会员升级机制，通过积分、点券、经验等级等各种标准来设置会员自动升级流程。用户不再需要手动为客户进行会员权限的修改、会员组的调整等工作，只要设置好升级策略，其他就由系统自动完成了。特别适合会员互动性较强的站点。

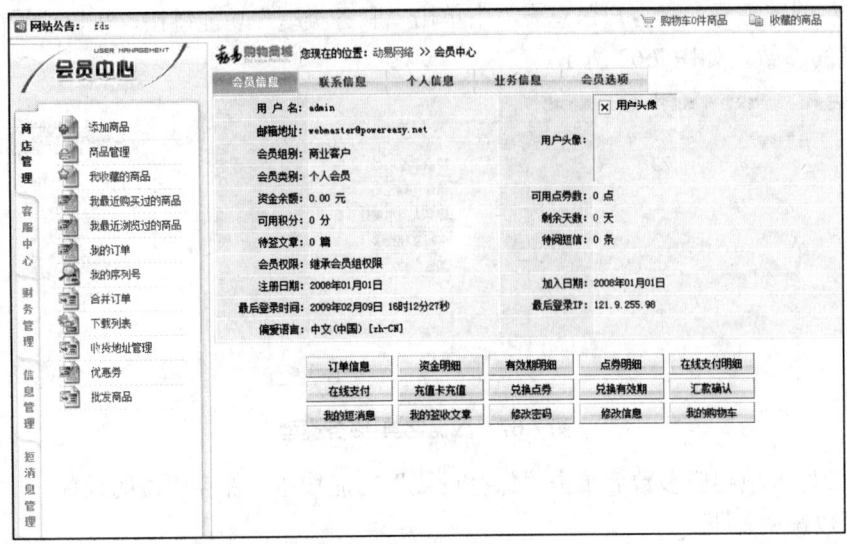

图 7.68　会员中心首页

1. 会员自助服务功能

在动易 BizIdea 系统的默认设置中，普通会员组拥有在会员中心添加商品、购物折扣、金额透支、批发商品等商店权限，而代理商会员组则不仅拥有普通会员组的商店权限，还具有在会员中心管理其代理订单、对账单和投诉记录等功能。

1) 购物折扣

当会员登录网站并在网店中购物时，即可自动在零售价上再享受会员折扣，获得更优惠的价格，如图 7.69 所示。

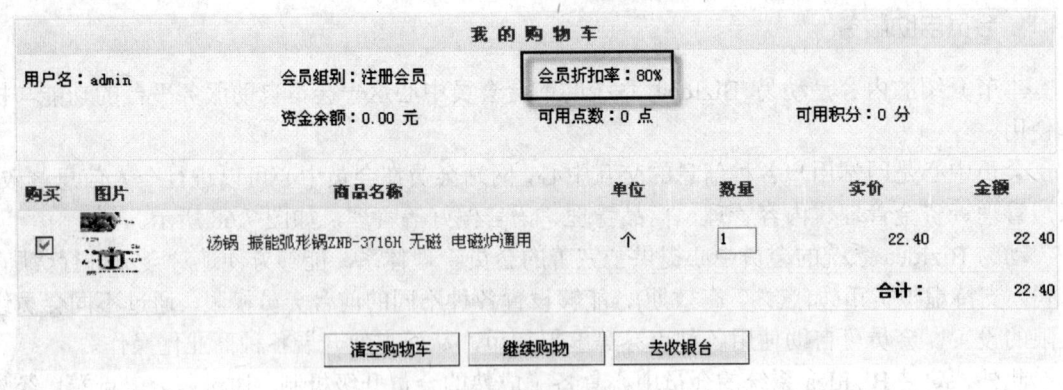

图 7.69　购物时可享受折扣率

2) 透支额度

会员在"会员中心"查看相关商品的订单时，单击页面底部的"使用预付款支付"功能按钮，就可以以透支的方式来支付货款，如图 7.70 所示。

3) 批发商品

若会员被赋予了批发商品的权限，则可以在商城中以批发的价格进行购买，如图 7.71 所示。

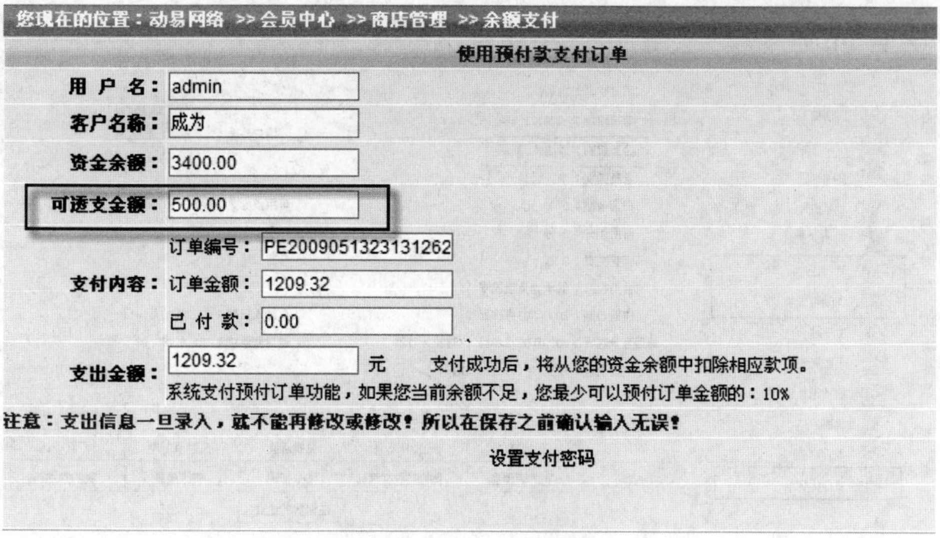

您现在的位置：动易网络 >> 会员中心 >> 商店管理 >> 余额支付

使用预付款支付订单

用 户 名：	admin
客户名称：	成为
资金余额：	3400.00
可透支金额：	500.00

订单编号： PE2009051323131262

支付内容：　订单金额： 1209.32

　　　　　　已 付 款： 0.00

支出金额：　1209.32　元　支付成功后，将从您的资金余额中扣除相应款项。

系统支付预付订单功能，如果您当前余额不足，您最少可以预付订单金额的：10%

注意：支出信息一旦录入，就不能再修改或修改！所以在保存之前确认输入无误！

设置支付密码

图 7.70　允许透支金额

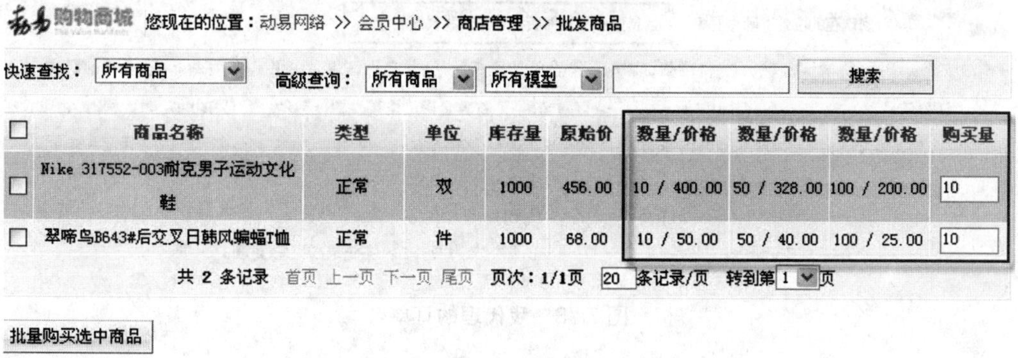

购物商城　您现在的位置：动易网络 >> 会员中心 >> 商店管理 >> 批发商品

快速查找：　所有商品　　　高级查询：　所有商品　所有模型　　　　　搜索

	商品名称	类型	单位	库存量	原始价	数量/价格	数量/价格	数量/价格	购买量
☐	Nike 317552-003耐克男子运动文化鞋	正常	双	1000	456.00	10 / 400.00	50 / 328.00	100 / 200.00	10
☐	翠啼鸟B643#后交叉日韩风蝙蝠T恤	正常	件	1000	68.00	10 / 50.00	50 / 40.00	100 / 25.00	10

共 2 条记录　首页 上一页 下一页 尾页　页次：1/1页　20　条记录/页　转到第 1 页

批量购买选中商品

图 7.71　批发商品

2. 代理商会员组的自助服务功能

若会员所属会员组类型是"代理商组"，则在会员中心左侧的"商店管理"书签式管理面板中，将不仅拥有普通会员组的商店权限，另外还具有"我代理的订单"、"我的对账单"和"被投诉记录"等各项自助服务功能，如图 7.72 所示。

1) 我代理的订单

在左侧"商店管理"书签式管理面板中单击"我代理的订单"功能链接，代理商会员即可查看目前已有的代理订单列表信息，如图 7.73 所示。

2) 我的对账单

代理商在左侧"商店管理"书签式管理面板中单击"我的对账单"功能链接，即可查看所有交易的时间、订单号、收入金额、支出金额和备注/说明列表信息，以方便代理商与店家进行账目核对，如图 7.74 所示。

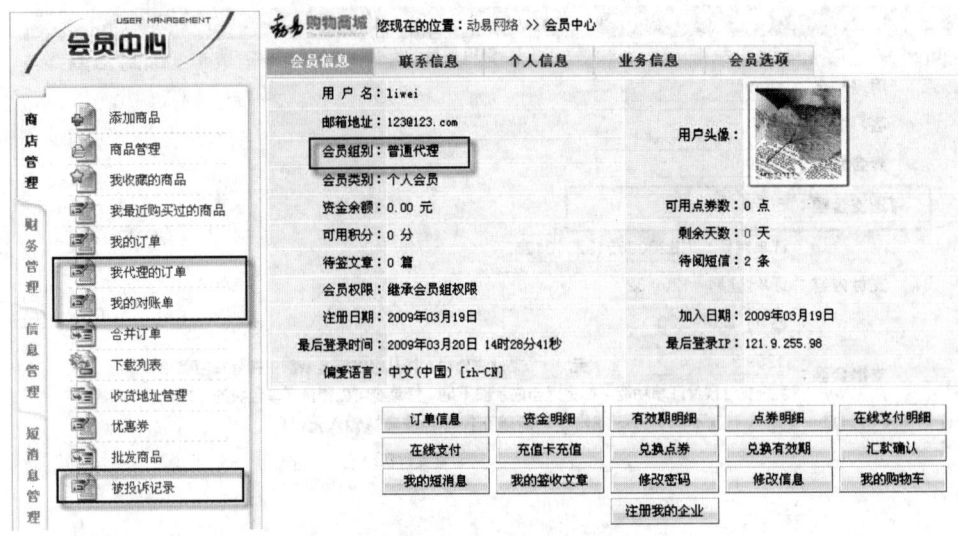

图 7.72　代理商会员中心

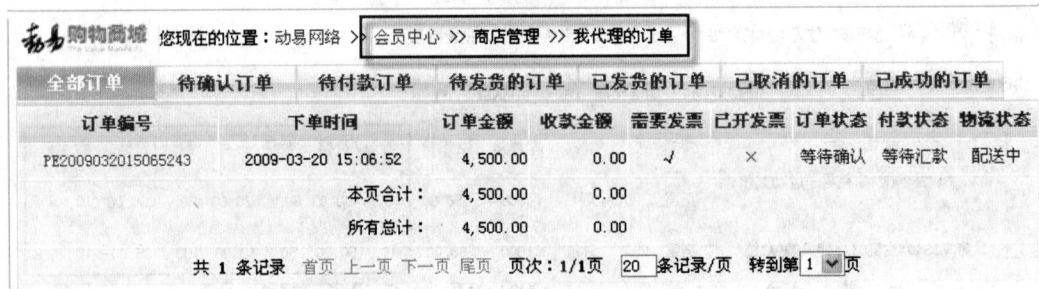

图 7.73　我代理的订单

图 7.74　我的对账单

3) 被投诉记录

若客户投诉代理商的销售或服务问题，网店管理员可以在接受和处理了用户的投诉后，在系统的"客户关系管理"中记录投诉记录。代理商单击"被投诉记录"功能链接即可查看相关投诉信息和处理状态，如图 7.75 所示。

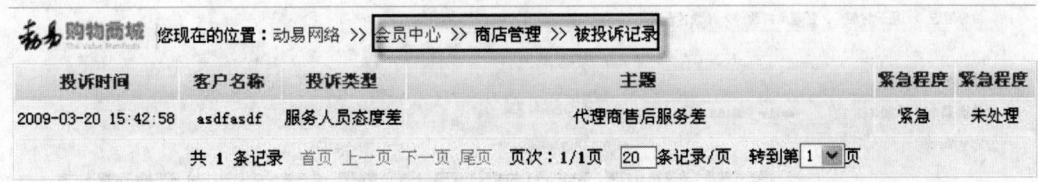

图 7.75　被投诉记录

7.4.2　权限设置

动易 BizIdea 网上商店系统的权限管理实现了基于角色的访问控制的标准 RBAC 模型，即实现了用户与角色、角色与权限两组多对多的对应关系。同一个管理员可以拥有多个不同的角色，同一个角色可以对应不同的管理员。在修改了角色所拥有的权限后，拥有角色的相应管理员的权限也将随之变化。

1. 角色权限设置

系统可以预设多个角色，并给每个角色指定相关管理权限。在分配管理员权限前，先要设定网店的多个角色及其权限，例如仓管、财务人员、销售员、设计师、栏目责任编辑、总编、超级管理员等多个角色，并给他们相应的权限，如图 7.76 所示。

ID	角色名	描述	管理操作	权限设置
6	仓管	拥有订单查看、发货处理、订单配送等权限。	成员管理 修改 删除	常规权限设置 字段权限设置
5	财务人员	拥有订单查看、录入银行汇款、开发票等权限。	成员管理 修改 删除	常规权限设置 字段权限设置
4	销售员	拥有订单处理权限：查看、修改、确认、删除、合并、打…	成员管理 修改 删除	常规权限设置 字段权限设置
3	设计师	拥有模板与标签管理权限	成员管理 修改 删除	常规权限设置 字段权限设置
2	栏目责任编辑	拥有某些栏目的信息录入、审核与管理权限，需要进一步…	成员管理 修改 删除	常规权限设置 字段权限设置
1	总编	拥有所有栏目和所有专题的所有权限，并且可以添加栏目…	成员管理 修改 删除	常规权限设置 字段权限设置
0	超级管理员	超级管理员	成员管理 修改 删除	常规权限设置 字段权限设置

图 7.76　角色管理

2. 角色成员管理

在添加好角色及其权限后，就可以给该角色指定管理员了。一个管理员可以拥有多个角色，一个角色也可以指定给多个管理员。角色与管理员是多对多的对应关系，修改一个角色的权限后，对应的管理员的权限也会跟着改变，从而方便了每个管理员的权限分配、设置和修改等管理操作，实现批量设置管理员角色和权限。

在角色管理界面中，单击相应角色"管理操作"列中的"成员管理"功能链接，在出现的角色成员管理界面中，左侧为尚未归属于该角色的管理员名，单击管理员名，单击中间的"添加>>"按钮即可添加到该角色权限中。右侧为已是该角色的管理员名，单击相应管理员名，单击中间的"<<移除"按钮即可删除该角色权限的管理员，如图 7.77 所示。

3. 不同角色管理员的管理界面

在给管理员指定好一项或多项角色权限后，管理员即可登录网站后台，管理其权限范围内的信息，如图 7.78 所示。

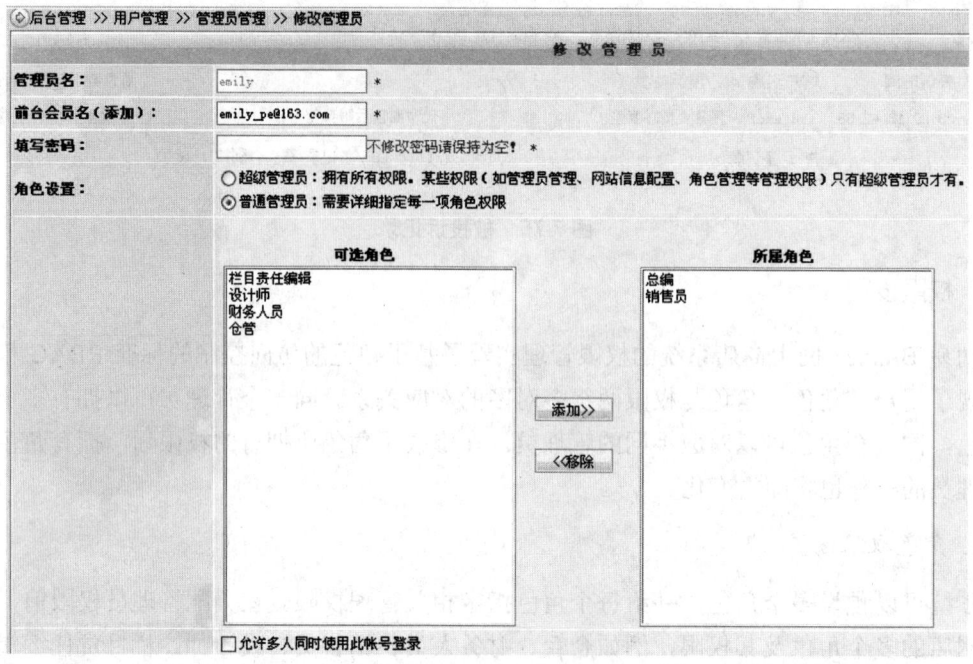

图 7.77　角色权限设置

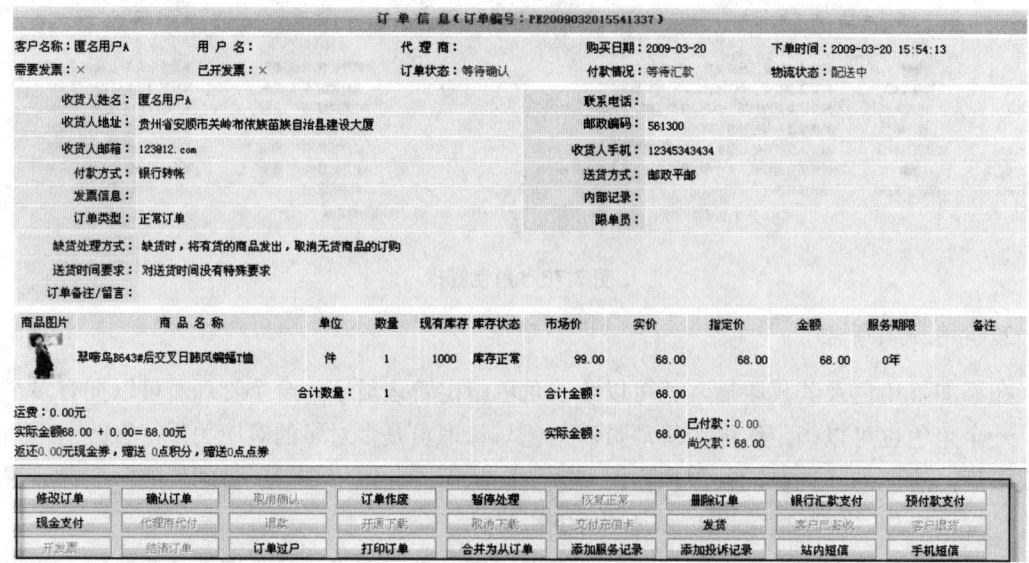

图 7.78　销售主管查看订单

销售员登录网店后台的管理界面及其角色权限，如图 7.79 所示。

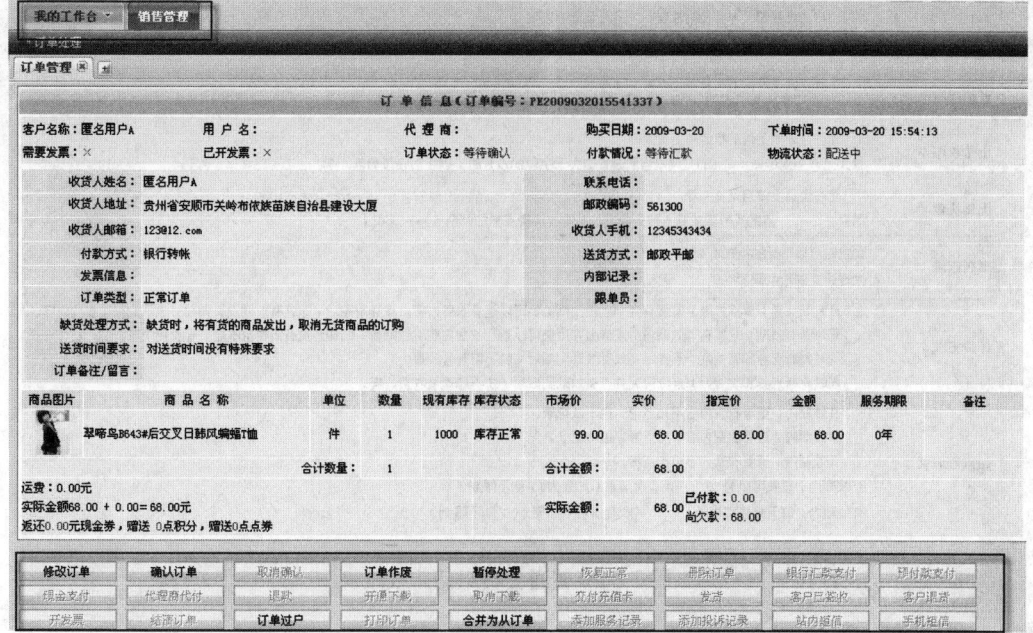

图 7.79　销售员后台权限

财务人员登录网店后台的管理界面及其角色权限，如图 7.80 所示。

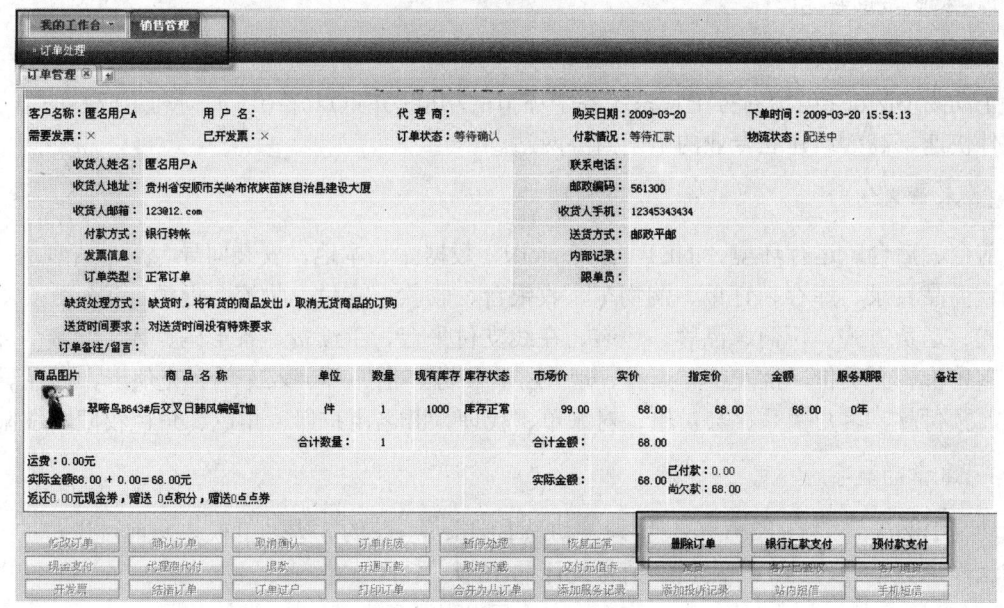

图 7.80　财务人员后台权限

4. 普通会员组商店的权限

依次单击"用户管理"→"会员管理"→"会员组管理"，在管理界面中单击相应会员组"操作"列中的"权限设置"功能链接。在出现的管理界面中系统提供了"商店权限"选项，如图 7.81 所示。

图 7.81　普通会员组商店权限

本章小结

1. 本章知识概述

本章以动易 BizIdea 系统为基础，从电子商务的权限结构、会员中心、订单处理等方面，展示了动易 BizIdea 电子商务平台系统各个环节的功能；并重点介绍了如何利用成熟的电子商务软件快速、高效地建立专业的电子商务网站。

2. 本章名词

前台、后台、运行环境、.NET Framework、数据库、本地、安装向导、后台管理、商店配置、商品目录、库存、订单、购物车、收银台、收款、支付、物流、促销、银行账户、付款方式、送货方式、厂商、品牌、包装、在线支付平台、手续费、条形码、库存报警、缩略图、零售价、会员价、批发价、点券、现金券、积分、出库单、入库单、充值卡、商品导入/导出、预付款、客户关系、会员组、对账单、代理、匿名用户组、角色、角色权限、权限。

3. 本章的数字

动易 BizIdea 系统的 3 个安装步骤、动易 BizIdea 系统的 8 大功能模块，前台用户的 4 步购物流程、订单处理的 7 步流程，销售统计的 10 大项目。

每课一考

一、填空题(40 空，每空 1 分，共 40 分)

1. 动易 BizIdea 系统基于(　　　　　　)开发，需要运行于支持 .NET 环境的 Windows 系统下。需要采用(　　　　　　)或更高版本的数据库服务器环境。

2．动易 BizIdea 系统的安装过程分为以下几个过程：（　　　　　　　　）；（　　　　　　　　）；
（　　　　　　　）；安装 Microsoft SQL Server 数据库软件。

3．在"数据库访问"选项中，勾选新建的数据库，并勾选"public"和（　　　　　　　）
这两个数据库角色。

4．初始化安装 BizIdea 系统的地址是 http://localhost/（　　　　　　　　）。

5．创建数据库成功后，可以在 SQL 中查看到 BizIdea 默认的数据表前缀是
（　　　　　　）。

6．.NET Framework 具有两个主要组件：（　　　　　　　　）和.NET Framework 类库。

7．系统提供了（　　　　　　　）、（　　　　　　　）或（　　　　　　　）等多种运费计算
方式。

8．在添加商品"价格设置"选项卡中可以设置本商品的（　　　　　　　）、会员价以及是
否允许批发和（　　　　　　）等选项。

9．在添加商品"促销设置"选项卡中设置本商品的促销方案、赠送（　　　　　　　）/
（　　　　　　）以及（　　　　　　）等促销方式。

10．多属性商品指本商品具有（　　　　　　　），如同不同款式衣服、手机有多种颜色、
款式、尺寸可供客户选择。

11．对用户操作而言，商品订购流程有（　　　　　　　）、（　　　　　　　）、（　　　　　　　）
（　　　　　　）4 个步骤。

12．系统提供了 9 种销售统计方式，分别是（　　　　　　　）、（　　　　　　　）、
（　　　　　　）、（　　　　　　）、（　　　　　　）、（　　　　　　）、
（　　　　　　）、（　　　　　　）。

13．系统默认内置了（　　　　　　　）、（　　　　　　　）、（　　　　　　　）、
（　　　　　　）、（　　　　　　　）、（　　　　　　　）等多种送货方式，以方便网店的快速
运营。

14．在网站中站长既可以利用商店系统销售商品，也可以使用系统提供的（　　　　　　）
功能对会员以（　　　　　　）、（　　　　　　）等方式运营网站。

二、选择题(20 小题，每小题 1 分，共 20 分)

1．动易 BizIdea 系统安装至少需要（　　　）虚拟空间支持。

  A．30MB　　　　　　　　　　　　　　B．40MB

  C．50MB　　　　　　　　　　　　　　D．60MB

2．NET Framework 是支持生成和运行下一代应用程序和 XML Web Services 的内部
Windows 组件。（　　　）不是 .NET Framework 实现的目标。

  A．提供一个一致的面向对象的编程环境，而无论对象代码是在本地存储和执行的，
     还是在本地执行但在 Internet 上分布，或者是在远程执行的

  B．提供一个用软件部署和版本来控制冲突最大化的代码执行环境

  C．提供一个可消除脚本环境或解释环境的性能问题的代码执行环境

  D．按照工业标准生成所有通信，以确保基于 .NET Framework 的代码可与任何其他
     代码集成

3. ( )是 BizIdea 系统默认的管理员账号、密码及管理认证码。

    A．管理员账号为 admin8，管理员密码默认为 admin8，管理认证码为 888

    B．管理员账号为 admin，管理员密码默认为 admin888，管理认证码为 888

    C．管理员账号为 admin，管理员密码默认为 admin，管理认证码为 admin

    D．管理员账号为 admin，管理员密码默认为 admin888，管理认证码为 8888

4. 如果动易 BizIdea 系统在访问网站时提示"用户'PowerEasy'登录失败，( )的描述正确。

    A．登录密码错误

    B．未与信任的 SQL Server 连接相关联的错误

    C．SQL 数据库没有安装成功的错误

    D．没有选择"SQL Server 和 Windows"联合登录的错误

5. 若会员在网站账户中尚有资金余额，则可以使用( )支付方式支付货款。

    A．预付款　　　　B．银行汇款　　　C．在线支付　　　　D．邮局汇款

6. 在( )选项卡中，可以设置本商品所属节点、专题、类型、属性信息。

    A．商品属性　　　B．基本信息　　　C．其他设置　　　D．促销信息

7. 商品销售时除了可以赠送促销礼品(商品本身是促销礼品除外)，还可以另外设置各种赠送促销方式，( )是不可以设置的。

    A．即买即送　　　B．买一送一　　　C．买十送一　　　D．捆绑销售

8. 在商品管理中，"商品属性"列以不同的文字表示本商品的属性，( )的描述是错误的。

    A．精：推荐精品　B．热：热门商品　C．新：推荐新品　D．图：有商品大图

9. 自定义充值卡号码(或密码): 填写自定义的充值卡号码(或密码)，格式为"PE???###?#*"。( )的描述是错误的。

    A．每个? 代表一个英文字母

    B．# 代表一个数字

    C．* 代表一个特殊符号(自定义符号必须是半角)

    D．以上都不对

10. 在商品管理中，( )功能是没有的。

    A．商品批量编辑　　　　　　　　B．商品批量导入

    C．批量生成充值卡　　　　　　　D．商品批量删除

11. ( )不是在"我的购物车"页面显示的内容。

    A．用户名　　　　　　　　　　　B．资金余额

    C．积分　　　　　　　　　　　　D．发票信息

12. 用户在购物过程中，如果需要发票，则需填写相关发票信息，( )不属于发票信息。

    A．发票抬头　　　　　　　　　　B．商品名称

    C．发票金额　　　　　　　　　　D．付款方式

13. 在会员订购了商品后，即可登录"会员中心"对所订购的商品进行一系列操作，( )不属于可进行的操作。

    A．签收、管理相关订单

  B. 查询在线支付记录和收入/支出等明细记录

  C. 下载所购买的软件产品等管理操作

  D. 对订单进行过户操作

14. (　　)是系统没有的订单处理功能。

  A. 订单过户   B. 合并订单

  C. 订单排序   D. 删除订单

15. 目前 B2C 电子商务网站提供的支付方式有。(　　)

  A. 信用卡和电子钱包   B. 汇款

  C. 现金支付   D. 电话协议

16. (　　)不是实施电子商务的社会环境。

  A. 企业信息化   B. 金融电子化

  C. 完善的配送体系   D. 家庭环境

17. (　　)不是 B2C 电子商务网站的收益模式。

  A. 出售设备   B. 降低价格，扩大销售量

  C. 会员制   D. 收取服务费

18. (　　)不是购物系统的基本要素。

  A. 安全机制   B. 支付系统

  C. 售后服务   D. 商品的仓储和管理、展示系统

19. (　　)不是与顾客交流或互动的层次。

  A. 信息层   B. 交易层

  C. 服务层   D. 谈判层

20. (　　)不是网上购物的类型。

  A. 专门计划性购物   B. 一般计划性购物

  C. 完全无计划购物   D. 当地购物

三、判断题(20 小题，每小题 1 分，共 20 分)

1. 默认税率设置是指设置商品价格含税时所含税率的百分比。   (　　)

2. 会员对订单进行预付款支付时，可以用大于或等于系统设置的订金比率金额来支付订金。   (　　)

3. 系统集成多个在线支付平台管理，可以同时支持多个在线支付方式。   (　　)

4. 不同的商品选择的包装也不同，有时商家会分别计算产品与包装的重量以计算运费(如货物总重量 = 包装自重量 + 货物自重量)。   (　　)

5. 商品类型就是设置商品为正常销售、特价处理和促销类型。   (　　)

6. 商品属性设置就是设置商品为新品、热销或精品等属性，以方便在前台归类调用与显示。   (　　)

7. 充值卡类型就是选择充值卡的类型，可选择本站充值卡或其他公司卡两种类型。(　　)

8. 充值卡所属商品就是选择本充值卡所从属的商品。若你使用的程序版本中没有商店，充值卡就不能通过商店进行销售(即不通过网站中的商店销售)。   (　　)

9. 充值卡管理拥有批量生成充值卡的功能。   (　　)

10. 系统除了提供商品管理中的批量设置功能外，还提供了更为强大的商品批量编辑(商品及属性选择)功能。 （ ）

11. 顾客通过代理商购买产品时，代理商可用余额支付订单。 （ ）

12. 若会员在购物时，因购买多个商品而出现多个重复订单，则可用系统提供的合并订单功能，将重复内容的多个订单合并成一个订单，以方便会员和管理员进行查阅和管理。（ ）

13. 系统提供了手机催单功能，以方便店家有针对性地开展主动销售。 （ ）

14. 电子商务不仅应用在交易方面，而且可以贯穿企业营运的其他环节。 （ ）

15. 企业实施电子商务实质上就是要在互联网上建立企业网站。 （ ）

16. 买卖双方在交易过程中由于违约所进行的受损方向违约方索赔的行为，属于电子商务的交易过程。 （ ）

17. 经营规模不受空间限制不是电子商务的特点。 （ ）

18. 按照使用网络类型分类，电子商务分基于 Internet 的电子商务、基于 Intranet 的电子商务两种。 （ ）

19. B2C 电子商务基本属于网络商品直销的范畴。 （ ）

20. 企业间网络交易是 B2B 电子商务的一种基本形式。 （ ）

四、问答题(4 小题，每小题 5 分，共 20 分)

1. 简述顾客购买商品的整体流程，并指出在每个流程中涉及的功能点。

2. 列举订单处理过程中涉及的重要功能。

3. 如何使用动易 BizIdea 系统快速构建电子商务网站？

4. 如何使用动易 BizIdea 系统进行企业电子商务的运营管理？

技能实训

一、操作题

1. 分别使用两种安装方法成功安装 BizIdea 系统。

2. 分别添加一款手机和电脑商品，并在前台下单购买、后台发货结算，体验整个购物的流程。

3. 分别在自己建立的网站和 360buy.com 购买某一款商品，对比两种购买流程的不同之处。

二、励志题

上网查找电子商务发展前景资料，写一篇感想，阐述你对电子商务未来发展的看法，并对电子商务的学习拟定一份学习计划。

第 8 章　电子商务网站的发布、运营与推广

本章知识结构框图

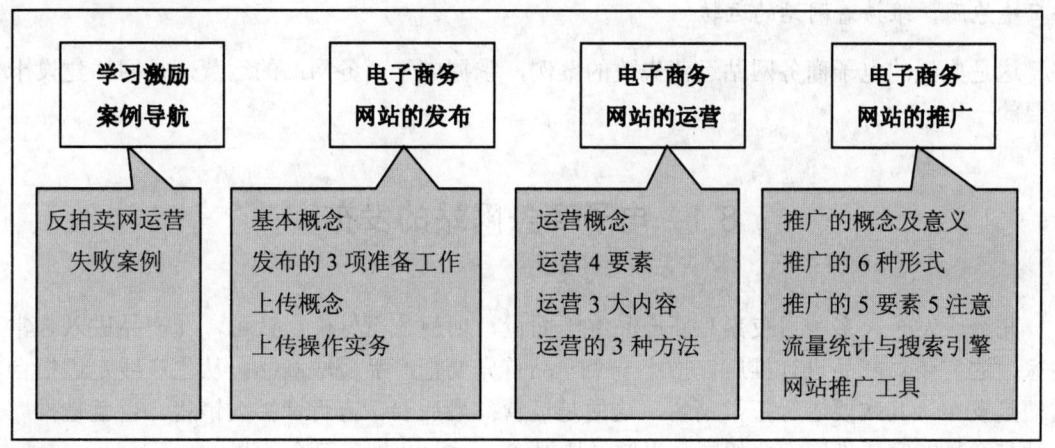

学习激励 案例导航	电子商务 网站的发布	电子商务 网站的运营	电子商务 网站的推广
反拍卖网运营 失败案例	基本概念 发布的 3 项准备工作 上传概念 上传操作实务	运营概念 运营 4 要素 运营 3 大内容 运营的 3 种方法	推广的概念及意义 推广的 6 种形式 推广的 5 要素 5 注意 流量统计与搜索引擎 网站推广工具

本章知识要点

1. 网站发布的概念，网站发布前的准备工作；
2. 网站运营的概念、要素、内容、方法；
3. 网站推广的概念、意义、形式、要素、注意事项；
4. 网站流量统计、搜索引擎的使用、网站推广工具。

本章学习方法

1. 动手实践。本章的学习重在实践，掌握了基本理论后，要大量进行实践，将书中涉及的运营与推广方法从实践中进一步巩固。

2. 独立运营网站。欲真正成为网站运营专业人才，必须自己独立运营网站，哪怕是一个十分简单的网站。

开家公司，做点生意，也许并不难；出个思路，做个网站，人人都能实现。可是成功的网站却总是那么少，到底为什么呢？看看筹资百万的五个大学生吧，你会从他们身上得到什么启迪呢？

学习激励与案例导航

北京航空航天大学的五名大学生创办反拍卖网站运营失败案例

据河南商报报导，北京航空航天大学的 5 名河南籍大学生于 2005 年 5 月在北京市朝阳区的开泰大厦创办了北京广联飞翔信息技术有限公司，他们放弃了国家分配的工作，筹资百万元从事起了网上反拍卖(区别于传统方式的反向拍卖)。令他们始料不及的是，短短的一年半时间，凑来的百万资金就打了水漂。为了心中的梦，5 名大学生矢志不渝，轮流外出打工赚钱，每日吃泡面，维持着网站的运转。

这是典型的电子商务网站运营失败的案例，掌握电子商务网站的运营，是网站建设十分重要的一环。

8.1　电子商务网站的发布

几经研发苦，多少日夜累！新产品终于面世，如何让百姓广泛认可，让产品进入寻常百姓家，这需要对产品进行推广。推广一个产品首先要把产品变成商品，从生产线走进柜台，这便是发布；其次要进行正常销售，这便是运营；最后要千方百计扩大销售，也就是推广。网站与产品的宣传推广完全相同，也要经历发布、运营、推广三个环节。

8.1.1　网站发布的含义

网站制作完成后，经过测试无误，必须上传到互联网服务器上，才能被全世界的人浏览。所谓网站发布就是指利用工具软件将整个网站上传到互联网服务器的过程。只有经过发布的网站才能实现网站建设的最终目的，才是有意义的网站。

8.1.2　网站发布前的准备工作

网站发布前要申请域名，确定网站的空间，将域名解析后，才能进行网站的上传工作。

1．域名申请

在浏览器中输入 http://www.cctv.com 就可以进入中央电视台网站，我们知道 http 是网络协议，www 是万维网，而 cctv.com 则是域名。每个网站都必须有一个域名，中国互联网地址资源注册管理机构是中国互联网信息中心，其网址是 http://www.cnnic.net.cn。另外，还有以下一些知名注册服务机构。

中国万网　http://www.net.cn/

新网　　　http://www.xinnet.com/

中国频道　http://www.china-channel.com/

商务中国　http://bizcn.com.cn/

新网互联　http://www.dns.com.cn/

登录这些网站后，根据提示即可缴费注册，注册完成后，用户取得域名管理机构给的用户名及密码，用于域名管理和域名解析。

【操作实例8-1】申请域名。

步骤1：输入网址"http://www.xinnet.com/"，进入新网首页。

步骤2：注册会员；如不注册会员，申请的域名将无法交费开通。

步骤3：在"域名产品"栏目中输入欲申请的域名"qqhre"，并选取 .net 后缀，如图8.1所示。

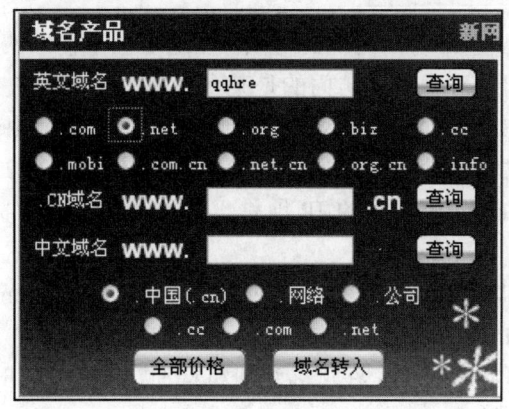

图8.1　域名产品栏目

步骤4：输入域名及验证码，并单击"提交"按钮，如图8.2所示。

步骤5：系统提示注册成功信息后(如图8.3所示)，阅读"用户主机操作重要规则"然后单击"同意以上条款并到下一步"。

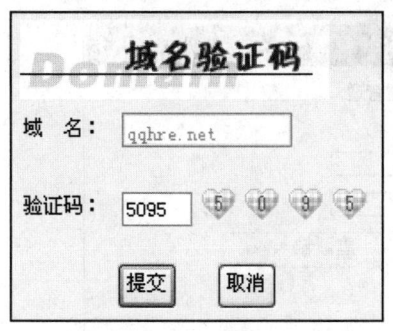

图8.2　域名验证码输入框

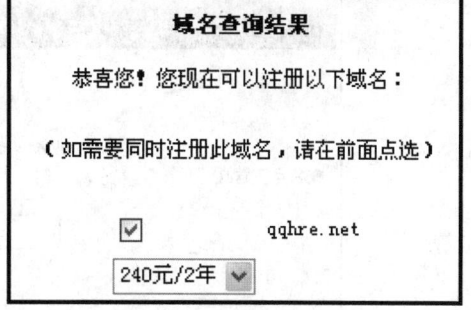

图8.3　域名查询结构界面

步骤6：按要求汇款缴费，至此 qqhre.net 域名正式开通，用户可以通过系统给定的域名管理页面，进入管理后台，输入用户名及密码后，即可进行域名管理、域名解析工作。

2．确定网站空间

举例来说，如果在当地的商场申请了1楼12区8号位的摊位1-12-8，准备经营服装，取名为"时代服装店"，申请完之后，管理人员为服装店批复100平方米的经营空间，摆放商品后开始正常营业。这里1-12-8相当于网站的 IP 地址，而"时代服装店"则相当于域名，100平方米的空间则相当于网站空间。空间实际上就是互联网服务器硬盘的一块空间，用于存放网站的所有文件。建设网站，必须在互联网上拥有空间，将网站上传到空间上，并将域名与空间关联，网站才能被世界各地的浏览者通过域名浏览。

网络空间分为两种，一种是免费空间，另一种是收费空间。我们最熟悉的 QQ 空间，其实就是一种免费空间，是腾讯公司在其服务器上开辟的一块硬盘空间，供用户传相片、存文件、写日记等。免费空间功能少、容量小，一般不支持动态网站，所以正式运营的网站一般要购买收费空间。目前空间提供商很多，大家可以到网上去搜索，并联络购买。

3. 域名解析

(1) 什么是域名解析。正常访问网址的时候，在地址栏中输入的是域名，例如访问百度时输入 www.baidu.com，但实际上我们访问的是某台服务器上的一块硬盘空间，这块硬盘空间用 IP 地址表示，例如 123.235.44.30。 因为 IP 地址难记，所以就出现了域名解析服务器，就是通过域名解析服务器把域名(www.baidu.com)解析为 IP 地址(123.235.44.30)。更通俗地说，域名解析就是把域名指向网站空间的 IP 地址，将域名与空间绑定，让人们通过域名可以方便地访问到网站。

(2) 解析过程。齐齐哈尔信息工程学校的网址为 www.qqhre.com，其域名为 qqhre.com。如果想在任意一台上网的计算机上浏览这个网站，就要进行解析。

第一步：在域名管理界面操作。在域名注册机构通过专门的 DNS 服务器解析到 Web 服务器的一个固定 IP 上，例如 186.203.35.48。

第二步：在空间提供界面操作。通过 Web 服务器来接收这个域名，把 qqhre.com 这个域名映射到这台服务器上。

【操作实例 8-2】域名解析操作。

步骤 1：输入网址"www.xinnet.com"，登录域名管理，如图 8.4 所示。

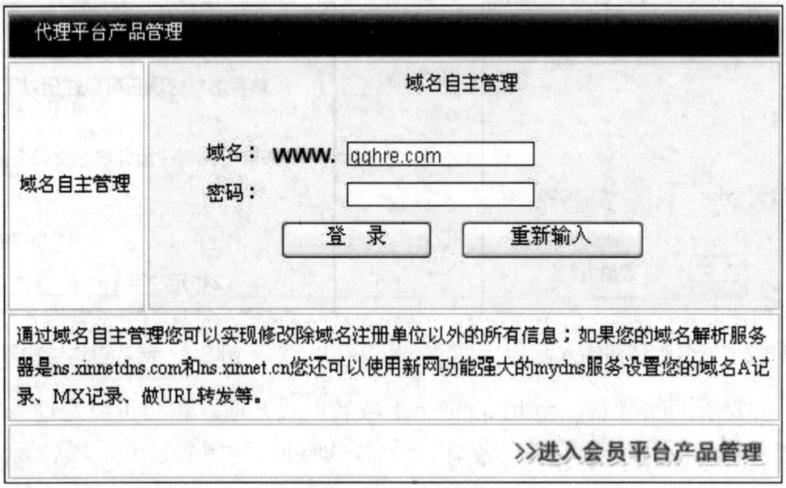

图 8.4 域名解析

步骤 2：进入 My DNS 功能，解析域名如图 8.5 所示。

步骤 3：添加新的 A 记录，将 www.qqhre.com 解析到 Web 服务器的一个固定的 IP 上，例如 186.203.35.48，然后单击"提交"按钮，如图 8.6 所示。

图 8.5　域名解析界面

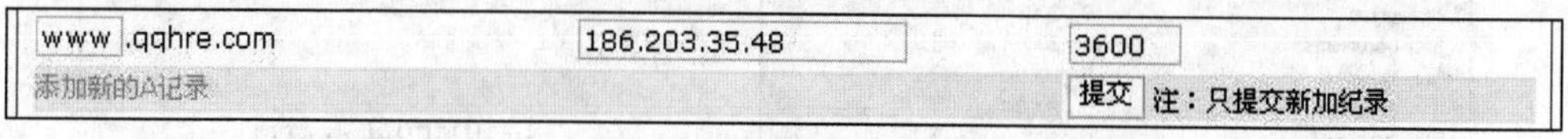

| www .qqhre.com | 186.203.35.48 | 3600 |
| 添加新的A记录 | | 提交 注：只提交新加纪录 |

图 8.6　添加新的 A 记录

步骤 4：添加新的 A 记录，将 qqhre.com 解析到 Web 服务器的一个固定的 IP 上,如其他网站不能解析空白用@代替，例如 186.203.35.48，然后单击"提交"按钮，如图 8.7 所示。

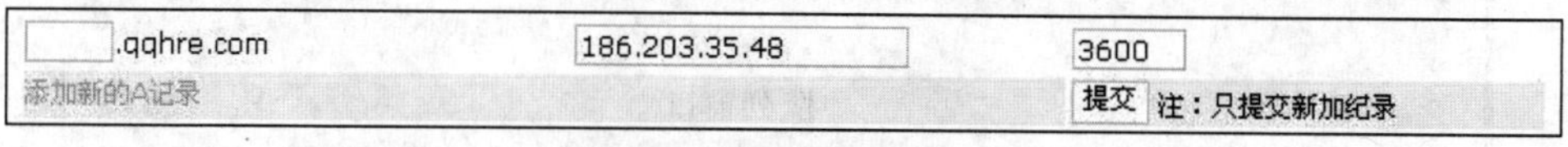

| .qqhre.com | 186.203.35.48 | 3600 |
| 添加新的A记录 | | 提交 注：只提交新加纪录 |

图 8.7　添加新的 A 记录

步骤 5：确定 DNS 解析为开启状态，等待，一般为 0～24 小时，如图 8.8 所示。

图 8.8　DNS 状态

8.1.3　网站上传

1．网站上传概述

上传网站是指把制作好的网站发布到远程服务器上。上传分为 Web 上传和 FTP 上传，Web 上传即通过浏览器来上传文件，直接单击网页上的链接即可操作；FTP 上传需要专用的 FTP 工具。另外也可以使用 FrontPage、Dreamweaver 自带的上传工具上传。实际使用中以 FTP 方式上传居多。FTP 方式上传不但简单易用，而且功能强大。

2．网站上传操作

FTP 方式上传的软件很多，其中最常用的有 LeapFTP、FlashFXP、CuteFTP 三个，也就是人们常说的 FTP 三剑客。FlashFXP 传输速度比较快，但有时对于一些教育网 FTP 站点却无法连接；LeapFTP 传输速度稳定,能够连接绝大多数 FTP 站点(包括一些教育网站点)；CuteFTP 具有友好的用户界面、稳定的传输速度，虽然相对来说比较庞大，但其自带了许多免费的 FTP 站点，资源丰富。

(1) CuteFTP 操作界面。CuteFTP 软件操作界面十分简洁，共有 FTP 四个窗口，它们是工作状态窗口、本地硬盘窗口、远程 FTP 站点窗口、队列窗口。其中 FTP 工作状态窗口表明 FTP 工作的基本情况，如连接情况等；本地硬盘窗口则显示自己所使用的计算机硬盘资料，可以在此选择欲上传文件夹及文件；远程 FTP 窗口则显示服务器上已经开通的空间的文件夹及文件情况；队列窗口中显示的是等待上传的文件名称。如图 8.9 所示。

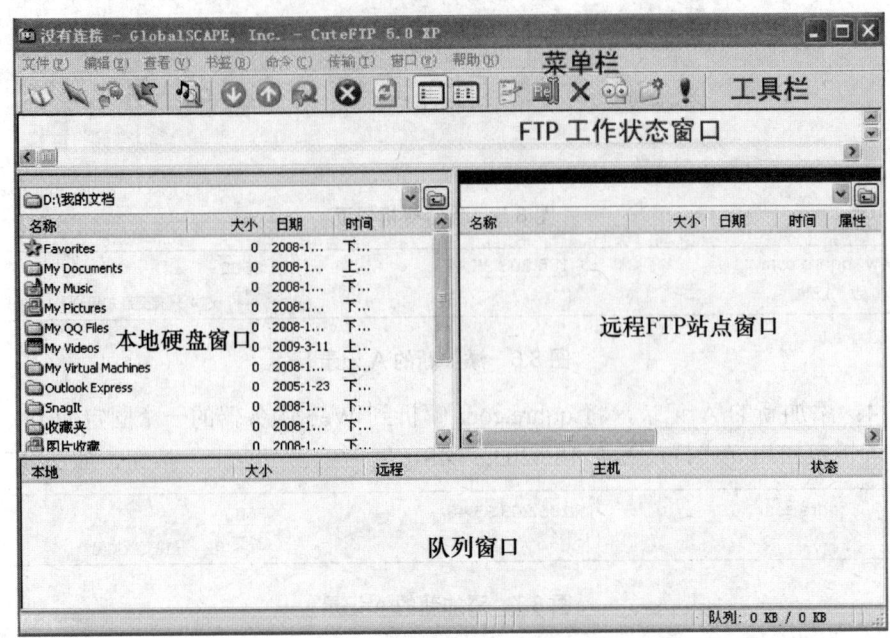

图 8.9　CuteFTP 操作界面

　　(2) 建立新的链接。当单击工具栏上左上方第一个按钮时，启动建立新链接界面，如图 8.10 所示。必须填写的有四项内容：FTP 服务器地址、用户账号、密码、连接端口。其中 FTP 服务器地址填入申请网站空间时的 FTP 地址；账号及密码则是申请空间成功后由空间提供商开通的，类似进入邮箱的邮箱号与密码；连接端口则固定为 21；其他各项一般使用默认值即可。

图 8.10　建立新的链接

(3) 网站上传与下载。上传时先确认 FTP 服务器的目录(即右边的窗口)是否是要上传文件的目标目录。选中本地硬盘欲上传的文件或目录，拖放到右边窗口，立即开始上传。

下载和上传相同，直接把选中的内容从远程目录拖放到左边窗口的本地硬盘即可，如图 8.11 所示。

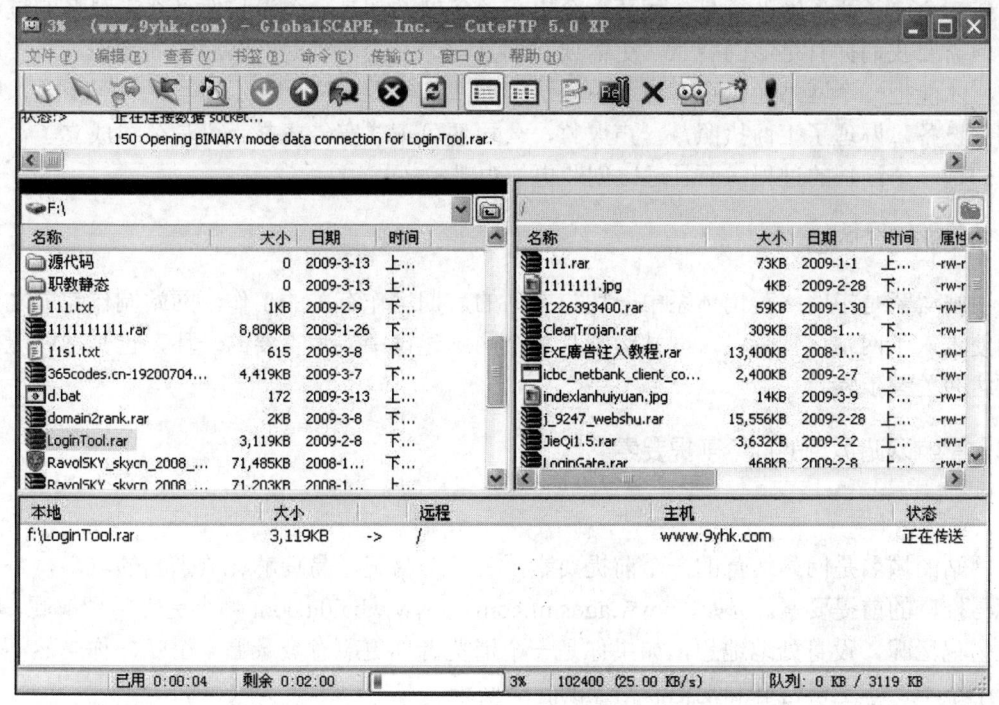

图 8.11　FTP 主界面

(4) 其他操作。选中将要进行操作的文件或目录，然后单击右键，可以进行删除、重命名等其他各项操作。

3.　注意事项

(1) "建立数据 Socket 失败"的处理。在上传时经常出现"建立数据 Socket 失败"的提示，这是由于模式设置所导致。予以更改后即可解决，其方法是：

选择"编辑"|"将使用 PASV 模式(被动模式)"或在编辑菜单中逐次选择"设置"→"连接"→"防火墙"，把"将使用 PASV 模式"前面的钩去掉就可以了。

(2) 二进制上传。有的程序必须以二进制形式上传，否则将不能完成上传工作。在 CuteFTP 中单击"传输"按钮即可。

(3) 注意文件名称的大小写。大多数远程服务器，对于文件或目录名的大小写非常敏感。如果 FTP 软件中没有强制小写字母的功能，则文件及目录名要用小写。在 CuteFTP 中，在 FTP Site Manager / Edit Site / Advanced 的 Upload Filenames 中选择 Force Lowercase(强制小写)，可以强制实现上传文件名称为小写。

8.2　电子商务网站的运营

建一个电子商务网站容易，运营一个电子商务网站却是一个漫长而且充满艰辛的过程，这不但需要我们拥有足够的智慧，更需要我们从理论上全面掌握网站运营的知识，从实践中走过，才能把一个网站运营得有声有色。这犹如我们创业一样，租了房子，有了资金，购买了相关设备，办理了工商执照，一声爆竹，公司便可正式宣告成立。可是公司成立了，如何经营却是一个漫长的过程，而且远比创业更为艰难。

8.2.1　网站运营的含义

网站运营是指网络营销体系中一切与网站的后期运作有关的工作。网站制作完成之后，我们便进入了网站运营阶段，网站运营是整个网站建设中最为重要的一环，也是网站能否兴旺发达的关键步骤。

8.2.2　影响网站运营的几个前提要素

1．域名

网站的域名是网站运营的一个前提要素，有一个易记、易理解、响当当的域名，是网站运营与推广的前提要素。例如，www.agdsmf.com 与 www.baidu.com 哪个更容易理解呢，哪个更容易记忆呢，设身处地地想，如果你是一个消费者你更愿意登录哪一个呢，你当然不会随身带个小本，本上密密麻麻地记满枯燥的各类网址。

2．服务器

电子商务网站需要随时为消费者提供服务，因此服务器必须能够提供 24×7 的运营保障，即每天 24 小时，每周 7 天，服务器要忠诚地运营，不得停歇片刻。所以，拥有一台高质量、高速度的服务器是电子商务网站正常运营的又一个前提要素。

3．网站质量

界面美观、大方、实用，后台功能全面，程序代码健壮，造就了一个高质量的网站。没有高质量的网站，纵使千般手段一齐使用，也不可能运营成功。这犹如部队征兵要进行严格筛选一样，一身疾病的年轻人到部队是不可能训练成一个好兵的，因为他不具备训练的身体条件。同理，一个制作不完善，处处有问题的网站是不可能正常推广的。

4．网站的登记备案

网站制作完成后，必须进行登记备案，方可合法地进行运营。根据工业和信息化部要求，非经营性互联网信息服务备案要完成以下工作。

(1) 登录 www.miibeian.gov.cn 网站，如图 8.12 所示。

(2) ICP 注册。

(3) 输入手机、邮件验证码。

(4) 录入备案信息。

(5) 将备案编号和电子证书安放在规定的位置。

工业和信息化部
ICP/IP地址/域名信息备案管理系统

欢迎访问备案系统网站|全国咨询电话：010-95169001|备案核查电话：010-66012666   您是第227808595位访问者

图 8.12　工业和信息化部备案网站

8.2.3　网站运营的内容

企业的网站运营包括很多内容。

1.　网站发展创新

实践是检验真理的唯一手段。胸怀所有宏图美景、制定一切规划设想，又经过日夜不懈努力，最终完成的网站，也许你十分满意，但没有缺点的事物是不存在的，网站中存在瑕疵在所难免。网站也要不断在完善中求发展，在创新中谋生存。

在网站运营过程中，用户会反馈很多意见，客服部门会接到许多投诉，因此我们必须不断改正不足、修正错误。不断地将客户需求形成修改方案，并予以实现；不断地对客户投诉进行分析，予以解决。这就是网站的发展。

针对市场需求、同行业竞争，不断做出网站调整方案，不断推出新的栏目，增加新的内容，就像大商场常年有各种的促销活动一样，不断地将团队智慧变成网站的亮点。这便是创新。

2.　网站内容建设

(1) 栏目内容建设。我们每次登录腾讯的 QQ 聊天软件，都会自动弹出一个以最新资讯为主题的网页窗口，如果每天都是相同的内容，让读者感到无聊的同时也失去了大批的浏览者。同样，我们的电子商务网站要不断地对栏目内容进行建设，专人管理，随时更新内容。新闻类栏目，随时添加内容；热点商品经常更新商品信息。

(2) 更新维护。一个网站，只有不断更新才会有生命力，人们上网无非是要获取所需的信息，网站只有不断地提供人们所需要的内容，才能更有吸引力。网站好比一个电影院，如果你每天上映的都是同一部电影，那么有谁会第二次光临呢。

3.　网站营销管理

经营一个电子商务网站，与经营一个商场一样，需要进行全面的营销管理。网络营销是一个广义的概念，凡是以互联网为手段进行的、为达到一定营销目标的营销活动，都可称为网络营销。它包括以下内容。

(1) 信息宣传。基于互联网的信息宣传具有速度快、覆盖面广、成本低的特点，企业可以用各种手段进行信息宣传。

(2) 市场调查。网上市场调查有两种方法，一是通过 E-mail 发送电子邮件；二是直接在网页上通过问卷进行调查。

(3) 消费分析。互联网的消费群体具有显明的时代特征，与传统的消费群体大有不同，不但消费群体的年龄不同，而且消费目标也不同，因此网站营销要注意对消费进行分析。

(4) 网上促销。可以通过日常不间断的各种促销活动推动人们对网站的认识与认可，达到网站营销的目的。企业可以通过网站页面展示商品，也可以通过 E-mail 向目标客户发送促销电子简报。

(5) 网络广告。网络广告作为重要的促销工具，是网站营销的重要手段之一。

8.2.4　网站运营的方法

1. 建立一个健全的运营体系

成熟的电子商务网站应该设立一个网站运营部，全面负责网站的运营。建立一个健全的运营体系，其工作的主要内容是与公司的其他部门进行沟通并做出运营决策。例如，与客服人员沟通，了解客户反映的问题；与技术人员沟通，对网站进行修改；与市场人员进行沟通，了解市场动态；最后根据沟通的结果做出网站运营的决策。

其人员安排上应该设立一个运营总监、运营部经理，以及若干名运营专员。运营总监一般由公司副总经理兼任，运营部经理则由专人担任，运营专员要求具备该网站所涉及行业的专业知识，项目管理策划能力、沟通协调能力、文字组织能力等方面的素质。

2. 内容不断更新与维护

(1) 内容更新与维护的意义。电子商务网站的内容是吸引网民眼球的关键，也是网站运营的命脉。一个内容一成不变的网站，恰似一潭死水，毫无生机。网站内容的更新与维护可以吸引大量的网民，使他们成为网站的永久的主顾，他们每天光顾网站乐此不疲，网站流量大增，效益自然攀升。

(2) 内容更新与维护的几个关键。内容的更新与维护包括更新的时效性、审核的严格性、内容的有效性、维护的经常性四个关键点。

更新的时效性是指要及时地更新网站中的内容，让网站永远保持新颖，第一时间反应实际活动，对网民产生永久的磁力。我们周知的网易，每天都有专门队伍每时每刻都在做着更新的工作。当神舟七号升天之际，各大网站更是每分每秒动态更新。

审核的严格性是指网站面对的是无国界的公众，其内容直接影响着整个网站的声誉，对网站内容的审核必须严格，严格得要一丝不苟，严格得要有政治高度。不要说不健康的内容、不真实的内容，就是健康的内容、真实的内容也要逐字审核，确保准确无误。

内容的有效性是指电子商务网站发布的内容不能随意。内容在网上发布了，就必须真实有效，否则既误导消费者，又影响网站的口碑，甚至有商业欺诈嫌疑。原本一台折扣数码相机报价 999 元，由于操作失误，网站误报为 99 元，当购买者蜂拥而至的时候，也是你麻烦来临的日子。

网站维护的经常性是指网站维护要经常进行，而不是头痛医头，脚痛医脚。类似火车站每次列车出发前都有专人进行检测一样，要经常对网站进行全面的检查，及时备份数据，对安全漏洞要及时进行修补。

(3) 内容更新与维护的方法。网站内容经过审核，公司领导签字批准后，就进入了更新与维护的操作阶段。每个网站都有一个后台管理系统，其日常的更新与维护全部由后台管理系统完成。

更新与维护网站的内容，第一步要打开登录界面，输入用户名与密码；第二步根据需要选择相应栏目，录入内容；第三步，预览实际效果，通知主管领导网上审核；第四步，主管领导在网上审核通过，网站内容更新与维护的一个周期结束。

3. 网站不断改版与创新

(1) 改版的含义。网站的改版是指变换网站版面风格，即对网站前台重新进行设计，形成一个全新的版面，给网民全新的视觉冲击。例如遇有重大节日、重大活动，将版面改成大红，这就属于改版。而对汶川大地震的哀悼，各大网站几乎全部改成了黑白色。

(2) 改版的原理。网站改版的原理很简单，犹如人穿衣服一样，要不断根据季节、场合的不同改穿不同的衣服，而不是把整个人都换掉。有个贬义的俗语很恰当：换汤不换药。改版由网站美工重新设计版面，并把原后台重新挂接，原后台不变，原内容不变。

(3) 改版的方法。改版时，要从色调、版式上进行修改，原有的栏目一般不要变动，经过重新设计规划后，用 Photoshop 重新制版，重新用 Dreamweaver 排版。

8.3　电子商务网站的推广

网站知道的人越多越好，每天的访问量越多越好。酒香也怕巷子深，再好的网站也需要推广。网站推广是一项系统工程，是一项长期工作，只有全面掌握网站推广的理论知识，辅以实践操练才能使网站成功推广。

8.3.1　网站推广的含义

网站推广是指采用一定的策略，尽可能多地让用户了解并访问网站，通过网站获得有关产品和服务等信息。简单来说，网站推广就是指如何让更多的人知道你的网站。网民常说的点击率，其实就是网站推广程度的一个量。

8.3.2　网站推广的意义

网站的推广具有十分重要的意义，只有经过推广的网站，才是具有真正商业意义的商务工具。网站的推广具有两大意义。

1. 提高网站的访问量

电子商务网站是以宣传产品、提供在线交易为主的网络工具。每一个电子商务网站，每天都要支付大量的运营费用。如果没有一定的推广手段，访问者寥寥无几，电子商务便无法开展。只有经过有目的的推广，才能提高网站的访问量，网站访问量提高后，网站的效益才能提高。

2. 扩大企业的知名度

通过网站的推广，可以迅速扩大企业的知名度，尤其是在各类行业网站上发布分类信息，可以迅速提升企业在本行业中的形象。

8.3.3 网站推广的形式

网站推广的形式多种多样,不同的网站要采用不同的推广策略。常用的推广形式有以下几种。

1. 分类目录

分类目录推广又称为行业推广,是将自己网站的有关信息发布到其他网站的分类目录中。这种网站一般为门户网站,访问量众多,而且访问者目标明确。搜狐、新浪、网易、中文雅虎、百度都有分类目录。图 8.13 是 "网址大全" (http://www.hao123.com)页面中电子商务网站的分类目录。

购物综合				
淘宝网	当当网	易趣网	百度有啊	快递跟踪查询
卓越网	拍拍网	篱笆论坛	D1便利网	阿里巴巴
七彩谷商城	2688网店	檬果国际购物	YESIPPG男装直销	快乐购
中国鲜花礼品网	VANCL衬衫网上商城	逛街网流行服饰	情深深鲜花礼品网	家居易站
乐蜂网				

图 8.13 hao123 网站中的购物网站分类目录

2. 交换链接

交换链接是指在网站上放置对方网站的网站 Logo 或网站名称并设置对方网站的超级链接,使得用户可以从其他网站中进入自己的网站,达到互相推广的目的。交换链接可以获得访问量,增加用户浏览时的印象,在搜索引擎排名中增加优势、增加可信度等,如图 8.14 所示。

图 8.14 家居易站(http://www.homee.com.cn/)

3. 网络广告

在一些行业网站或门户网站上做广告,也是一种推广的有效方法。广告目标网站的选择一般是流量比较大的网站或者本行业的权威网站,既可以通过链接提高网站的流量,又可以在同行业中提升知名度。

4. 电子邮件推广

相信每个人的邮箱中都曾经收到过用于网站推广的电子邮件。电子邮件推广是一种快捷、便宜的推广方式。但使用这种方式,一定要注意客户的分门别类选择,有目标地进行推广,尤其是标题本身要有足够的吸引力让用户去查看。不能以大量狂发邮件的方式进行推广,试想谁愿意看一堆无关的垃圾邮件呢。图 8.15 是北京易捷美数字科技有限公司(http://www.yimei.com)

用于邮件推广方式的一封邮件。用于推广的邮件必须符合以下标准。

图 8.15　北京易捷美数字科技有限公司邮件

(1) 内容真实、翔实。内容必须真实，不得有虚假与夸大行为，要实事求是，让人感觉踏实、放心。内容必须翔实，让人能完整理解发邮件人的意图。

(2) 措词得体、温馨。关心的语句、善意的提醒在使人感觉温馨的同时也就不会吝惜手中鼠标轻轻一点，进入你的网站，从而达到网站推广的目的。但要注意，语言上千万不要虚情假意。

(3) 设计精美、大方。用于电子商务网站推广的邮件不是一封普通的电子邮件，因此要精心设计，不但要整体精致、美观，而且要大方得体，特别是网站的标识、网址的链接一定不能少。

(4) 文字精简、干练。没有人会把一封洋洋洒洒数万字的电子邮件从头看到尾，也没有人愿意长时间接待主动上门推销的业务员。用于网站推广的电子邮件一定要用精简的三言两语，说明邮件的意图。

5. 传统媒体推广

传统媒体推广是指利用广播、电视、报纸、广告等对网站进行推广的一种手段。虽然是传统的宣传手段，但却是人们每天接触信息、获取信息的主要渠道。其基本的做法是，在企业为产品做媒体广告时，在显著位置标明本企业的网址。

6. 搜索引擎推广

搜索引擎注册是最常用的网站推广手段。例如，我们欲在北京找一所电脑学校学习，比较直接的办法，就是在百度上搜索"北京电脑学校"。我们都希望自己的网站排名在前面，但如何才能做到这点呢，这就是搜索引擎推广。标题和关键字是搜索引擎推广中的两个最基本的要素，标题和关键字也是在搜索引擎网站中页面排名权重最大的两个方面。

8.3.4 网站推广的要素

1. 向谁推广

即推广目标，要根据市场需求，根据网站的内容，明确网站的推广目标，这样才能有的放矢。例如，以妇女用品为主题的电子商务网站，面对的是广大妇女群体，推广时要围绕这一目标有效展开。

2. 推广什么

综合性电子商务网站，犹如百货商场，商品众多，琳琅满目，但我们要根据推广的目标，对百姓喜好、急需、新颖、功能独特、本地稀缺的商品做重点推广。通过对这部分商品的推广，达到网站推广的目的。

3. 怎么推广

即采用什么形式进行推广。选择合适的推广方式，才能取得预期的效果。是选择传统媒体，还是选择搜索引擎，一般来说，各种推广形式要综合使用，才能取得最佳的效果。

4. 在哪推广

选择了合适的推广形式，每一种形式都有不同的渠道，接下来就必须确定在哪推广的问题。例如传统媒体有广播、电视、报纸等，在哪个媒体进行推广，哪一个媒体更适合自己的网站推广，哪一个媒体能达到最理想的效果，这是每一个网站推广者必须做出的选择。

5. 什么时候推广

大商场的促销活动一般选择在重大节日，网站的推广也要根据网站的内容、受众群体选择适当的时机。选择合适的时机，以合适的方式，向适合的群体，推广他们需要的东西，这才是我们推广者的最高境界。

8.3.5 网站推广的注意事项

1. 不要发垃圾邮件

滥发邮件会招来"敌人"而不是朋友，它还会使站点被大的 ISP 禁止，减少网站访问量。在采用邮件方式推广时，一定要将电子邮件的内容做得翔实，设计精美、措词温馨。使收邮件的网民即使不欢迎，也不至于反感。

2. 公司资料要翔实

有很多网站公布了企业的联系方式，可是更换电话后，却没有及时更新，导致客户信任度降低。网站一定要有准确的联系方式。

3. 配套服务要跟上

在网站推广的过程中，配套服务一定要跟上，要设有专门的客服人员，客服人员的态度决定回头客的频率。

4．网址要突出

电子商务网站的推广，要贯彻在企业所有生产经营行为中。每一个商品都标明网址，每一份材料都印上网址。在所有广告宣传的显著位置上也要列明网址。

5．专人负责

目前，许多单位制作网站时大小领导一起上阵，制作完成后，却只是简单的发发新闻、写写通知，而真正的推广工作却没有人去做。其实，网站推广是一项长期工作，不能求短期效益，因此要有专人专门负责。

8.3.6　网站流量统计

网站推广的直接效果是流量的增加，可是我们如何知道网站的流量呢？我们如何分析是哪种推广策略带来了网站流量的增加呢？网站流量统计系统是专门解决上述问题的，而且网站流量统计系统的功能远比我们想象得要强大。

1．什么是电子商务网站的流量统计

电子商务网站的流量统计是指通过对用户访问网站的情况进行统计、分析，从中发现用户访问网站的规律，并将这些规律与网络营销策略相结合，从而发现目前网络营销活动中可能存在的问题，并为进一步修正或重新制定网络营销策略提供依据。

2．电子商务网站流量统计的方法

电子商务网站流量统计一般有两种方法。

(1) 自行设计流量统计系统。在网站设计中，直接编写实现流量统计功能的代码，在主页上直接显示网站的流量，这种方式功能一般比较弱，而且很不专业，前些年比较流行，目前很少使用。

(2) 使用专业流量统计系统。目前，免费的流量统计系统很多，而且由于专业，所以功能十分强大。

3．流量统计中的三大概念

流量统计中有 PV、UV 和 IP 三大概念，它们是流量统计中最重要的三个指标，具体含义如下。

(1) PV 是 Page View 的缩写，是指访问量，即页面浏览量或单击量，用户每次刷新即被计算一次。PV 高不一定代表来访者多，PV 并不直接决定页面的真实来访者数量。比如一个网站只有一个人访问，通过不断的刷新页面，也可以制造出非常高的 PV。

(2) UV 是 Unique Visitor 的缩写，是指独立访客，访问某一网站的一台电脑客户端为一个访客，每天相同的客户端只被计算一次。

(3) IP 是 Internet Protocol 的缩写，指独立 IP 数。每天 00:00～24:00 时间内相同 IP 地址只被计算一次。

4．流量统计的内容

流量统计包括以下内容。

(1) 访问量，包括网站的独立 IP 数(IP)、页面访问量(PV)、独立访客(UV)。

(2) 访问时段，即一天 24 小时内的访问量的分布。

(3) 访问者来自地区，对国内访问的分析可以精确到省。

(4) 来自搜索引擎的访问，可以统计出搜索引擎种类及关键字分布。

(5) 客户访问时所使用的浏览器及操作系统。

(6) 访问来源，可以统计出来自其他网站的链接所导入的访问量。

(7) 页面热点统计，可以统计出网站上最受欢迎的页面的排名。

(8) 历史访问统计详细记录。

5. 站长统计的使用

在专业流量统计系统中站长统计是使用比较广泛的一种，其功能比较全面，而且使用极为方便，在此介绍该系统的使用方法。

(1) 进入站长统计网站。在浏览器的地址栏中输入"http://www.cnzz.com"，即可进入站长统计的主页面。

(2) 单击主页右侧"免费注册"，如图 8.16 所示。

(3) 进入免费注册界面后，出现站长统计的注册界面，共有站长流量统计、商业流量统计、广告效果统计、数据中心四大模块，其中站长流量统计是永久免费的。

(4) 进入中国站长联盟服务条款和声明页面，阅读后，单击"我同意，开始注册"进入正式注册界面，按要求输入 E-mail 地址以及系统提供的验证码后，单击"提交"按钮。要注意两点：一是一个 E-mail 只能注册一次，如果该 E-mail 在站长统计中已经注册过，则不能再进行注册；二是 E-mail 地址必须正确，因为系统向该邮箱中发送确认信后，注册才能通过。

(5) 开启注册时输入的邮箱，打开系统自动发出的确认信，并立即单击继续操作。

(6) 在新用户信息界面，输入用户名、密码等信息后，单击"注册"按钮。进入新的页面后，单击"使用本站服务前，如果您还未添加网站请先添加您的下属站点"进入站点添加页面，依据提示输入网站的相关信息，如图 8.17 所示。

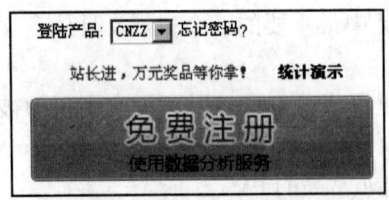

图 8.16　站长统计注册入口

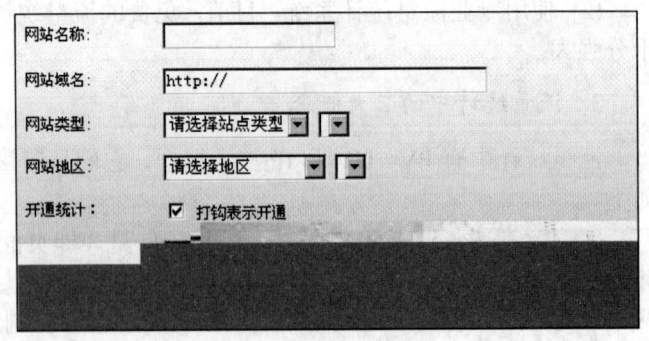

图 8.17　添加站点界面

(7) 站点添加完毕后，进入获取代码页面，有如图 8.18 所示的三种图片样式，另外还有四种文字样式供选择，根据喜好选择合适的样式，并将其提供的代码复制下来，然后将该段代码放到网站主页结尾部分。

图 8.18　站长统计的三种图片样式

(8) 站长统计添加完毕。

8.3.7　搜索引擎的使用

在网站的各种推广方法中，搜索引擎是最重要的推广形式。网络日益发达，信息浩如烟海，要想在互联网上迅速找到所需要的信息最重要的工具就是搜索引擎。

1. 搜索引擎的含义

搜索引擎(Search Engine)简单地说就是用来在网上查找资料的工具，是指自动从因特网上搜集信息，经过一定整理以后，提供给用户进行查询的系统，是对互联网上的信息资源进行搜集整理，提供查询的系统。它包括信息搜集、信息整理和用户查询 3 部分。

2. 搜索引擎的使用方法

搜索引擎的使用方法如下。

(1) 列出网站关键词清单。欲查找北京的律师事务所，打开百度输入"北京律师事务所"、"北京律师"、"北京最权威的律师事务所"等，这就是搜索引擎的关键字，每一个网站都要设置一定的关键字，供所有人进行搜索。

(2) 主关键词的确定。所谓主关键词是指能够最大程度地概括一个网站信息内容的字或者词，它是网站信息的概括化和集中化。我们在推广一个网站之前，一定要仔细、慎重地选择好主关键词。

(3) 长尾关键词的使用。对于一般小型网站，目标关键词带来的流量占网站总搜索流量的绝大部分。存在于网站目录页、内容页的关键词也会带来流量，但为数不多。网站上非目标关键词也可以带来搜索流量，这种关键词称为长尾关键词。这类关键词一般比较长，往往由2～3 个词组成，存在于内容页面。它们搜索量往往非常少，并且不稳定。但存在大量长尾关键词的大中型网站，其带来的总流量非常大。

(4) 在网页中合理部署关键字。网页中关键字的分布是：主关键字可能在网页中出现1～2 次，长尾关键字一般出现 4～8 个，这样才能有效提高搜索引擎效率。

(5) 链接的使用。提交网站到搜索引擎前要进行链接检查，死链接和无法到达的链接要尽量避免。

(6) 提交网站到搜索引擎。定义完关键字，我们就可以向各搜索引擎提交关键字了，常用的有百度(Baidu.com)、谷歌(Google.cn)、雅虎(Yahoo.com)。使用时注意不要频繁地向搜索引擎提交。

3. SEO 技术简介

SEO 是 Search Engine Optimization 的缩写，中文含义是搜索引擎优化。SEO 的主要工作是通过了解各类搜索引擎如何抓取互联网页面、如何进行索引以及如何确定其对某一特定关键词的搜索结果的排名等，来对网页进行相关的优化，使其提高搜索引擎排名，从而提高网站访问量，最终提升网站的销售能力或宣传能力的技术。简单来说，SEO 是一种让网站在百度、谷歌、雅虎等搜索引擎获得较好的排名从而赢得更多潜在客户的一种网络营销方式，也是 SEM(搜索引擎营销)的一种方式。

4. 实例：推广网站经验谈

如何利用百度推广自己的网站，跟其他的推广方法一样，只有实践才能积累经验，经历过数次失败才能找到成功的捷径。所谓最好的 SEO 为忘记 SEO，一个无内容的网站正如一个没有灵魂的躯体，所谓内容为王，就是百度推广的成功。没有创新，没有新的内容就没有固定的客户群，也就无所谓真正的成功。作为一个新的网站，没有人知道，但是电视新闻媒体等高额的宣传费用，是大部分站长所不能支付的。对于一个不知名的网站，要想取得成功，大部分流量来源于百度等搜索引擎。对于中国的网站其中百度为首，根据个人的经验，百度的推广方法主要有以下几种。

(1) 确定关键词。根据使用经验，要求了解潜在用户的搜索习惯，根据用户需求来确定关键词。确定时一般都要结合推广工具，例如关键词查询工具等，查找主关键词的相关关键词。了解关键词就是更好地了解你的客户需求，这样才能有效地推广自己的产品。

(2) 内容优化。适当地对内容中的关键字加粗，变换颜色。

(3) 内容连接和外部连接。外部连接对搜索引擎的排名和收录起着非常显著的效果。百度如蜘蛛爬虫，当蜘蛛爬到你的网站时会根据你网站的连接地址连接到其他网站，内部连接是让搜索引擎知道网站哪些内容是重要的，哪些是想让别人知道的，外部连接让搜索引擎知道哪些网站是你认为大家需要的，可以多去一些知名论坛发些原创的文章，并用连接将关键字连接到自己的站点，带来的流量对于一个新站来说也是非常可观的。建议不要群发，一万篇文章每篇浏览一次不见得比一篇文章浏览一万次效果好。

(4) 分析来源。可以去 51.la、站长统计等站点申请统计，通过统计知道关键词的来路，以此加强关键词内容。

(5) 通过搜索引擎入口提交，使搜索引擎的蜘蛛找到自己的网站，常用入口如下。

Google 网站登录入口 http://www.google.com/addurl/

Baidu 网站登录入口 http://www.baidu.com/search/url_submit.html

Yahoo 网站登录入口 http://search.help.cn.yahoo.com/h4_4.html

Live 网站登录入口 http://search.msn.com/docs/submit.aspx?FORM=WSDD2

Dmoz 网站登录入口 http://www.dmoz.com/World/Chinese_Simplified

Coodir 网站目录登录入口 http://www.coodir.com/accounts/addsite.asp

Alexa 网站登录入口 http://www.alexa.com/site/help/webmasters

Sogou 网站收录 http://www.sogou.com/docs/help/webmasters.htm#01

中国搜索网站登录入口 http://ads.zhongsou.com/register/page.jsp

iAsk 网站登录入口 http://iask.com/guest/add_url.php

搜索引擎收录查询 http://indexed.webmasterhome.cn/

有道搜索网站登录入口 http://tellbot.youdao.com/report

Accoona 网站登录入口 http://www.accoona.com/public/submit_website.jsp

Onebigdirectory.com 搜索引擎批量提交 http://www.onebigdirectory.com/cgi-bin/dir/addurl.cgi

Chainer.com 搜索引擎批量提交 http://www.chainer.com/big5/submit/addurl.htm

Freewebsubmission.com 搜索引擎批量提交 http://www.freewebsubmission.com/

(6) 交换链接。如果时间充足,不怕辛苦,可以用这种方法准备一些关于自己网站名称,加上网址的 Logo,如果不会自己制作则可以去 www.55.la 生成 Logo。但是建站初期,没有知名度,没被收录,大部分成熟网站都不愿意与你交换。还可以通过广告联盟在多个网站之间通过弹窗互换访问量,如果通过你的网站弹出后也会获得同样回报的访问量。

8.3.8 网站推广工具

推广网站,既需要掌握足够的理论基础,又必须了解一些常用软件。网站推广工具软件很多,熟练使用这些网站推广工具,可以取得事半功倍的效果。

1. 内容与结构工具

内容与结构工具是网站推广的常用工具。目前互联网上这类工具很多,常用的有搜索引擎抓取内容模拟器、相似页面检测工具等。其使用方法极其简单,网上也有大量的使用方法说明,大家可以自行练习。

(1) 搜索引擎抓取内容模拟器。本例是一个典型的搜索引擎抓取内容模拟器,其登录网址为 http://www.seores.com/search/spider.asp,如图 8.19 所示。

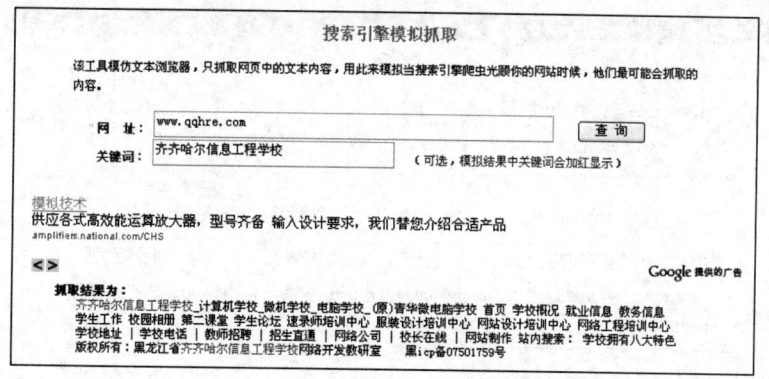

图 8.19　搜索引擎抓取内容模拟器

(2) 相似页面检测工具。本例中相似页面检测工具为在线检测,其使用方法极其简单,其登录网址为 http://www.seores.com/search/similar.asp,如图 8.20 所示。

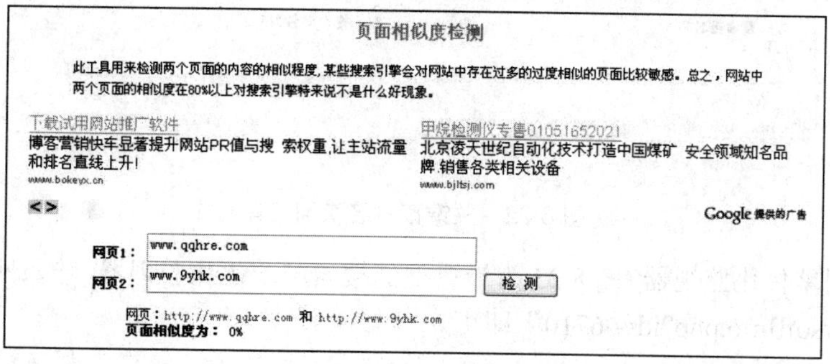

图 8.20　相似页面检测工具

2. 综合查询工具

网站站长最关心的是网站被各大搜索引擎收录及排名的情况。综合查询工具包括搜索引擎收录查询、关键词排名查询、搜索引擎优化监视器等工具。网上也有大量的工具及教程，大家可自学掌握。

(1) 搜索引擎收录查询工具，登录到 http://indexed.webmasterhome.cn/，可以在线检测搜索引擎收录情况，如图 8.21 所示。

搜索引擎	☻	G	Y?	S	◈
收录情况	429	13300	24855	29753	704
反向链接	3370	5680	242613	378618	5680

Results for:www.coodir.com - 历史信息 - 更多查询　PageRank: 6　Sogou Rank: 69　Alexa Rank: 29766

图 8.21　搜索引擎收录查询工具

(2) 关键词排名查询工具，本实例以 2009 年 1 月 18 日发布的关键词排名查询工具版本为例，在浏览器地址栏中输入"http://www.flashplayer.cn/keywords/"，即可出现如图 8.22 所示的界面。

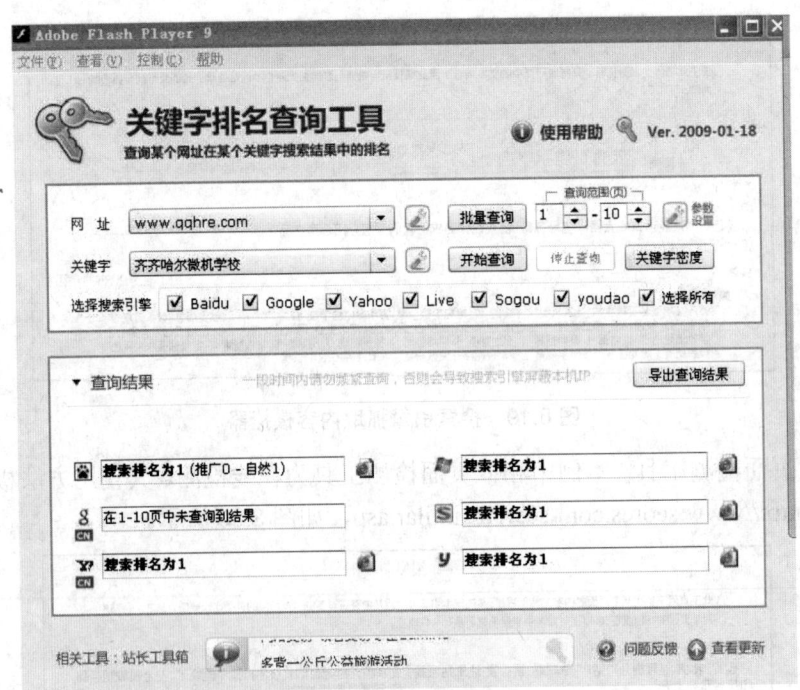

图 8.22　关键词排名查询工具

(3) 搜索引擎优化监视器。图 8.23 为最典型的搜索引擎优化监视器，输入网址"http://act.it.sohu.com/down/softInfo.php?id=66710"即可。

3. 关键词工具

关键词工具可以查询指定关键词的扩展匹配、搜索量、趋势和受欢迎度，以及分析指定关键词在指定页面中出现的次数和相应的百分比密度。该工具对网站推广者在关键词推广上

256

具有极其重要的作用。

关键词工具示例，网址为 http://www.orzkey.com/，如图 8.24 所示。

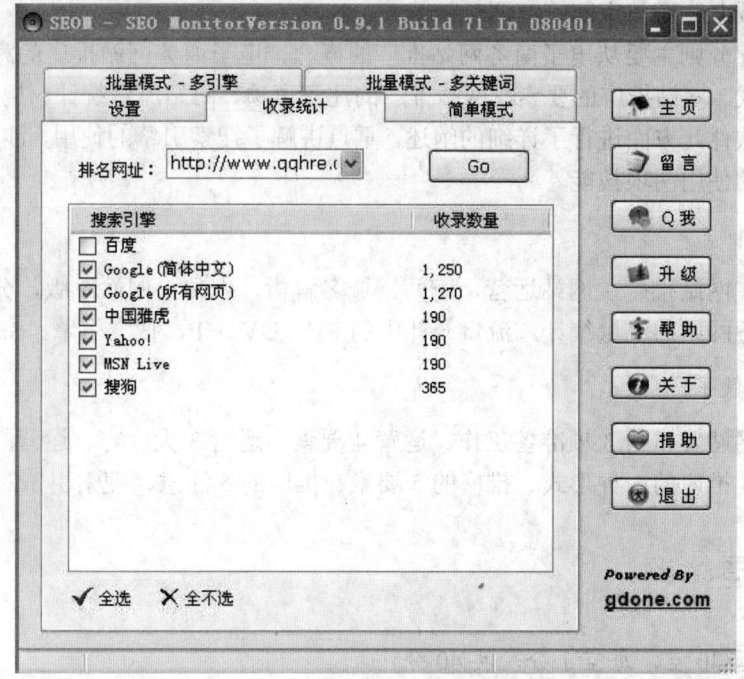

图 8.23 搜索引擎优化监视器

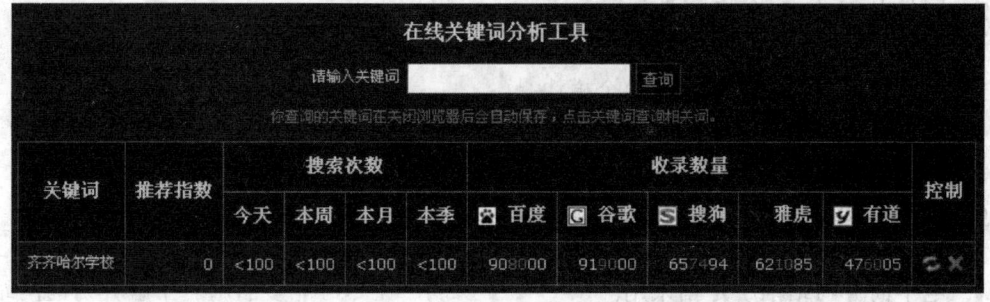

图 8.24 关键词工具示例

除了上述三类工具外，网站推广还涉及 Google 工具、链接工具、无效链接检查等工具，这些工具的使用都十分简单，在网上下载后，大家可以研究学习。

本章小结

1. 本章知识概述

本章主要讲授了电子商务网站制作完成后的 3 个流程，即电子商务网站的发布、运营与推广 3 项内容。电子商务网站发布主要讲授了电子商务网站发布的基本概念、发布的 3 项准备工作、上传概念。重点对上传操作实务进行了详细的讲解，对操作步骤进行了细致的描述。

电子商务网站的运营从网站运营的概念、影响网站运营的几个前提要素，讲到域名注册、空间的管理，又从网站运营的内容讲到网站运营的方法。其中重点讲解了网站运营的内容与方法，涉及了域名注册与空间管理两项技能。

网站推广部分则主要从电子商务网站推广的概念、电子商务网站推广的意义、电子商务网站推广的形式、网站推广的要素、网站推广的注意事项、网站流量统计、搜索引擎的使用、几款网站推广软件几方面进行了详细的阐述。重点讲解了搜索引擎的使用，涉及了流量统计、网站推广软件的使用两项技能。

2. 本章名词

网站发布，网站推广，网站运营，空间，域名解析，上传，网站改版，分类目录，交换链接，电子商务网站的流量统计，流量统计中的 PV、UV、IP，搜索引擎、SEO。

3. 本章的数字

电子商务网站发布的 3 项准备工作、运营 4 要素、运营 3 大内容、运营的 3 种方法、推广的 2 个意义、推广的 6 种形式、推广的 5 要素、推广的 5 注意、搜索引擎的 6 个方法。

 每课一考

一、填空题(40 空，每空 1 分，共 40 分)

1. 网站运营是指网络营销体系中一切与网站的(　　　　　　　)有关的工作。

2. 网站备案的 5 个步骤是(　　　　)、(　　　　　　　)、(　　　　　　　)、(　　　　　)、(　　　　　　　)。

3. 域名管理系统中最常用的两个模块是(　　　　　　)和(　　　　　　　)。

4. 域名与空间的绑定实质就是把(　　　　　)指向空间的(　　　　　　　)。

5. 网站内容建设包括(　　　　　　)和(　　　　　　)。

6. 内容的更新与维护包括(　　　　)、(　　　　　)、(　　　　　)、(　　　　　　)4 个关键点。

7. 电子商务网站推广是指采用(　　　　　　)，让尽可能多的用户了解并访问网站。

8. 电子商务网站推广的两大意义是(　　　　　　)和(　　　　　　)。

9. 推广网站的形式包括(　　　　)、(　　　　　)、(　　　　　　)、(　　　　)、(　　　　　)、(　　　　　)。

10. (　　　　　　)和(　　　　　　)是搜索引擎推广中的两个最基本的要素。

11. 网站推广的要素有(　　　　)、(　　　　)、(　　　　)、(　　　　)、(　　　　)。

12. 电子商务网站流量统计一般有两种方法，它们是(　　　　　)、(　　　　　)。

13. 主关键词是指能够最大程度地概括一个网站(　　　　　　)的字或者词。

14. 网站上非目标关键词也可以带来搜索流量，这种关键词称为(　　　　　　)。

15. 改版时，要从(　　　　)、(　　　　　)上进行修改，原有的栏目一般不要变动，经过重新设计规划后，用(　　　　)软件重新制版，重新用(　　　　)软件排版。

二、选择题(20 小题，每小题 1 分，共 20 分)

1. 网站制作完成之后，我们便进入了( )阶段。

    A. 规划   B. 设计   C. 运营   D. 以上都不对

2. ( )不是网站运营的前提要素。

    A. 服务器   B. 网站质量   C. 网站推广   D. 网站备案

3. 网站要合法运营必须备案，备案的部门是( )。

    A. 财政部   B. 国务院   C. 工业和信息化部   D. 商务部

4. 网站服务器要提供 24×7 的运营保障，7 是指( )。

    A. 每年七次   B. 每月七次   C. 每周七天   D. 每天七小时

5. www.中央电视台.com 是( )类型的网址。

    A. 通用网址   B. 非主流网址   C. 中文域名   D. 以上都不对

6. 域名中的.cn 是指( )。

    A. 中国   B 商业   C. 政府   D. 教育

7. bbs.sina.com.cn 属于( )域名。

    A. 一级域名   B. 二级域名   C. 非主流域名   D. 中文域名

8. 在域名管理系统中 MyDSN 的功能是用来( )的。

    A. 绑定和解析域名   B. 域名转向

    C. 修改用户信息   D. 以上都不对

9. 网站中流量中的 PV 是指( )。

    A. 访问总量   B. 独立访客   C. 每日独立 IP 数   D. 页面访问量

10. ( )不是流量统计的内容。

    A. 访问量   B. 访问时段   C. 页面热点统计   D. 更新频率

11. 站长统计是一种( )工具。

    A. 网站流量统计工具   B. 网站广告工具

    C. 网站维护工具   D 以上都不对

12. ( )不是搜索引擎的组成部分。

    A. 信息搜集   B. 信息整理   C. 流量统计   D. 用户查询

13. 网页中关键字的部署基本原则是：主关键字可能在网页中出现( )次。

    A. 1～2 次   B. 3～4 次   C. 5～6 次   D. 7～8 次

14. ( )不属于搜索引擎网站。

    A. 百度(Baidu.com)   B. 谷歌(Google.cn)

    C. 雅虎(Yahoo.com)   D. 淘宝(taobao.com)

15. SEO 指( )。

    A. 搜索引擎优化   B. 站点流量统计

    C. 搜索机制   D. 搜索引擎营销

16. ( )不属于网站推广软件。

    A. 大型贸易群发软件   B. 域名管理系统

    C. 博客推广工具   D. 论坛群发软件

17. (　　)属于在网上查找资料的工具。

　　A．搜索引擎　　　B．站长统计　　　C．网络营销专家 D．以上都不是

18. (　　)不是流量统计中的三大概念之一。

　　A．PV　　　　　B．CV　　　　　C．IP　　　　　D．UV

19. 网站的改版是指(　　)。

　　A．变换网站版面风格　　　　　　B．重新设计后台代码

　　C．更新网站内容　　　　　　　　D．改变网站颜色

20. (　　)不是网站运营体系中的一员。

　　A．运营专员　　　B．网站规划师　　C．运营总监　　　D．运营部经理

三、判断题(20 小题，每小题 1 分，共 20 分)

1．运营一个电子商务网站是一个漫长的过程。　　　　　　　　　　　　(　　)

2．运行在互联网上的网站所采用的域名是唯一的。　　　　　　　　　　(　　)

3．中国互联网地址资源注册管理机构是中国信息产业协会。　　　　　　(　　)

4．免费空间与收费空间具有相同的功能。　　　　　　　　　　　　　　(　　)

5．转发记录添加成功后，在"主机记录列表"中会自动添加转发给指定网站的 IP 地址。　　　　　　　　　　　　　　　　　　　　　　　　　　　　　　　(　　)

6．域名申请成功后，若要添加一条 B 记录，需将域名指向空间的 IP 地址。　(　　)

7．网站内容经过审核，公司领导签字批准后，就进入了更新与维护的操作阶段。(　　)

8．改版由网站美工重新设计版面，并把原有后台重新挂接，原内容不变。　(　　)

9．简单来说，网站推广就是指如何让更多的人知道你的网站。　　　　　(　　)

10．电子邮件推广具有快捷、便宜的特点。　　　　　　　　　　　　　(　　)

11．网站的推广目标指的是向谁推广。　　　　　　　　　　　　　　　(　　)

12．在网站的各种推广方法中，邮件推广是最重要的推广形式。　　　　(　　)

13．存在大量长尾关键词的大中型网站，其带来的总流量非常大。　　　(　　)

14．SEM 是指搜索引擎营销。　　　　　　　　　　　　　　　　　　(　　)

15．域名转发的功能是将域名或者域名下的二级域名转发到另一个指定的网址。(　　)

16．成熟的电子商务网站应该设立一个网站运营部。　　　　　　　　　(　　)

17．域名转发最常用的功能是把几个域名指向同一个网站。　　　　　　(　　)

18．域名绑定第一步是域名转向。　　　　　　　　　　　　　　　　　(　　)

19．空间实质上就是本地计算机硬盘的一块空间。　　　　　　　　　　(　　)

20．申请域名前要先检查自己的域名是否已经被注册。　　　　　　　　(　　)

四、拓展技能综合题(共 20 分)

用本章所学知识，为你所熟悉的某个企业网站做一份详细的推广计划。

 技能实训

一、操作题

1．登录百度(http://www.baidu.com)，查找网站推广方面的相关文章。

2．为你所在学校网站进行推广。

3．利用业余时间到网络公司，参与其网站制作全过程，为发布、运营、推广奠定基础。

4．在百度上为你的个人网站进行搜索引擎注册。

二、励志题

假设有一个属于你自己的网站，你打算怎样发布、运营、推广，请把思路写下来。

第9章 电子商务网站管理

本章知识结构框图

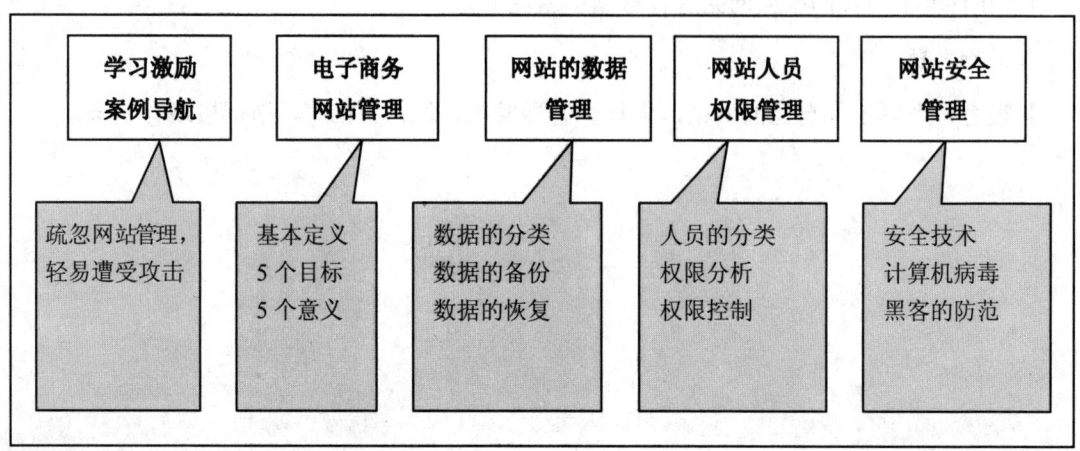

学习激励 案例导航	电子商务 网站管理	网站的数据 管理	网站人员 权限管理	网站安全 管理
疏忽网站管理， 轻易遭受攻击	基本定义 5 个目标 5 个意义	数据的分类 数据的备份 数据的恢复	人员的分类 权限分析 权限控制	安全技术 计算机病毒 黑客的防范

本章知识要点

1. 电子商务网站管理的目标及意义；
2. 网站数据管理的重要性及管理方法；
3. 电子商务网站的人员分类及管理；
4. 电子商务网站安全问题及管理方法。

本章学习方法

1. 奠定基础，理论先行，加强理解，熟记基本理论；
2. 广泛阅读相关资料，深度拓展知识范围；
3. 针对自己已建好的网站，设计适用的管理方法。

当一个网站建设完毕，已经进行了发布的，网站的建设者松了一口气。然而，这并不意味着网站工作的结束，而是网站工作的刚刚开始。也就是说，网站建设决不是一劳永逸的事，最重要的并不是建设的过程，而是建设之后投入运行过程中的网站维护与管理工作。国内不少企业投资建设了网站，网页一经发布就以为可以坐等收益了，指望网站马上可以发挥巨大的作用，取得神奇的效果。可是过了几个月，包括市场、客户在内一点反应都没有，网站成了中看不中用的东西，所有投资及建站的努力似乎都白费了，于是就开始抱怨说网站一点作用都没有。事实上，企业网站是否产生应有的效益，很大程度上依赖于网站的丰富程度、网页的制作和网页的更新程度。一个内容丰富、日新月异的网站才会受到欢迎。

所以企业在网站运作后，还要对站点进行长期的不间断的管理、维护和更新。对整个网站和机房制定严格的管理规定，把一切人为因素对安全的影响降到最低。对网站和数据的后期维护往往是大家容易忽视的问题，现在许多网站长时间不更新，不仅不能吸引新客户，还会失去老客户。所以，必须在网站建设之初就制定相关维护的规定，确保实现预定的目标。网站的维护和管理是网站生命周期中持续时间最长的环节，也是资源投入最多的阶段，这个阶段工作质量的高低，直接关系到网站目标最终是否能够实现。

 学习激励与案例导航

<h2 style="text-align:center">政府网站存在多处低级漏洞，菜鸟可轻易更改网站主页</h2>

网站被挂上黄色图片、网页内容被篡改，一个电脑菜鸟，也可以做到这些。2008 年 11 月 9 日，16 岁少年小胡就在网吧演示了一把：用简短通用登录名和密码进入网站后台，轻易就能将领导的照片换成自己的，而且部分政府部门网站也有这种漏洞。

小胡熟练地敲打了几下键盘，就进入了重庆某知名大学工程硕士班网站后台管理系统。

电脑页面上有一个《重要通知》，小胡单击"修改"按钮，进入到编辑页面。他将正文复制后改写为："致重庆某知名大学：该网站系统存在漏洞。"他解释："我只要单击'确定'按钮，这篇重要通知就成了我的通知了。"

小胡说，不仅可以更改内容，还可以上传非法图片，也可上传病毒到网站，这样，凡是进入该网站的电脑，都可能感染病毒，危害巨大。用小胡说的方法，对电脑并不在行的记者轻易就能更改网页内容。

怎样能找到这些有漏洞的网站呢？很简单。小胡打开 Google 搜索引擎，用高级搜索搜寻一段字符，这些网站就跳出来了。

笔者试图看看究竟有多少网站有漏洞，但随后发现根本无法统计：多不胜数！在搜索时，加入"重庆"两个字，搜索出的网站也多达数十家，其中不乏相当多的政府网站，如重庆市食品卫生监督管理局万盛分局……

与少数的政府网站相比，存在漏洞的大中专、中学、中小企业则更多。

IT 技术人员解释说，这种漏洞是很简单很低级的漏洞，其产生原因一般是忽略所致。在做网站时，技术人员如果对数据库或者网站考虑不周，就出现了这个漏洞。一般大网站因专业程度以及财力物力实力雄厚，所以一般不会出现这些漏洞，而恰恰是小的单位或者一些不重视网站建设的政府部门，才容易出现这种漏洞。"关键是要有人重视，这种漏洞轻易就能填补。"

资料来源：比特网论坛。

面对一个个轻易就遭到攻击的网站，作为管理人员，一定要时时戒备，防范攻击，修复漏洞，加强对网站的管理。

9.1 电子商务网站管理的作用和意义

9.1.1 电子商务网站管理存在的问题

1. 重建设，轻管理

"重建设，轻管理"几乎是 IT 系统建设的通病。看到信息化能够给企业带来效益、提升企业的竞争能力，企业也舍得在 IT 系统的建设上进行投入，但是对网络管理和系统维护往往不够重视。建设好功能强大的网站后，不进行更新，渐渐地网站的访问量趋于零，这样所有的投资都浪费了。真正意义上的网站是一种动态的网站，交互性很强，而且其运作具有延续性的特点。这和普通的基础设施投入是完全不同的，它取得的利润和效益来自于功能和科学的管理，而不是硬件设施本身。所以，网站建设完成后，必须有相应的管理制度和专门的维护人员。

2. 管理的职责仅仅停留在保障网络连通

有的网络管理员认为，自己的工作职责就是保证服务器正常工作，保证网络服务是可用的，别人可以正常地访问网页。而对于到底有多少用户在访问网站，甚至防火墙内部现在有多少台计算机在网上，却只能用"大概"这样的词。企业业务在发展，而且业务差不多都搬到网站上了，但网络管理还只是停留在保障网络连通、服务可用的层次上，这样反而使效益更加不好，不科学的维护会无形中丧失无数的客户。

9.1.2 电子商务网站管理的概念及目标

截至目前，对电子商务网站管理还没有一个明确的定义，其内涵覆盖的也不一致。有人认为电子商务网站管理是对网站内容，即网页的管理；有人认为是对电子商务网站硬件和软件的维护管理；有人认为电子商务网站管理是对用户的管理，是对电子商务运行过程中的物流等的管理。

在电子商务网站的运行中，无论是对网页的管理，还是对网站软硬件、用户或物流的管理，其目的都是保证电子商务系统中的信息流有序、快速而安全地流动。所以，从本质上讲，电子商务网站的管理是指对网站输入与输出两个方向的信息流动(也就是从企业流出的和从企业外部流入的信息)的管理和监控，以保证企业的网上业务处理安全顺利地进行，并确保整个网站内容的完整性和一致性，从而为企业电子商务的运作提供良好的服务。

所以，电子商务网站管理的目标具体可以归纳为：保证网站永不间断地提供服务；维持网站的高性能；保持网站对用户的吸引力；降低网站的维护成本；使网站的管理具有可持续性。

9.1.3 电子商务网站管理的意义

电子商务网站管理一方面监控和管理网站输入与输出两个方向的信息流，以保证网上业务能够安全顺利地得到处理；另一方面，网站管理要确保整个网站内容的完整性和一致性，

从而为企业电子商务的运作提供良好的服务。具体来说，网站管理的作用和意义主要体现在以下几个方面。

(1) 通过网站的维护和管理使得网站在数量爆炸的网站海洋中始终吸引住客户的注意力。

(2) 从事电子商务竞争的企业将表现为网站经营的竞争，这就需要网站从内容到形式不断地变化。

(3) 通过网站不断的地维护，使得网站适应变化的形势，更好地体现出企业文化、企业风格、企业形象以及企业的营销策略。

(4) 管理完善的网站会成为沟通企业和用户最为重要的渠道。

(5) 良好的管理可以提高网站的运营质量，降低网站运营成本，并最终使企业的投资得到回报，实现网站建设的初衷。

9.2 电子商务网站的数据管理

在企业的网站系统中，数据是最重要的，原因如下。

(1) 数据是通过相当长的时间积累的，这种积累可能长达数年。

(2) 数据是通过有限的渠道采集的。

(3) 数据是在一个不可重现的特定环境下形成的。

(4) 数据代表一个原始的特征。

从这几点可以看出，数据的重新获得，是一个极为不容易且非常复杂的过程。

9.2.1 电子商务网站的数据分类

在一个电子商务网站系统中，有着丰富的信息和大量的数据。这些信息是随着时间的延续，随着工作的开展和深入，随着系统功能的丰富一点一点积累起来的。在开始人们往往感觉不到它的存在，但随着时间的延续，数据越来越成为整个资源的重要组成部分。

如何对数据进行管理，首先必须对其有正确的分类。

1. 系统管理和维护数据

这类数据是指系统软件在安装和运行过程中产生并且在运行中调用、维持系统正常运转的数据。这类数据决定了系统能否正常运转，它负责系统的软件、硬件、用户之间的沟通，在系统运转的过程中随时更新、增加数据。这类数据是非常重要且十分危险的数据，不能出现一点点的差错，一旦出现差错，整个系统将瘫痪。

2. 应用软件维护数据

这类数据是应用软件在安装和运行中产生并且在运行中调用、维持该软件正常运转的数据。

3. 用户应用数据

这类数据是指用户运行应用软件所需的数据和运行程序所产生的结果数据。

9.2.2 数据的备份

理想状态下，所有的程序、数据都有条不紊地工作，但这只是一种理想的状态。实际应用中，来自各方面的干扰和破坏无处不在，这些破坏包括自然界、局部环境、设备、程序自身缺陷，尤其是病毒和黑客等，这些破坏给电子商务网站带来各种影响。要想避免灾害，必须找到一种在灾害发生后，能有效地恢复计算机系统的方法。从目前计算机应用领域所采用的诸多方法中，可以看出，不管采用什么技术，不管如何快速恢复，其本质就是信息的有效备份。

1. 数据备份的形式

数据备份有三种基本的形式，分别是标准备份，增量备份，差量备份；除此之外，还有其他备份形式，即，在进行网站数据备份时，应该根据企业的具体特点和数据活动状况来进行，以提高系统的备份性能。一般地，数据的大小及其数据的修改频率决定了实现数据库备份的方式。

1) 完全/标准数据备份

一个"标准"或"完全"备份包括系统文件、应用文件、用户文件等全部文件。这种方法对数据进行了很好的保护，而且从完全备份中恢复数据的过程比其他备份形式要简单，要快，因为全部数据都保存在一个磁带或多个磁带中。

但是，标准备份不太通用，主要是因为耗时问题，大多数标准备份都必须在非商业时间里进行，而且许多大企业的数据量太大，在短时间里无法完成完全数据备份。解决时间限制的一个办法是使用多个磁带驱动器备份服务器硬盘上的指定文件，磁带自动盘带系统对大型标准备份非常有用。当数据量很大，而时间又有限时，增量备份或差量备份可以解决问题。

2) 增量备份和差量备份

增量备份和差量备份非常相似，差别在于，增量备份完成之后，文件的存档位被重置，这意味着，从上次增量备份后，只要文件没有被修改，那么它就不会被存档；而差量备份虽然也只备份修改了的文件，但备份完成后并不重置文件的存档位，所以，差量备份可以很好地弥补增量备份过程在数据恢复时的缺陷。

因为增量数据备份(IDB)和差量数据备份(DDB)只备份新创建的文件或修改过的文件，所以它们可以加快备份过程。增量备份和差量备份经常与标准备份结合使用。许多企业每天进行增量备份或差量备份，每周进行标准备份。三种备份方法的结合使用，使得备份过程既有了速度，又有了安全性。

3) 复制和日常备份

人们常常把数据复制与数据备份等同起来，其实二者并不能简单地画上等号。复制和标准备份比较类似，但它不会清空文件的存档位，而且数据复制无法使文件留下历史记录，以作追踪，也无法留下系统的 NDS、Registry 等信息，还不是一种完善的备份方法，显然就更不能与数据备份等同起来了。日常备份依照文件的时间戳来确定该文件是否应该存档，日常备份适合于紧急任务情况下，在这种情况下，文件不断被修改，并且需要进行多次日常备份。

2. 备份的方法

1) 系统自动备份

计算机系统和应用软件本身具备一定的备份数据的设置，当这种设置启动后，系统或程序会自动实现备份。因此，系统管理员可以根据硬件和软件自身的备份功能实现自动备份。因为系统自动备份必须通过具体应用软件来实现，所以下面通过 Word 2000 介绍此功能。

在 Windows 2000 Server 中实现自动备份的操作步骤如下。

(1) 进入实现自动备份功能模块：运行 Word 后选择"工具→选项"命令。

(2) 自动备份功能设置：在"选项"对话框中选择"保存→自动保存时间间隔"→"3"，单击"确定"按钮，如图 9.1 所示。

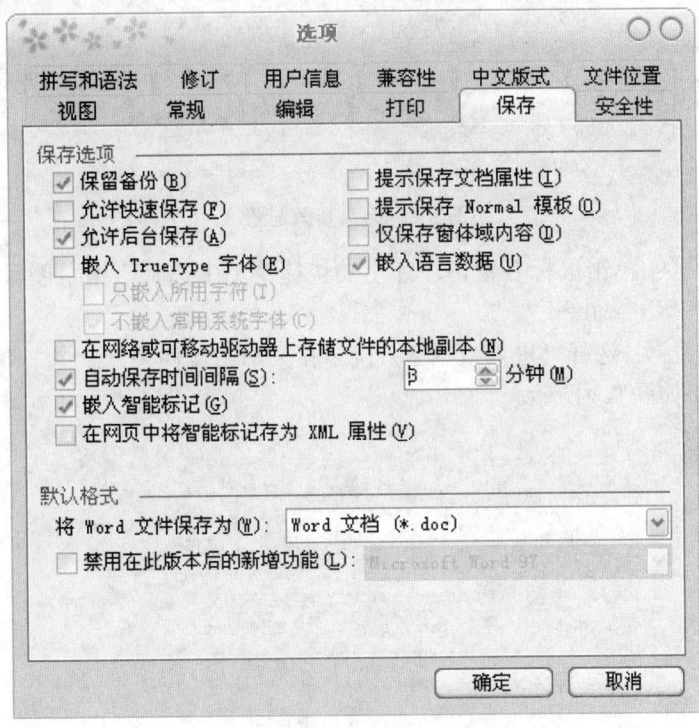

图 9.1 Word 实现自动备份

2) 本地备份

在同一台计算机上，将硬盘指定区域人为地划分为备份区域，由计算机系统管理人员或从事数据备份的工作人员，将需要备份的软件或数据备份到该区域。

这类备份是所有备份工作中最容易实现，操作最简便、实用的，只要操作者拥有权利均可完成该备份工作。但是，容易实现的操作会带来无意义的备份数据，占用大量的资源。因此采用此方法备份，对所要备份的数据一定要进行有机的组织和计划，根据数据特点和变化安排备份。

在 Windows 2000 Server 中建立备份区域实现对指定数据在备份区备份的操作步骤如下。

(1) 进入建立备份区的分区：选择"开始"→"控制面板"→"管理工具"→"计算机管理"→"磁盘管理"命令，如图 9.2 所示。

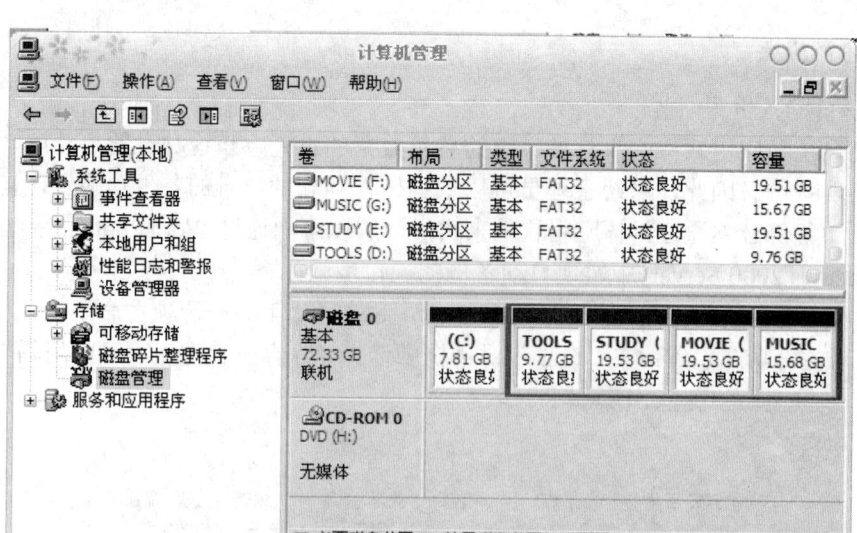

图 9.2　硬盘资源配置

(2) 建立备份区：单击鼠标右键，在弹出的快捷菜单中选择"指定硬盘"→"格式化确定"→"卷名(备份区)"命令。

(3) 确定备份数据：选择"进入数据区，确定相关网站文件夹"命令，例如，我们要备份网站文件夹 Club，如图 9.3 所示。

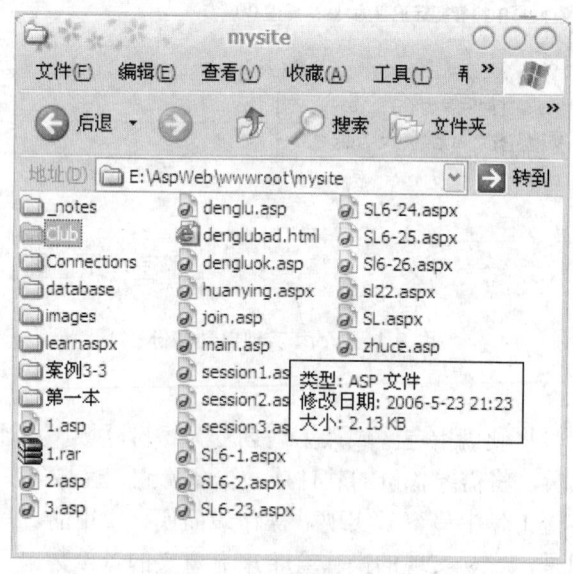

图 9.3　确定需备份的文件

(4) 完成备份：确定要复制对象后选择"复制→返回备份区→粘贴"命令即可。

3) 异地备份

在同一台计算机的同一块硬盘或不同的硬盘上实现备份，是建立在该计算机正常工作的前提下的。但是，当计算机出现非常严重的故障也一同损坏时，在这里备份的数据同样也被

损坏。因此，对于重要的软件的数据应采取不同的计算机、不同的存储介质、不同的地点完成备份。经常采用的备份手段有双机热备份、光盘备份、磁带机备份和通过特殊管道(连接介质)不同地点的计算机备份。

在 Windows 2000 Server 构成的计算机网络中，对指定数据异地备份(另一台计算机)的操作步骤如下。

(1) 进入本地计算机：选择桌面上的"网络邻居"图标，选择整修网络中的全部内容，打开 Windows 网络窗口，选择"域"或"组"标记。

(2) 查找备份区(异地，另一台计算机)：选择"备份域或组标记"→"备份用计算机"→"备份区域或文件夹"命令。

(3) 确定备份数据：在本地进行复制后，在异地进行粘贴即可。

以上几种备份手段是比较有效的、可靠的备份，但是这些备份的实现是建立在相对的硬件设备上的，必须借助对应的硬件实现。因此，采取这些备份手段时需要专门的硬件和专门的技术。

3. 备份的手段

一般情况下，采取了什么样的备份手段决定了能否将出现故障的计算机系统和数据得以正常恢复。

1) 灾难恢复备份

一般情况下，对系统的基础环境的备份技术服务于灾难恢复程度备份，该备份是借助于计算机设备的特定设计来实现备份的。即当计算机主机的任何硬件出现故障时，在更换硬件后，通过指定操作对硬盘数据进行恢复。

在 HP6000R 企业级服务器实现恢复备份的操作步骤如下。

(1) 使用可安装灾难恢复功能的企业级服务器。

(2) 通过服务商购置灾难恢复功能配件。

可选的 HP SURESTORE DAT 磁带机具有"单键"灾难恢复功能，单键备份磁盘，即包含系统映像及数据文件，用户可在出现时用磁带引导，然后从磁带恢复数据文件。

(3) 实现灾难恢复功能。

2) 镜像备份

镜像就是像照镜子一样。我们一般说的镜像是指给系统做个 ghost 镜像。这样可以在很短时间，很方便地还原出一个完整的系统来。镜像可以说是一种文件，比如 iso，gho 都属于镜像文件，镜像文件可以直接刻录到光盘中，也可以用虚拟光驱打开。

(1) 网站镜像。网站镜像就是网站的复制版本。因为网站是由很多网页组成的，将其中的一部分网页按原来的结构复制出来，就是一份镜像。例如，newhua 软件园在全国各地就有很多的镜像，它们和主站的版式、结构、功能都一样，只是在不同的服务器上而已。

(2) 镜像文件。镜像文件其实就是一个独立的文件，和其他文件不同，它是由多个文件通过刻录软件或者镜像文件制作工具制作而成的。

镜像文件的应用范围比较广泛，最常见的应用就是数据备份(如软盘和光盘)。随着宽带网的普及，有些下载网站也有了 ISO 格式的文件下载，方便了软件光盘的制作与传递。常见的镜像文件格式有 ISO、BIN、IMG、TAO、DAO、CIF、FCD。

(3) 建立镜像的方法。建立镜像的具体方法因计算机硬件和操作系统软件而异，可根据相应操作手册实现。一般情况下，只在硬件例如，硬盘出故障，系统出现瘫痪时，才采用此方法来实现系统数据备份。例如，对操作系统所在硬盘区进行双硬盘镜像备份，当一块硬盘出现故障时，更换其中之一，然后系统自动完成镜像恢复。在实际工作中如果选择"热插拔"硬盘，整个系统可以在不关机情况下完成硬盘更换。重要的应用程序和数据也可采用这种方法。

通过 Windows 2000 Server 系统软件实现硬盘镜像备份的操作步骤如下。

① 在准备实现镜像备份的计算机上安装容量大小相同的两个硬盘。

② 其中一个硬盘进行正常系统安装、分区。

③ 查找另一个硬盘：选择"开始"→"设置"→"控制面板"→"管理工具"→"计算机管理"→"存储"→"磁盘管理"命令。

④ 对另一个硬盘进行镜像设置：对现有的任何卷均可以镜像到其他动态磁盘上，只要该磁盘有足够的未分配空间。如果具有足够未分配空间的动态磁盘，单击鼠标右键. 打开"磁盘管理"单击鼠标右键，在弹出的快捷菜单中选择要创建镜像卷的动态磁盘上的"未分配空间创建卷"→"下一步"→"镜像卷"命令，单击"确定"按钮。

3) 导出备份

一般情况下，对程序数据和应用软件的数据，其软件自身设计决定了其数据形式的特殊性和关联性。程序自身提供了"导出"形式备份，其备份数据保留了规定的数据格式，在备份时须选定此方法备份，这样在数据恢复时才能得以恢复。

4) 备份复制

通过备份形式复制与恢复，这种形式适用于较通用的数据格式，备份恢复方法简单，已经被读者熟悉，在这里不做介绍。只是在备份时考虑数据量，选择适当的备份介质，便于数据恢复。

在 Windows 2000 Server：实现复制的操作步骤如下。

(1) 进入资源管理器。

(2) 确定要复制文件夹/文件。

(3) 复制。

(4) 选定存放文件夹/文件的位置。

(5) 粘贴。

4. 备份的组织

备份工作是计算机系统中，平常、烦琐、重复、重要的工作，是计算机出现故障后最后的解决手段。对于一个真正的计算机网络系统来说，此项工作非常重要。因此应当对此工作进行认真的组织和调配，只有这样才能使该项工作有条不紊、保质保量地实施。

备份工作的流程如下。

1) 确定备份管理员

在一个大型的计算机网络系统中，系统的管理往往是根据不同类型的工作，安排不同的人担当不同的角色。备份工作往往需要在计算机系统处于"闲置"状态下进行，而且不同的数据在不同的时间使用，必须在指定的时间完成备份。这样就要求从事备份工作的管理员必须具备很好的工作素质。

以 Windows 2000 Server 网络操作系统举例，在该操作系统的用户及组设置中，有一个 Back Operators 内置组，赋予的权限和完成的工作是对文件和数据进行备份、还原，同时关闭系统。因此可将执行数据(程序)备份工作的人员添加到该组，完成备份工作。

2) 审核备份计划

在一个复杂的计算机网络环境中，各种人员共同开展工作，执行备份工作的操作员，针对不属于个人的数据开展备份工作。在一个系统运转之初，当一个项目组开始共同完成一个复杂编程时，都应当制定数据备份计划，整个计划包括备份内容、备份周期、备份手段、备份量和保存时间。

备份计划由备份操作员进行审核，排除冗余备份并纳入统一备份流程中。

3) 建立备份方案和流程

当整个计算机系统的用户提交了多项备份需求后，备份操作员制定一个备份方案确定以下内容：备份时间、备份顺序、备份内容、备份数据量、备份设备、备份数据与原备份数据关系和建立备份批处理文件。

4) 实现备份和建立备份档案

当准备工作完成后备份操作员按计划开始备份工作，并建立备份档案，对整个备份工作进行记载。

9.2.3　数据的恢复与清除

在电子商务网站中数据备份是为了保障系统和相关数据出现故障、损坏或遗失时对其进行恢复和再现。因此对备份数据的恢复是一项重要工作。

1. 恢复程度

在备份源出现故障时，通过备份档案管理员很容易地查到所需恢复的数据备份，但是往往备份的数据已经很多，有些与进程有关的数据会重复备份。这时应当按照要求选择所需恢复数据的程度进行恢复，避免所恢复的系统和数据不能保证系统正常运转。

例如，一个网络操作系统采用磁带机对系统备份，在第一备份时间完成 A 备份，在这之后系统安装补丁程序，在第二备份时间完成 B 备份，在这之后系统安装中间程序，在第三备份时间完成 C 备份，当系统出现故障时，应根据需求选择恢复。

2. 恢复手段

一般情况下，采取了什么样的备份手段就通过什么手段恢复。但是，有些备份数据的手段不能保证系统可正常恢复。

具体恢复参见备份的手段。

3. 数据清除

数据清除实际上是对所保管的存储数据介质的处理，数据清除决定于保管时效，保管时效一般没有严格的要求。但是，计算结果数据和数据库基础数据，这些数据有着准确日期和时间特征，备份这些数据不止是为了防止出现故障，而是要记录历史，记录在一个特定日期、特定时间的数据。因此，这类数据一般要保存相当长的时间。

整个系统备份信息的保留，决定于保存介质的时效和用户需求。当数据无任何保留价值时，可以恢复存储介质的初始状态，用于继续对数据进行备份。如果存储介质不能再利用则通过技术手段销毁。

9.3　电子商务网站人员管理

9.3.1　电子商务网站人员类别分析

1．网络系统最高管理人员

在一个综合的企业网站和计算机网络系统中，系统在默认情况下有一个最高决策者，他是整个系统的最高管理者和权力的拥有者，不管出现什么问题，一旦别人解决不了时，网络系统最高管理者具有在系统中绝对的权威和能力，他可以在整个网络系统的各个环节、各个区域内开展工作。

2．系统安全审核与监督人员

不管是在日常的工作中还是在一个计算机系统中，对各项工作的监督都是非常重要的，不管系统管理考虑得如何周到，设计得如何完善，总是有意想不到的问题。这时就需要在系统中能够记录下所有的过程，对其进行监督。

3．账号与权限管理人员

在计算机系统中，什么决定操作能否进入系统？不是在现实环境中的权力、地位、金钱，而是计算机所确认的账户(用户名)，在计算机系统中进入系统的唯一方式就是在系统中建立用户账号和一同使用的密码。

在计算机系统中特别是在网站管理的过程中，面临着众多的应用用户，这些用户能否进入网站的网络环境对其用户信息进行维护，首先在于有无用户名和密码。

对于这个用户群的管理，必须有专门的管理员和账号。

4．服务器开启(运行)与停止人员

在一个计算机系统中，如果计算机用户在访问服务器时不能正常使用，其原因是相关服务器被某一个操作员关闭，其带来的严重后果是不可想象的。

服务器的开启(运行)、停止与关闭，是一件重要的事情。因为服务器是一个接入 Internet 为整个社会提供的计算机网络系统、WWW 服务器等是关键设备，其运转是受到严格控制的。因此，在网站中，核心的硬件设备，如网络服务器、域控制服务器、WWW 服务器、E-mail 服务器、专用 UPS 等，必须正常运行，不能像个人计算机那样，想关就关。在整个网络中，网络操作系统等服务器的开启(运行)与停止需有专门权限的人负责。

5．专门系统(服务器)功能控制人员

在一个服务器硬件上运行着操作系统，一般情况下在操作系统上要再运行具有专门功能的功能软件(服务器)。例如，在 Windows 2000 Serve 上再安装运行域服务器软件，使之成为

域服务器，运行 IIS 服务器使之成为 Intranet 服务器，实现局域网内的 WWW、FTP 等功能。

那么专用功能服务器应当由谁来管理与维护呢？有人认为应当由网络系统管理员来负责，因为他们有控制进入操作系统(服务器)的权力，进入操作系统后才能进入各类专用功能服务器。但是各类专用功能服务器的各项功能丰富且复杂，如果只要进入操作系统，就由负责操作系统的管理员完成后续工作，系统管理员因此会承担大量的工作。同时系统管理员被赋予更高的权力，一旦系统管理员出现了问题，整个系统将面临严重的问题。

因此，进入操作系统后应当由服务器的专门管理员完成其专业的服务器管理和维护工作。以 Windows 2000 Server 为例。

(1) 文件服务器：管理网络系统中所有文件目录(文件夹)及文件。

(2) 打印服务器：管理网络系统中所有拥有独立 IP 地址、可共享的打印机。

(3) IIS 服务器：支持管理 Internet 信息。

(4) 应用服务器：安装、维护应用软件。

(5) 数据库服务器：安装、管理网络数据库。

(6) Web 服务器：运行 Web 的服务器。

(7) 证书服务器：安装、维护软件授权登记。

(8) 防火墙服务器：安装、维护防火墙软件。

(9) 远程访问服务器：控制、管理远程访问系统用户。

(10) 备份服务器：管理信息备份。

从以上分析可以看出，一般在网络系统环境下由专门的功能服务器来管理与维护工作，每一个专项服务都由专门的服务器实现。这里服务器不是指硬件设备，而是指具有应用、控制、管理、维护等核心功能的应用软件。这样通过专门的管理员完成相应的工作，并彼此协调形才能形成一个统一的网络系统。

6. 软件开发与维护人员

在网络系统中，除了安装有操作系统的专项服务器工作、维护服务器工作需要专门人员完成外，同时，安装在各个计算机服务器或独立计算机上，为整个计算机系统和网络提供应用功能的软件也需要软件开发人员就应用软件自身的功能进行维护，并需要软件开发人员在原有的基础上继续开发新的软件。

因为任何一个软件都会由于各种因素的制约，使软件自身存在缺陷。因此当一个软件运行在系统中时，特别是在商业网站上就会出现各种故障。

任何一个软件不能实现所需的所有功能，这时需要有多种途径解决：由开发维护人员到现场解决，由软件开发商提供软件升级版本，软件人员借助开发工具(软件)开发新的应用软件。

这些工作都需要专业软件维护人员完成，他们在工作时根据软件对系统的需求，既要使用系统环境；又要使用专门服务器、使用开发软件、运行应用软件，涉及系统各个层次的工作。同时在维护时要跨硬件平台，因此这部分工作是整个系统最复杂的工作。

7. 软件应用人员

l) 基本使用者

在网络系统及网站中大量基础的工作是数据的录入，信息更新，信息阅读，数据传递(通过应用软件向网站传送被管理网页数据，或将相关数据下载到本地)。这些内容涉及系统及网站内部的各类人员，也涉及普通用户。他们频繁地"进出"系统网站，并伴随着大量的数据交换。这些用户往往工作单一，所涉及其他方面的工作不多，不会出现向软件维护人员那样的对系统平台、专门服务器、应用软件的改变。这些用户往往是系统所不知的，进入系统或网站的地点不确定。

2) 专业使用

在网络系统及网站中除了大量基础的工作是数据的录入外，还有相当多的工作在进行，例如功能更新、信息调用、信息处理、辅助软件使用、个人数据处理。

这些对网络系统和网站的需求相对来说要高。这些用户一般不会涉及系统平台和专门的服务器，但是他们频繁地调用应用软件。

例如，做图像维护的人员调用图像制作软件 Photoshop，数据分析人员调用统计软件 Excel，网页更新人员动用 FrontPage 软件等。

除此之外，系统及网站的行政人员也有相应的工作需要使用相应的软件。

8. 访问者

作为网络系统和网站总是给一个访问客户提供一个进入系统的通道，这个进入者一般称为来访者或客人。他们在网络系统或网站中只能是一个旁观者，例如，标题浏览、网页访问。

9.3.2　人员权限分析

前面对进入计算机网络系统及网站开展工作的人员进行了分析，所有在计算机网络中建立用户账号并进入计算机系统的用户，应当拥有多大的权力，对网络和网站的信息及数据有多大的处理能力呢？针对这些用户的工作需求来分析、设计其权限。

首先要对计算机用户使用的资源、所需权限进行分析。计算机用户对资源的权限是指对所有资源可能拥有的权限，有些权限可能暂时不需要。实际上在进入系统对资源开始使用时，这些所拥有的权限是可以根据需求来变化的。

1. 浏览

只能列出(看一看)指定的文件名或目录，以及子目录。但不能对文件实现包括"运行"在内的任何处理，同时不能对目录进行任何处理。

在 Windows 2000 Server 对指定文件夹的"浏览"权限进行查看、分析的操作步骤如下。

(1) 进入指定文件夹(mysite)：打开资源管理器，指定文件夹。

(2) 查看权限的设定：单击鼠标右键，在弹出的快捷菜单中选择"文件夹"→"属性"→"安全"→Everyone 命令。

在上面这个命题中名为 Everyone 的用户在进入 mysite 文件夹时只拥有"列出文件夹目录"即"浏览"的权限。

2. 阅读与运行

用户在指定目录下读数据，如果该文件是应用程序即可运行该文件。具体查看方法与前一个问题相同，这里不再介绍。

3. 创建与写入

用户在指定目录下创建目录、创建文件，但不能运行该目录下的文件。

4. 修改控制

用户对子目录及所包含的文件可以修改、删除。具备该权限的用户可自动拥有修改以及前边提到的几个权限。

5. 完全控制

不言而喻，"完全控制"就是该用户在指定目录下拥有所有权力，什么都能处理。

通过对用户的分析看出，将所有用户对软件和数据的控制可以划分出 5 个方面，基本上覆盖了用户的需求。

当任何一个用户进入计算机系统后，均可以通过即将进入该目录和子目录的用户权限限制来管理用户，控制用户，使用户能够在一个规范、有序、安全的条件下完成指定工作，实现所需功能。

9.3.3　权限控制

通过对用户权限的分析，已经划分出 5 个方面，即完全控制、修改控制、创建与写入、阅读与运行、浏览。在进入计算机网络系统后，用户将依据赋予的权限完成相应的工作。

但是，一个完善的网络系统与网站，不只是通过权限来管理用户，还可以通过多种方法实现。可以通过以下的分析来实现对用户更完善的管理。

1. 账号和密码

这是一个传统的方法，即每一个计算机用户在进入计算机网络系统时或进入专门服务器时，均使用用户名和密码。

用户名：是进入计算机软件系统的唯一标识名。

密码：实际上是一组不显示出来的数据。

每一个系统对用户名和密码的使用都有严格的使用策略。例如，密码长度，密码所使用的符号，密码设置的权限(由用户本人设置和管理员设置)，密码有效时间。

2. 位置限制

在网络系统及网站中，由各种人员完成各处的工作。有的工作非常重要，涉及系统；有的涉及专门服务器，而且由放置在办公所在地的计算机系统及网站完成。完成这些工作的人员不允许随意地改变办公地点和使用的计算机。因此对相应的用户应限制其使用的计算机。

即使用的是某个用户账号，也必须在指定的计算机进入计算机网络系统及网站，完成相应的工作。

通过这种手段的控制，可以根据用户账号所完成的工作的性质来做相应的管理，更好地解决系统安全问题。

例如，系统管理员、账号，管理员必须在主服务器上进入系统，技术人员必须用指定的计算机进入系统。一般数据录入必须用指定区域的计算机进入系统。

3. 资源路径

1) 运行应用软件目录

不管是软件维护人员还是数据录入人员，不管是网站访问用户还是一般管理人员，在使用其用户账号进入计算机后均运行某个应用软件或程序维护软件。这时应用软件由众多的用户调用运行，因此需要将应用软件保存在一个指定目录，同时分别设置用户的使用权限。这样在用户要运行软件时，用户必须拥有调用这些软件的权限，即软件保存目录只允许该用户执行相应的操作，这样便于对用户权限的统一管理。所以，同一个用户在软件所在目录和数据保存目录的权限是不同的。

2) 用户数据调用与保存目录

每一个用户账号进入计算机后都应有他保存数据或处理数据的指定目录，这些目录提供给该用户使用，该目录及目录下的文件由用户自行管理。

4. 时间控制

时间控制就是在指定的日期时间，用户进入计算机网络系统及网站，这样能更有效地管理网络系统及网站。

5. 资源处理程度限制

这方面在前边已经分析，其权限设置决定了对资源处理的程度。

6. 对用户权限的综合应用

在当今，计算机的应用已经到了非常普及的程度。但是，是什么原因制约了计算机的深入应用呢？通过分析可以看出，用户对计算机系统的控制程度决定了对计算机的信任程度。这种信任应当通过具体问题的提出，并加以解决来实现，下面来提出具体的问题。

什么人能使用计算机？

该使用者只能使用哪台计算机？

该使用者在什么时间能使用指定的计算机？

该使用者能运行什么应用软件？

对该软件应用的程度？

该使用者对数据处理的范围？

在计算机系统中何处保管相关数据？

对保管数据处理的程度？

对保管数据的区域大小有何限制？

对以上内容如何通过管理机制进行监督？

以上这些问题是计算机应用的主要问题，如何解决呢？可通过下面的步骤加以解决。

1) 指定账户使用计算机

什么人能使用计算机是通过在计算机系统中建立指定账户，并针对该账户设置相关密码来解决的。密码应遵循"复杂密码策略"，同时密码根据需要在规定的时间内进行更换，更换根据要求由账户自己完成或通过管理账户完成。

2) 指定账户使用指定计算机。

该使用者只能使用指定计算机。在基于 Windows 2000 Server 的系统中针对每一个账户，在账户属性中针对该账户可以登录的计算机有两种设置，一种是任何计算机；另一种是指定的计算机名称。系统管理员可以根据需求设置。

当操作者被确定使用某计算机时，如果计算机的物理放置地点固定，则指定账户必须在指定地点使用该计算机，从而限制关键账户在不该登录的地点使用计算机，避免出现由于账户登录地点变换出现的安全问题。

3) 指定账户在指定时间使用指定计算机

当指定账户被限制了计算机后，对在该计算机上允许使用多长时间要特别注意，因为关键账户并不是可在任意时间使用计算机的。例如，有些账户只能在上班时间使用，这样该账户登录计算机的时间就限制在早 9 点至下午 6 点。

4) 指定账户使用指定软件

在一个企业中，一个网络环境下，大家基于一个公共平台，共同完成相关或独立的工作，每个账户不可能都从事相同的工作，因此每个账户的具体应用也就不同，这样对每个账户的应用应做出限制。例如，走进单位大门，是不是都可以随意进出每个房间？是不是可以随意翻看与自己无关的材料呢？很显然是不可以的。在现实中大家都认同和遵守这个规定。随着日常工作的计算机化，随着计算机工作的网络化，在网络环境中所有的设备和应用软件均处在一个公共的环境下，这时就需要对每个账户所使用的软件和对软件使用的程度进行设置。例如，有的账户对指定软件可以运行、更改、控制；有的账户只可以运行；有的账户不能运行只能浏览。因此需要对软件的安装位置进行严格的限定和设置，这样就可针对不同的用户进行不同的设置。

5) 指定账户对被指定软件的使用权限设置

指定账户对软件有了使用的区别，同时对运行软件产生的不同数据的应用也应有不同的存放位置和处理。例如，通过计算器完成的相关财务账务计算，其计算结果涉及企业机密，因此要将计算结果存放在不同的档案柜中便于不同的人来查阅。那么，计算机产生的数据也应对保管位置进行设置，这种设置一般在对应软件安装或软件维护时进行。

6) 指定账户对指定文件夹的权限设置

当数据在指定的文件(文件夹)中保存时，不同的账户对数据有不同的处理权限。对数据的处理有完全控制、更改、运行、读取、浏览和拒绝。这样使得在计算机中保存的信息可以因账户身份的不同决定其对数据的不同应用。

7) 指定账户对指定文件夹的大小限制

对于每一个计算机系统中的账户均有其自己要保管的信息，这些信息是由该账户自己保管的，并拥有完全的控制权。但作为计算机系统其存储资源并不是无限的，就如同每个人在办公室只有一个办公桌和有限的几个抽屉，能放置的物品仅限于抽屉的大小。在计算机中对账户使用资源的限制称之为"磁盘限额"，利用它可以控制每个账户对硬盘无限制的使用。

通过采取上述对账户及其相关信息的设置，基本上可以实现对使用计算机的人员进行全面、有效的管理。

9.4　电子商务网站的安全管理

　　电子商务网站的安全是电子商务网站可靠运行并有效开展电子商务活动的保障，也是消除客户顾虑、扩大网站客户群的重要手段。在探讨电子商务网站的安全问题和安全管理时，需要把计算机网站安全和电子商务活动安全结合起来考虑。本节将从电子商务网站的安全要素与安全威胁的来源出发，简要探讨电子商务网站在从事电子商务活动时所涉及的安全技术和安全管理措施。

9.4.1　电子商务网站的安全概述

1. 电子商务网站的安全要素

1) 数据信息的有效性

电子商务以数字形式取代了传统贸易，如何保证数字形式的贸易信息的有效性是开展电子商务的前提。因此，要对网络故障、操作错误、应用程序错误、硬件故障、系统软件错误及计算机病毒所产生的潜在威胁加以控制和预防，以保证贸易数据在确定的时刻、确定的地点是有效的。

2) 数据信息机密性

通过电子商务网站进行电子商务活动是建立在一个开放的互联网环境之中的，维护商业机密是电子商务应用的重要保障。因此，要预防非法的信息存取和信息在传输过程被非法窃取。

3) 数据信息完整性

电子商务简化了贸易过程，但同时也带来了维护各方商业信息的完整、统一的问题。要预防对信息的随意生成、修改和删除，同时要防止数据传送过程中信息的丢失和重复，并保证信息传送次序的统一。

4) 可靠性、不可抵赖性、鉴别

如何确定要进行交易的贸易方正是所期望的贸易方是确保电子商务顺利进行的关键。在传统的纸张交易中，贸易双方通过在交易合同、契约或贸易单据书面文件上手写签名或加盖印章来鉴别贸易伙伴，确定合同、契约、单据的可靠性并预防抵赖行为发生，这就是人们常说的"白纸黑字"。在无纸化的电子商务方式下，通过手写签名和加盖印章来鉴别贸易方已经是不可能的了。因此，要在交易信息的传输过程中为参与交易的个人、企业或国家提供可靠的标识。

5) 数据信息的审查能力

根据机密性和完整性的要求，应对数据信息进行审查，并将审查结果进行记录。

2. 电子商务网站体系的安全威胁

1) 闯入保密区域

闯入保密区域指的是攻击者利用操作系统或安全的漏洞，获取普通用户不具有的权利，从而读取甚至修改网站保密区域中存放的信息。

非法读取网站的信息是网络黑客一直热衷的活动。早期的攻击者可能只是做些修改网页之类近似于恶作剧的破坏。随着电子商务活动的开展，电子商务网站除了要提供普通的浏览信息外，还要处理大量的商务活动。这就需要 Web 服务器去访问存放着大量产品、客户和交易信息的数据库服务器，有些配置不标准的网站甚至把这些信息直接存放在 Web 服务器上。这些蕴涵着巨大商业利益的信息，成为当前闯入者的首选目标。

2) 对 WWW 服务器的安全威胁

WWW 服务器的安全威胁主要来自系统安全漏洞、系统权限、目录与口令以及服务器端的嵌入程序。

WWW 服务器是用来响应 HTTP 请求进行页面传输的。虽然 WWW 服务器软件本身没有内在的高风险性，但它设计的主要目的就是支持 WWW 服务和方便使用的，所以软件越复杂，包含错误代码或问题代码的概率越高，从而导致系统安全方面的缺陷，即安全漏洞。

大多数 WWW 服务器可以在不同的权限下运行。高权限提供了更大的灵活性，允许包括服务器在内的程序执行所有的指令，并可以不受限制地访问系统的各个部分。当 WWW 服务器在高权限下运行时，破坏者就可以利用 WWW 服务器执行高权限的指令。

如果 WWW 服务器不更改目录显示的默认设置，它的保密性就会大打折扣，并且当 WWW 服务器要求输入用户名和口令时，往往存在被泄露的可能，其安全性也会大打折扣。

此外，在服务器端执行一些来源不可靠的网页嵌入程序时，可能会存在一些非法的执行，例如嵌入的代码可能是系统命令，要求删除文件或者将口令文件发送到特定的位置等。

3) 对数据库的安全威胁

电子商务信息以数据库的形式存储，并可以通过 WWW 服务检索数据库中的数据信息，这些信息如果被更改或泄露往往会给公司带来重大损失。现在多数的数据库都使用基于用户和口令的安全措施，一旦用户获准进入数据库，就可查看数据库中的相关内容。数据库安全是通过角色和授权机制来实施的。如果数据库没有以安全方式存储用户名和口令，或没有对数据库进行安全保护，仅仅依赖 WWW 服务器的安全措施，那么，一旦有人得到用户的认证消息，就能伪装成合法的数据库用户来下载保密信息。此外，隐藏在数据库系统的特洛伊木马程序可以通过将数据权限降低来泄露信息。当数据权限降级以后，所有用户都可以访问这些信息，其中当然包括那些潜在的攻击者。

9.4.2　电子商务网站的安全技术与管理措施

在贸易双方之间进行电子商务活动，安全服务通常是以"端对端"方式实施的(即不考虑通信网络与节点上的安全措施)。所实施的安全措施是在综合考虑了潜在的安全威胁、采取安全措施的代价以及要保护的数据信息的价值等因素后确定的。这里将着重介绍电子商务网站在进行电子商务应用过程中所涉及的有关安全技术与安全管理措施。

1. 加密技术

加密技术是电子商务网站采取的主要安全措施。目前，加密技术分为两类，对称加密和非对称加密。

1) 对称加密

在对称加密方法中，信息的加密解密都使用相同的密钥。每个贸易方都不必彼此研究和交换专用的加密算法，而是采用相同的密钥算法并只交换共享的专用密钥。对称加密技术存在着在贸易双方之间确保密钥安全交换以及互鉴别贸易对方的问题。

数据加密标准(DES)是目前广泛采用的对称加密方式之一，主要应用于银行业中的电子资金转账领域。

2) 非对称加密

在非对称加密体系中，密钥被分解为一对。这对密钥中的任何一把都可作为公开密钥向他人公开，而另一把则作为专用密钥加以保存。公开密钥用于加密，专用密钥则用于解密。贸易方利用该方案实现机密信息交换的基本过程是：贸易方甲生成一对密钥，并将其中一把作为公开密钥向其他贸易方公开；得到该公开密钥的贸易方乙使用该密钥对机密信息进行加密后再发送给贸易方甲；贸易甲再用自己保存的另一把专用密钥对加密后信息进行解密。贸易方甲只能用其专用密钥解密由公开密钥加密后的任何信息。

RSA 算法是非对称加密领域内最为著名的算法，它存在的主要问题是算法的运算速度较慢，因此，在实际应用中通常不采用它对信息量大的数据进行加密。对于加密量大的应用，公开密钥加密算法通常用于对称加密方法密钥的加密和管理。

2. 密钥管理

1) 对称密钥管理

对称加密是基于共同保守秘密来实现的。采用对称加密技术的贸易双方必须保证采用的是相同的密钥，要保证彼此密钥的交换是安全可靠的，同时还要设定防止密钥泄密和更改密钥的程序。这样，对称密钥的管理和分发工作将变成一个有潜在危险的和烦琐的过程。通过公开密钥加密技术实现对称密钥的管理使相应的管理变得简单和更加安全，同时还解决了单纯对称密钥模式中存在的可靠性问题和鉴别问题。

贸易方可以为需要交换的信息生成唯一一把对称密钥，并用公开密钥对该密钥进行加密，然后再将加密后的密钥和用该密钥加密的信息一起发送给相应的贸易方。由于对每次信息交换都对应生成了唯一一把密钥，因此各贸易方就不再需要对密钥进行维护和担心密钥的泄露或过期。这种方式的另一优点是即使泄露了一把密钥也只将影响一笔交易，而不会影响到贸易双方之间所有的交易关系。这种方式还提供了贸易伙伴间发布对称密钥的一种安全途径。

2) 公开密钥管理与数字证书

贸易伙伴间可以使用数字证书来交换公开密钥。国际电信联盟 ITU 制定的 X.509 标准对数字证书进行了定义，该标准等同于国际标准化组织 ISO 与国际电工委员会 IEC 联合发布的 ISO/IEC 9594-8:195 标准。

数字证书通常包含唯一标识证书所有者的名称、唯一标识证书发布者的名称、证书所有者的公开密钥、证书发布者的数字签名、证书的有效期及证书的序列号等。证书发布者一般称为证书管理机构 CA，它是贸易各方都信赖的机构。数字证书能够起到标识贸易方的作用，是目前电子商务广泛采用的技术之一。微软公司的 Internet Explorer 和网景公司的 Navigator 都提供了数字证书功能来作为身份鉴别的手段。

3) 密钥管理相关的标准规范

目前国际有关的标准化机构都在着手制定关于密钥管理的技术标准规范。ISO 与 IEC 下属的信息技术委员会 JTC1 已起草了关于密钥管理的国际标准规范。该规范主要由三部分组成：第一部分是密钥管理框架，第二部分是采用对称技术的机制，第三部分是采用非对称技术的机制。该规范现已进入国际标准草案表决阶段，并将很快成为正式的国际标准。

3. 数字签名

随着信息时代的来临，人们希望通过数字通信网络迅速传递贸易合同，这就出现了合同真实性认证问题，数字或电子签名就应运而生了。数字签名必须保证以下三点：接收者能够核实发送者对报文的签名，发送者事后不能抵赖对报文的签名，接收者不能伪造对报文的签名。

数字签名是公开密钥加密技术的应用之一。它的主要方式是：报文的发送方从报文文本中生成一个 128 位的散列值，发送方用自己的专用密钥对这个散列值进行加密来形成发送方的数字签名。然后，这个数字签名将作为报文的附件和报文一起发送给报文的接收方。报文的接收方首先从接收到的原始报文中计算出 128 位的散列值，接着再用发送方的公开密钥来对报文附加的数字签名进行解密。如果两个散列值相同，那么接收方就能确认该数字签名是发送方的。通过数字签名能够实现对原始报文的鉴别和不可抵赖性。

4. Internet 电子邮件的安全协议

电子邮件是 Internet 上主要的信息传输手段，也是电子商务应用的主要途径之一，但它并不具备很强的安全防范措施。Internet 工程任务组 IEFT 为扩充电子邮件的安全性能已起草了相关的规范。

1) PEM

PEM 是增强 Internet 电子邮件隐秘性的标准草案，它在 Internet 电子邮件的标准格式上增加了加密、鉴别和密钥管理的功能，允许使用公开密钥和专用密钥的加密方式，并能够支持多种加密工具。对于每个电子邮件报文可以在报文头中规定特定的加密算法、数字鉴别算法、散列功能等安全措施。

2) S/MIME

S/MIME(安全的多功能 Internet 电子邮件扩充)是在 RFC1521 所描述的多功能 Internet 电子邮件扩充报文基础上添加数字签名和加密技术的一种协议。MIME 是正式的 Internet 电子邮件扩充标准格式，但它未提供任何的安全服务功能。S/MIME 的目的是在 MIME 上定义安全服务措施。S/MIME 已成为业界所认可的协议，如微软公司、Netscape 公司、Novell 公司、Lotus 公司等都支持该协议。

3) PEM-MIME(MOSS)

MOSS(MIME 对象安全服务)是将 PEM 和 MIME 两者的特性进行了结合，从而制定出相应的邮件安全措施。

5. 其他主要的 Internet 安全协议

1) SSL

SSL(安全套接层)协议为基于 TCP/IP 的客户机/服务器应用程序提供了客户端和服务器的鉴别、数据完整性及信息机密性等安全措施。该协议通过在应用程序进行数据交换前交换 SSL 初始握手信息来实现有关安全特性的审查。该协议已成为事实上的工业标准，并被广泛应用于 Internet 和 Internet 的服务器产品和客户端产品中。

SSL 的安全级别可以划分为两种：40bit 和 128bit，128bit 会话的可靠性比 40bit 的要高出万亿倍。现在，多数浏览器都支持 40bit 的 SSL 会话，较新的浏览器可支持 128bit 的会话密钥加密。由于 SSL 协议内置于所有的主浏览器和 Web 服务器内,所以一般用户只需要安装数字证书就可以启动 SSL 功能。其证书可以分为两种:服务器证书和个人证书。SSL 协议也有它的缺点,主要有以下几点:不能自动更新证书;认证机构编码困难;浏览器的口令具有随意性;用户的密钥信息在服务器上是以明文的形式存在的等。

此外,微软公司和 Visa 机构也共同研究制定了一种类似于 SSL 的协议,这就是 PCT(专用通信技术),该协议只是对 SSL 进行了少量的改进。

2) S-HTTP

S-HTTP(安全的超文本传输协议)是对 HTTP 扩充了安全特性、增加了报文的安全性,它是基于 SSL 技术的。该协议向 WWW 的应用提供完整性、鉴别、不可抵赖性及机密性等安全措施。目前,该协议正由 Internet 工程任务组起草 RFC 草案。

3) 安全电子交易规范 SET

SET 是为基于信用卡进行电子化交易的应用提供实现安全措施的规则。SET 主要由三个文件组成,分别是 SET 业务描述、SET 程序员指南和 SET 协议描述。SET 1.0 版已经公布,并可应用于任何银行支付服务。

SET 采用公开密钥加密和数字证书对消费者和商家进行验证。SET 协议还特别提供了保密、数据完整、用户和商家身份认证以及顾客不可否认等功能。其工作流程大致如下:

购物者在支持 SET 标准的商家网站上采购。他可以用浏览器的电子钱包传输加密的财务信息和数字证书。而商家的 WWW 服务器将 SET 加密的交易传输到结算卡处理中心,由后者将此交易解密并进行处理。同时,认证中心验证此数字签名是否属于发送者。结算卡处理中心将此交易发送到消费者信用卡的发行机构,请求批准。

在 SET 协议中,采用的安全措施主要有以下几种。

(1) 加密技术——同时使用私钥与公钥加密法。

(2) 数字签名与电子认证——在电子交易过程中,必须确认用户、商家及其他相关机构身份的合法性,这就要求建立专门的电子认证机构。

(3) 电子信封——为了保证信息传输的安全性,交易所使用的密钥必须经常更换,SET 使用电子信封的方式更换密钥,方法是由发送方自动生成专用密钥,用它加密明文,再将生成的密文同密钥本身用一种加密的手段传输出去,收信人用公钥方法解密后,得到专用密钥,再次解密。

SET 提供对交易参与者的认证,确保交易数据的安全性、完整性和交易的不可抵赖性,特别是保证了不会将持卡人的账户信息泄露给商家,这些都保证了 SET 协议的安全性。

6. 防火墙技术

防火墙主要用于实现网络路由的安全性,在内部网与外部网之间的界面上构造一个保护层,并强制所有的连接都必须经过此保护层,在此进行检查和连接。只有被授权的通信才能通过此保护层,从而保护内部网及外部的访问。防火墙技术已经成为实现网络安全策略最有效的工具之一,并被广泛应用到 Internet 上。

防火墙具有如下优点。

(1) 保护那些容易受到攻击的服务。防火墙能过滤那些不安全的服务,只有预先被允许的服务才能通过防火墙。这样就降低了受到非法攻击的风险,提高了网络的安全性。

(2) 控制对特殊站点的访问。防火墙能够控制对特殊站点的访问,例如,有些主机能够被外部网络访问,而有些主机则要被保护起来,防止不必要的访问。通常种情况下,在内部网中只有 MAIL 服务器、FTP 服务器和 WWW 服务器能够被外部网访问。

(3) 集中化的安全管理。对于一个站点而言，使用了防火墙，就可以将所有修改过的软件和附加的安全软件都放在防火墙上集中管理，而不使用防火墙，就必须将所有的软件分散到各个主机上。

(4) 对网络访问进行记录和统计。如果所有对网络的访问都经过防火墙，那么，防火墙就能记录下来这些访问，并能提供网络使用情况的统计数据。当发生可疑情况时，防火墙能够报警并提供网络是否受到检测和攻击的详细信息。

到目前为止，虽然出现了很多种防火墙，但是大体上可以划分为两类：一类基于包过滤 (Package Filter)，另一类基于代理服务器(Proxy Service)。两者的区别在于：基于包过滤的防火墙通常直接转发报文，它对用户完全透明，速度较快；而另一类防火墙是通过代理服务器建立连接的，它可以有更多的身份验证和日志功能。

7. WWW 服务器的安全配置

Web 站点的配置是通过属性表(页)来完成的，提供了很多功能，同时，与安全配置相关的也有不少，无就不一一介绍了。在这里阐述四个方面：修改 Web 服务器端口号、设置 Web 站点的安全特性、创建与共享新站点目录和配置 Web 服务的日志功能。

1) 修改 Web 服务器端口号

Web 服务器使用 HTTP 协议，而 HTTP 又使用 TCP 的服务来传输信息。默认时，HTTP 使用的 TCP 端口号为 80；如果想用别的端口号对客户提供 Web 服务，就应该重新设置 TCP 端口号。使用非标准端口号后也要求用户在输入 URL 时必须同时输入端口号。设置端口号的步骤如下。

(1) 运行 Internet 服务管理器，打开 Web 站点属性对话框，如图 9.4 所示。

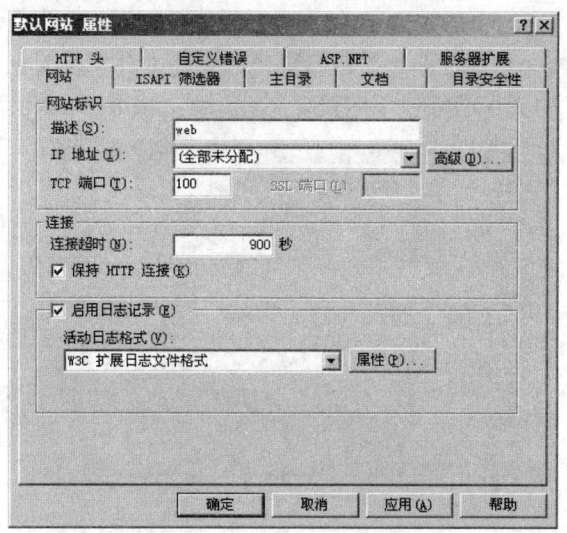

图 9.4 Web 站点属性

(2) 选择"网站"标签页，在"TCP 端口"框内输入一个新端口号值，如图 9.4 所示，注意不要使用其他服务已经占用的端口号值。

(3) 设置主页的默认页面，如图 9.5 所示。

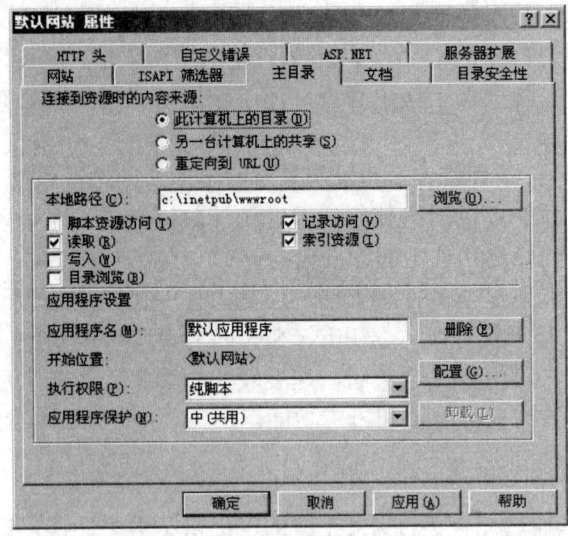

图 9.5　设置主页的默认页面

2) 设置 Web 站点的安全特性

一般的公共 Web 站点上的公共域信息对外是开放的，因此不必对连接到这些站点的用户做认证，以控制其访问权限；如果站点中涉及敏感的数据信息，而这些信息只能对特定的用户开放，那么身份的鉴别工作就显得很重要了。可以从 Web 站点、文件或目录的属性对话框中来设置安全性，主要步骤如下。

(1) 运行 Internet 服务管理器。

(2) 用鼠标右键单击将要配置的 Web 站点、文件或目录，选择"属性"命令，弹出对应的属性对话框，如图 9.4 所示。

(3) 在对话框上选择"目录安全性"标签页，如果是文件属性对话框，则选择"文件安全性"标签页，注意此时的文件必须属于 NTFS 文件系统，如图 9.6 所示。

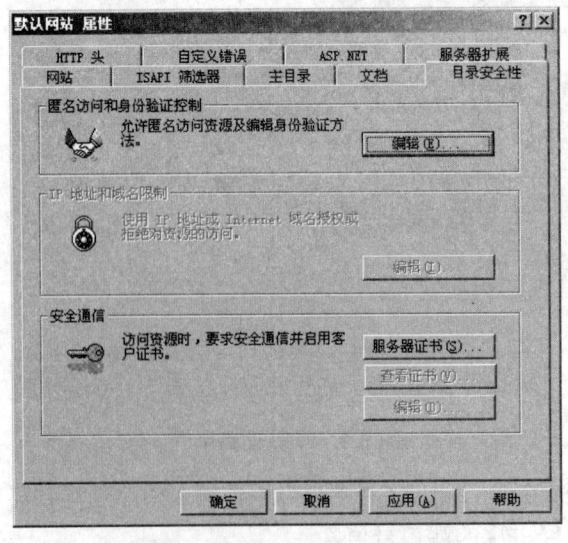

图 9.6　目录安全性设置

(4) 单击"匿名访问和身份验证控制"(Anonymous Access and Authentication Control)下的"编辑"按钮，打开"身份验证方法"对话框，如图 9.7 所示。此时，可以从下面选项中选择其中一种认证方法。

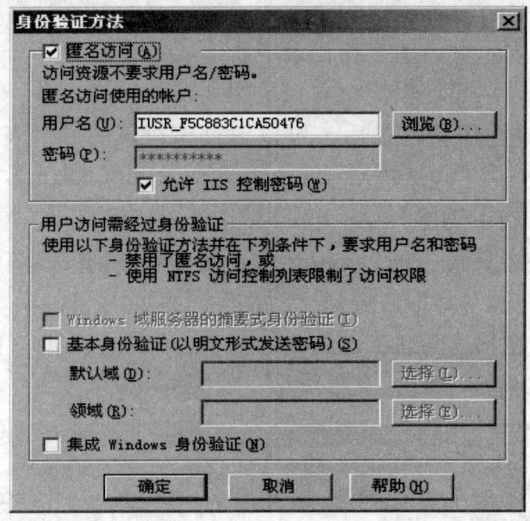

图 9.7　"身份验证方法"对话框

① 匿名访问：此时客户不需要提供用户名和口令就可以连接访问 Web 站点，还可设置匿名的 NT 用户账号，默认账号为 IUSR_<计算机名>。该账号默认时已经被赋予"本地登录"权限。

② 基本身份验证：如果不使用匿名用户访问站点，又希望利用一个合法的 Windows NT 用户名和口令连接到 Web 站点，那么就可以选择该方法，但是这种方法的用户口令将以明文形式传送。

③ 集成 Windows 身份验证：Windows NT Challenge/Response 功能是 NT 采用的进行用户身份鉴别的方法，在该认证过程中，客户和服务器之间交换的信息是经过加密的。

在 IIS 中，如果获取并安装了一个服务器证书，那么也可以使用 SSL 方法来认证连接到 Web 站点的用户。

3) 创建与共享新站点目录

利用 Internet 服务管理器，可以创建与共享一个新站点目录(FTP 或 Web 站点)。这里以 Web 站点的创建为例，介绍完成这个任务的步骤。

(1) 启动 Internet 服务管理器，右击左侧窗格目录树中的计算机名节点并选取"新增"到"Web 站点"命令，启动"新增 Web 站点向导"。

(2) 输入新 Web 站点说明后，单击"下一步"按钮。

(3) 选择该站点要使用的 IP 地址和 TCP 端口号(默认值为 80)，如果使用 SSL，应该输入 SSL 使用的端口号(默认值为 443)，然后单击"下一步"按钮。

(4) 输入 Web 站点的主目录路径，并且选择是否允许对该 Web 站点做匿名访问，然后单击"下一步"按钮。

(5) 为该主目录设置访问权限，选择之后单击"完成"按钮，创建该站点。共有 5 种访问权限。

① 允许读取访问：默认是已被选定，表示允许用户读取或查看该目录中的内容。

② 允许脚本访问：默认是已被选定，表示允许用户运行目录中的脚本。

③ 允许执行访问：这个选项包含"允许脚本访问"选项，表示允许用户执行目录中的文件。

④ 允许写入访问：表示允许用户在目录中新建或更改入口。

⑤ 允许浏览目录：表示允许用户查看目录的列表。

(6) 在运用向导完成创建新目录后，可以通过该目录的属性表对话框设置目录的访问权限。

4) 配置 Web 服务的日志功能

在 IIS 中，可以启用各种服务的日志功能。配置 Web 服务日志功能的步骤如下。

(1) 打开 Web 站点属性对话框，选择"网站"标签页。

(2) 在其中选择"启用日志记录"选项，单击"活动日志格式"下拉列表框，从中选择一种记录格式类型。共有以下 4 种记录文件类型，如图 9.8 所示。

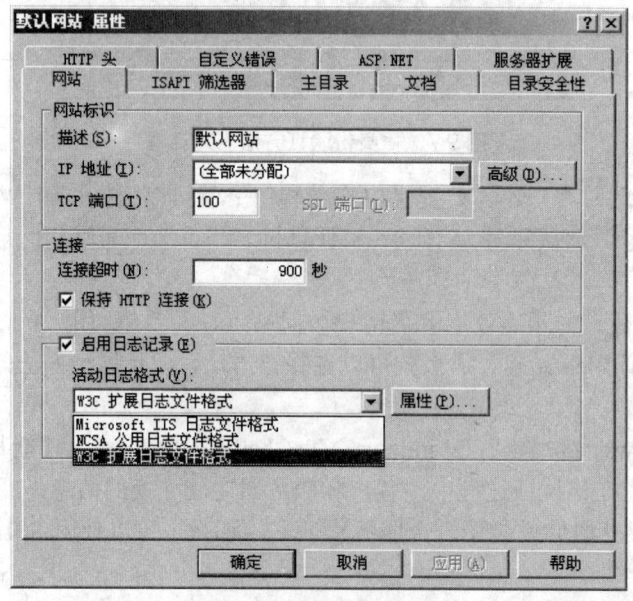

图 9.8　活动日志格式

① Microsoft IIS 日志文件格式：一种固定的 ASCII 文件格式。记录的字段包括用户名、请求日期、请求时间、客户的 IP 地址、接收的字节数、HTTP 状态码等。记录的文件内容以逗号分隔，分析起来较为简便。

② NCSA 公用日志文件格式：由 NCSA(National Center for Supercomputing Applications，国家超级计算机应用中心)提出的一种固定的 ASCII 文件格式。记录的数据字段包括主机名、用户名、HTTP 状态码、请求类型及服务器接收字节数等。记录的条目之间以空格分隔开来。

③ W3C 扩展日志文件格式：一种 W3C 提出的自定义 ASCII 文件格式，是默认设置。记录的字段包括请求日期、请求时间、客户的 IP 地址、服务器的 IP 地址、服务器端口、HTTP 状态等。这种格式的数据以空格分隔。

（3）单击"属性"按钮，为所选择的格式设置属性，包括日志文件存放位置、日志记录时间间隔，以及日志记录包含的字段内容等，如图 9.9 所示。

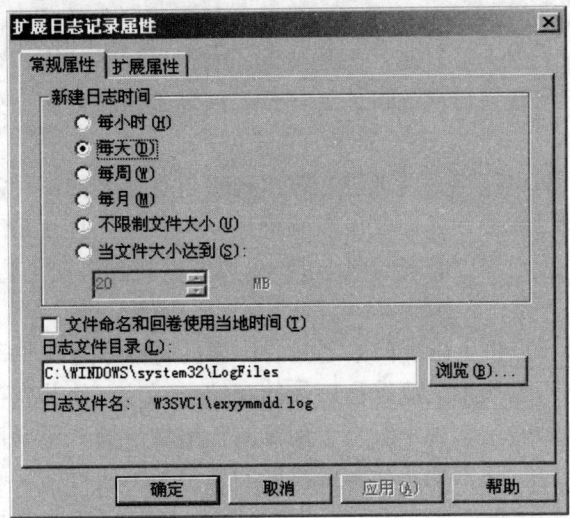

图 9.9 日志记录属性

9.4.3 计算机病毒及网络黑客的防范

1. 计算机病毒

计算机病毒是一种在计算机系统运行过程中能够把自身精确复制或有修改地复制到其他程序体内的程序，它是一种人为编制的软件。1983 年 11 月，Fred Cohen 博士研制出一种在运行过程中可以复制自身的破坏性程序，Len Adleman 将它命名为计算机病毒。此后，计算机病毒迅速地在世界各地蔓延。计算机病毒在中国出现于 1989 年春季。

从计算机病毒设计者的意图和病毒程序对计算机系统的破坏程度上来看，已发现的计算机病毒大致可分为两类。

1）恶作剧形式

例如 IBM 圣诞树病毒，可令计算机系统在圣诞节时显示问候的话语并在屏幕上出现圣诞树的画面，除了占用一定的系统开销外，对系统其他方面不产生或产生较小的破坏性。有人将这种形式的计算机病毒称之为良性病毒，确切地，应该是破坏性较小的计算机病毒。

2）恶性病毒

它是有明显目的或破坏目标的人为破坏，其破坏力和危害性都很大。最常见的恶性病毒往往可以消除数据、删改文件或对磁盘进行格式化。计算机病毒可以中断一个大型计算机中心的正常工作，甚至使一个计算机网络处于瘫痪状态，造成灾难性的后果。有时候通过病毒的感染、扩散，尽可能多地找到系统的安全漏洞，予以攻击。目前，在网络上较为流行的病毒有如下 4 类。

（1）追溯性病毒。追溯性病毒为特别凶恶的一类病毒家族，它企图破坏反病毒程序甚至将反病毒程序整体擦掉。该病毒家族包括 CPW 病毒家族和 Firefly。

（2）数据病毒。数据病毒是新一代病毒，采用一种新的袭击方式，或利用许多现代应用软件中使用的宏指令，或利用文件描述语言的命令结构。数据病毒感染通用的字处理软件(如宏指令病毒)和视频格式文件(如 JPEG 病毒)。

(3) 特洛伊木马(trojan horse)。特洛伊木马是一种不同寻常的病毒。不同于大多数病毒，它们并不在已感染的系统中大量复制，而是被设计成不易被系统用户察觉的病毒。有些类型的病毒可自身删除，一旦做完自己的事情就将系统恢复到原状，例如列出口令名单，并向同伙发电子邮件等。

(4) 蠕虫(worms)。蠕虫病毒是能通过计算机网络自身复制的一种病毒，它的感染力非常强。有些类型的蠕虫病毒被设计成不仅可以感染计算机系统，且使系统接连不断遭受袭击。蠕虫病毒企图将病毒扩散到尽可能多的网络上，只要能够找到有安全漏洞的系统就予以攻击，破坏性极大。

有人将在节、假日计算机上出现问候之类的计算机病毒称为良性病毒。Fred Cohen 也曾在其文章中描述了一个压缩病毒，压缩程序体的存储空间，以便节省存储空间，进而阐述某些病毒的良性作用。这种做法客观上纵容了病毒的传播和泛滥。根据目前国内和国际上计算机病毒传播的情况和计算机病毒朝恶性病毒发展的趋势，不应再将某些病毒称为良性病毒。其理由是：任何所谓良性病毒都要占用系统开销，即使 IBM 圣诞树在再生过程中也使系统运行速度明显下降，没有不占用系统开销的计算机病毒；任何所谓良性病毒都是对计算机系统的非授权入侵，是对系统正常工作的一种干扰和破坏。

计算机病毒的产生和全球性蔓延已经给计算机系统的安全造成了巨大的损害和威胁，充分暴露了信息系统本身的脆弱性和安全管理方面存在的问题。计算机病毒是计算机犯罪的一种形式，是人为对计算机非法入侵和破坏的一种手段。

2. 反病毒管理

由于病毒的泛滥对网站的信息安全造成了极大的危害，网站信息系统安全的共同准则应包括对硬件与软件处理的规则，尽可能使病毒难以进入。安全准则中，除了对人员进行必要的培训外，还应包括列出病毒活动的情况表。基于整个数据处理永久性防范设施的设计，反病毒管理包括：数据通信管理；软件来源管理；客户访问与商业联系的管理，还应包括拟定系统化的措施来防范或对付病毒。

1) 病毒防范

病毒防范的第一步，是要查出病毒进入系统的所有方式，以尽快找到阻挡病毒侵袭的办法。通过使用适当的软件包，可以免除系统潜在的风险。采取特别的备份方案可以给出更多的保护。使用病毒扫描程序(每次引导系统时就自动对系统及文件扫描)，有助于减少感染病毒的机会。此外，应任命专职的反病毒管理员，以便所有的人都能知道谁在负责处理有关病毒的事务。

2) 病毒响应计划

当发现病毒已经进入时，正是采取病毒响应计划的时机。病毒响应计划的主要目的是用每种可能的方法，彻底清除所有的病毒。欲从根本上清除病毒，就应首先找到病毒侵袭的方式。如果找不到病毒侵袭的路径，那么最好的办法就是设法使系统具有免疫力，且应对存储区域定期进行深入检查。

3. 网络黑客

网络黑客(Hacker)一般是指计算机网络的非法入侵者。他们大多是程序员，对计算机技术和网络技术非常精通，了解系统的漏洞以及原因所在，喜欢非法闯入并以此作为一种智力挑战而沉醉其中。有些黑客仅仅是为了验证自己的能力而非法闯入，并不会对信息系统或网站产生破坏；但也有很多黑客非法闯入是为了窃取机密的信息、盗用系统资源或出于报复心理而恶意毁坏某个信息系统。

4. 黑客常用的攻击手段

1) 黑客的攻击步骤

一般黑客的攻击分为信息收集、探测分析系统的安全弱点、实施攻击三个步骤。

信息收集是为了了解所要攻击的目标的详细信息，通常黑客利用相关的网络协议或实用程序来收集。例如，用 SNMP 协议可以查看路由器的路由表，了解目标主机内部拓扑结构的细节；用 TraceRoute 程序可以获得目标主机所要经过的网络数和路由数，用 Ping 程序可以检测一个指定主机的位置并确定是否可到达等。

探测分析系统的安全弱点是在收集到目标的相关信息以后，黑客会探测网络上的每一台主机，以寻找系统的安全漏洞或安全弱点。黑客一般会使用 Telnet、FTP 等软件向目标主机申请服务，如果目标主机有应答就说明开放了这些端口的服务。其次是用一些公开的工具软件，如 Internet 安全扫描程序 ISS(Internet Security Scanner)、网络安全分析工具 SATAN 等来对整个网络或子网进行扫描，寻找系统的安全漏洞，获取攻击目标系统的非法访问权。

实施攻击是在获得了目标系统的非法访问权以后，黑客一般会实施以下的攻击。

① 试图毁掉入侵的痕迹，并在受到攻击的目标系统中建立新的安全漏洞或后门，以便在先前的攻击点被发现以后能继续访问该系统。

② 在目标系统安装探测器软件，如特洛伊木马程序，以便窥探目标系统的活动，继续收集黑客感兴趣的一切信息，例如账号与口令等敏感数据。

③ 进一步发现目标系统的信任等级，以展开对整个系统的攻击。

④ 如果黑客在被攻击的目标系统上获得了特许访问权，那么他就可以读取邮件，搜索和盗取私人文件，毁坏重要数据以至破坏整个网络系统，后果将不堪设想。

2) 黑客的攻击方式

黑客攻击通常采用以下几种典型的攻击方式。

(1) 密码破解。通常采用的攻击方式有字典攻击、假登录程序、密码探测程序等，主要是获取系统或用户的口令文件。

字典攻击是一种被动攻击，黑客先获取系统的口令文件，然后用黑客字典中的单词一个一个地进行匹配比较。由于计算机速度的显著提高，这种匹配的速度也很快，而且由于大多数用户的口令采用的是人名、常见的单词或数字的组合等，所以字典攻击成功率比较高。

假登录程序设计了一个与系统登录画面一模一样的程序并嵌入到相关的网页上，以骗取他人的账号和密码。当用户在这个假的登录程序上输入账号和密码后，该程序就会记录下所输入的账号和密码。

密码探测程序：在 Windows NT 系统内保存或传送的密码都经过单向散列函数(Hash)的编

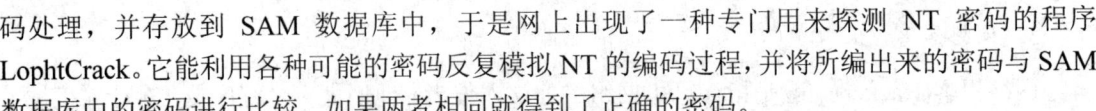

码处理，并存放到 SAM 数据库中，于是网上出现了一种专门用来探测 NT 密码的程序 LophtCrack。它能利用各种可能的密码反复模拟 NT 的编码过程，并将所编出来的密码与 SAM 数据库中的密码进行比较，如果两者相同就得到了正确的密码。

(2) IP 嗅探与欺骗。

① 嗅探是被动式的攻击，又称为网络监听，就是通过改变网卡的操作模式让它接收流经该计算机的所有信息包，这样就可以截获其他计算机的数据报文或口令。监听只能针对同一物理网段上的主机，对于不在同一网段的数据包会被网关过滤掉。

② 欺骗是主动式的攻击，即将网络上的某台计算机伪装成另一台不同的主机。目的是欺骗网络中的其他计算机误将冒名顶替者当做原始的计算机而向其发送数据或允许它修改数据。常用的欺骗方式有 IP 欺骗、路由欺骗、DIHS 欺骗、ARP(地址转换协议)欺骗以及 Web 欺骗等。典型的 Web 欺骗原理：攻击者先建立一个 Web 站点的副本，使它具有与真正的

Web 站点一样的页面和链接，由于攻击者控制了副本 Web)站点，被攻击对象与真正的 Web 站点之间的所有信息交换全都被攻击者所获取，例如用户访问 Web 服务器时所提供的账号、口令等信息。攻击者还可以假冒成用户给服务器发送数据，也可以假冒成服务器给用户发送消息，这样攻击者就可以监视和控制整个通信过程。

(3) 系统漏洞。漏洞是指程序在设计、实现和操作上存在错误。由于程序或软件的功能一般都较为复杂，程序员在设计和调试的过程中总有考虑欠缺的地方，因此绝大部分软件在使用过程中都需要不断的改进与完善。被黑客利用最多的系统漏洞是缓冲区溢出(Buffer Overflow)，因为缓冲区的大小有限，一旦往缓冲区中放入超过其大小的数据，就会产生溢出，多出来的数据可能会覆盖其他变量的值，正常情况下程序会因此出错而结束，但黑客却可以利用这样的溢出来改变程序的执行流程，转向执行事先编好的黑客程序。

(4) 端口扫描。由于计算机与外界通信都必须通过某个端口才能进行，黑客可以利用一些端口扫描软件，如 SATAN、IP Hacker 等对被攻击的目标计算机进行端口扫描，查看该机器哪些端口是开放的，由此黑客可以知道与目标计算机能进行哪些通信服务。例如，邮件服务器的 25 号端口是接收用户发送的邮件的，而接收邮件则与邮件服务器的 110 号端口通信，访问 Web 服务器一般都是通过其 80 号端口，等等。了解了目标计算机开放的端口服务以后，黑客一般会通过这些开放的端口发送特洛伊木马程序到目标计算机上，利用木马来控制被攻击的目标。

5. 防止黑客攻击的策略

防止黑客攻击的策略主要有：数据加密、身份认证、建立完善的访问控制策略、审计等。

加密的目的是保护系统内的数据、文件、口令和控制信息等，同时也可以提高网上传输数据的可靠性。这样即使黑客截获了网上传输的信息包，一般也无法得到正确的信息。

身份认证是指通过密码或特征信息等来确认用户身份的真实性，只对确认了的用户给予相应的访问权限。

系统应当建立完善的访问控制策略，设置入网访问权限、网络共享资源的访问权限、目录安全等级控制、网络端口和节点的安全控制、防火墙的安全控制等，通过各种安全控制机制的相互配合，才能最大限度地保护系统免受黑客的攻击。

审计是指把系统中和安全有关的事件记录下来，保存在相应的日志文件中。例如记录网

络上用户的注册信息，如注册来源、注册失败的次数等；记录用户访问的网络资源等各种相关信息，当遭到黑客攻击时，这些数据可以用来帮助调查黑客的来源，并作为证据来追踪黑客；也可以通过对这些数据的分析来了解黑客攻击的手段以找出应对的策略。

不随便从 Internet 上下载软件，不运行来历不明的软件，不随便打开陌生人发来的邮件中的附件，经常运行专门的反黑客软件，可以在系统中安装具有实时检测、拦截和查找黑客攻击程序用的工具软件，经常检查用户的系统注册表和系统启动文件中的自启动程序项是否有异常，做好系统的数据备份工作，及时安装系统的补丁程序，等等，可以提高防止黑客攻击的能力。

 本章小结

1. 本章知识概述

本章从典型案例开始，主要阐述了电子商务网站管理的作用和意义、电子商务网站的数据管理、电子商务网站的人员管理和电子商务网站的安全管理。认清电子商务网站管理的目标和意义是理解和掌握本章其他内容的基础。理解和掌握电子商务网站的数据管理、人员管理是学习电子商务网站安全管理的前提。

2. 本章名词

电子商务网站管理、数据、数据管理、备份、复制、日常备份、本地备份、异地备份、灾难恢复备份、镜像备份、数据的恢复、数据清除、权限控制、电子商务网站安全管理、闯入保密区域、WWW 服务器、数据库、对称加密、非对称加密、密钥、数字证书、数字签名 、安全协议、防火墙、计算机病毒、反病毒管理、黑客攻击、审计。

3. 本章的数字

电子商务网站管理的 5 个目标和 5 个意义、数据的 3 种分类、数据备份的 3 种基本形式、备份的 3 种方法、备份的 4 种手段、备份工作的 4 个流程、电子商务网站的 8 类人员和 5 种人员权限、电子商务网站的 5 个安全要素、电子商务网站体系的 3 类安全威胁、电子商务网站的 7 种安全技术、4 类恶性病毒、黑客攻击的 4 个步骤，黑客的 4 种攻击方式。

 每课一考

一、填空题(40 空，每空 1 分，共 40 分)

1. 电子商务网站的管理是指对网站(　　　　)和(　　　　)两个方向的信息流动的管理和监控，以保证企业的网上业务处理安全顺利地进行，并确保整个网站内容的(　　　　)和(　　　　)，从而为企业电子商务的运作提供良好的服务。

2. 网站数据备份的基本形式有(　　　　)(　　　　)和(　　　　)3 种。

3. 数据备份的方法有(　　　　)、(　　　　)、(　　　　)、(　　　　)。

4．异地备份经常采用的备份手段有(　　　　　)、(　　　　　)、(　　　　　)和通过特殊管道(连接介质)备份。

5．计算机网络系统及网站的人员权限分为(　　　　　)、(　　　　　)、(　　　　　)、(　　　　　)、和完全控制。

6．网站的维护包括(　　　　　)网页内容更新、(　　　　　)和网站升级。

7．网站管理的内容包括(　　　　　)、(　　　　　)、(　　　　　)。(任意三项)

8．电子商务网站的安全是电子商务网站可靠运行并有效开展(　　　　　)的保障，也是消除(　　　　　)、扩大(　　　　　)的重要手段。

9．WWW 服务器的安全威胁主要来自系统(　　　　　)、(　　　　　)、(　　　　　)以及服务器端的嵌入程序。

10．加密技术分为(　　　　　)和非对称加密。

11．计算机病毒是一种在计算机系统运行过程中能够把(　　　　　)或有(　　　　　)到其他程序体内的程序，它是一种(　　　　　)的软件。

12．数字证书通常包含唯一标识证书所有者的名称、唯一标识证书发布者的名称、证书所有者的(　　　　　)、证书发布者的(　　　　　)、证书的(　　　　　)及证书的(　　　　　)等。

13．一般黑客的攻击分为(　　　　　)、探测分析系统的(　　　　　)、(　　　　　)4 个步骤。

二、选择题(20 小题，每小题 1 分，共 20 分)

1．在企业的网站系统中，(　　)是最重要的。
A．系统　　　　　B．硬件　　　　　C．文件　　　　　D．数据

2．下列文件的扩展名属于镜像的是(　　)。
A．exe　　　　　B．dll　　　　　C．iso　　　　　D．log

3．一个接入 Internet 为整个社会服务的计算机网络系统，(　　)是关键设备，其运转是受到严格控制的。
A．WWW 服务器　B．主机　　　　　C．路由器　　　　D．交换机

4．(　　)是 Internet 上主要的信息传输手段，也是电子商务应用的主要途径之一。
A．文件　　　　　B．电子邮件　　　C．信息　　　　　D．数据包

5．(　　)病毒是能通过计算机网络自身复制的一种病毒，它的感染力非常强。
A．数据　　　　　B．蠕虫　　　　　C．追溯性　　　　D．特洛伊木马

6．IDEA 算法将明文分为(　　)。
A．8 位的数据块　　　　　　　　　B．16 位的数据块
C．32 位的数据块　　　　　　　　 D．64 位的数据块

7．互联网协议安全 IPSec 是属于第几层的隧道协议？(　　)
A．第一层　　　　B．第二层　　　　C．第三层　　　　D．第四层

8．在双密钥体制的加密和解密过程中要使用公共密钥和个人密钥，它们的作用是(　　)。
A．公共密钥用于加密，个人密钥用于解密
B．公共密钥用于解密，个人密钥用于加密

C. 两个密钥都用于加密

D. 两个密钥都用于解密

9. 在一次信息传送过程中，为实现传送的安全性、完整性、可鉴别性和不可否认性，采用的安全手段是(　　)。

    A. 双密钥机制

    B. 数字信封

    C. 双联签名

    D. 混合加密系统

10. 一个密码系统的安全性取决于对(　　)。

    A. 密钥的保护

    B. 加密算法的保护

    C. 明文的保护

    D. 密文的保护

11. 在数字信封中，先用来打开数字信封的是(　　)。

    A. 公钥   B. 私钥   C. DES 密钥   D. RSA 密钥

12. 身份认证中的证书由(　　)。

    A. 政府机构发行

    B. 银行发行

    C. 企业团体或行业协会发行

    D. 认证授权机构发行

13. 下列属于良性病毒的是(　　)。

    A. 黑色星期五病毒

    B. 火炬病毒

    C. 米开朗基罗病毒

    D. 扬基病毒

14. 目前发展很快的基于 PKI 的安全电子邮件协议是(　　)。

    A. S/MIME   B. POP   C. SMTP   D. IMAP

15. 使用加密软件加密数据时，往往使用数据库系统自带的加密方法加密数据，实施(　　)。

    A. DAC   B. DCA   C. MAC   D. CAM

16. CTCA 指的是(　　)。

    A. 中国金融认证中心

    B. 中国电信认证中心

    C. 中国技术认证中心

    D. 中国移动认证中心

17. 通信中涉及两类基本成员，即发送者和接收者，相应地有两个不可否认的基本类型：源的不可否认性和(　　)。

    A. 证据不可否认性

    B. 用户不可否认性

    C. 数据不可否认性

    D. 递送的不可否认性

18. 实现源的不可否认业务，在技术手段上必须有(　　)。

    A. 加密措施

    B. 反映交易者的身份

    C. 数字签名功能

    D. 通行字机制

19. 一个典型的 CA 系统包括安全服务器、注册机构 RA、CA 服务器、数据库服务器和(　　)。

    A. AS 服务器

    B. TGS 服务器

    C. LDAP 目录服务器

    D. LD 服务器

20. 为了电子商务系统的安全，在设计防火墙时，内网中需要向外提供服务的服务器常常放在一个单独的网段，这个网段区域称为(　　)。

    A. RSA   B. DES   C. CA   D. DMZ

三、判断题(20 小题，每小题 1 分，共 20 分)

1. 在电子商务网站的运行中，无论是对网页的管理，还是对网站软硬件、用户或物流的管理，其目的都是保证电子商务系统中的信息流有序、快速而安全地流动。（　　）

2. 数据的大小决定了实现数据库备份的方式。（　　）

3. 增量备份和差量备份主要是因为耗时问题所以不太通用。（　　）

4. 数据备份是为了保障系统和相关数据出现故障和损坏或遗失时对其恢复和再现。（　　）

5. 整个系统备份信息的保留，决定于保存介质的时效和用户需求。（　　）

6. 一个典型的 CA 系统包括安全服务器、注册机构 RA、CA 服务器、数据库服务器和 TGS 服务器。（　　）

7. DAC 的含义是自主式接入控制。（　　）

8. SSL 协议是通过密钥来验证通信双方身份的。（　　）

9. 转换算法是实现数据完整性的主要手段。（　　）

10. 认证中心在电子商务中扮演整合经济中介的角色，在开展电子商务的过程中起整合作用。（　　）

11. 网络交易的信息风险主要来自冒名偷窃、篡改数据、信息丢失等方面的风险。（　　）

12. 在典型的电子商务形式下，支付往往采用汇款或交货付款方式。（　　）

13. 电子商务交易安全过程是一般的工程化的过程。（　　）

14. 身份认证是判明和确认贸易双方真实身份的重要环节。（　　）

15. 身份认证要求对数据和信息的来源进行验证，以确保发信人的身份。（　　）

16. 日常所见的校园饭卡利用的是身份认证的单因素法。（　　）

17. 基于公开密钥体制(PKI)的数字证书是电子商务安全体系的核心。（　　）

18. SET 是提供公钥加密和数字签名服务的平台。（　　）

19. 特洛伊木马(Trojan Horse)程序是黑客进行 IP 欺骗的病毒程序。（　　）

20. 防止黑客攻击的策略主要有：数据加密、身份认证、建立完善的访问控制策略、审计等。（　　）

四、问答题(4 小题，每小题 5 分，共 20 分)

1. 网站管理的作用和意义主要体现在哪几个方面？

2. 简述在 Windows 2000 Server 中如何建立镜像。

3. 电子商务网站的安全要素有哪些？

4. 简述在 Windows 2000 Server 中实现自动备份的操作方法。

 技能实训

一、操作题

1. 结合前面自己所建的网站，设计一套切实可行的管理方案。

2. 试使用 Internet 信息服务对网站的安全性进行管理。

二、励志题

上网查找最新的网站管理技术和方法，看看哪些比较适合在自己的网站中使用。

第 10 章　电子商务网站案例分析

本章知识结构框图

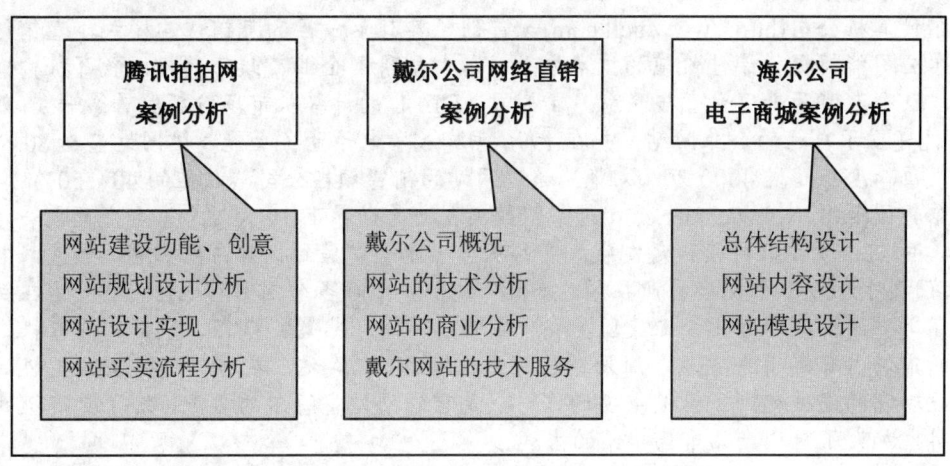

腾讯拍拍网 案例分析	戴尔公司网络直销 案例分析	海尔公司 电子商城案例分析
网站建设功能、创意 网站规划设计分析 网站设计实现 网站买卖流程分析	戴尔公司概况 网站的技术分析 网站的商业分析 戴尔网站的技术服务	总体结构设计 网站内容设计 网站模块设计

本章知识要点

1. 电子商务网站的发展概况以及设计模式；
2. 网站的设计方式、功能模块分析。

本章学习方法

　　本章没有理论知识，全部是案例分析，学习本章，要注意发散思维。透过本书的内容，了解整个电子商务网站的整体情况，进一步达到"知己知彼"，为自己创建电子商务网站打下坚实的基础。要求如下：

1. 对每一个案例，上网查阅类似网站，进行广泛分析；
2. 对每一个案例，认真学习，领悟其中的精髓；
3. 模仿每一个案例，制作电子商务网站。

　　在竞争越来越激烈、就业越来越艰辛的今天，只要拥有真才实学，我们一定能脱颖而出，傲立群雄！雄关漫道真如铁，而今迈步从头越！

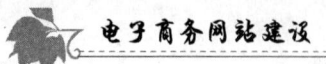

三个电子商务网站、三个商家的成功历程

腾讯拍拍网(http://www.paipai.com)是腾讯旗下电子商务交易平台,2005 年 9 月发布,2006 年 3 月宣布正式运营。它依托于腾讯 QQ 超过 5.9 亿的庞大用户群以及 2.5 亿活跃用户的优势资源,具备良好的发展基础。拍拍网运营满百天就已进入"全球网站流量排名"前 500 强,并且创下电子商务网站进入全球网站 500 强的最短时间纪录。

戴尔计算机公司(http://www.dell.com),首创了具有革命性的直销订购模式,直销订购模式使戴尔公司能够提供最佳价值的技术方案,与大型跨国企业、政府部门、教育机构、中小型企业以及个人消费者建立直接联系。在美国,DELL 的计算机市场份额位居第一。 戴尔在 1994 年就建立了自己的企业网站,并在 1996 年加入了电子商务功能,该网站包括 80 个国家的站点,每季度有超过 4000 万人浏览,通过网站的销售额占公司总收益的 40 ~ 50%。

海尔集团(http://www.ehaier.com)是中国最大、也是世界上 10 大综合家电厂商之一,创立于 1984 年,20 多年来持续稳定发展。产品从单一冰箱发展到拥有白色家电、黑色家电在内的 96 大门类 15100 多个规格的产品群,并出口到世界 160 多个国家和地区,已成为在海内外享有较高美誉的大型国际化企业集团。在中国市场,海尔冰箱、冷柜、空调、洗衣机四大主导产品的市场占有率高达 33%,海外销售营业收入 28 亿美元。在这个发展过程当中,海尔网站的建设对它的发展起到了至关重要的作用。是它的网站将海尔的名声传给了更广泛的消费者,同时也加大了自己产品市场推销的力度。

拥有众多客户群的拍拍网、直销模式的戴尔网、民族电子商务代表的海尔公司网站,给我们共同的启迪:电子商务是企业振兴的新利器! 放下书本,也许你想牛刀小试。请大家细细品读以下三个网站的创意、规划、制作。

10.1 腾讯拍拍网案例分析

10.1.1 网站概述

2006 年 9 月 12 日,拍拍网上线满一周年。通过短短一年时间的运营,拍拍网成长迅猛,已经与易趣、淘宝共同成为中国最有影响力的三大电子商务平台。2007 年 9 月 12 日,拍拍网上线发布满两周年,在流量、交易、用户数等方面取得了更全面的飞速发展。目前拍拍网的注册用户数已超过 5000 万,在线商品数超过 1000 万,迅速跃居国内 C2C 网站排名第二的领先地位。凭借丰富多样的商品类别和高人气的互动社区,拍拍网已成为国内成长最快、最受网民欢迎的 C2C 电子商务交易平台之一。

1. 建站目标

腾讯拍拍网总经理湛炜标先生表示:"拍拍网从诞生开始,就一直致力于降低电子商务门槛,打造一个用户自我管理的互助诚信社区。我们对于 C2C 的定义有独特的理解,即'沟通达成交易'(Communicate To Commerce)。我们认为,拥有互动顺畅的用户沟通是打造成功电子商务平台的基础，这正好与腾讯所倡导的'在线生活'理念紧密融合在一起。拍拍网还特别推出了'精品团购一条街'专区，在这里，用户可以方便、快捷地选购到价廉物美的精品推荐货物，并且通过不断推出一些结合社区特点的市场活动，让用户最大程度地体验到在线交易的乐趣，从而更进一步地了解电子商务，逐渐习惯并让它融入到自己的生活中来。拍拍网将努力创造一个团结互助、年轻时尚的健康诚信社区，为用户提供最有价值的C2C服务。"

2. 主要功能

拍拍网主要有"女人、男人、数码、手机、网游、运动、生活、母婴、玩具"九大频道，其中的 QQ 特区还包括 QCC、QQ 宠物、QQ 秀、QQ 公仔等腾讯特色产品及服务。拍拍网还拥有功能强大的在线支付平台——财付通，能为用户提供安全、便捷的在线支付服务。

3. 服务创意

拍拍网作为腾讯"在线生活"战略的重要业务组成，在创立之初就定位于"中国电子商务的普及者和创新者"，希望通过不断努力降低电子商务门槛，促进电子商务在中国的全民普及和发展。基于腾讯 QQ 以及腾讯其他业务的整体优势，拍拍网在经营理念、产品技术等方面提出了很多创新。例如，在业界首次研发的"边聊边买"、"买家与卖家信用分离制度"等创新专利均获得了业界的广泛认可和采纳。

拍拍网一直致力于打造时尚、新潮的品牌文化，希望与千百万网民一起努力共同建立一个"用户自我管理的互助诚信社区"，为广大用户提供一个安全健康的一站式在线交易平台，最终成为最受网民欢迎、中国最大的电子商务民族品牌。

10.1.2　规划设计

1. 总体设计

腾讯拍拍网是最经典的电子商务网站，总体设计既符合电子商务网站的特征，又创意独特。仔细对比分析就会发现，目前国内很多中小型电子商务网站大部分都是模仿拍拍网设计的。该网站无论是从结构设计上，还是从风格设计上都独具特色，符合电子商务网站设计的标准。

2. 结构设计

(1) 头部结构设计：拍拍网的头部包括标题、导航、搜索等内容，其中在整个网站视觉最佳区域的右上角布置了 3 项内容："我要买"，"我要卖"，"我的拍拍"，这一行的下面则是特色内容，包括快速选择商品的"礼品专区"、"个性定制"、"海外代购"等几项内容。

头部，以蓝色为主色调，整体简洁、大方。"paiapai 拍拍"这几个字字体运用备显活泼，进入网站，立即给人亲切之感，如图 10.1 所示。

(2) 主体部分结构设计：在主体部分全部内容围绕商品展开，同时兼顾了店铺的其他功能模块，其内容布局如图 10.2 所示。

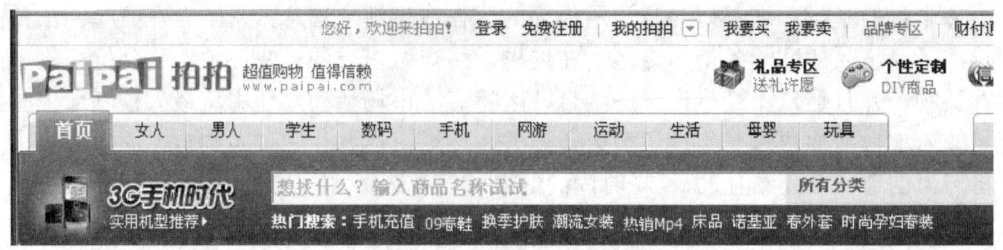

图 10.1　拍拍网的头部

快速注册店铺功能模块的快速通道	动画广告	各种充值
产品信息、特价促销产品信息、宝贝类目		拍拍商城快速通道
精彩咨询、社区精华、公告栏、热卖单品		

图 10.2　拍拍网的主体部分

(3) 尾部结构设计：拍拍网的尾部设计以功能齐全为主要特色，由于文字太多，因此选择了白色做背景，这样的设计，使得内容多而不乱。由于黑字白背景的使用过于简单化，因此左侧贴了两个卡通人物对整体效果予以补充。整体效果简洁而清新，如图 10.3 所示。

图 10.3　拍拍网的尾部

3．风格设计

拍拍网以蓝白色为主色调，风格清新自然，色彩整体和谐统一，动感十足。页面层次清晰、主次分明、重点突出、布局合理。网站设计方案主题鲜明，版式设计恰到好处，内容虽然繁多，但多而不乱。网页形式与内容高度统一。字体使用符合网页制作标准。

10.1.3　设计实现

1．页面效果的实现

拍拍网页面采用规则的 CSS 布局，由于内容众多，在实现上采用了以下措施。

(1) 宝贝类栏目巧妙地利用了红、灰、蓝三色。其中总分类及需要突出的重点子栏目用了红色，而其他的子栏目及分类则用了蓝色与灰色两种，字色的变化与字号的变化相配合，设计得分外得体。

(2) 热卖单品，则用了浅灰色的细线框将各种形状的商品规范化。

(3) 关键之处全部使用了红色，例如标题、商品总分类、价格。

(4) Flash 动画的使用，使网站增添了动态效果。

2. 诚信安全体系

(1) 实名认证制。拍拍网采用了实名认证制，对商家做出了严格的规范。认证分为个人用户与商家用户两种，个人用户认证只需提供身份证明即可，商家认证还需提供营业执照，同时一个人不能同时申请两种认证。

(2) 信用评价体系。拍拍网对所有商家都使用了信用评价体系，选择欲购买的货物后，可查看该卖家以往所得到的信用评价，为买家决策提供了有力的依据。

(3) 付款发货方式。拍拍网采用了"财付通"的付款发货方式，财付通是拍拍网自己建立的第三方支付平台，致力于互联网用户和企业提供安全、便捷、专业的在线支付服务，为拍拍网默认的支付渠道。

10.1.4　买卖流程

自己架设电子商务网站，首先自己要成为一个电子商务的体验者，在体验中进一步学习电子商务的应用。在拍拍网上开店的步骤如下。

1. 腾讯拍拍网买家与卖家入门流程

进入拍拍网的帮助中心，中间是拍拍网的新手上路，单击后便可查看每一个环节的使用方法，有兴趣的同学可以自行查看。

如何买：

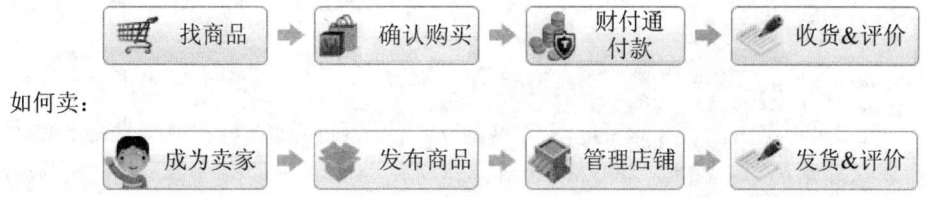

如何卖：

2. 网上安全交易流程

选择商品　→　付款到财付通　→　财付通通知卖家发货　→　收到商品　→　财付通付款给买家　→　完成

3. 卖家交易 4 个步骤

(1) 申请认证。申请认证分为个人认证和商家认证两种，其流程分别如下。

个人认证流程：

商家认证流程：

(2) 发布宝贝 & 开设店铺。

发布宝贝流程：

店铺设置功能：

(3) 宝贝出售中。在此步骤中，可以进行查询交易信息、修改商品信息两项操作。

(4) 宝贝成交后。

宝贝成交流程：

确认买家付款 ➡ 确认收货 ➡ 确认收款情况 ➡ 评价

小贴士：做事要脚踏实地！从建立一个网上小店开始你的创业之旅吧！没有亲身体验过网上购物的人，是很难做成一个成功的电子商务网站的。

10.2 戴尔计算机公司的网络直销

10.2.1 概况

戴尔计算机公司是世界上最成功的以网络直销为特色的计算机公司，其主页如图 10.4 所示。该公司于 1984 年由企业家迈克尔·戴尔创立，他是目前计算机业内任期最长的首席执行官。他的理念非常简单：按照客户要求制造计算机，并向客户直接发货，这使戴尔公司能够更有效和明确地了解客户需求，继而迅速地做出反映。

正是这种大胆的直接与客户接触的网络营销观念，使得戴尔公司成为全球最领先的计算机系统直销商。戴尔公司的网站每周被顾客访问的次数超过 80 万次，戴尔公司平均每天获得的收入超过 4000 万美元。

戴尔公司通过直线订购模式，与大型跨国企业、政府部门、教育机构中、小型企业以及个人消费者建立直接联系。公司的管理者认为，戴尔公司的网站带来了巨大的商机，并且将会继续在整个业务中占据越来越大的比重，在今后的几年，预计公司 50%的业务将在网上完成。为了应付这样一个巨大的商业网站面临的技术上和商业上的挑战，戴尔公司一直在进行广泛的市场调研，以便使 Internet 这一销售渠道更加完善。

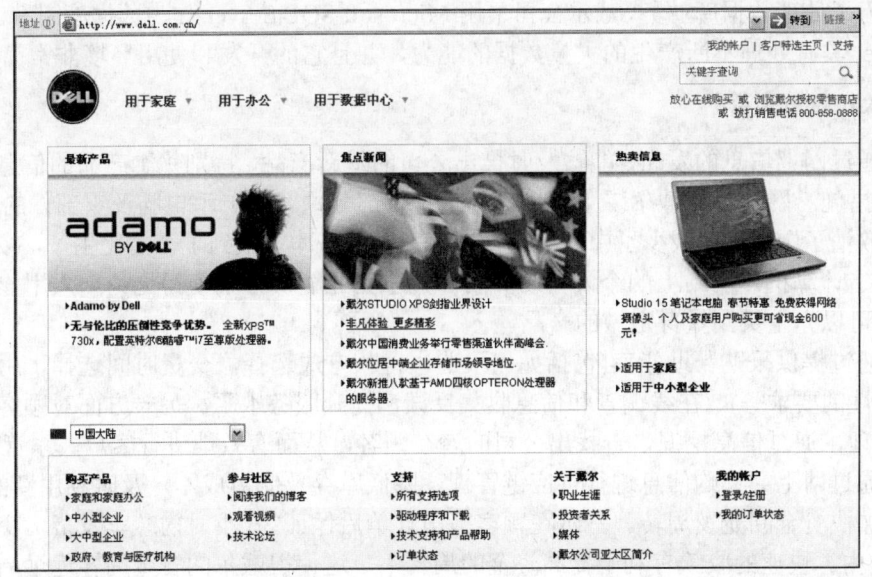

图 10.4 戴尔计算机公司的主页(http://www.dell.com.cn)

10.2.2 网站建设

戴尔公司网站的一贯风格：简洁、方便、全面。众所周知，要成为一个好的商业网站，首先要求技术上过硬、功能上齐备，具有亲和力的界面，能够应付大量用户的同时访问，具有安全强大的数据库，网站内容的管理与部署方便等。其次，要有足够的能力将网站获得的信息转换成为商业信息，使网站能够对公司的管理、生产、销售起到推动及促进的作用，这样才能体现网站的商业价值。也只有具备这两点功能，才能称其为一个成功的电子商务网站。下面，对戴尔网站从以上两个方面进行分析。

1. 从技术角度分析

(1) 戴尔网站的登录界面将用户分为大中型企业、小型企业和家庭个人用户。针对不同的用户有针对性地介绍公司的不同产品，例如服务器、台式机、笔记本电脑等，使得不同种类的用户一目了然，很方便地找到自己所需要的产品。

(2) 对于网站内容的部署，除了产品的介绍外，戴尔公司还非常重视有关新闻和公司状态的报导。在戴尔公司的网站上，我们可以很方便地查看戴尔公司的各项活动及公司新闻。

(3) 戴尔网站采用了分布式的方案，使用 Cisco 的分布式控制器在各个服务器之间平衡负载。这些服务器的内容彼此镜像，在网站访问量急剧上升的时候，可以在 1h 内增加所需要的硬件容量来满足高速运转的要求。这个方案同时保证客户可以用最少等候时间尽快得到数据信息。

(4) 戴尔公司的大部分的前端服务器存放的是 HTML 格式的静态页面。前端服务器将顾客的需求传给不同的应用服务器以处理不同的业务，其中包括 Dell 网的 Premier 页面。这种页面是专门为公司客户的销售而设计的，其中大约 30%是针对海外客户的，上面包括订购信息、订购历史，已经被公司客户认可的系统配置，甚至账户信息。Premier 页面帮助戴尔公司为客户提供更好、更快捷的服务。

(5) 为了处理数据库业务，戴尔公司采用 Microsoft SQL Server 作为数据库引擎。Microsoft SQL Server 具有处理不断产生的大量数据的能力，并且它的开发和使用环境非常简单。

2. 从商业角度分析

(1) 通过网上信息的发布，能够及时推出公司的最新产品、特别优惠产品的信息和公司最新的营销措施。网站上的戴尔二手商店，满足了一部分顾客对二手电脑及零部件的需求。

(2) 取消了中间商，减少了中间环节及降低了销售成本，做到了个性化生产，按顾客的具体要求制造计算机。网站上的个人自助商店和戴尔企业解决方案使得无论个人用户还是企业用户，都可以完全买到量身定做的产品。

(3) 通过提供采购帮助指南(包括如何采购，付款方式选择，交货时间选择，用户对安全性、隐私性的要求等)，在线调查和信息收集反馈，提升服务水平。另一方面对顾客的信息进行分类整理，通过信息挖掘，查找出公司的潜在顾客，从而有效地进行客户关系管理。

(4) 通过网上的订购信息进行供应链管理，降低库存及制造成本，及时利用新的技术。

(5) 加快资金回笼及周转。戴尔在顾客提出订单后保证 36 小时内装车发货，交货期通常在 9 天以内。快速的收款有利于提高资金的周转率，这使得戴尔的资金周转远远高于其他竞争对手。

通过以上两个方面的分析可以看出，戴尔网站无论是在技术上还是在其商业价值上都是无可挑剔的。作为全球计算机行业的领头羊，戴尔公司的网站及其网络销售策略同样是其他公司的典范。

10.2.3 技术服务

戴尔公司的成功还在于它对顾客需求的快速反应以及根据 PC 的新需求相应地调整发展策略。戴尔公司提供广泛的增值服务，包括安装支持和系统管理，并在技术转换方面为客户提供指导服务，如图 10.5 所示。

图 10.5　戴尔公司网站的技术服务页面

与此同时，戴尔公司与顾客在技术开发上建立了一对一的直接关系，为顾客带来更多的好处。直线订购模式使得戴尔公司能够提供最佳价值的技术方案：系统配置强大而丰富，性能表现物超所值。同时，该模式也使其能以更具有竞争的价格推出最新产品。

10.3 海尔公司电子商城案例分析

海尔集团自创立之日起，一直在缔造着家电行业的神话。如今，海尔公司的电子商务网站的闪亮登场又为公司提高了新的核心竞争力，使企业在信息处理能力、沟通国内外市场、降低运营成本、提高市场占有率方面有了重大突破。海尔集团公司通过建立自己的网站，一方面宣传海尔企业的形象，另一方面利用现代化的信息网络，加大自己产品市场推销的力度。

10.3.1 总体结构设计

海尔公司的电子商务网站(http://www.haier.com)的进入方式有两种：一种是进入海尔公司的网站(http://www.haier.com)在主页的导航条单击最后一栏"网上商城"即可进入；另一种则是在地址栏中直接输入网上商城的地址。进入后的界面如图 10.6 所示。

图 10.6 海尔公司网上商城

网上商城总体以红色为主色调，标题栏的文字则以黑色显示，文字多以灰色居多。整体布局简单大方，去除了常见电子商务网站的浮动广告，图文上的配合也比较和谐，从视觉上给消费者轻松快活之感。

网站功能正如网上商城的名称一样，以销售产品为主，同时辅以一些关于海尔公司的资讯介绍，会员自发形成的内容，在销售产品的同时，向大众推广介绍海尔的品牌。同时网站还实现了信息订阅的功能，可以在注册成为会员后选择订阅自己感兴趣的知识，在推销自身的同时注重了用户体验，使网站更具亲和力。

303

应用提示：网站中使用 Flash 是目前网络广告的一种流行做法。海尔网站首页就加入了 Flash 动画增强了网站的动感。

10.3.2　网站内容设计

1．网站主页设计

网站主体由标题栏、左侧内容及右侧内容构成。标题栏主要是海尔的热点产品冰箱、洗衣机、空调的宣传广告。左侧内容除了产品分类外，还包括用户商品导航、热点介绍等内容。主体的右侧则是关于新产品的介绍、海尔推荐产品及其他资讯类信息。

2．产品搜索功能设计

海尔的电子商务网站的主要功能就是引导消费者通过网站购买海尔的产品。消费者在网站购物的过程中，首先关注的要点是产品，如何选择最合适的产品，如何最快捷地找到产品，如何方便地完成从选择商品到货到付款的整个购物流程。最重要的因素就是产品搜索。

在产品搜索方面，网上商城的主页有产品搜索功能，消费者可以按产品分类进行普通搜索和高级搜索，同时还可以查询该产品的销售状态。另外，当消费者完成一次搜索并在搜索结果中单击相应的产品后，在页面的左侧"已浏览的产品"一栏中，会显示出相应的产品型号。

3．产品推广功能分析

作为海尔，关注的重中之重是如何最有效地把产品介绍给消费者，如何开发消费者的需求。体现在网站功能上则是产品推荐方面。

在产品推荐方面，在网上商城的主页上分别有"最新上架"、"精品推荐"和"热卖排行"三大主要内容。"最新上架"和"精品推荐"都附有产品实物图以及价格、产品名介绍等。消费者单击产品图片或者热卖排行的链接，都能进一步详细了解产品的信息，比较直观方便。

4．定制与购买过程

在海尔网上商城购物，顾客不仅可以享受优惠的网上购物价格，享受海尔的星级服务，而且可以享受海尔在网上提供的许多个性化超值服务。客户可以定制适合自己特殊需求的产品，也可以直接参与产品的设计。

海尔网上商城的购物流程如图 10.7 所示。

海尔作为一家正在走向国际化的公司，可以说从网站整体设计到各项具体功能的实现，都能看出海尔正在不断地完善自己作为一个知名品牌的整体形象。在电子商务的应用方面，海尔的网站定位于商城，功能以销售为主，并且同时进行对自身的宣传和建设。

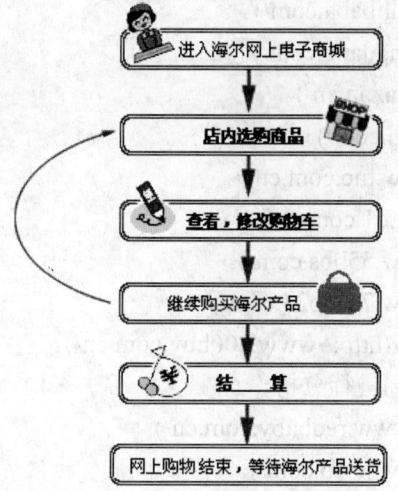

图 10.7　海尔公司网上商城的购物流程

本章第一个实例是由大型研发队伍建设的腾讯拍拍网，重点从建站、规划、实现三个层面进行了剖析，使学生通过这一实例重点掌握电子商务网站的创意与规划。在创意层面上从建站目标、功能描述、服务创意等几个方面进行了综合分析。在规划上，则从总体设计、结构设计、风格设计三个方面做了讲解，实现上则简要进行了说明。后面两个实例对戴尔计算机公司的网络直销模式和海尔公司的电子商城网站进行了分析。在分析戴尔计算机公司网站时，着重从它的直线订购模式入手，对网站建设中的技术层面以及商业层面进行了分析。在对海尔电子商城的案例分析中，从网站的主体结构和主要内容模块入手，通过对网站的功能模块的分析以及模块的结构图可以清楚地看出海尔作为一个知名品牌，正在通过电子商务的应用销售着自己的产品以及宣传着自身的品牌。

每课一考

拓展技能综合题(共 25 小题，每题 4 分，共 100 分)

1. 淘宝网(http://www.taobao.com/)是一个典型的电子商务网站，请对该网站进行全面的分析，重点从以下几个方面入手。

(1) 版式。

(2) 色彩运用。

(3) 栏目设置。

(4) 主题与域名。

2. 对下列 10 个电子商务网站的创意进行简要分析。

(1) 中国食糖网(http://www.gsec.com.cn/)。

(2) 阿里巴巴(http://china.alibaba.com/)。

(3) 当当网(http://home.dangdang.com/)。

(4) 卓越网(http://www.amazon.cn/)。

(5) 逛街网(http://www.togj.com/)。

(6) 全球纺织网(http://www.tnc.com.cn/)。

(7) D1 便利网(http://www.d1.com.cn/)。

(8) 我爱打折网(http://www.55bbs.com/)。

(9) 天天购物网(http://www.7shop24.com/)。

(10) 八百拜精品百货商城(http://www.800buy.com.cn/)。

3．对下列网站的页面布局进行分析。

(1) 红孩子母婴网(http://www.redbaby.com.cn/)。

(2) 乐淘玩具城(http://www.letao.com/)。

(3) 央视音像精品网(http://www.goucctv.com/)。

(4) 返利网(http://www.goucctv.com/)。

(5) 家居易站(http://www.homee.com.cn/)。

4．对下列网站的功能进行分析。

(1) 中国大市场网(http://www.sodsc.com/)。

(2) 快乐购 (http://www.happigo.com/)。

(3) 名品导购网(http://www.mpdaogou.com/)。

5．指出下列网站的主要栏目。

(1) 锐意网(http://www.rayi.cn/)。

(2) 华宇物流网(http://www.hoau.net/)。

(3) 绿森数码网(http://www.lusen.cn/)。

参 考 文 献

[1] 鲍嘉，卢坚. 新编中文版 Dreamweaver MX 2004 标准教程[M]. 北京：海洋出版社，2006.

[2] 靳华. ASP .NET 3.5 宝典[M]. 北京：电子工业出版社，2009.

[3] 严亚丁. 网站规范化设计实例精讲[M]. 北京：人民邮电出版社，2005.

[4] 李洪心. 电子商务概论[M]. 北京：北京大学出版社，2008.

[5] 张李义，罗林，黄晓梅. 网站开发与管理[M]. 北京：高等教育出版社，2004.

[6] 尤克，常敏慧. 网页制作教程[M]. 北京：机械工业出版社，2008.

[7] 孙睿，宋翼东. 电子商务原理及应用[M]. 北京：北京大学出版社，2008.

[8] 魏应彬. 网页设计与制作[M]. 北京：北京大学出版社，2004.

[9] 周贺来，李志民. 电子商务概论[M]. 北京：机械工业出版社，2006.

北京大学出版社本科财经管理类实用规划教材(已出版)

序号	标准书号	书 名	主编	定价	序号	标准书号	书 名	主编	定价
1	7-5038-4748-6	应用统计学	王淑芬	32.00	31	7-5038-4965-7	财政学	盖 锐	34.00
2	7-5038-4875-9	会计学原理	刘爱香	27.00	32	7-5038-4997-8	通用管理知识概论	王丽平	36.00
3	7-5038-4881-0	会计学原理习题与实验	齐永忠	26.00	33	7-5038-4999-2	跨国公司管理	冯雷鸣	28.00
4	7-5038-4892-6	基础会计学	李秀莲	30.00	34	7-5038-4890-2	服务企业经营管理学	于干千	36.00
5	7-5038-4896-4	会计学原理与实务	周慧滨	36.00	35	7-5038-5014-1	组织行为学	安世民	33.00
6	7-5038-4897-1	财务管理学	盛均全	34.00	36	7-5038-5016-5	市场营销学	陈 阳	48.00
7	7-5038-4877-3	生产运作管理	李全喜	42.00	37	7-5038-5015-8	商务谈判	郭秀君	38.00
8	7-5038-4878-0	运营管理	冯根尧	35.00	38	7-5038-5018-9	财务管理学实用教程	骆永菊	42.00
9	7-5038-4879-7	市场营销学新论	郑玉香	40.00	39	7-5038-5022-6	公共关系学	于朝晖	40.00
10	7-5038-4880-3	人力资源管理	颜爱民	56.00	40	7-5038-5013-4	会计学原理与实务模拟实验教程	周慧滨	20.00
11	7-5038-4899-5	人力资源管理实用教程	吴宝华	38.00	41	7-5038-5021-9	国际市场营销学	范应仁	38.00
12	7-5038-4889-6	公共关系理论与实务	王 玫	32.00	42	7-5038-5024-0	现代企业管理理论与应用	邱彦彪	40.00
13	7-5038-4884-1	外贸函电	王 妍	20.00	43	7-301-13552-5	管理定量分析方法	赵光华	28.00
14	7-5038-4894-0	国际贸易	朱廷珺	35.00	44	7-81117-496-0	人力资源管理原理与实务	邹 华	32.00
15	7-5038-4895-7	国际贸易实务	夏合群	42.00	45	7-81117-492-2	产品与品牌管理	胡 梅	35.00
16	7-5038-4883-4	国际贸易规则与进出口业务操作实务	李 平	45.00	46	7-81117-494-6	管理学	曾 旗	44.00
17	7-5038-4885-8	国际贸易理论与实务	缪东玲	47.00	47	7-81117-498-4	政治经济学原理与实务	沈爱华	28.00
18	7-5038-4873-5	国际结算	张晓芬	30.00	48	7-81117-495-3	劳动法学	李 瑞	32.00
19	7-5038-4893-3	国际金融	韩博印	30.00	49	7-81117-497-7	税法与税务会计	吕孝侠	45.00
20	7-5038-4874-2	宏观经济学原理与实务	崔东红	45.00	50	7-81117-549-3	现代经济学基础	张士军	25.00
21	7-5038-4882-7	宏观经济学	蹇令香	32.00	51	7-81117-536-3	管理经济学	姜保雨	34.00
22	7-5038-4886-5	西方经济学实用教程	陈孝胜	40.00	52	7-81117-547-9	经济法实用教程	陈亚平	44.00
23	7-5038-4870-4	管理运筹学	关文忠	37.00	53	7-81117-544-8	财务管理学原理与实务	严复海	40.00
24	7-5038-4871-1	保险学原理与实务	曹时军	37.00	54	7-81117-546-2	金融工程学理论与实务	谭春枝	35.00
25	7-5038-4872-8	管理学基础	于干千	35.00	55	7-5038-3915-3	计量经济学	刘艳春	28.00
26	7-5038-4891-9	管理学基础学习指南与习题集	王 珍	26.00	56	7-81117-559-2	财务管理理论与实务	张思强	45.00
27	7-5038-4888-9	统计学原理	刘晓利	28.00	57	7-81117-545-5	高级财务会计	程明娥	46.00
28	7-5038-4898-8	统计学	曲 岩	42.00	58	7-81117-533-2	会计学	马丽莹	44.00
29	7-5038-4876-6	经济法原理与实务	杨士富	32.00	59	7-81117-568-4	微观经济学	梁瑞华	35.00
30	7-5038-4887-2	商法总论	任先行	40.00	60	7-81117-575-2	管理学原理与实务	陈嘉莉	38.00

序号	标准书号	书　名	主编	定价	序号	标准书号	书　名	主编	定价
61	7-81117-519-6	流程型组织的构建研究	岳　澎	35.00	68	7-81117-676-6	市场营销学	戴秀英	32.00
62	7-81117-660-5	公共关系学实用教程	周　华	35.00	69	7-81117-597-4	商务谈判实用教程	陈建明	24.00
63	7-81117-663-6	企业文化理论与实务	王水嫩	30.00	70	7-81117-595-0	金融市场学	黄解宇	24.00
64	7-81117-599-8	现代市场营销学	邓德胜	40.00	71	7-81117-677-3	会计实务	王远利	40.00
65	7-81117-674-2	发展经济学	赵邦宏	48.00	72	7-81117-800-5	公司理财原理与实务	廖东声	36.00
66	7-81117-598-1	税法与税务会计实用教程	张巧良	38.00	73	7-81117-801-2	企业战略管理	陈英梅	34.00
67	7-81117-594-3	国际经济学	吴红梅	39.00	74	7-81117-8265	服务营销理论与实务	杨丽华	39.00

本科电子商务与信息管理类教材

序号	标准书号	书　名	主编	定价	序号	标准书号	书　名	主编	定价
1	7-301-12349-2	网络营销	谷宝华	30.00	9	7-301-12350-8	电子商务模拟与实验	喻光继	22.00
2	7-301-12351-5	数据库技术及应用教程(SQL Server 版)	郭建校	34.00	10	7-301-14455-8	ERP 原理与应用教程	温雅丽	34.00
3	7-301-12343-0	电子商务概论	庞大连	35.00	11	7-301-14080-2	电子商务原理及应用	孙　睿	36.00
4	7-301-12348-5	管理信息系统	张彩虹	36.00	12	7-301-15212-6	管理信息系统理论与应用	吴　忠	30.00
5	7-301-13633-1	电子商务概论	李洪心	30.00	13	7-301-15284-3	网络营销实务	李蔚田	42.00
6	7-301-12323-2	管理信息系统实用教程	李　松	35.00	14	7-301-15474-8	电子商务实务	仲　岩	28.00
7	7-301-14306-3	电子商务法	李　瑞	26.00	15	7-301-15480-9	电子商务网站建设	臧良运	32.00
8	7-301-14313-1	数据仓库与数据挖掘	廖开际	28.00					

本科旅游管理类教材

序号	标准书号	书　名	主编	定价	序号	标准书号	书　名	主编	定价
1	7-5038-4996-1	饭店管理概论	张利民	35.00	12	7-5038-5306-7	旅游政策与法规	袁正新	37.00
2	7-5038-5000-4	旅游策划理论与实务	王衍用	20.00	13	7-5038-5384-5	野外旅游探险考察教程	崔铁成	31.00
3	7-5038-5006-6	中国旅游地理	周凤杰	28.00	14	7-5038-5363-0	旅游学基础教程	王明星	43.00
4	7-5038-5047-9	旅游摄影	夏　峰	36.00	15	7-5038-5373-9	民俗旅游学概论	梁福兴	34.00
5	7-5038-5030-1	酒店人力资源管理	张玉改	28.00	16	7-5038-5375-3	旅游资源学	郑耀星	28.00
6	7-5038-5040-0	旅游服务礼仪	胡碧芳	23.00	17	7-5038-5344-9	旅游信息系统	夏琛珍	18.00
7	7-5038-5283-1	现代饭店管理概论	尹华光	36.00	18	7-5038-5345-6	旅游景观美学	祁　颖	22.00
8	7-5038-5036-3	旅游经济学	王　梓	28.00	19	7-5038-5374-6	前厅客房服务与管理	王　华	34.00
9	7-5038-5008-0	旅游文化学概论	曹诗图	23.00	20	7-5038-5443-9	旅游市场营销学	程道品	30.00
10	7-5038-5302-9	旅游企业财务管理	周桂芳	32.00	21	7-5038-5601-3	中国人文旅游资源概论	朱桂凤	26.00
11	7-5038-5293-0	旅游心理学	邹本涛	32.00					

电子书(PDF 版)、电子课件和相关教学资源下载地址：http://www.pup6.com/ebook.htm，欢迎下载。
欢迎免费索取样书，请填写并通过 E-mail 提交教师调查表，下载地址：http://www.pup6.com/down/教师信息调查表 excel 版.xls，欢迎订购。联系方式：010-62750667，lihu80@163.com，dreamliu3742@163.com，linzhangbo@126.com，欢迎来电来信。